Handbuch der Gasindustrie
Herausgegeben von Dr.-Ing. habil. Horst Brückner, Karlsruhe

Band 2

Generatoren

München und Berlin 1940
Verlag von R. Oldenbourg

Druck von R. Oldenbourg, München.
Printed in Germany.

Inhaltsverzeichnis.

1. Teil: Generatoren für Luft- und Wassergas

von Dr.-Ing. Fritz Wehrmann.

2. Teil: Synthese-, Braunkohlen- und Torfgase

von Dr.-Ing. habil. Horst Brückner.

3. Teil: Doppelgaserzeuger

Von Dr.-Ing. Fritz Wehrmann.

1. Teil

Generatoren für Luft- und Wassergas

Von

Dr.-Ing. Fritz Wehrmann

Duisburg

A. Einleitung und Überblick.

Die Rostfeuerung, die anfangs sowohl für die üblichen Gaserzeugungsöfen wie auch für industrielle Verfahren oder Beheizungen ausreichte, wurde durch die schnelle Entwicklung der Technik bald überholt. Ungenügend war sie einerseits in ihrer Wirtschaftlichkeit, weil sie die im Brennstoff zugeführte Energie in zu geringem Umfange dem eigentlichen Arbeitsvorgang abgab, andererseits in ihrer Betriebsbrauchbarkeit, weil sie schlecht regelbar und Sondervorgängen schwer anzupassen war. Außerdem blieb sie von der Güte des Brennstoffes, wie auch von der Bedienung, weitgehend abhängig.

Während bei der Rostfeuerung Erst- und Zweitluft unmittelbar durch bzw. über die im allgemeinen niedrige Brennstoffschicht zugeführt werden, wird bei der Zwischenstufe des Halbgenerators oder der Halbgasfeuerung die Zweitluft erst dem fertig gebildeten Generatorgas am Ausgang oder hinter dem Generator zugesetzt. Der Halbgenerator wurde deshalb noch der Verwendungsstelle möglichst nahe vorgelagert, also noch in den Entgasungsofen od. dgl. eingebaut. Eine besonders bekannte Form war der Siemens-Schrägrostgenerator[1]), bei dem das auf einem treppenförmigen Schrägrost in geringer Schichthöhe liegende Brennstoffbett von der Erstluft quer durchströmt wurde. Zur Verringerung der Schlackenbildung wurde bereits Wasser unter dem Rost zerstäubt bzw. durch die Schlackenhitze verdampft.

Um die Gasbeschaffenheit zu verbessern und sich von der Sorgfalt der Bedienung einer gleichmäßigen Schütthöhe unabhängig zu machen, wurde im Vollgenerator oder Schachtgenerator die Brennstoffschicht so erhöht, daß der Weg der Erstluft bzw. des erzeugten Schwachgases dem Brennstoffstrom entgegen lief. Gleichzeitig wurde die Wasserverdampfung verbessert — auch in Form einer Wasserdampfzuführung — und der Zweitluftzusatz bis zur Verwendungsstelle, dem im Ofen liegenden Brenner, verschoben. Entsprechend der Größe des Brennstoffvorratsschachtes wurde der Vollgenerator dem zu beheizenden Ofen an- oder vorgebaut. Dieses Auseinanderziehen von Erzeugung und Verwendung des Gases ermöglichte den wärmewirtschaftlich wichtigen Austausch der abziehenden Abgaswärme an die Verbrennungsluft, wodurch nicht nur ein Teil dieser Wärme zurückgewonnen, sondern auch durch Er-

---

[1]) G. de Grahl, Wirtsch. Verwertg. d. Brennst., München 1921, S. 177.

höhung der Flammentemperatur die Heizleistung bzw. Verwendbarkeit des Schwachgases wesentlich gesteigert wurde.

Mit zunehmender Leistung wurde der mit Kaminzug betriebene angebaute Gaserzeuger zur frei stehenden, selbständigen Apparatur, zum Zentralgenerator. Dieser vermochte bei geregelter Windzufuhr das Gas in noch besser gesicherter Gleichmäßigkeit und in der für die neuzeitlichen Verwendungszwecke erwünschten Reinheit zu liefern, zudem war er weniger abhängig von der Brennstoffbeschaffenheit, erlaubte stärkere Schwankungen und Überlastungen und erleichterte die Bedienung bedeutend.

Obwohl ein Gaserzeuger oder Generator an sich zur Erzeugung der verschiedensten Gasarten und Gasheizwerte dienen kann, ist doch die Bezeichnung »Generatorgas« technisch allgemein üblich für die richtiger als »Schwachgas« oder »Luftgas« zu bezeichnenden Gasarten, die mit Luftzusatz arbeiten und infolgedessen den gesamten Stickstoffballast dieser Luft in das Gas übernehmen. Aber nicht nur der Stickstoffballast ist für den niederen Heizwert maßgebend, sondern auch der Brennstoff und in Einzelfällen die Arbeitsweise. Schwachgaserzeuger arbeiten vorwiegend mit teerfreien Brennstoffen, unter denen der Hochtemperaturkoks überwiegt. Soweit heizwertreichere Brennstoffe verarbeitet werden, wird dieser höhere Energieinhalt meist mehr auf Gasmenge als auf Gasheizwert hingeleitet.

Der Zentralgenerator konnte sich nach seiner Loslösung von der Verwendungsstelle unabhängig von dieser entwickeln und zeigt einerseits in den Hauptlinien gleichmäßige Ausrichtungen, anderseits vielerlei Sonderausbildungen in Einzelheiten, bedingt durch die Brennstoffart, Körnung oder durch den Zweck der Leistungssteigerung, der Erleichterung der Bedienung oder der Ausnutzung der Wärme.

Fast alle Generatoren arbeiten, um Schlackenschwierigkeiten zu vermeiden, mit Wasserverdampfung im Unterwindstrom oder mit Dampfzusatz zu diesem, erzeugen also kein reines Generatorgas, sondern durch die gleichzeitige Wassergasreaktion zwischen Brennstoff und Wasserdampf ein Gemisch von Luftgas und Wassergas, auch als Halbwassergas bezeichnet.

Eine Ausnahme hiervon machen nur die auf flüssige Schlacke arbeitenden Abstichgeneratoren.

Eine besonders für den Kraftgasbetrieb übliche Sonderbetriebsweise der Gaserzeuger zeigen die Sauggasanlagen. Grundsätzlich entsprechen sie in der Antriebsart den durch Kaminzug betriebenen Einbaugeneratoren; den Saugzug übernimmt der Hub des angeschlossenen Motors. In der übrigen Ausbildung entsprechen die Sauggasanlagen den bei den Zentralgeneratoren gesammelten Erfahrungen.

Die bei den feststehenden Generatoren gesammelten Erfahrungen fanden in neuerer Zeit vielfache Anwendung bei der Ausbildung fahrbarer Gaserzeuger zum Antrieb von Schiffen und Landfahrzeugen. Diese zunächst durch Treibstoffknappheit oder ungünstige Treibstoffmarktlage verursachte Entwicklung hat in örtlich und zeitlich verschiedenem Umfange schon mehrfach große Bedeutung erreicht und ist vor allem für treibstoffarme Länder wehrpolitisch wichtig.

Neben gasarmen Brennstoffen finden in den Schwachgasgeneratoren auch bituminöse Brennstoffe Verwendung, wobei die Teerbestandteile entweder durch besondere Betriebsanordnung ganz oder teilweise verkrackt werden oder z. T. als Generatorteer anfallen. Um den Bitumengehalt in hochwertiger Form zu gewinnen, werden Generatoren auch mit Schwelaufsatz versehen (Schwelgeneratoren) und die Schwelteergewinnung von der Vergasung des Kokses abgesondert.

Ebenfalls zu den Schwachgasen, d. h. zu den aus gasarmen Brennstoffen erzeugten Gasen, ist das Wassergas (auch Blauwassergas genannt) zu rechnen. Seine Erzeugung fand Einführung in die Gasindustrie vor allem, als die Krummhübeler Richtlinien 1921 für die Gasbeschaffenheit einen Heizwert von 4000—4300 kcal/Nm³ mit nicht mehr als 15% Inerten und einem Dichteverhältnis von $< 0{,}5$ verlangten. Ein Gas dieser Art war nicht oder kaum durch Generatorgas- oder Rauchgaszusatz zu erreichen. Außerdem eignet sich das Wassergas infolge seiner Brenneigenschaften für manche technische Zwecke besser als Generatorgas.

Von dem Generatorgas-Schwachgas unterscheidet sich das Wassergas grundsätzlich durch das Fehlen des Stickstoffballastes. Während im Schwachgasgenerator die das Brennstoffbett aufheizende Verbrennung zeitlich und räumlich ständig mit der Vergasung vereinigt ist, wird beim Wassergasgenerator diese Aufheizung von der Vergasung getrennt, entweder zeitlich durch Wechselbetrieb, oder räumlich durch Wärmezufuhr auf anderem Wege. Durch Wegfall des Stickstoffballastes wird der Heizwert des Wassergases höher als der des Generatorgases, bleibt aber noch unter den Heizwerten der gemischten oder reinen Stark- oder Destillationsgase.

Der Wassergasgenerator, stets als frei stehender Generator entsprechend dem Zentralgenerator ausgeführt, hat in vielerlei Grundzügen und Einrichtungen eine diesem gleichartige Entwicklung gezeigt, braucht aber naturgemäß im übrigen entsprechend der andersartigen Arbeits- und Betriebsweise verschiedene Sondereinrichtungen und zusätzliche Apparaturen.

Auch hier waren Brennstoffbeschaffenheit, Leistungssteigerung, Gasbeschaffenheit und Vereinfachung der Bedienung wie beim Zentralgenerator für die Durchführung bestimmend, außerdem aber in starkem Umfange die Betriebssicherheit.

Das durch Anreicherung des Blauwassergases mit heizwertreichen Stoffen erhaltene karburierte Wassergas gehört zwar dem Heizwert und der Gaszusammensetzung nach nicht unbedingt zu den Schwachgasen, seine Herstellung und Eigenschaften sind aber nachstehend mit zu erwähnen, weil die Karburierung den Wassergasprozeß voraussetzt und diesen nur durch ein nicht organisch zugehöriges, zusätzliches Verfahren ergänzt. Die Anwendung des Karburierens ist vor allem an den Teer- und Ölmarkt gebunden. Karburieren mit Rohteer hat sich trotz immer erneuter Versuche im allgemeinen als nicht aussichtsreich erwiesen und konnte nur für Braunkohlenteer im Krackgenerator wirtschaftlich durchgeführt werden. Sonst konnten gute Ergebnisse nur mit veredelten Karburiermitteln (Teeröle, Gasöle) erreicht werden.

Die Herstellung von blauem und karburiertem Wassergas hat in verschiedener Hinsicht technisch außerordentlich vervollkommnete Ausführungsformen erreicht, einerseits durch Automatisierung des Wechselbetriebverfahrens, anderseits durch Ausbildung ununterbrochener Arbeitsweisen. Außerdem brachte der große Wassergasbedarf für die Synthesegaserzeugung in neuester Zeit erhebliche Leistungssteigerungen dieser Anlagen mit sich.

Die Vielheit der mit den verschiedenen Brennstoffen und Generatorbauarten und Betriebsweisen erzeugten Gasarten hat zu einer großen Vielfältigkeit in der Namengebung geführt. Es ist deshalb zweckmäßig, diese Vielheit auf die Grundbegriffe zurückzuführen.

Die Hauptunterscheidung Schwachgase und Starkgase (an Stelle der weniger schönen Namen Arm- und Reichgase) trennt die vor allem aus entgasten oder gasarmen Brennstoffen und unter Abbau höherer Kohlenwasserstoffe bzw. unter Verdünnung mit Luftstickstoff erhaltenen, gegebenenfalls auch mit Schwelgas gemischten Vergasungsgase, etwa bis 3500 kcal/Nm^3, von den heizwertreicheren Entgasungsgasen oder deren Gemischen.

Zu den Schwachgasen gehören einerseits Generatorgase, die mit Luft oder mit Luft und Wasserdampf erzeugt werden. Das mit Luft allein, also trocken erzeugte Generatorgas wird auch richtig als Luftgas bezeichnet (nicht zu verwechseln mit dem früher einmal üblichen, völlig überholten Benzin-Luft-Gemisch, das man auch Luftgas nannte). Das mit Luft und Dampf erzeugte übliche Gemisch von trockenem Generatorgas und Wassergas heißt allgemein Halbwassergas und kann sinngemäß richtiger als Luftwassergas bezeichnet werden. Das nur aus Koks oder sonstigem Kohlenstoff mit Wasserdampf erhaltene Gas heißt eindeutig Wassergas, der frühere Name Koksgas ist nicht mehr üblich und nicht eindeutig. Das unter Sauerstoffzusatz mit Wasserdampf im Fließbetrieb hergestellte, daher vom üblichen Wassergas durch höheren $CO + CO_2$-Gehalt unterschiedene Gas muß als Sauerstoffwassergas im Gegensatz zu dem stickstoffhaltigen Luftwassergas (s. oben) bezeichnet werden.

Das karburierte Wassergas ist durch seinen Namen als Abart des Wassergases gekennzeichnet.

Die Verwendung dieser Schwachgase ist in der Großindustrie wie im Kleingewerbe für die verschiedensten Heizungs-, Wärme-, Fabrikations- und Kraftzwecke sehr vielseitig. Insbesondere ist das Luftgas und Luftwassergas für Heiz- und Kraftzwecke, das Wassergas für die Schweißung, als Zusatzgas in der Mischgasherstellung und als Ausgangsgas für verschiedene Synthesen in der chemischen und Treibstofftechnik wichtig.

B. Generatoren für Luftgas (Schwachgasgeneratoren).

1. Generatorgas.

a) Chemische und physikalische Vorgänge der Generatorgaserzeugung.

Die Vorgänge im Generator sind sehr vielseitig und verschieden je nach Beschaffenheit und Form des Brennstoffes und nach der Arbeitsweise. Von grundlegender Bedeutung und bei allen Brennstoffen in Gaserzeugern im wesentlichen gleich sind die Umsetzungen, die sich in der Brennzone (Reaktionszone) dicht über der Schlackengrenze vollziehen. In diesem Bereich wird Kohlenstoff mit von unten zugeführter Luft und Wasserdampf umgesetzt. Nebeneinander finden statt die Verbrennung von C zu CO_2, die Reduktion von CO_2 zu CO, die Wassergasbildung und das Wassergasgleichgewicht. Die letzteren zwei Umsetzungen fallen nur beim Abstichgenerator (s. das.) mangels Wasserdampfzusatz weg. Oberhalb dieser Reaktionszone sind die Vorgänge nur physikalischer Art, bei Koksen erfolgt Trocknung und allenfalls Staubsichtung durch den Gasstrom, bei bituminösen Brennstoffen und Holz außer der Trocknung die Schwelung und eine teilweise Verkrackung von Schwelprodukten. Bei Umwälzverfahren kann auch weitgehend oder vollständig verkrackt werden, dann erfolgt die Verkrackung wiederum in der Reaktionszone über der Schlacke. Bei Generatoren mit absteigender Vergasung (vgl. S. 85, 91), auch als umgekehrte Verbrennung bezeichnet, wird die Brennstoffsäule nur durch strahlende und leitende Wärme der Feuerzone erwärmt und getrocknet bzw. geschwelt; die Verbrennungsluft wird von oben nach unten durchgeleitet und in der Reaktionszone über dem Rost erfolgen Vergasung und Verkrackung nebeneinander.

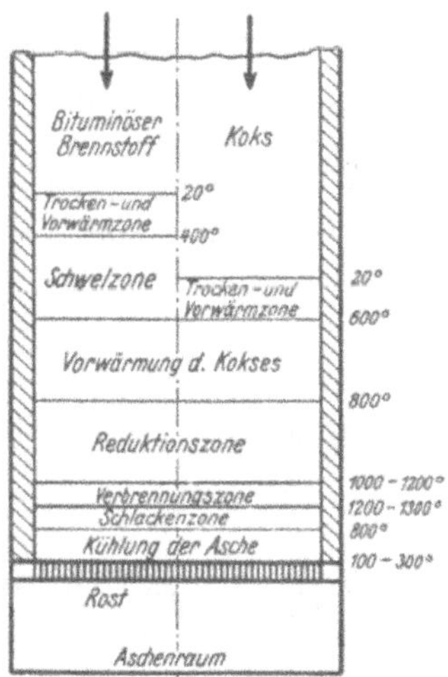

Abb. 1. Reaktionszonen in Gaserzeugern.

Eine schematische Übersicht über die Zonen im Gaserzeuger für aufsteigende Vergasung geben Müller und Graf[1]) (Abb. 1) getrennt für bituminöse Brennstoffe und Kokse, unter Angabe der Temperaturlage, wobei die oberen Grenztemperaturen für frisch aufgeworfenen Brennstoff gelten.

Die chemischen Umsetzungen und die damit verbundenen Wärmetönungen (bezogen auf 0,536 kg C $\sim$ 1 m³ CO bzw. CO_2) in der Reaktionszone des Generators sind folgende:

C-Verbrennung zu CO_2:	$C + O_2 = CO_2$	+ 4337 kcal	(1)
C-Verbrennung zu CO:	$C + {}^1/_2 O_2 = CO$	+ 1303 kcal	(2)
Reduktion der CO_2:	$C + CO_2 \rightleftharpoons 2\,CO$	— 1731 kcal	(3)
Wassergasbildung:	$C + H_2O = CO + H_2$	— 1267 kcal	(4)
Wassergasgleichgewicht:	$CO + H_2O \rightleftharpoons CO_2 + H_2$	+ 464 kcal	(5)

Die Reduktion des Kohlendioxyds (3) ist eine umkehrbare Reaktion und wird als Generatorgasgleichgewicht oder Boudouardsches Gleichgewicht bezeichnet. Mit steigender Temperatur nimmt die Reaktionsgeschwindigkeit von links nach rechts, also zur CO-Bildung, zu; in einem zu kalten Generator verläuft die Reaktion stärker von rechts nach links, ergibt also ein kohlendioxydreiches Gas. Das Gleichgewicht ist erreicht, wenn bei einer gewissen Temperatur die beiden Reaktionsgeschwindigkeiten gleich sind, also die erreichten Konzentrationen an CO und CO_2 den dieser Temperaturlage entsprechenden Wert erreicht haben.

Die Geschwindigkeit v_1 der Reaktion von links nach rechts folgt aus der Konzentration von CO_2 und der Reaktionskonstante k_1, entsprechend die Geschwindigkeit von rechts nach links, v_2, aus dem Quadrat der Konzentration von CO (2 Mol.). Da bei Gleichgewicht

$$v_1 = k_1\,[CO_2] = v_2 = k_2\,[CO]^2,$$

ergibt sich die Gleichgewichtskonstante:

$$k = \frac{k_1}{k_2} \frac{[CO]^2}{[CO_2]}.$$

Für den reinen Generatorgasprozeß (Vergasung von C mit trockener Luft) ergeben sich bei den verschiedenen Temperaturen folgende Gleichgewichtszusammensetzungen des Generatorgases[2]):

Temp. °	CO_2	CO	N_2	Gleichgewichtskonstante
400	20,6	0,9	78,5	0,00039
500	17,1	6,4	76,5	0,02396
600	10,1	18,1	71,8	0,3241
700	3,1	29,4	67,5	2,789
800	0,6	33,7	65,7	18,94

[1]) Brennst.-Chemie **20** (1939), S. 243.

[2]) K. Bunte u. A. Schneider, Zum Gaskursus, München 1929, S. 76.

Nach den von W. J. Müller und E. Graf[1]) gegebenen Berechnungen über die Versuche von Horak an einem Hochdruck-Dampfkesselgenerator stellen sich diese Gleichgewichte allerdings bei Koks nie vollständig ein.

Hinsichtlich der neben der Generatorgasbildung laufenden Wassergasumsetzung ist die frühere Annahme, daß neben der bei höherer Temperaturlage gültigen Reaktion (4) bei niederer Temperatur noch die Umsetzung:

$$C + 2\,H_2O = CO_2 + 2\,H_2 - 803\ \text{kcal} \qquad (6)$$

stattfinde, auf Grund neuerer Beobachtungen dahingehend berichtigt worden, daß nur die Reaktionen (4) und (5) nebeneinander bestehen[2]). Weiteres über Wassergasumsetzung und Wassergasgleichgewicht vgl. unter Wassergas.

Diese Formeln und Wärmetönungen weisen in Übereinstimmung mit den Betriebserfahrungen darauf hin, daß einerseits Luftmangel mehr zur Umsetzung (2) statt (1) zwingt, also weniger Wärme im Brennstoffbett erzeugt, anderseits Dampfüberschuß zu starke Wärmebindung nach (4) verursacht, also ebenfalls die Generatortemperatur senkt.

Neben vorgenannten Umsetzungen wird beim Generatorprozeß in allerdings nur geringem Umfange noch Methan gebildet:

$$CO + 3\,H_2 = CH_4 + H_2O \qquad (7)^{3)}$$

Die günstigste Temperatur für die Methanbildung liegt etwa bei 300°, eine Steigerung der Temperatur verschiebt das Methangleichgewicht wieder nach links:

Temperatur °C . .	125	200	240	300	320	400	500	600	800	1000
% Methan	0	20	80	98	100	95	63	35	10	2

Im Generatorgas ist daher der Methangehalt im allgemeinen sehr gering und liegt bei etwa 0,4%.

Die erwähnten Wärmetönungen werden in Verbrennungsrechnungen nicht immer auf 0,536 kg C bezogen, es treten auch andere kcal-Werte auf, z. B. mit Bezug auf 1 Atom C[4]). Dolch weist auch darauf hin, daß die in der Literatur angegebenen Wärmetönungen der Verbrennungsreaktionen verschiedene Werte aufweisen, je nach der zugrunde gelegten Verbrennungswärme des Kohlenstoffs. Diese ist für Graphit, Ruß, Steinkohlenkoks usw. verschieden. So wurde z. B. ermittelt:

Amorpher Kohlenstoff . . .	97,8 kcal/Atom C bzw.	8150 kcal/kg C
Hochtemperaturkoks-C . .	96,0 » » »	8000 » »
Azetylenruß (je nach Herstellung).		7886—8110 » »
Retortenkohle (je nach Erhitzung)		7846—8047 » »

[1]) W. J. Müller u. E. Graf, Brennst.-Chemie **20** (1939), S. 243.
[2]) P. Dolch, Gas- u. Wasserfach **75** (1932), S. 807.
[3]) Neumann, Gas- u. Wasserfach **68** (1925), S. 607.
[4]) P. Dolch, Feuerungstechnik **27** (1939), S. 109.

Die nachfolgende, von Dolch aufgestellte Übersicht zeigt die Abweichungen, die sich durch Gebrauch der Verbrennungswärmen von Graphit oder Kohlenstoff aus Hochtemperaturkoks bzw. Braunkohlenkoks ergeben. Diejenigen Umsetzungen, deren Wärmewert durch die Kohlenstoffherkunft beeinflußt werden, sind mit o versehen.

Zahlentafel 1.
Wärmetönungen der Vergasungsgleichungen des Kohlenstoffs in kcal/Atom C bei 0°:

Vorgang	Bestimmung	kcal, bezogen auf C aus Graphit	Steinkohlenkoks	Braunkohlenkoks
I. $C + O_2 = CO_2$	gemessen	o + 94,0	o + 96,0	o + 97,8
II. $CO + {}^1/_2 O_2 = CO$	»	+ 67,7	+ 67,7	+ 67,7
III. $H_2 + {}^1/_2 O_2 = H_2O_d$ . . .	»	+ 57,6	+ 57,6	+ 57,6
IV. $CH_4 + 2 O_2 = CO_2 + 2 H_2O_d$	»	+ 191,3	+ 191,3	+ 191,3
IV. $C + {}^1/_2 O_2 = CO$	I — II	o + 26,3	o + 28,3	o + 30,1
VI. $C + CO_2 = 2 CO$	I — (2. II)	o — 41,4	o — 39,4	o — 37,6
VII. $C + H_2O_d = CO + H_2$ . .	I — (II + III)	o — 31,3	o — 29,3	o — 27,5
VIII. $CO + H_2O_d = CO + H_2$.	II — III	+ 10,1	+ 10,1	+ 10,1
IX. $C + 2 H_2 = CH_4$	I + (2. III) — IV	o + 17,9	o + 19,9	o + 21,7
X. $CO + 3 H_2 = CH_4 + H_2O$	II + (3. III) — IV	+ 49,2	+ 49,2	+ 49,2

Es ist danach notwendig, wichtige technische Verbrennungsrechnungen auf den jeweils verarbeiteten Kohlenstoff zu beziehen.

Bei den Reaktionen mit H_2O ist hierbei das Wasser in Dampfform angenommen. Auch in dieser Beziehung sind in der Literatur, wie Dolch (a. a. O.) bemerkt, Verschiedenheiten anzutreffen, die leicht ein falsches Bild entstehen lassen. So würde z. B. die Wärmetönung des Wassergasgleichgewichtes (5) bei Berechnung auf flüssiges Wasser nahezu auf 0 kommen, obwohl bekannt ist, daß bei Konvertierung des Kohlenstoffs mit Wasserdampf große Wärmemengen frei werden.

Graphische Untersuchungen über die im Generatorprozeß sich abspielenden Gasreaktionen stellen Claus und Neußel an[1]) unter Bezugnahme auf Wa. Ostwalds Vergasungsdreieck. Ostwald empfiehlt[2]) die Darstellung des Generatorprozesses im Gibbsschen Dreieckskoordinatensystem. Da die eigentliche Generatorgasreaktion nur auf Koks oder verkoktem Brennstoff und dessen Umsetzungen mit Luftsauerstoff und Wasserdampf beruht, entsteht als Endergebnis in der Hauptsache CO_2, CO und H_2. Ostwald geht nun von dem Gedanken aus, daß es thermochemisch und energetisch gleichgültig ist, auf welchem Wege von denselben Ausgangsstoffen aus das jeweils durch die Gaszusammensetzung gekennzeichnete Endergebnis erreicht wird. Die drei Grundgleichungen:

[1]) W. Claus u. L. Neußel, Zeitschr. VDI **65** (1921), S. 769.
[2]) Wa. Ostwald, Monographien zur Feuerungstechnik, **2**, Leipzig 1920.

$$C + O_2 = CO_2 + 97{,}6 \text{ kcal (vgl. Zahlentafel 1)}$$
$$C + 2\,H_2O = CO_2 + 2\,H_2 - 18{,}8 \text{ kcal}$$
$$C + CO_2 = 2\,CO - 38{,}8 \text{ kcal}$$

ordnet er an je einer Ecke des Koordinatendreiecks an (Abb. 2) als 100proz. Umsetzung, die mit Entfernung von diesem Eckpunkt an Vollständigkeit abnimmt. Je nach festgestellter Gaszusammensetzung ist die Lage des zugehörigen Vorganges im System zu ermitteln (s. später).

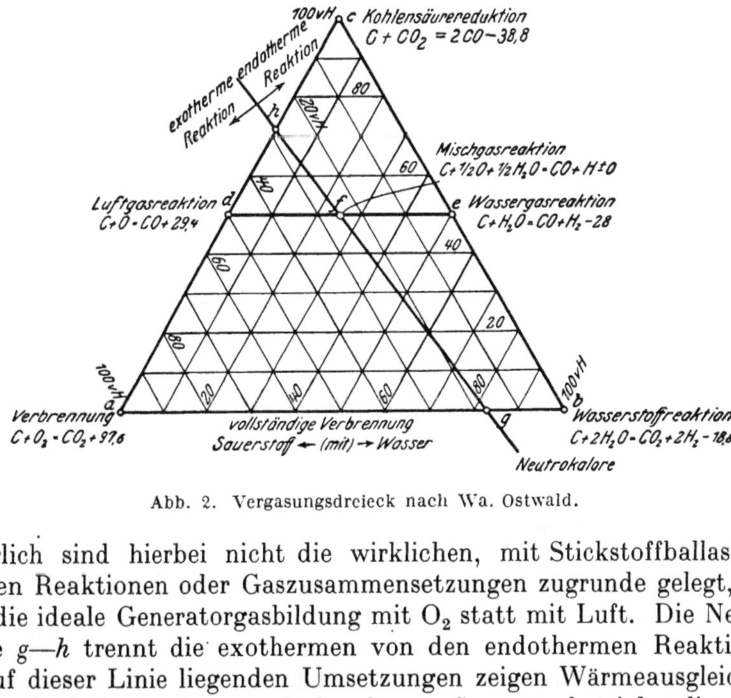

Abb. 2. Vergasungsdreieck nach Wa. Ostwald.

Natürlich sind hierbei nicht die wirklichen, mit Stickstoffballast versehenen Reaktionen oder Gaszusammensetzungen zugrunde gelegt, sondern die ideale Generatorgasbildung mit O_2 statt mit Luft. Die Neutrokalore *g*—*h* trennt die exothermen von den endothermen Reaktionen, die auf dieser Linie liegenden Umsetzungen zeigen Wärmeausgleich.

Die Reaktionen des ununterbrochenen Generatorbetriebes liegen im Trapez *a d f g*, da für die rechts der Neutrokalore liegenden Umsetzungen fremde Wärmezufuhr nötig wäre, für die oberhalb *d*—*f* liegenden noch fremde Kohlensäurezufuhr. *a d f g* wird deshalb als »Generatorgastrapez« bezeichnet.

Die Neutrokalore *f*—*g* hat in diesem Trapez die Bedeutung, daß die ihr näher liegenden, eine bestimmte Vergasung darstellenden Punkte einem höheren Wirkungsgrad entsprechen als die von *f*—*g* weiter entfernt liegenden.

Ostwald entwickelte hierzu ein zeichnerisches Verfahren, nach dem es möglich ist, aus der Gaszusammensetzung den entsprechenden Vergasungsvorgang zu finden. An Stelle dieses etwas umständlichen Verfahrens fanden Claus und Neußel[1]) ein Verfahren, unter Benutzung

[1]) W. Claus u. L. Neußel, Z. VDI **65** (1921), S. 770.

eines Hilfsliniennetzes von Linien gleicher Raumverhältnisse zwischen CO_2, CO und H_2 die Vergasungspunkte im Generatorgastrapez auf einfache Art zu finden.

Ebenfalls von Ostwalds Vergasungsdreieck ausgehend, stellt Dawidowski[1]) fest, daß von praktischer Bedeutung für den Gaserzeugungsbetrieb nur die Umsetzungen sind, die in einem innerhalb des Vergasungstrapezes liegenden engeren Vergasungs**sechseck** einzuordnen sind (Abb. 3). Die Darstellung dieses Sechsecks in vergrößertem Maßstab vereinfacht und verdeutlicht die zeichnerische Ermittlung der Reaktionen.

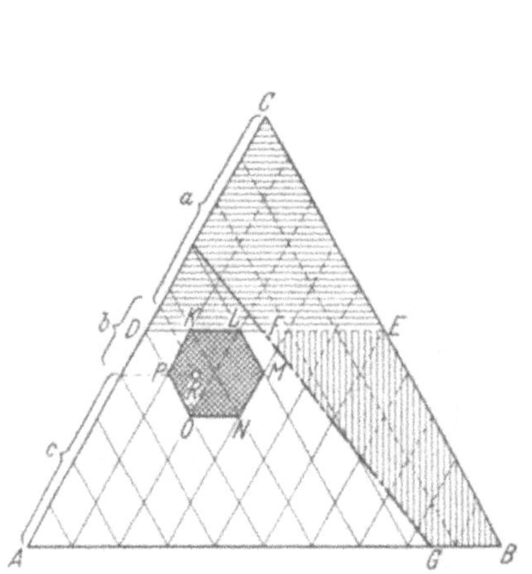

Abb. 3. Vergasungssechseck nach Davidowski.

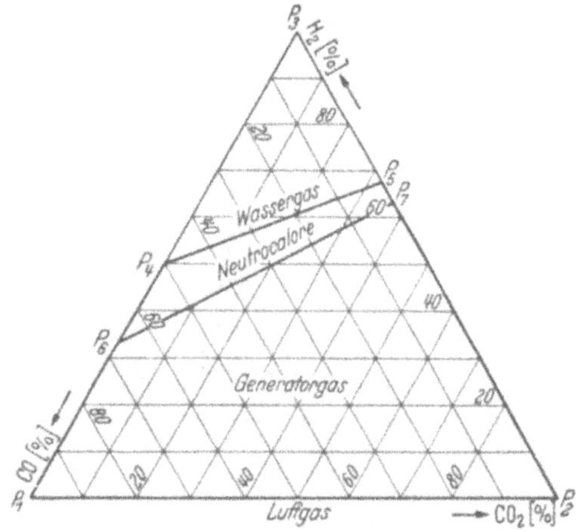

Abb. 4. Vergasungsdreieck nach Koelsch.

In etwas anderer Auffassung als Wa. Ostwald bringt Koelsch[2]) rechnerische und graphische Betrachtungen über die Reaktionsgleichungen der Generatorgasbildung, ebenfalls auf ideales Generatorgas bezogen.

Koelsch geht nicht, wie Ostwald, von den obenerwähnten 3 Reaktionen des Kohlenstoffs aus, sondern wählt zur Darstellung im Dreieckskoordinatensystem die 3 Reaktionen

$$C + \tfrac{1}{2}\,O_2 = CO; \quad C + O_2 = CO_2; \quad H_2O = H_2 + \tfrac{1}{2}\,O_2,$$

also die unvollständige und vollständige C-Oxydation und die Wasserspaltung. Da die erhaltenen Mengen CO, CO_2 und H_2 dem Anteil der Teilreaktionen an der Hauptreaktion entsprechen, ist die zeichnerische Darstellung besonders übersichtlich und leicht anwendbar (Abb. 4), indem die %-Sätze der Analyse unmittelbar abzugreifen sind. — Weiter betrachtet Koelsch rechnerisch auch die Bildung von Generatorgasen, die Kohlenwasserstoffe enthalten, während die vorgenannten Ausführungen sich nur auf CO, CO_2 und H_2 bezogen.

---

[1]) Dawidowski, Feuerungstechnik **25** (1937), S. 183.

[2]) Koelsch, Feuerungstechnik **27** (1939), S. 195.

In einer weiteren Arbeit[1]) dehnt Koelsch diese Berechnungen außer auf C als Ausgangsstoff auch auf Brennstoffe aus, die aus C, H und O bestehen, ferner auf Generatorgase, die außer CO, CO_2, H_2 und zugehörigem N_2 noch CH_4 oder bzw. und C_2H_4 enthalten.

Außer diesen rein chemisch oder wärmetechnisch begründeten Vorgängen stehen die Vergasungsreaktionen aber noch unter physikalischen Einflüssen; als solche sind insbesondere Strömungsvorgänge, Strömungsgeschwindigkeit, Oberflächenbeschaffenheit und Berührungsdauer zu nennen. Obwohl Einflüsse dieser Art empirisch bereits mehrfach berücksichtigt oder gesucht worden sind, wurde doch erst in neuerer Zeit in der Literatur auf diese Fragen hingewiesen und zahlreiche, auf diesem Gebiet noch ungelöste oder noch nicht genügend geklärte Probleme aufgezeigt, deren gründliche Erforschung notwendig ist.

Systematische Betrachtungen über den Strömungswiderstand ruhender Schüttungen stellt Fehling an[2]). Er stellt fest, daß die Erhöhung des Druckwiderstandes in der Schüttung als Folge der Veränderung des Strömungsfeldes durch die im Luftstrom auftretenden Strömungswiderstände zu betrachten ist. Während der Widerstand gleichgeformter Einzelkörper nach Newtons »quadratischem Widerstandsgesetz« (Widerstand proportional der Staufläche und dem Staudruck) sowie der Einfluß der Reynoldsschen Zahl auf den Widerstandsbeiwert einfacher Körper bekannt ist, sind über die Abhängigkeit von der Kornform und den Einfluß der Oberflächenrauhigkeit keine Unterlagen vorhanden. Weiter ist die Art der Schüttung von großem Einfluß. Diese hängt einerseits ab von der »Siebkennlinie«, d. h. der kurvenmäßigen Darstellung der Siebanalyse des geschütteten Stoffes, anderseits von dem »Siebsprung«, d. h. der Entfernung der oberen und unteren Korngrenzgrößen. Es ist offensichtlich, daß sich 2 Körnungen von gleichem Siebsprung, aber sehr abweichender Siebkennlinie in der Schüttung sehr verschieden verhalten müssen, z. B. eine Sortierung 0—30 mm, die einmal aus 30% 0—10, 50% 10—20 und 20% 20—30 mm, zum anderen aus 10% 0—10, 10% 10—20 und 80% 20—30 mm besteht. Geometrisch betrachtet, erschwert auch die unregelmäßige, praktisch nicht zu klassierende Form der Brennstoffstücke und die Verschiedenheit ihrer Lage zur Strömungsrichtung die theoretische Erfassung, ferner die Art der Packung, die sich zwar im Einzelversuch regeln läßt, im praktischen Betrieb aber ganz von den gegebenen Eigenschaften des Stoffes und dem Vorgang der Schüttung abhängig ist.

Dieser Schüttungsvorgang, dem man dennoch eine für den Generatorbetrieb entscheidende Bedeutung beimessen muß, resultiert, statisch betrachtet, einerseits aus der gerichteten Transportbewegung des in den Gaserzeuger eingebrachten Brennstoffes, anderseits aus einer nicht ge-

[1]) Koelsch, Feuerungstechnik **27** (1939), S. 282.
[2]) Fehling, Feuerungstechnik **27** (1939), S. 33.

richteten inneren Bewegung der Einzelkörner untereinander unter dem Einfluß von Schwerkraft, gegenseitiger Reibung, Kornform, Kornverhältnis usw. Diese letztere innere Bewegung kann je nach Voraussetzungen zu einer Mischung oder Entmischung führen. Allerdings ist eine weitgehende Entmischung wohl nur dann zu erwarten, wenn sie in der gerichteten Fülltransportbewegung bereits eingeleitet war.

Fehling betrachtet es hiernach als aussichtslos, die Eigenschaften einer natürlichen Schüttung aus Modellversuchen mit regelmäßigen Körnern folgern zu wollen, vielmehr sollten sie höchstens betriebsversuchsmäßig gemessen werden. Als grundlegende Begriffe hierzu gibt er an das Lückenvolumen, die Lückenform und die Randausbildung.

Das Lückenvolumen kennzeichnet den verfügbaren Strömungsquerschnitt, die Lückenform die Gestalt des Strömungsweges und den Widerstand für die Einheit der Weglänge. Unter Randausbildung versteht er den Einfluß der Kornoberflächenrauhigkeit auf die Randstörungen des einzelnen Strömungsweges. Nicht zu vernachlässigen ist aber hierbei der Unterschied dieser Randstörungen an den Körnern in der Mitte der Schüttung und an deren Außengrenze gegenüber dem Generatormantel.

Versuche Fehlings über das Lückenvolumen ergaben die interessante Feststellung, daß dieses oberhalb einer gewissen Korngröße (für Kohle 1,5—2 mm) einen annähernd konstanten Wert von 48—49% zeigt, von diesem Grenzwert abwärts dagegen ansteigt, weil der Kantendruck des Einzelkorns mit dem Quadrat der Korngröße abnimmt. Dadurch wird eine mit zunehmender Feinheit zunehmende Auflockerung der Schüttung erklärt. Ein Randeinfluß war bei den allerdings nur bis 3 mm Korngröße ausgeführten Versuchen nicht nachzuweisen.

Auf noch breiterer Grundlage entwickelt W. Gumz[1]) die Notwendigkeit physikalischer Erforschung der Vergasungstechnik. Er betont, daß der Stofftransport durch die Brennstoffsäule bestimmend ist für den zeitlichen Ablauf und für die Grenzleistungen der Vergasungsvorgänge.

An Vergasungsverfahren unterscheidet er die Vergasung von stückigem Brennstoff in ruhender Schicht, von Staub in der Schwebe und als Zwischenform die Vergasung von feinkörnigem Brennstoff an der Stabilitätsgrenze.

Solange ausreichende Temperaturen in der Brennstoffsäule aufrechterhalten werden, tritt der Einfluß der chemischen Reaktionsgeschwindigkeit nach seiner Ansicht stark zurück hinter den physikalischen Vorgängen. Wärmetechnisch betrachtet, sollte der Vergasungsvorgang so geleitet werden, daß alle entstehende Wärme weitestmöglich im Vergasungsprozeß selbst nutzbar gemacht wird. Selbstverständlich ist die Ausnutzung von Überschußwärme zur Dampferzeugung u. a. wirt-

[1]) W. Gumz, Feuerungstechnik **27** (1939), S. 97.

schaftlich sehr wichtig, aber je unabhängiger ein Gaserzeuger von anderen Verbrauchsstellen ist, desto eher kann er eine Bestform der Wirtschaftlichkeit unter allen Umständen erreichen.

Für die Vergasung in ruhender Schicht hebt Gumz außer den von Fehling (s. oben) herausgestellten Aufgaben die Frage des Wärmeaustausches von ruhenden Schichten mit strömendem Medium hervor. Sie ist deshalb schwierig, weil die Größe der wärmeaustauschenden Fläche fehlt. Modellversuche können hierzu wohl einige Erkenntnisse geben, aber im Hinblick auf die im praktischen Falle vorhandenen Einflüsse von Ein- und Ausspülen von Feinkorn, von Blähen, Sintern und Schmelzen des Brennstoffs bzw. der Asche, die im Versuch nicht darstellbar sind, kann nur auf dem Großversuch aufgebaut werden, bei dem allerdings die Überdeckung verschiedener Einflüsse eine Erschwerung bedeutet.

Ein wichtiger Begriff ist die Relativgeschwindigkeit zwischen Vergasungsstoff und Brennstoff, weil davon der Stoffaustausch abhängt. Erhöhung der Schicht bei gleichzeitiger Vergrößerung des Schachtquerschnittes gibt u. U. trotz höherem Druckaufwand eine niedrigere Leistung wegen zu geringer Relativgeschwindigkeit. Allerdings wird die Gaswärme für Trocknung bzw. Schwelung dann besser ausgenutzt, auch der Staubanfall verringert. Zwischen beiden Richtungen ist daher ein günstigster Zustand zu suchen. Da der Wärmebedarf für Vortrocknung und Vorwärmung nicht allzu hoch ist und zu weitgehende Vorwärmung reaktionstechnisch sogar unerwünscht ist, sind der Schichterhöhung Grenzen gesetzt. Dagegen bestehen Möglichkeiten, durch Luftvorwärmung oder Dampfüberhitzung Wärme in den Vergasungsvorgang zurückzuführen, wodurch sowohl der Wirkungsgrad als auch die Leistung bei verringertem Raumbedarf gesteigert werden kann.

Einige dieser Gedanken sind bereits in der neuzeitlichen Entwicklung der Gaserzeugerbauarten verwirklicht. So erscheint die Tendenz, bei vergrößertem Querschnitt ohne starke Erhöhung der Brennstoffsäule mit höherem Winddruck, also größerer Strömungsgeschwindigkeit und dadurch bedingter breiterer Reaktionszone zu arbeiten.

Auch Gwosdz berichtet als neuere Erfahrung[1]), daß die gebräuchlichen Steinkohlengeneratoren mit unzureichender Reaktionszone arbeiten und daß durch Erhöhung dieser Zone eine bessere Wasserdampfumsetzung und Kohlensäurereduktion gesichert werden könne. Außerdem führe der Hochschachtgaserzeuger mehr Wärme mit dem absinkenden Brennstoff wieder in die Reaktionszone zurück.

Gumz weist ferner darauf hin[2]), daß die Kohle in den verschiedenen Verwendungsformen der Versuchs- und Betriebspraxis — als Graphit,

---

[1]) Gwosdz, Feuerungstechnik **15** (1927), S. 52.

[2]) W. Gumz, Feuerungstechnik **26** (1938), S. 337.

als amorphe (aus Graphitsplittern verschiedenster Feinheit bestehende) Kohle oder als Koks (Schmelzfluß mit Graphiteinlagerungen) — eine sehr verschiedene Reaktionsfähigkeit zeigen muß und daß bei der Oxydation von C, von tiefen Temperaturen angefangen bis zu den höchsten, die verschiedensten, teils stabilen teils unstabilen C-O-Verbindungen und Zwischenprodukte entstehen und sich wieder zersetzen, so daß sich kein durch eine einfache Gleichung darstellbarer Reaktionsverlauf einstellt.

Da es sich bei der C-Verbrennung durchweg um Oberflächenreaktionen handelt, müßten für deren Durchführung 2 Bedingungen erfüllt sein, erstens eine möglichst große, an die Gasphase unmittelbar angrenzende Oberfläche, zweitens in der Gasphase ständiger O_2-Transport zu der Oberfläche und Abtransport der Reaktionsprodukte von der Oberfläche hinweg.

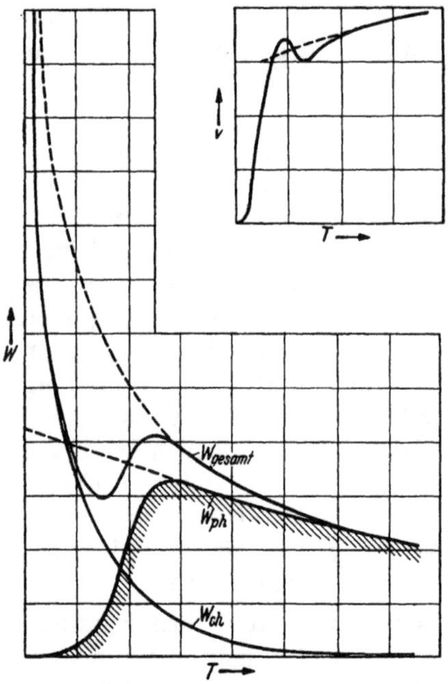

Abb. 5. Darstellung des chemischen (W_{ch}) und des physikalischen (W_{ph}) Widerstandes und des addierten Gesamtwiderstandes in Abhängigkeit von der Temperatur. Rechts oben: Reaktionsgeschwindigkeit in Abhängigkeit von der Temperatur.

Beim Verbrennungsvorgang überlagern sich chemische Reaktionen und physikalische Strömungsvorgänge, die verschieden stark ineinandergreifen und schwer zu trennen sind. Durch Darstellung des reziproken Wertes der Reaktionsgeschwindigkeit, des Reaktionswiderstandes, gibt Gumz in Abb. 5 für eine bestimmte Staubkohle eine graphische Übersicht über diese Vorgänge in Abhängigkeit von der Temperatur. Bei sehr niedrigen Temperaturen ist die chemische Reaktionsfähigkeit nahe Null, also der chemische Reaktionswiderstand annähernd unendlich groß. Der physikalische Widerstand ist verhältnismäßig wenig von der Temperatur abhängig. Die Summe beider Widerstände gibt die Kurve des Gesamtwiderstandes (W_{ges}) und daraus den reziproken Wert, die gesamte Reaktionsgeschwindigkeit. Es ist ersichtlich, daß im Gebiet der hohen Temperaturen die physikalischen Widerstände gegenüber den verschwindend geringen chemischen Widerständen stark überwiegen, also eine starke Ausbildung der physikalischen Vorgänge dann bestimmend für die Geschwindigkeit der Reaktion wird. — Für die Forschung ist es wichtig, die chemischen und physikalischen Vorgänge möglichst zu isolieren, um ihre Wirkung und Größenordnung zu erkennen.

Bei der Schwebevergasung sind nach Gumz[1]) noch vielerlei strömungstechnische Probleme theoretisch wie auch praktisch zu klären. Nach P. Dolch ist die Schwebevergasung der Schachtvergasung thermisch unterlegen, wenn nicht das Vergasungsmittel vorgewärmt wird.

Die Vergasung an der Stabilitätsgrenze liegt strömungstechnisch, wie erwähnt, zwischen der ruhenden und schwebenden Vergasung. Das Brennstoffbett befindet sich in »Wallung«. Voraussetzung ist natürlich ein bestimmter, sehr enger Kornbereich, da größeres Korn sich

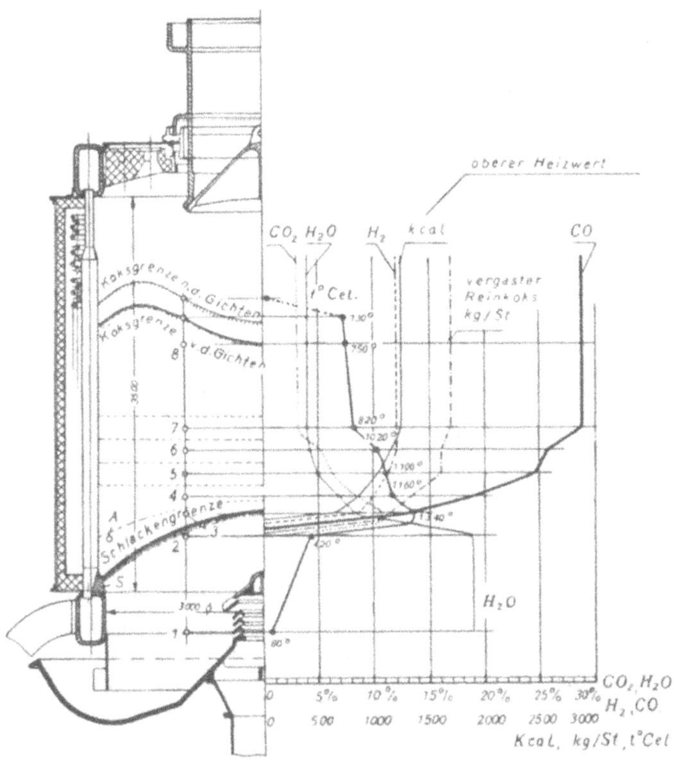

Abb. 6. Versuchsergebnisse an einem Gaserzeuger.

nicht beteiligt, feineres zu schnell entführt wird. Die Wallung vergrößert das Lückenvolumen in der Brennstoffmasse, somit auch die stoffaustauschende Oberfläche.

Einen wertvollen Überblick über die Vorgänge im Zentralgenerator, verbunden mit interessanten Betrachtungen zur Theorie der Gasvorgänge, geben Müller und Graf[2]) auf Grund neuerer Versuche und Betrachtungen

[1]) Gumz, Feuerungstechnik **26** (1938), S. 361.

[2]) I. Müller u. E. Graf, Brennst.-Chemie **20** (1939), S. 241 — Lehrbuch der Technologie d. Brennst. Leipzig-Wien 1939.

von Horak[1]), die an einem Hochdruck-Röhrenkesselgenerator von 3 m l. W. (Bauart Marischka) in Wien durchgeführt wurden. Einen Überblick über diese Versuche gibt Abb. 6. Neben dem die Generatorbauart und die Schichtung seines Inhaltes, sowie die Meßstellen zeigenden Halbschnitt des Gaserzeugers sind die den betreffenden Meßstellen entsprechenden Temperaturen, Gaszusammensetzungen und Heizwerte graphisch aufgezeichnet. Müller und Graf betrachten insbesondere die für diese Prozesse maßgebenden Gleichgewichte der Wassergasbildung, des Wassergasgleichgewichtes und des Boudouardschen Gleichgewichtes, deren Wärmetönungen sie in kcal/kmol rechnen, und prüfen am Zusammenhang zwischen der dem Gleichgewicht entsprechenden Temperatur und der im Betrieb gemessenen Temperatur und Gaszusammensetzung, ob diese Gleichgewichte erreicht wurden. Wie erwähnt, stellten sie fest — übrigens in Übereinstimmung mit anderen Bearbeitern (Clement, Adams und Hopkins, University of Illinois 1909) —, daß trotz stellenweiser Überschreitung der Gleichgewichtstemperaturen in keiner Reaktionszonenlage eines dieser Gleichgewichte erreicht wird. Die Hauptumsetzungen erfolgen in der ersten heißen Schicht oberhalb der Schlakkengrenze, die etwa 20 cm hoch ist. Etwa in halber Höhe der Brennstoffsäule ist die Gasumsetzung praktisch abgeschlossen und die darüberliegenden Schichten dienen nur der Vorwärmung und Trocknung. Weiter wird auch hier festgestellt, daß die öfter gebrachte Annahme einer stufenweise aufeinanderfolgenden Verbrennung des Kohlenstoffs und einer Reduktion zu CO nach den praktischen Versuchsergebnissen nicht möglich ist, vielmehr dürfte sofort eine Verbrennung zu einem Gemisch von CO_2 und CO erfolgen, dessen CO_2-Gehalt sich auf dem weiteren Wege teilweise mit weiterem Kohlenstoff zu CO umsetzt.

Auch diese Versuche bestätigen einige vorher erwähnte Theorien, z. B. daß bei der geringen Beteiligung der höheren Brennstofflagen eine Erhöhung der Brennstoffsäule bei sonst gleichen Bedingungen wertlos ist, daß hingegen eine Steigerung der Strömungsgeschwindigkeit in der Reaktionszone diese verbreitern (erhöhen) und dadurch die Leistung des Gaserzeugers steigern kann.

Über ähnliche englische Versuche an einem Anthrazitgenerator durch Gasprobenahme mit wassergekühlten Rohren und Temperaturmessungen berichten Haslam, Mackie und Reed[2]). Sie stellten fest, daß mit steigendem Feuerungsgrad (Windverstärkung) der Heizwert und der Dampfzersetzungsgrad zunahmen, infolge Erhöhung der Temperatur der primären Reduktionszone; der Gehalt an CO und H_2 wuchs. Dagegen wurde die Höhenlage der Oxydations- und Reduktionszone durch die Höhe des Kohlenbettes nicht geändert. — Vergleichsversuche mit steigendem Verhältnis Dampf/Kohle bei gleicher Höhe des Kohlenbettes

[1]) Horak, Zeitschr. Öst. Ver. G.- u. W.-Fachm. **73** (1933), S. 170.

[2]) Haslam, Mackie u. Reed, Ind. Eng. Chem. **19** (1927), S. 119, 141.

und gleichbleibendem Feuerungsgrad zeigten eine Zunahme des Gasheizwertes bei Dampfmehrzusatz bis zu einem Höchstwert, dann naturgemäß wieder einen Abfall. Bei 0,9 m Kohlenbettiefe und einer Belastung des Generators mit 195 kg/m²/h betrug dieser Bestwert 0,7—0,8 kg Dampf/kg Kohle. Mit steigender Generatorbelastung wächst dieser Höchstwert.

Auf den Einfluß des Generator-Schachtdurchmessers auf die Gasbildung ist noch zurückzukommen (vgl. Generatorbauarten, S. 31).

Bei Vergasung nasser Brennstoffe (tschechischer Rohbraunkohlen) wurde, wie R. Czerny berichtet[1]), der Gaserzeugergang vorteilhaft beeinflußt durch einen Teilkreisstrom des erzeugten Generatorgases. Dieser vom Gasabgang abgezweigte Teilstrom wurde, nach Entteerung, Entstaubung und Entwässerung, mittels Abfallkohlebeheizung stark überhitzt und dem Generator zwischen Ende der Entgasungs- und Anfang der Vergasungszone wieder zugeführt. Dadurch, daß dieses Heißgas den nassen Brennstoff stärker abtrocknet und vorwärmt, als es mit dem erzeugten Gas allein möglich wäre, wird der Vergasungsprozeß so weitgehend gefördert, als ob eine hochwertige Kohle vergast würde.

Die Möglichkeit, die Reaktion im Generator durch dem Brennstoff beigegebene Katalysatoren zu beeinflussen oder zwecks Durchsatzsteigerung zu fördern, bespricht Kröger[2]) und erklärt anorganische Stoffe, besonders Metalloxyde und einige Karbonate für geeignet. Für Erzeugung von billigem Generatorgas kann aber eine Wirtschaftlichkeit solcher Zusätze nicht ohne weiteres erwartet werden.

Dagegen ist die Luftvorwärmung eine Maßnahme, die noch wenig angewandt wird, aber nach Neumann[3]) in Zukunft größere Bedeutung erlangen kann. Sie ist ebenso geeignet, durch Erhöhung des Wärmeinhalts des Brennstoffbettes die Reaktionszone zu verstärken — wobei natürlich gewisse Grenzen einzuhalten sind hinsichtlich Schlackenverschmelzung — wie auch bei nasser Rohkohle eine Abschreckung der Reaktionszone durch zu kalt ankommenden Brennstoff zu vermeiden. Der letztere Effekt ist derselbe wie bei der oben erwähnten Kreislaufführung von überhitztem Generatorgas.

Eine Anreicherung des Unterwindes mit Sauerstoff, die wiederholt vorgeschlagen, aber praktisch wohl noch nicht durchgeführt wurde, hat nach G. Neumann[3]) theoretisch große Vorteile. Wirkungsgrad und Heizwert steigen. Die durch die schärfere Reaktion steigende Generatortemperatur würde einen erhöhten Dampfzusatz notwendig machen. Das Generatorgas unterscheidet sich dann vom normalen durch höheren H_2-Gehalt und geringeren N_2-Gehalt. Die Wirtschaftlichkeit dieses Verfahrens

[1]) R. Czerny, Feuerungstechnik **15** (1926—27), S. 337.
[2]) Kröger, Z. angew. Chem. **52** (1939), S. 129.
[3]) G. Neumann, Mitt. 101 d. Wärmest. Ddf. d. Ver. D. Eisenh.-L. 1927.

hängt natürlich allein vom Sauerstoffpreis ab bzw. von den je 1000 kcal tragbaren Sauerstoffkosten.

Der Dampfzusatz zum Generator hat bekanntlich den doppelten Zweck der Erhöhung des Wirkungsgrades und der kühlenden Gegenreaktion, also auch der Schlackenkühlung. Der gleiche Kühlerfolg kann auch durch Zusatz kohlensäurereicher Gase erreicht werden[1]. Reine Kohlensäure würde hinsichtlich der kühlenden Reaktion im Brennstoff theoretisch die gleiche Wirkung haben wie Dampf; das Gas enthielte dann mehr CO und weniger H_2 und die Verbrennungsgase dieses veränderten Gases entsprechend weniger Wasserdampf.

Bei Abgasen, die nur etwa 18% CO_2 enthalten, müßte die vierfache Menge an Abgas als an Dampf genommen werden, dadurch würde das Generatorgas reicher an N_2. Günstiger ist deshalb die Verwendung von Hochofengas mit 30% CO, 3% H_2, 6% CO_2, weil es relativ weniger Ballast mitbringt als das keinerlei Brenngas enthaltende Rauchgas. Über Betriebsversuche mit Hochofengaszusatz an einem Generator von 3 m Dmr. bei der Illinois Steel Co berichtet Dermott[2].

b) Brennstoffe für die Generatorgaserzeugung.

Im Generator zu vergasen ist grundsätzlich jeder nicht backende Brennstoff. Die Wahl unter möglichen Vergasungsrohstoffen kann einerseits örtlich entschieden werden nach der mengenmäßig oder preislich günstigen Beschaffungsmöglichkeit, anderseits nach der vergasungstechnischen Eignung, also insbesondere nach der Reaktionsfähigkeit, daneben noch nach Art und Menge der Asche. Hinsichtlich Reaktionsfähigkeit stellten K. Bunte und A. Gießen[3] durch Versuche nachstehende Reihenfolge der üblichen Vergasungsstoffe (mit stärkster Reaktionsfähigkeit beginnend) auf, die für Wassergasbildung ermittelt wurde, aber sinngemäß auch für Halbwassergaserzeugung gilt; Grude naß gelöscht — Holzkohle — Grude trocken gelöscht — Halbkoks — Gaskoks naß gelöscht — Gaskoks trocken gekühlt — Zechenkoks.

A. Jäppelt und A. Steinmann[4] geben im gleichen Sinne die Reihe: Braunkohlenschwelkoks — Steinkohlenschwelkoks — Steinkohlenhochtemperaturkoks an, betonen aber daneben, daß praktisch ein stückiger Steinkohlenschwelkoks einem feinkörnigen Braunkohlenschwelkoks trotz des Unterschiedes der Reaktionsfähigkeit überlegen ist.

C. Kröger[5] ordnet die Reihe: Holzkohle — Braunkohlenschwelkoks — Ruß — Steinkohlenschwelkoks — Graphit — Steinkohlenkoks.

[1] G. Neumann, Mitt. 102 d. Wärmest. Ddf. d. Ver. D. Eisenh.-L. 1927.
[2] Dermott, Iron Steel Eng. **2** (1925), S. 269.
[3] K. Bunte u. A. Gießen, Gas- u. Wasserfach **73** (1930), S. 241.
[4] A. Jäppelt u. A. Steinmann, Gas- u. Wasserfach **80** (1937), S. 346.
[5] C. Kröger, Zeitschr. ang. Chemie **52** (1939), S. 129/139; Brennst.-Chemie **19** (1938), S. 157/257.

Diese grundsätzlich vollkommen übereinstimmenden Reihen umfassen also alle entgasten und teerfrei gemachten Brennstoffe. Außer der Reaktionsfähigkeit ist, wie an einem Beispiel (s. oben) bereits erwähnt, auch die Körnung sehr betriebswichtig und infolgedessen bemühen sich in immer mehr hervortretendem Maße einerseits die erzeugenden Verfahren, möglichst stückige Schwelkokse usw. zu erzeugen, anderseits die Gaserzeugerbaufirmen, auch minderwertigere, daher billigere Körnungen wirtschaftlich zu vergasen. Der letztere Weg führt bei Grude und Schwelkoksen schließlich zur Schwebevergasung, bei kleinkörnigem Hochtemperaturkoks zu für diese Körnungen und ihrem im allgemeinen höheren Aschegehalt speziell ausgebildeten Gaserzeugerbauarten, wobei die Besonderheiten bei dem Rost, der Schachtabmessung und ausbildung oder der Brennstoffzufuhr liegen (s. das.). Es konnten infolgedessen schon Kleinkoksgemische (0—20 mm) mit Grusgehalten von 25 bis über 30% 0—10 mm in der Siebanalyse verarbeitet werden. Der Durchsatz geht natürlich gegenüber gröberer Körnung dabei merklich zurück. Die Vergasung ist stets um so schwieriger, je größer der Aschengehalt ist.

Die oben gezeigte Reihenfolge der Reaktionsfähigkeit der Kokse, Gaskoks bis Zechenkoks, stimmt heute nicht mehr unbedingt, da viele Gaswerke einen gegenüber dem früher üblichen Gaskoks reaktionsträgeren Koks erzeugen und anderseits Kokereien, die nicht auf Gießereikoks arbeiten, auch wesentlich reaktionsfähigere Kokssorten auf den Markt bringen.

Bei den Steinkohlen- und Braunkohlenschwelkoksen sind je nach Schwelofenbauart die verschiedensten Kokskörnungen und Kokshärten anzutreffen. Als für die Vergasung günstigste Sorten sind Steinkohlenschwelformlinge und Hartschwelkoks von Braunkohlenkleinbriketts zu bezeichnen, denen auch noch Anteile kleinerer Körnungen in begrenztem Umfange beigemischt werden können.

Holzkohle wird, schon wegen ihres hohen Preises und wegen Beschaffungsschwierigkeiten, in Großgeneratoren im allgemeinen nicht verwendet, häufig aber in Fahrzeuggeneratoren, für die sie einen idealen Brennstoff darstellt.

Außer den entgasten Brennstoffen sind auch nicht entgaste für den Gaserzeugerbetrieb brauchbar; zu unterscheiden sind a) praktisch teerfreie, b) teerhaltige Brennstoffe. Zu ersteren gehören Anthrazite und diesen nahestehende magere Esskohlen. Anthrazitvergasung ist vor allem in der Hüttenindustrie stark verbreitet, teils standortbedingt, teils wegen des mit Anthrazit erreichbaren, etwas höheren Heizwertes, der für Glühprozesse von Bedeutung sein kann. Auch in England und Amerika ist der Anthrazitgenerator sehr viel in Gebrauch[1]). — Als teerhaltige Brenn-

[1]) A. B. Cernishov, Bull. Acad. Sci. USSR. 1938, S. 81; Feuerungstechnik **27** (1938), S. 24.

stoffe sind Steinkohle, Braunkohle, Braunkohlenbriketts, Torf und Holz zu nennen. Der Teergehalt erfordert im allgemeinen eine besondere Teerscheidung. Die Teergewinnung nebst Brennstofftrocknung kann auch in einen auf den Generator aufgebauten Schwelschacht verlegt werden (vgl. Schwelgeneratoren, S. 112). Über Braunkohlenvergasung berichtet Faber[1]) mit dem Ergebnis, daß nur lignitstückige Förderkohle mit höchstens 40% Mulmgehalt verwendbar ist, vorausgesetzt, daß die Asche nach Menge und chemischer Zusammensetzung und Schmelzpunkt keine Schwierigkeiten bereitet. Für Deutz-Gaserzeuger wird bei lignitischer Rohbraunkohle ein Aschegehalt von nicht über 10% bei mindestens 1150° Ascheschmelzpunkt gefordert; Wassergehalt wird bis zu 50% zugelassen. Als Anhaltspunkt bei verschiedenen Wasser- und Aschegehalten wird auch die Angabe des Verhältnisses Asche zu fixem Kohlenstoff erwähnt, das nicht größer als 1:3 sein soll.

Braunkohlenbriketts sind, vor allem seit deren Herstellung in neuerer Zeit Fortschritte hinsichtlich der Festigkeit (Standfestigkeit im Feuer) gemacht hat, viel verbreiteter und brauchbarer als Braunkohle. Ihre Feuchtigkeit kann bis 15% betragen.

Torfvergasung ist in verschiedener Form durchgeführt worden und in ihrer Wirtschaftlichkeit sehr umstritten. Die neuzeitlich verbesserte Torfaufbereitung läßt aber erwarten, daß mindestens bei standortgünstigen Anlagen die Torfvergasung mit Erfolg durchzuführen ist. Luftgetrockneter Stichtorf wird mit Wassergehalten bis 40% vergast, Preßtorf mit 20 bis 25% Wasser. Auch hier darf der Ascheschmelzpunkt nicht unter 1150° liegen. — Ein Großraumvergaser für Torf wurde auch in Italien entwickelt[2]).

Vergasung backender Steinkohlen bereitet Schwierigkeiten, weil einerseits die Brennstoffsäule bei Erreichung der Verkokungstemperatur zum Hängen kommt infolge Bildung von Koksbrücken, anderseits dann die normale Gasentwicklung infolge Durchbruchs von Gaskaminen gestört wird. Gwosdz[3]) berichtet über einige Mittel, die die Verwendung backender Brennstoffe in Gaserzeugern ermöglichen sollen: Auftrag nur dünner Kohlenschichten auf bereits glühendes Brennstoffbett verhütet Koksbrücken, ist aber betrieblich nicht zuverlässig durchzuführen. Möglich ist gute Mischung von backendem mit nichtbackendem Brennstoff. Die in Amerika vielfach üblichen mechanischen Rührwerke mit wassergekühlten Armen haben sich in der dort gebrauchten Form teilweise auch in Deutschland eingeführt, wurden aber wegen viel Verschleiß und nicht durchweg befriedigender Arbeitsweise und viel Staubentwicklung oft abgelehnt. Eine verbesserte deutsche Bauart hat sich wegen ihrer tiefer greifenden Wirkung vielfach bewährt (vgl. S. 52). — Nach einem Ver-

[1]) Faber, Chem. Zentralbl. 1924, S. 2379.
[2]) A. Faber, Feuerungstechnik 1926, S. 189.
[3]) Gwosdz, Wärme **49** (1926), Nr. 5.

fahren von Ehrhardt und Sehmer kann der Steinkohle durch langsames Vorerhitzen auf 450° der Gehalt an Teerbildnern entzogen und dadurch ihre Backfähigkeit eingeschränkt werden. Nach dem gleichen Grundgedanken arbeitet das englische Verfahren nach Lymn mit einem über den Vergasungsschacht gestellten schlanken Schacht, in dem die Steinkohle unter ständigem Rühren mittels Rührwerk auf 500° vorerhitzt wird und ebenso der Gaserzeuger der Power Gas Corporation[1]). Dieser hat eine hohe Brennstoffsäule und darüber angeordneten Schwelschacht mit genauer Temperaturreglung; der hochbemessene Vergasungsraum gibt eine günstige Voraussetzung für weitgehende Dampfzersetzung und damit Vermeidung von Schlackenschwierigkeiten; der Generator soll sich deshalb im Betrieb gut bewährt haben.

In Deutschland ist jedoch die Steinkohlenvergasung im allgemeinen weniger angewandt worden und sollte künftig noch weniger in Betracht kommen, da entgaste Brennstoffe betrieblich und allgemeinwirtschaftlich vorzuziehen sind.

Über Vergasung von Holz, die im großen kaum vorkommen wird, ist später im Zusammenhang mit Sauggas- und Fahrzeuggeneratoren zu berichten (vgl. S. 90, 100).

c) Gasbeschaffenheit.

Die Zusammensetzung von Generatorgasen ist im allgemeinen dadurch gekennzeichnet, daß die brennbaren Bestandteile $CO + H_2$ etwa 40% betragen, der CO_2-Gehalt um 5% und der Stickstoffrest etwa 55%. Bei den reaktionsfähigeren Brennstoffen liegt die Summe $CO + H_2$ etwas höher, der N_2-Gehalt entsprechend niedriger. Im einzelnen hat die Gasanalyse natürlich je nach der Beschaffenheit des vergasten Brennstoffs verschiedene Abweichungen in engen Grenzen, wie nachstehende Übersicht von Generatorgasanalysen nach Literaturangaben und Betriebsversuchen zeigt (Zahlentafel 2, S. 24):

Diese Analysenbeispiele entsprechen normalem, gleichmäßigem Gaserzeugerbetrieb. Unregelmäßigkeiten, z. B. Verwerfung der Schlackenzone, Randfeuer und andere Einflüsse bewirken ein Ansteigen des Kohlensäuregehaltes; auch zu hoher Dampfzusatz steigert den CO_2- und zugleich den H_2-Gehalt.

2. Generatorenanlagen.

An die Stelle der Rostfeuerung, die die Brennstoffwärme nur ganz unmittelbar abgeben, fernerliegende Teile aber nicht in wirtschaftlicher Weise beheizen kann, trat nach dem Halbgenerator der Vollgenerator oder Schwachgaserzeuger. An der Entwicklung der Gaserzeuger sind besonders beteiligt die Hüttenindustrie und die Gasindustrie. Die Kokereien, die zunächst grundsätzlich eigenen Starkgasüberschuß zur Be-

---

[1]) Brit. Pat. Beswick u. Rambush.

Zahlentafel 2.

Zusammensetzung von Generatorgasen.

Brennstoff	Gaszusammensetzung in %					
	CO_2	CO	H_2	CH_4	N_2	H_u
Steinkohlenkoks 10—40	4,2	30,0	11,0	0	54,8	1200
» 5—40	4,6	29,5	10,9	0,2	54,8	1188
» 0—25	4,7	28,8	9,3	0,4	56,8	1146
» 0—25 (30% 0—10)	5,4	27,3	11,1	0	56,2	1113
» 0—25 (36% 0—10)	6,1	26,2	12,4	0	55,3	1113
» 0—25 mit Grus	5,0	28,5	11,5	0,7	54,2	1225
Steinkohle	3,0	30,7	13,5	2,2	50,6	1500
»	4,5	26,1	11,7	2,4	55,3	1346
»	3,5	27,4	11,8	2,7	54,6	1434
Gasflammkohle	5,1	28,4	16,7	2,0	47,7	1415
Anthrazit	4,0	27,5	12,0	0,4	56,1	1325
»	4,2	28,5	15,7	1,0	50,6	1370
» Nuß IV	3,7	28,3	11,3	0,3	56,0	1313
Steinkohlen-Schwelkoks	5,0	29,2	13,5	1,2	51,1	1340
Rohbraunkohle	9,1	17,7	17,9	5,8	49,5	1246
»	11,0	20,0	20,0	2,3	46,7	1318
»	7,5	26,2	12,0	1,1	53,2	1200
Braunkohlen-Knorpel	2,5	30,7	13,3	3,7	49,8	1615
Braunkohlen-Briketts	5,0	31,5	13,0	3,0	47,5	1450
» »	4,9	29,6	14,9	3,7	45,9	1625
Braunkohlen-Koks	5,2	29,8	15,6	0,5	49,0	1350
Braunkohlen-Hartkoks + Grude 2 + 1	5,6	28,8	14,9	0,4	49,9	1304
» » + » 1 + 1	4,8	30,7	15,8	0,6	47,7	1402
Grudekoks körnig	5,6	27,5	11,0	0,7	55,2	1190
Torf	8,2	20,6	17,6	5,4	48,2	1148
»	4,4	27,0	19,2	3,6	45,6	1660

heizung von Öfen und Kesseln verwandten, sind erst in neuerer Zeit unter dem Zwang der Rationalisierung dazu gekommen, Starkgas durch Schwachgas zu ersetzen und konnten bei der Erstellung großer Gaserzeugeranlagen auf bereits vorhandenen reichen Erfahrungen aufbauen.

Während in der Hüttenindustrie eine zwar sehr vielseitige, aber vorwiegend empirische Entwicklung der Schwachgaserzeugung und -verwendung zu verzeichnen ist, gebührt der Gasindustrie ein wesentliches Verdienst, in reger Zusammenarbeit mit den Fachfirmen die Ausbildung des Gaserzeugers vom Einbaugenerator über den frei stehenden Festrostgenerator zum mechanischen oder Drehrostgenerator in allen Teilen technisch und wirtschaftlich und wissenschaftlich durchgeführt zu haben, so daß jetzt für alle Anforderungen und Leistungen gut durchgebildete Anlagen zur Verfügung stehen.

a) Festrostgeneratoren.

α) *Einbaugeneratoren.*

Zur Beheizung der Gaserzeugungsöfen in kleinen und mittleren Werken ist jetzt noch überwiegend der Einbau- oder Einzelgenerator in Betrieb. Wie bereits unter »Beheizung der Vertikalöfen« eingehender besprochen[1]), ist eine Grenzgröße der Betriebsmöglichkeit mit Einzel- bzw. Zentralgeneratoren nicht festzulegen. Die obere Grenze der Einzelgeneratoren wird mit 1,5 t oder mit 2,0 t Fassungsvermögen des Entgasungsraumes oder ähnlich angegeben; wichtiger für die Grenze ist die Werksgröße. Es gibt jedoch verhältnismäßig kleine Betriebe, die mit Zentralgenerator arbeiten und große, die den Einzelgenerator auch im Kammerofenbetrieb beibehalten. Ein Vorteil des Einzelgenerators ist vor allem die billige Bauweise, seine Unabhängigkeit von maschinellem Zubehör und die Einfachheit seiner Bedienung und Überwachung, außerdem ist sein Platzbedarf sehr gering. Wärmetechnisch ist bei ihm die Ausnutzung der fühlbaren Gaswärme im Ofen hervorzuheben, der allerdings, wenn keine Abhitzeverwertung eingerichtet ist, ein hoher Abhitzeverlust gegenübersteht, da die Abwärme durch die Vorwärmung der Verbrennungsluft allein gar nicht voll ausgenutzt werden kann. Als Nachteil ist die schwere Schlackarbeit und die Flugstaubverschmelzung in den Heizkanälen zu erwähnen, während beim Zentralgenerator durch die Verhütung von Flugstaub die Lebensdauer der Entgasungsöfen bis auf das Mehrfache erhöht wird[2]). Weiter ist bei dem Einbaugenerator der Verlust an Brennbarem in der Schlacke höher und die Brennstoffbeschaffenheit muß sorgfältiger ausgewählt und sortiert sein als beim Zentralgenerator, weil der Widerstand der Brennstoffsäule gegenüber dem vorhandenen Ofenzug nicht zu stark werden darf. Immerhin sind gegenüber dem früheren Zwang, nur grobe Kokssorten zu verarbeiten, in neuerer Zeit auch Sonderbauarten bewährt, in denen Kleinkoks und u. U. selbst Grus mit verarbeitet werden kann[3]).

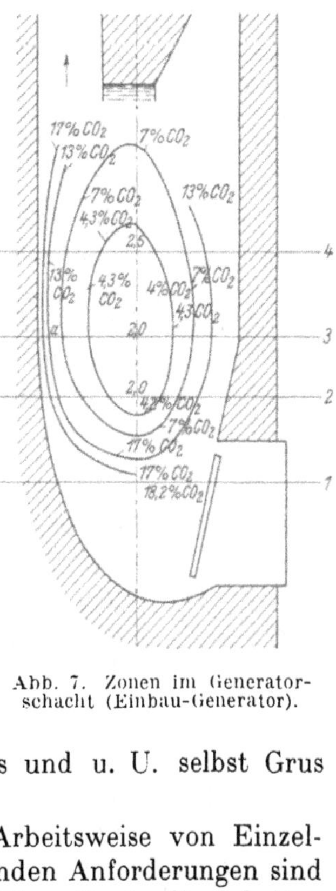

Abb. 7. Zonen im Generatorschacht (Einbau-Generator).

An systematischen Versuchen über die Arbeitsweise von Einzelgeneratoren und die an ihren Betrieb zu stellenden Anforderungen sind außer den grundlegenden Untersuchungen von Hans Bunte die Arbeiten von E. Terres und Mitarbeitern[4]) hervorzuheben. Insbesondere wird auf die in Abb. 7 gezeigten Feststellungen über die Gasbeschaffenheit

[1]) Handbuch d. Gasind. I, 5, S. 21.
[2]) Czako, Gas- u. Wasserfach **64** (1921), S. 609.
[3]) Handbuch d. Gasind. I, 5, S. 31.
[4]) E. Terres, Gas- u. Wasserfach **67** (1924), S. 255; **71** (1928), S. 1205.

in den verschiedenen Lagen der Generatorfüllung hingewiesen, durch die die alte Auffassung von der waagerechten Schichtung der Reaktionszonen abgelöst wird. Die Ergebnisse dieser Forschungen haben unmittelbaren Einfluß auf die konstruktive Weiterentwicklung der Einzelgeneratorbauarten im vergangenen Jahrzehnt gehabt. Hinsichtlich Ausbildung und Bauart des Einzelgeneratorschachtes, der Höhe des Brennstoffbettes und der für verschiedene Betriebsansprüche und Leistungen bewährten Formen des Rostes wird auf die genannten Ausführungen[1]) und die daselbst gebrachten Abbildungen verwiesen.

Auf die Rostform wurde mit Recht besonderer Wert gelegt, da sie für die Gleichmäßigkeit des Generatorbetriebes und damit der Gaserzeugung, sowie für die Häufigkeit und Schwere der Bedienungsarbeit entscheidend ist. Angestrebt wurde dabei eine im Verhältnis zum Schachtquerschnitt möglichst große Rostfläche und eine im Verhältnis zur Rostfläche möglichst große und gut zugängliche Rostöffnung.

Folgende Grundbegriffe des Einzelgeneratorbetriebes seien nochmals genannt:

Mit zurückgehendem Zug fällt und mit zunehmendem Zug steigt der Koksverbrauch und die Leistung des Generators, der Kohlensäuregehalt des Generatorgases sowie die Abgastemperatur und damit der Abhitzeverlust. — Für Bildung eines guten Generatorgases ist eine Brennstoffschichthöhe von wenigstens 60—70 cm notwendig. Um das Gas bei längeren Schlackpausen nicht zu verschlechtern, wird besonders bei Einbaugeneratoren größerer Öfen dieses Mindestmaß auf das Doppelte und mehr erhöht, um auch bei anwachsender Schlacke noch die günstigste Brennstoffsäule zu haben.

Der Brennstoffdurchsatz betrug bei älteren kleinen Einbaugeneratoren um 40—50 kg/m²/h, wurde aber nach Terres' Beobachtungen auf über 80 und in neuzeitlichen großen Einbaugeneratoren mit gut stückigem Koks bis zu 120 kg/m²/h gebracht.

Hinsichtlich der Betriebsweise der Einbaugeneratoren berichtet neuerdings Kossol[2]), daß die Wasserberieselung des Rostes zum Zwecke der Rostkühlung und der Sättigung der Vergasungsluft als veraltet zu betrachten ist. Am vorteilhaftesten wird in einem abgetrennten kleineren Teil des Rekuperators die Generatorunterluft vorgewärmt und mit ebenfalls in der Rekuperation überhitztem Dampf bis möglichst auf die notwendige Sättigungstemperatur gebracht. Infolge der hierdurch gleichzeitig erreichten Volumenvergrößerung der Unterluft ergibt sich eine bessere Verteilung im Generatorschacht und damit gleichmäßigerer Generatorbetrieb und bessere Granulierung der Schlacke.

Im Gaswerkbetrieb ist der Einzelgenerator ein Teil des Ofenblocks und seine strahlende Wärme fließt zum größten Teil unmittelbar dem

[1]) Handb. d. Gasind. I, 5, S. 31.

[2]) Kossol, Gas- u. Wasserfach **82** (1939), S. 484.

Entgasungsofen oder der beiderseits benachbarten Rekuperation zu. In anderen Industrien, besonders in der Hütten- und eisenverarbeitenden Industrie, waren und sind kleine Festrostgeneratoren ebenfalls viel in Gebrauch[1]). Den anderen Voraussetzungen entsprechend pflegen sie allerdings der Verwendungsstelle angebaut, aber noch grundsätzlich mit dieser als Einheit zusammengefaßt zu sein.

Eine häufig gebrauchte Ausführung eines solchen vorgebauten Generators für Glühöfen und ähnliche Bedarfsfälle mit nicht zu großer Einzelleistung ist der Heller-Generator (Abb. 8), ein kleiner Schachtgenerator von viereckigem Querschnitt mit einer Art Flachrost[2]). Der Schacht ist nach unten verengt bis auf 0,5 m Dmr. in Höhe der Winddüsen, oben hat er etwa 1—1,5 m Dmr. und ist 2—3 m hoch. Er wird mit Gebläsewind und reichlichem Dampfzusatz betrieben, so daß keine Schlackenschwierigkeiten entstehen. Der Heller-Generator ist für Vergasung von Koks, Magerkohle und Braunkohle verwendet worden und hat nach Trenkler[3]) Leistungen von etwa 50 kg/m²/h erreicht, die für größere Verbrauchsstellen natürlich nicht ausreichen. Eine Aneinanderreihung mehrerer Heller-Generatoren zwecks Leistungssteigerung kann nicht als vorteilhafte Lösung angesehen werden; dafür sind größere Gaserzeugerbauarten vorzuziehen.

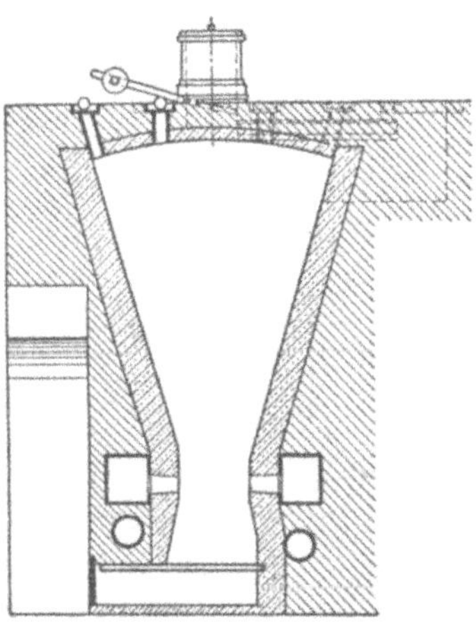

Abb. 8. Heller-Generator.

Hinsichtlich der Anwendung des Einbaugenerators in der Kokereiindustrie in England berichten Rambush und Townsend[4]), daß wegen des hohen Verkaufswertes von Koks die Starkgasbeheizung bevorzugt bleibt. Mechanische Gaserzeuger sollen nur bei weitgehender Grusverwendung in Betracht kommen. In der Gasindustrie überwiegt noch der Einzelgenerator wegen seiner geringeren Anlagekosten.

β) Frei stehende Festrostgeneratoren.

Dieser bereits gekennzeichnete Übergang von eingebauten zum frei stehenden Generator vollzog sich auch in der Gasindustrie, weil es mit Zunahme der Kammergrößen, Kammerzahl und Temperaturen und damit der Durchsatzleistung immer schwerer wurde, einen Gaserzeuger der

---

[1]) Fr. Lüth, Stahl u. Eisen 1932, S. 1213; Mitt. 172 d. Wärmest. Düsseldorf.

[2]) De Grahl, Wirtsch. Verwertg. d. Brennst., München 1927.

[3]) Trenkler, Sparsame Wärmewirtschaft, DVI-Verlag Berlin 1921, S. 47.

[4]) N. E. Rambush and F. S. Townsend, Bericht 4/75 der 2. Weltkraftkonf., Gas- u. Wasserfach 74 (1931), S. 16 TR.

erforderlichen Größe nebst ebenfalls ausreichender Rekuperationsfläche im Ofenblock unterzubringen. Den ersten Schritt unternahmen die Wiener Gaswerke, indem sie etwa 1907 den Duff-Generator, einen viereckigen Festrostgaserzeuger mit Pultrost, vor den Ofen setzten und ihn mit dem Ofen durch einen kurzen gemauerten Kanal verbanden[1]).

Ein in der Hüttenindustrie viel angewandter gemauerter Festrostgenerator war der Dachrostgaserzeuger von Siemens[2]), ein Schachtofen mit länglichrundem Querschnitt 1600/1300 mm Dmr. Ein nur etwa 1/4 des Schachtquerschnittes einnehmender, in der Richtung des kürzeren Durchmessers liegender Dachrost diente der Verteilung der mittels Gebläse zugeführten Vergasungsluft. Dieser Gaserzeuger erreichte mit Braunkohlenbriketts einen Durchsatz von 80 kg/m²/h.

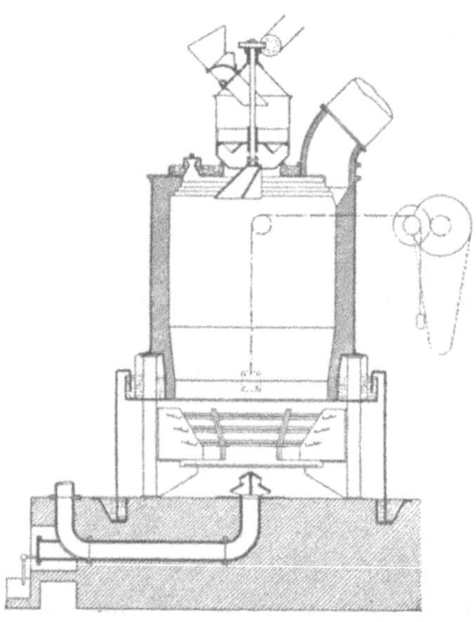

Abb. 9. Poetter-Polygonrost.

Neben diesem waren aber auch schon Generatoren entwickelt worden, die bereits zum zylindrischen Schacht übergingen und nicht mehr im ganzen gemauert waren, sondern aus einem Blechmantel mit feuerfester Ausmauerung bestanden. Die Rostausbildung lehnt sich zunächst an die vom Einbaugenerator bekannten Formen des Treppen- oder Korbrostes an, so z. B. ein Gaserzeuger von Poetter mit einem den Schacht unten abschließenden korbförmigen sog. Polygonrost (Abb. 9), aus dem die Schlacke ringsum herauszuholen war. Die Windhaube auf dem unter der Bodenplatte endenden Windrohr dient in dieser Ausführung nur als Schutz, noch nicht als Teil des Rostes. Der Wind tritt nur rings seitlich durch die Spalten des Korbrostes. Da dieser Generator auch bereits mit Gebläsewind betrieben wurde, mußte der in Wassertauchungen beweglich eingesetzte Blechmantel dieser Schlackenkammer beim Schlacken des Generators geöffnet und infolgedessen der Wind während der Schlackzeit abgestellt werden.

Um letztere Störung zu vermeiden, ging man bald beim Festrostgenerator zur Wassertauchung über. Der Mantel des Generatorschachtes erhielt nur einen die Flucht der inneren Ausmauerung nach unten fortsetzenden und in eine ringförmige Schüssel eintauchenden sog. Tauch-

[1]) Marischka, Gas- u. Wasserfach **70** (1927), S. 826.
[2]) Mitt. Nr. 172 d. Wärmest. Düsseldorf d. D. Ver. d. Eisenh.-L. Abb. 1.

ring. Die Schlacke konnte nun ohne Betriebsunterbrechung ringsum aus der Ringtasse herausgeholt werden. Einer der ersten dieser Generatoren mit Wasserabschluß und mit Gebläsewindzufuhr in der Mitte war der Morgan-Generator[1]). Ähnlich gebaut, nur mit größerem Kegelrost, ist der Pintsch-Rundrostgenerator (Abb. 10).

Auch seitlich und in der Mitte wurde beim Festrostgaserzeuger die Luftzufuhr geleitet. Zu diesem Zweck wurde der Korbrost als Ring-

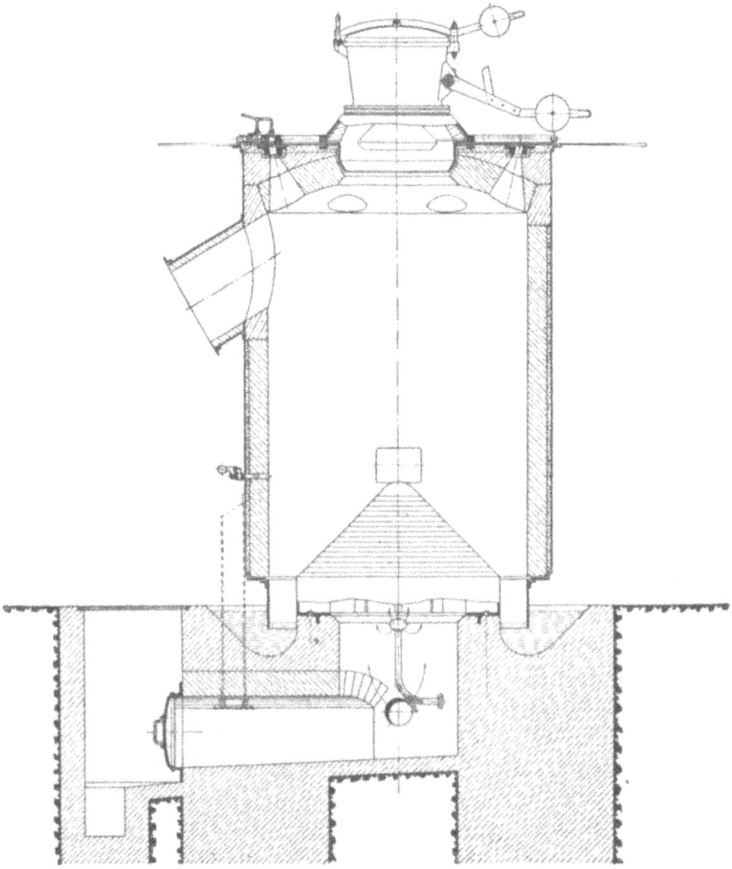

Abb. 10. Rundrostgenerator (Pintsch).

kammer mit Luftschlitzen nach innen umgebildet und das Windrohr erhielt nur eine kleinere Rosthaube. Diese bei größeren Generatoren gewählte Anordnung bezweckte ausreichende Luftverteilung über den ganzen vergrößerten Generatorquerschnitt.

---

[1]) de Grahl, Wirtsch. Verwertg. d. Brennst., München 1927, S. 179.

Der Lurgi-Festrostgenerator gibt dem seitlich beschickten Windringkanal eine der Schlackenböschung angepaßte Form mit voller Öffnung zum Generatorschacht (Abb. 11). Solche Bauart mit kleiner feststehender Windverteilungshaube inmitten der breiten Schlackenringtasse wird auch als »rostloser« Generator bezeichnet (Bamag). Meist wird aber die Luftverteilung auf den ganzen Generatorquerschnitt erreicht durch Vergrößerung und geeignete Ausbildung des Mittelrostes.

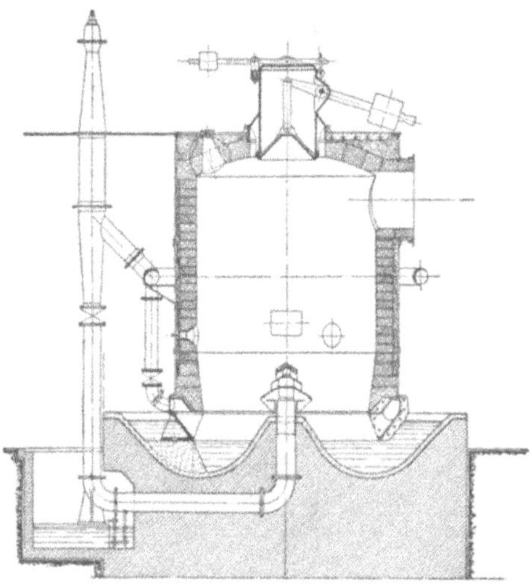

Abb. 11. Festrostgenerator (Lurgi).

b) Drehrostgeneratoren (Zentralgeneratoren).

α) Größenordnung von Drehrostgeneratoren.

Als Vorteile des Drehrostgenerators, die durch die vorangegangenen Entwicklungsstufen des Gaserzeugers teils gar nicht, teils nur unvollkommen erreicht wurden, sind folgende zusammenzufassen:

Gleichmäßige Windverteilung und damit gleichmäßige Beaufschlagung der ganzen Brennstoffschüttung und restlose Brennstoffausnutzung; gleichmäßige Schlackenaustragung und damit gleichmäßige Reaktionszone; gute Regelbarkeit der Windmenge und des Dampfzusatzes zum Wind; bei Wassermantel Dampfgewinnung für Eigenbedarf der Vergasung und als Überschuß.

Die Leistung eines Drehrostgenerators wird im allgemeinen nach dem Brennstoffdurchsatz in kg/m²/h angegeben, unter Angabe der Brennstoffart. Theoretisch richtiger wäre die Bemessung nach Durchsatz von festem Kohlenstoff in kg/m²/h, doch würde dieser Wert bei der Verschiedenheit der üblichen Brennstoffe nach Wasser- und Aschegehalt auch keine zuverlässige und praktisch brauchbare Vergleichsmöglichkeit geben.

Eine untere Grenze der Größe von Drehrostgeneratoren hinsichtlich Eignung und Wirtschaftlichkeit ist, wie erwähnt, nicht festzulegen. Bei der Wahl eines mechanischen Gaserzeugers darf aber die Wichtigkeit der maschinellen Einrichtungen nicht übersehen werden. Sie zwingt, besonders bei ununterbrochen gleichbelasteten Betrieben, zu ausreichender Reservehaltung und setzt Ersatzteile und Facharbeiter voraus. Daß demgegenüber die Vorteile der gleichmäßigen Gasbeschaffenheit, der vereinfachten Bedienung und der freieren Brennstoffauswahl praktisch von größerer Bedeutung sind, beweist die Tatsache, daß sich schon Gaserzeuger sehr geringer Leistung in mechanisierter Ausführung bewährt haben.

Als kleinste Drehrostgeneratoren gibt W. Kirnich[1]) solche mit 0,8 m Schachtdurchmesser an, ferner 0,95 m, 1,3 m Dmr. Der 0,8-m-Generator setzt etwa 1 bis 1,2 t Koks täglich durch (Körting-Gaserzeuger). In neuerer Zeit ist aber die Grenze der Mechanisierung noch weiter gesenkt worden, insbesondere für Kleinkraftanlagen und Sauggasanlagen. So werden Deutz-Drehrostgaserzeuger bereits von 400 mm Schachtdurchmesser an gebaut, mit einem Durchsatz von etwa ¼ t je Tag. Diese Kleingeneratoren kommen aber nur für kleine Einzelleistungen in Frage, bei größerem Bedarf sind mehrere Kleinanlagen dem Gaserzeuger mit breiterem Schacht unterlegen. Gaserzeuger größerer Leistung werden mit 1,5—3 m Schachtdurchmesser gebaut. 3 m ist im allgemeinen als bisher größter Schachtdurchmesser anzusehen; seine Überschreitung würde erhöhte Anforderungen an die Gleichmäßigkeit der Windverteilung und Schlackenaustragung bzw. an die Erhaltung einer gleichmäßigen Reaktionszone stellen. Größere Durchmesser sind nur in Einzelfällen angegeben, mit 3,2 m für den amerikanischen Wellmann-Generator[2]) und mit 5 m für den italienischen Ricci-Gozo-Großraumvergaser[3]).

In größeren Betrieben am meisten üblich sind Drehrostgeneratoren von 1,6, 2,1, 2,6 und 3,0 m Schachtdurchmesser. Während vor einigen Jahren 2,1 m Dmr. weitaus bevorzugt wurde, sind in neuerer Zeit die größeren Durchmesser mehr in Gebrauch gekommen. Abgesehen von der in Großanlagen damit verbundenen Vereinfachung der Gesamteinrichtung sprach für den größeren Durchmesser der zunehmend geringere, also günstigere Randzonenanteil. Es ist bei Mantelkühlung nicht zu vermeiden, daß die durch den Mantel gekühlte Zone eine etwas ungünstigere Gleichgewichtslage für die Gasumsetzung gibt; auch strömungstechnisch ist die Gasbildung nachteilig beeinflußt durch den — zumal bei grober Körnung — freieren Gasweg zwischen Schüttung und Mantel. Abb. 12 zeigt das mit zunehmendem Durchmesser des

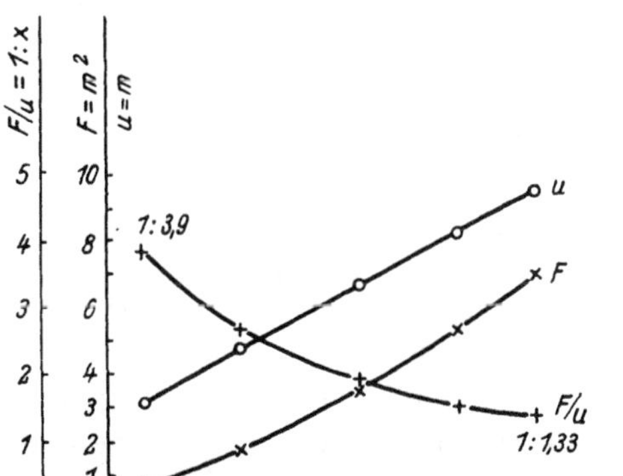

Abb. 12. Verhältnis Generatorquerschnitt zu Randzone.

[1]) W. Kirnich, Chem. Fabr. **5** (1932), S. 433; Gas- u. Wasserfach **76** (1933), S. 626.
[2]) Herbordt, Gas- u. Wasserfach **76** (1933), S. 112.
[3]) A. Faber, Feuerungstechnik 1926, S. 189.

Schachtes abnehmende Verhältnis Querschnitt/Umfang, *F/U*. Entsprechend diesem Verhältnis geht beim größeren Generator der Anteil an verschlechtertem Randzonengas zurück.

β) Der Generatorschacht.

Ausgemauerte Generatoren. Der von oben bis unten ausgemauerte Blechmantelgenerator gilt zwar im allgemeinen als durch den Wassermantel- oder Dampfkesselgenerator überholt, hat aber noch in vielen Fällen technische und wirtschaftliche Berechtigung. Zunächst ist die gemauerte Ausführung bei Kleinanlagen in den Anlagekosten oft vorteilhafter. Aber auch bei größeren Anlagen (Abb. 13) genügt die Ausmauerung, wenn Brennstoffe mit wenig Aschegehalt und vor allem mit Asche von hohem Schmelzpunkt, also geringer Neigung zur Wandverschlackung durchgesetzt werden, ferner wenn bei Vorhandensein billigeren Betriebsdampfes aus anderen Anlagen an der Eigendampferzeugung in der Anlage kein Interesse besteht. Als Brennstoffe der genannten Eigenart sind vor allem lignitische Braunkohlen, auch Braunkohlenbriketts, ferner Torf und Holzabfälle zu nennen. Auch Anthrazite werden noch oft im ausgemauerten Schacht vergast.

Die Ausmauerung ist meist vollkommen zylindrisch wie bei den ausgemauerten Festrostgeneratoren. Dagegen hat der Schacht der amerikanischen Drehrostgaserzeuger nach Hughes[1]) und Wellmann[2]) nur im oberen Teil zylindrischen Mantel, das untere Drittel ist kegelförmig, um etwa 10% der lichten Weite scharf abgesetzt eingezogen (S. 49).

Auch der Großgaser nach Ricci Gozo[3]) hat einen Schacht, der aus einem oberen zylindrischen Teil und einem unteren, allerdings längeren und allmählicher verjüngten Kegelstumpf besteht.

Während sich die Ausmauerung bei nicht oder wenig verschlackenden Brennstoffen noch gut bewährt, wurde sie bei gasarmen, stark schlackenden Brennstoffen hauptsächlich wegen der betriebsstörenden Wandverschlackungen verlassen, die sowohl den laufenden Betrieb ungünstig beeinflußten, als auch große Betriebsunterbrechungen zur Neuausmauerung verursachten.

Diesen Nachteil des ausgemauerten Mantels suchte der Generator mit gekühltem Chamottemantel zu vermeiden[4]), bei dem in den Chamottemantel Wasserkühlrohre eingemauert wurden. Diese in Königsberg ausgeführte Bauart erreichte zwar, daß die Haltbarkeit des Mauerwerkes sich sehr besserte, sie ist aber sonst nur als Übergangslösung zu bewerten, die sich im Betrieb nicht weiter einführte. Dagegen ist ein

---

[1]) Mitt. **71** (1925) d. Wärmest. Düsseldorf d. Ver. D. Eisenhütten-L., S. 291.

[2]) Herbordt, Gas- u. Wasserfach **76** (1933), S. 112; Engg. **119** (1925), S. 37.

[3]) A. Faber, Feuerungstechnik 1926, S. 189.

[4]) Gerhard, Gas- u. Wasserfach **68** (1925), S. 241.

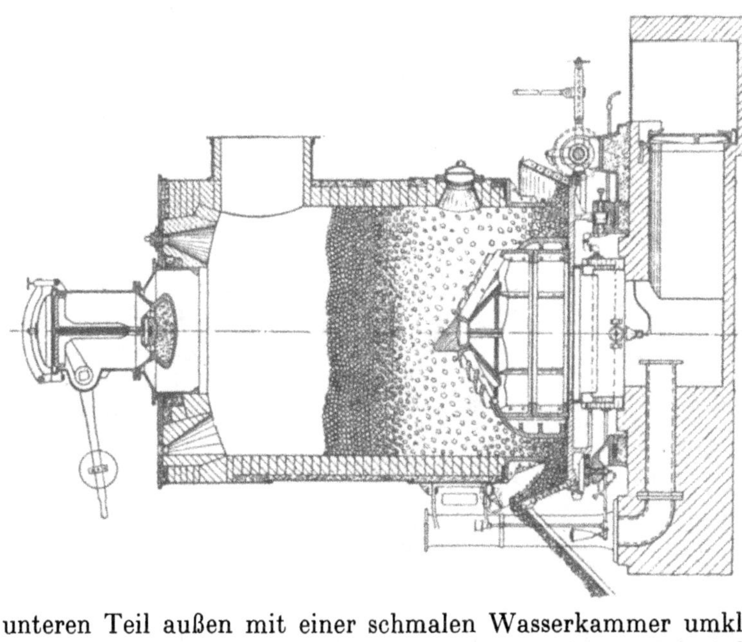

Abb. 13. Ausgemauerter Drehrostgenerator.

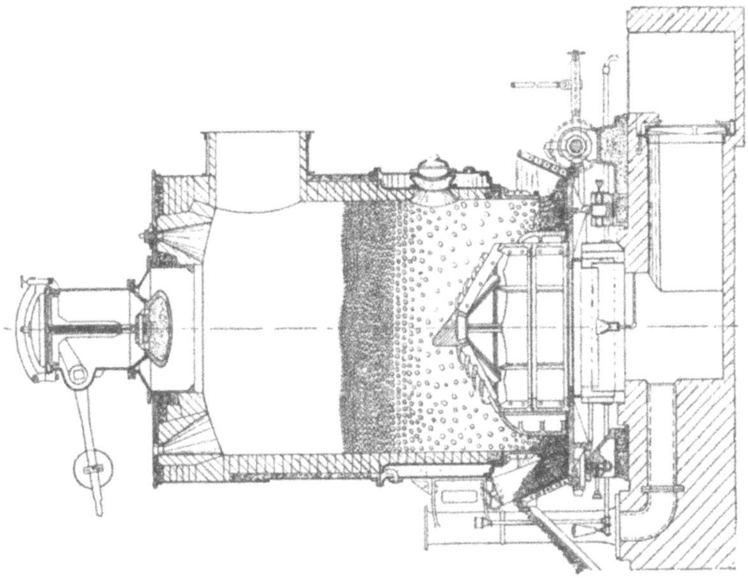

Abb. 14. Ausgemauerter Schacht mit Kühlmantel (Bamag).

im unteren Teil außen mit einer schmalen Wasserkammer umkleideter ausgemauerter Generator (Bamag) (Abb. 14) auch weiter noch in Gebrauch.

In den übrigen Einrichtungen (Füllung, Austragung usw.) und in der Gesamtanordnung entsprechen die ausgemauerten Generatoren im wesentlichen den gleich großen Anlagen mit Mantelkessel.

Eine andere Form der Wasserkühlung hat ein von R. Möller gezeigter Hochleistungsgenerator für Braunkohlen oder Braunkohlenbriketts (Demag)[1]. Der ausgemauerte zylindrische Schacht setzt sich unten in einen dem früheren Korbrost ähnlichen sog. Seitenrost fort (Abb. 15). Dieser besteht aus nebeneinandergestellten Siederohren, in denen das aus dem Gas in einem Röhrenkühler niedergeschlagene Schwelwasser erhitzt wird, möglichst auf 80° und mehr, worauf der Schwaden zum Sättigen des Unterwindes verwendet wird. Auf diese Weise wird Seitenrostkühlung und Schwelwasservernichtung vereinigt. Die höhere Temperatur hat bei dem als Destillat angefallenen, also kalkfreien Schwelwasser keinen Nachteil. Die Spalten zwischen diesen Rohren des Seitenrostes dienen auch der seitlichen Windzufuhr. Der Schacht ist im oberen Drittel nach außen konisch erweitert; es soll damit erreicht werden, daß die Randgase nochmals durch den Brennstoff gezwungen werden; allerdings liegt diese Zone oberhalb der Reaktionszone.

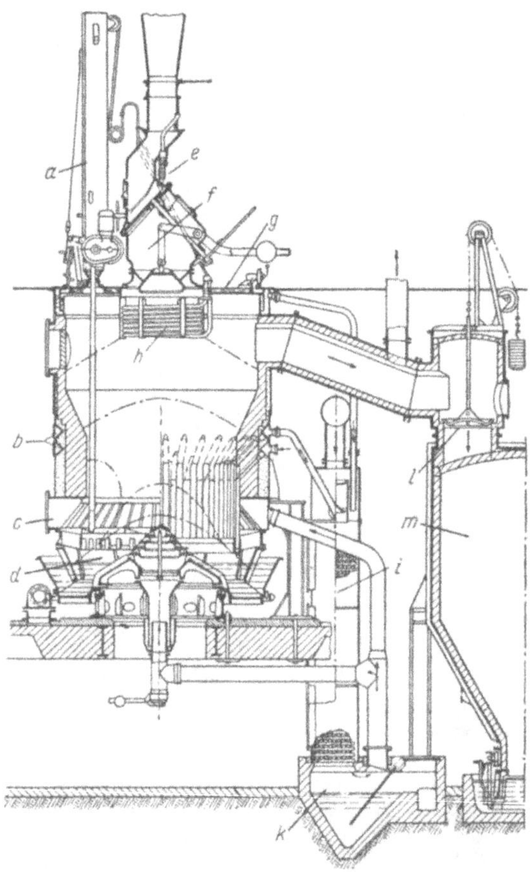

Abb. 15. Hochleistungsgaserzeuger. Schnitt durch Generator, Windsättiger und Staubvorlage.

a Stochapparat
c Wasserkammern
d Luftkammern
f Aschezone
i zentrale Strom- und Wasserzufuhr
k Fülltrichter
m Drehplatte
n Rohrschlange
w Windsättiger
y Wassergrube
z_1 Schnellschlußventil
z_2 Staubsack und Sammelleitung

Generatoren mit Mantelkessel (Niederdruckkessel). Die als Doppelmantelgenerator oder Mantelkesselgenerator bezeichnete Bauform ist die betrieblich einfachste Bauart, die den Zweck erreicht, Schlackenverschmelzungen von gasarmen, ascheреichen Brennstoffen am Generatormantel zu vermeiden und dadurch

[1]) R. Möller, Zeitschr. VDI **81** (1937), S. 1167; Braunkohle **35** (1936), S. 417.

die Schlackarbeit zu vermindern oder praktisch ganz auszuschalten. Für Kleinkoks- und Grusvergasung ist daher der Wassermantelgenerator unerläßliche Voraussetzung[1]).

Die ersten Versuche bzw. Betriebsausführungen, z. B. der Kerpely-Generator[2]), benutzten zur Mantelkühlung Kaltwasser, das zur Vermeidung von Kesselsteinablagerung mit höchstens 50—60° abgeführt wurde. Diese Betriebsart hatte zwei Nachteile. Einerseits fiel das Warmwasser in Mengen an, die im allgemeinen betrieblich nicht zu verwerten waren, abgesehen davon, daß der Wasserverbrauch (nach Marischka) das Zehnfache als für Dampferzeugung betrug. Anderseits ergaben sich große Betriebsschwierigkeiten dadurch, daß an der gekühlten inneren Mantelfläche der Wasserdampfgehalt des Unterwindes sich teilweise niederschlug und in verhältnismäßig kurzer Zeit zu starken Korrosionen führte. Da neugebildeter Rost an diesen Flächen ständig wieder abgescheuert wurde, konnte die Nachrostung ebenso fortschreiten.

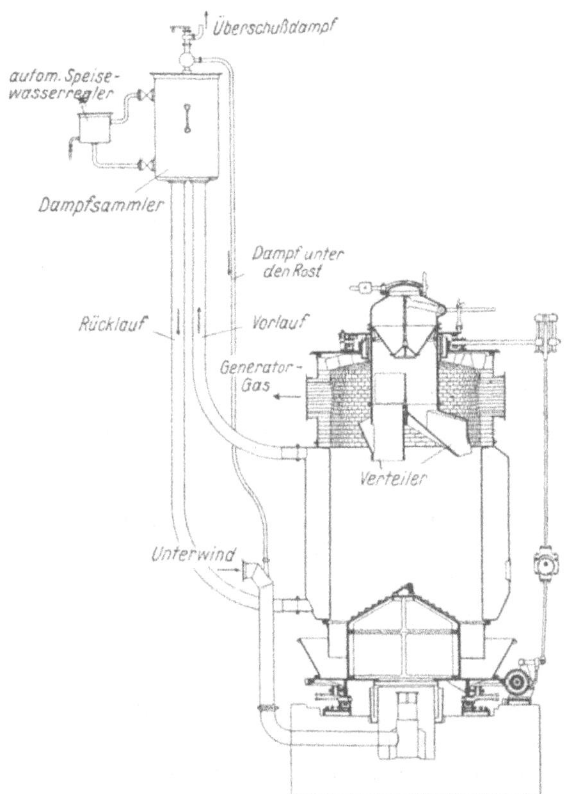

Abb. 16. Niederdruck-Dampfkesselgenerator (Koppers).

Trotzdem wurde, wo genügend Warmwasserbedarf war, z. B. für Badezwecke, Gasbehälter-Bassinheizung u. dgl., auch versucht, unter Beibehaltung der Wasserkühlung die auftretenden Schäden zu vermindern. So ersetzte Königsberg[3]) den schwer auswechselbaren Doppelmantelkessel durch eine größere Anzahl von Segmentkästen, zusammengehalten durch Zugstangen, die an zwischen den Segmentkästen eingesetzten Keilstücken befestigt wurden. Diese Anordnung ermöglichte Ersatzherstellung im Betrieb in geschweißter Ausführung, getrennte

[1]) F. Lüth, Stahl u. Eisen **52** (1932), S. 1213.
[2]) De Grahl, Wirtsch. Verwertg. d. Brennst., München 1921, S. 181.
[3]) Gerhard, Gas- u. Wasserfach **68** (1925), S. 241.

Zuflußregelung, sowie Auswechseln jedes Segmentkastens einzeln ohne langwierige Betriebsunterbrechung und Montagekosten. Die durch diese geradlinig gearbeiteten Kästen bedingte Polygonform des Schachtes machte keine Schwierigkeiten.

Auf die Dauer konnte eine solche Lösung aber nicht befriedigen, da sie die Ursachen der Korrosion nicht beseitigte. Dies geschah erst durch die Erhöhung der Kühlmanteltemperatur auf über 100°.

Koppers entwickelte 1921 das Heißwasser-Umlaufverfahren[1]) (Abb. 16). Der meist mit 0,5 atü betriebene, daher nicht überwachungspflichtige Niederdruckkesselmantel hat ein mit dem obersten Kesselrand bündiges Heißwasser- bzw. Dampfableitungsrohr zum etwa 5 m über Kesseloberkante angeordneten Dampfsammler. Die Dampfbildung oder Entspannung erfolgt deshalb praktisch im Dampfsammler nach Überwindung der Wassersäule. Aus dem Dampfsammler wird der Dampf für den Unterwind und der Überschußdampf entnommen und das durch einen Speisewasserregler in den Dampfsammler eingespeiste, selbstverständlich enthärtete Zusatzwasser fließt mit dem Kesselwasser in einem Fallrohr zur Kesselunterkante, wo es, entgegengesetzt dem Abgangsrohr tangential eingeführt, eine Kreislaufbewegung des Wassers im Kesselmantel fördert.

Der Mantelkessel ersetzt meist nicht den ganzen Generatorschacht, sondern nur den unteren Teil, soweit Verhütung von Schlackenansätzen in Frage kommt und noch ein ausreichendes Wärmegefälle vom Schachtinhalt zum Kesselwasser vorhanden ist. Es finden sich aber doch auch die verschiedensten Kesselhöhen, die sich teils nur auf die engste Brennzone erstrecken oder auch bis zur ganzen Höhe der Brennstoffschüttung oder des Schachtes ausgeführt werden[2]).

Der Mantelkessel wurde anfangs nur mit schmalem Wandabstand, 150—200 mm, parallelwandig geführt, neuerdings bevorzugt man aber sehr den »begehbaren Kessel« mit der in Abb. 16 ersichtlichen ausgebuchteten Außenwand und 300—350 mm Wandabstand. Wegen der auch bei enthärtetem Wasser nicht immer vermeidbaren Schlammablagerung an den meistbeanspruchten Innenwandteilen ist die Möglichkeit, in Betriebspausen des Generators zum Ausspritzen und Ausscheuern den Mantel befahren zu können, ein nicht zu unterschätzender Betriebsvorteil. Bei kleineren Wassermantelgeneratoren soll deshalb wenigstens durch reichliche Anordnung von Handlöchern oder Reinigungsstutzen für genügende Reinigungsmöglichkeit Sorge getragen werden. Bei Verwendung von nicht oder ungenügend enthärtetem Wasser, womit besonders bei Kleinbetrieben gerechnet werden muß, erhält die Kesselreinigung erhöhte Bedeutung. Für solche Fälle sieht u. a. eine Bauart

---

[1]) H. Koppers, DRP. 390463.

[2]) F. Lüth. Stahl und Eisen **52** (1932). S. 1213.

(Deutz) die Anordnung der Wassermantelaußenwand als »Hemd« vor[1]), die mit dem Deckel nach oben abgezogen werden kann und so den Innenmantel zur Reinigung freigibt.

Andere Ausführungen des Niederdruck-Dampfkesselmantels verwenden liegende Dampfsammler, die nur in Flurhöhe oder unter Flur angebracht werden, gegebenenfalls mit hochgezogenem Wasserstandsanzeiger (Abb. 17). Da hierbei der Kessel nicht unter Druck einer entsprechenden Wassersäule steht, muß im Kessel selbst oben ein Dampf-

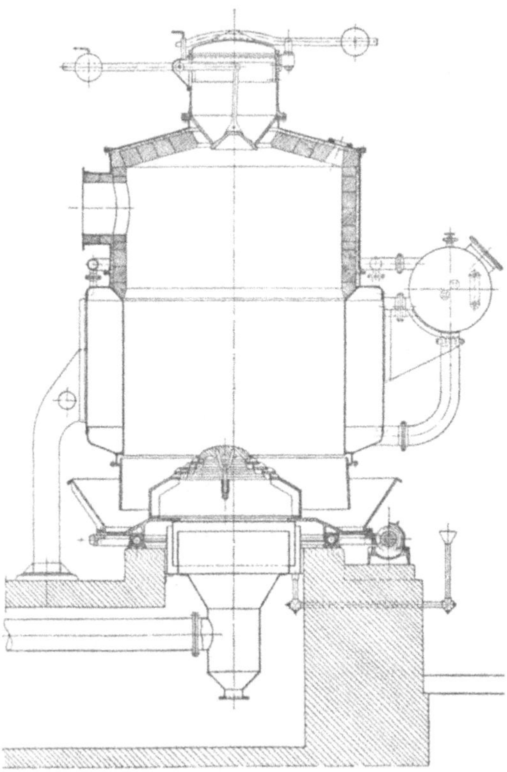

Abb. 17. Generator mit Niederdruck-Dampfkessel.

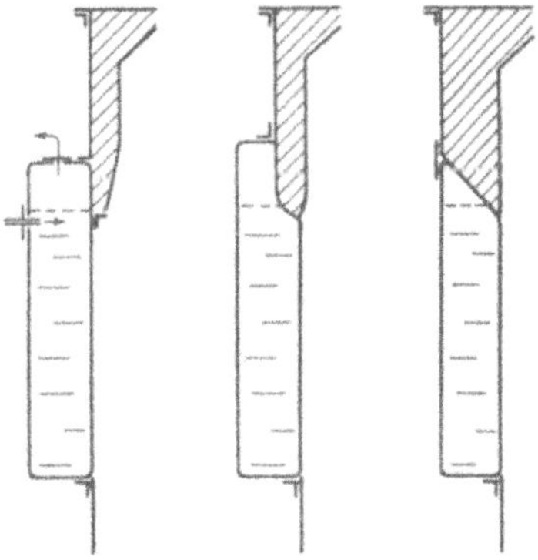

Abb. 18. Dampfsammelräume in Niederdruck-Dampfkesseln.

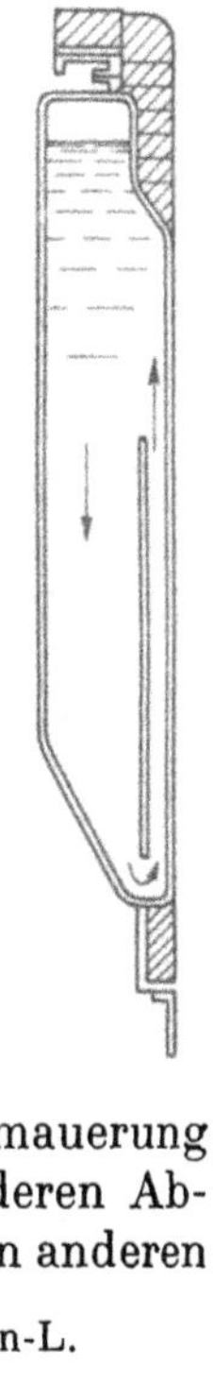

Abb. 19 (rechts). Wasserumlaufführung im Mantelkessel (Demag).

sammelraum (ringförmig um den ganzen Schacht) vorhanden sein, der den Feuergasen von der Innenseite nicht ausgesetzt ist. Dieser wird, wie in Abb. 18 an einigen schematischen Beispielen verschiedener Baufirmen gezeigt ist, entweder senkrecht hinter die innen übergreifende Ausmauerung verlegt oder die Ausmauerung steht auf einer Auskröpfung der Kesselinnenwand oder auf deren Abschrägung nach außen. Weitere ähnliche Ausführungen sind an anderen

[1]) Mitt. 172 (1938) der Wärmest. Düsseldorf d. Ver. D. Eisenhütten-L.

Gaserzeugerabbildungen ersichtlich. Der Wasserumlaufführung im Niederdruck-Mantelkessel selbst dient bei dem Demag-Generator eine rings im Kessel senkrecht eingebaute Scheidewand, die dem Wasser oben und unten freien Durchtritt läßt. Das an der Schachtinnenwand siedende Kesselwasser steigt auf, gibt den Dampf in den Ringraum ab und fällt in dem äußeren Mantelumfang abwärts zur Wiederholung des Kreislaufes (Abb. 19, 30). Ein Boiler oder Oberkessel ist hierbei nicht erforderlich.

Kessel dieser Bauarten werden, wie erwähnt, als nicht genehmigungspflichtig mit 0,5 atü gebaut, bisweilen aber auch mit 2, 3 und mehr atü. Höhere Drucke erfordern unverhältnismäßig dicke Kesselwandungen.

Eine Ausführung des Poetter-Generators mit Niederdruck-Dampfmantel vermeidet die Ansammlung eines Dampfpolsters im Mantelkesseloberteil dadurch, daß der obere Kesselboden nicht waagerecht ausgeführt ist, sondern nach der einen Seite schräg hochgezogen

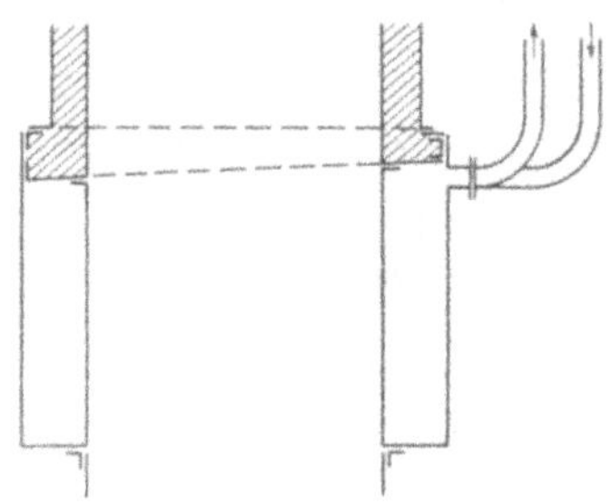

Abb. 20. Kesselmantel mit einseitigen Abgängen (Poetter).

wird und der Dampfabgang zum Oberkessel an dieser höchsten Stelle angeschlossen ist (Abb. 20).

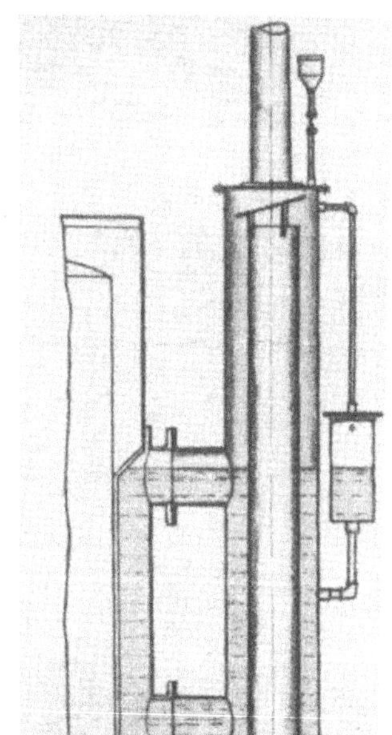

Abb. 21. Druckloser Dampfsammler mit Windsättigung.

Bei einigen ohne Druck, aber mit siedendem Wasser arbeitenden Kesseln, der sog. Siedekühlung, die besonders für mechanische Kleingeneratoren angewandt wird, steht dieser obenerwähnte, hinter das obere Mauerwerk verlegte Dampfsammelraum in Verbindung mit einer Zuflußregeleinrichtung sowie mit einer Unterwind-Dampfsättigung (Deutz, Abb. 21). Der von oben in diesen Dampfraum eintretende Gebläsewind wird, bevor er in das zentral abwärts führende Rohr eintreten kann, gezwungen, durch den Dampfraum zu wirbeln und sich mit Dampf aufzuladen.

Bei dem Dr.-Otto-Generator wird als Dampfsammler ein Röhrenkessel verwendet, durch den zunächst das abziehende Generatorgas gekühlt wird; dieser Gasabhitzekessel ist mit dem Mantelkessel gekuppelt und so angeordnet, daß er als Dampfsammler für diesen arbeitet[1]).

Der Generatorschacht bildet meist ein feststehendes Ganzes mit dem Generatordeckel und ruht auf 3 bis 4 außen am Mantel befestigten Säulen. Abweichend hiervon sind aber noch die verschiedensten Anordnungen gebaut worden, z. B. mit feststehendem Schacht und drehendem Deckel und auch mit drehendem Schacht. Auf diese Bauformen ist bei Besprechung der Fülleinrichtungen und Austragvorrichtungen noch zurückzukommen.

Generatoren mit Hochdruck-Dampfkessel. Die beschriebenen Dampfmantelkessel, die aus Gründen der Betriebsvereinfachung meist mit Niederdruck betrieben werden, sind, wie erwähnt, natürlich auch in grundsätzlich gleicher Ausführung für Mitteldruck möglich, etwa bis 2,5 oder 3 atü. Wenn aber schon Dampf höheren Druckes erzeugt wird, dann ist es im Interesse der Verwertbarkeit des Dampfes richtiger, Dampf von möglichst hohem Druck, 20 bis 25 atü oder doch wenigstens in der in dem betr. Werk allgemein üblichen Druckhöhe, z. B. 10, 12 oder 15 atü im Generatormantel zu erzeugen. Außer diesem Vorteil der besseren Verwertbarkeit des Überschußdampfes wird durch den Hochdruck-Dampfmantel entsprechend seiner höheren Temperatur dem Gaserzeugungsvorgang in der Randzone weniger Wärme entzogen. Weiter gestattet Hochdruckdampf eine mehrfache Dampfausnutzung, z. B. als Arbeitsdampf in einer Dampfturbine und anschließend als Heiz- oder Unterwinddampf.

Auf dem Gebiete der Hochdruck-Dampfkesselgeneratoren leisteten die Wiener Gaswerke gemeinsam mit Heinrich Koppers grundlegende Arbeit seit 1909. Der erste von Koppers versuchte Hochdruckmantel war ein Rauchröhren- oder Feuerröhrenkessel mit Innenheizung für 6 atü Betriebsdruck; er bewährte sich nicht wegen seiner hohen Bauart und weil der Gaserzeugerschacht durch den Röhrenkessel im Betrieb völlig unzugänglich war. Ein Erfolg war dagegen der 1910 als Bauart Marischka entwickelte Wasserröhrenkessel, der die gute Wärmeausnutzung der ersten Bauart beibehielt, außerdem aber gut zugänglich war (Abb. 22). Der Schacht dieses Generators besteht[2]) aus einer ringförmigen Anordnung von Siederohren, die mit 2 mm Abstand aneinanderstehen. Diese Bauart folgt also der im Kesselbau für höhere Drücke bereits üblichen Tendenz, die wärmeübertragenden Kesselteile in Einzelelemente aufzulösen. Oben und unten sind diese Siederohre mit ihrem selbstverständlich verjüngten Ende in je eine Ringkammer quadratischen Querschnitts eingewalzt. Diese Ringkammern sind aus je 2 Halbringen zusammengeschweißt. Zur Prüfung und etwaigen Nach-

---

[1]) Bramslav, Gas- u. Wasserfach **77** (1934), S. 617.

[2]) Marischka, Gas- u. Wasserfach **70** (1927), S. 826; Horak, Gas- u. Wasserfach **74** (1931), S. 935; Zeitschr. Öst. Ver. G.W. 1931.

bearbeitung der Walzstellen sind sie mit ausreichenden Kontrolldeckeln versehen. Die erwähnte Verjüngung der Siederohre ist exzentrisch nach außen verschoben, so daß die Innenfläche der Ringkammern nicht über die Innenfläche der Siederohre nach innen übersteht, was besonders an der unteren Ringkammer zur Vermeidung von Schlackenaufhängen wichtig ist. Die 2 mm breiten, senkrechten Spalten zwischen den Siederohren sind mit Kupferblech ausgelegt und verstemmt. Die unten durch die Verjüngung der Siederohre an der unteren Rauchkammer entstan-

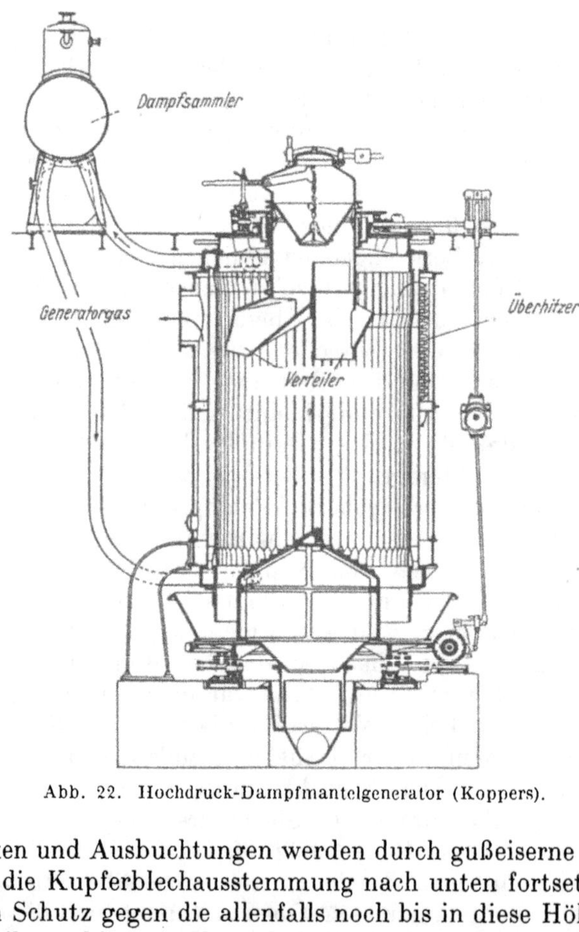

Abb. 22. Hochdruck-Dampfmantelgenerator (Koppers).

denen Lücken und Ausbuchtungen werden durch gußeiserne Schuhe ausgefüllt, die die Kupferblechausstemmung nach unten fortsetzen und zugleich einen Schutz gegen die allenfalls noch bis in diese Höhe reichende Schlackenreibung bieten. Oben sind die Siederohre in einem etwa ein Viertel des Schachtumfanges umfassenden Teil nicht nur kurz zum Einwalzen verjüngt, sondern auf $^1/_2$ m Länge. Die dadurch entstehende Reihe breiterer, nicht durch Kupferblech ausgefüllter Schlitze dient als Gasabgang in die Überhitzerkammer, die um die obere Hälfte des Siederohrmantels herumgebaut ist. Das durch diese Siederohrspalten austretende heiße Gas umspült die Mantelsiederohre von außen und außerdem die halbringförmig am Schacht anliegenden Dampfüberhitzerrohre und verläßt die Überhitzerkammer entgegengesetzt dem Gasübertritt aus dem Schacht. — Die beiden Ringräume des Siederohrkessels sind durch Rohrleitungen mit dem über Flur aufgestellten Dampfsammler verbunden; zur ausreichenden Abführung des Dampfes hat der obere Ringraum 4 Abgangsrohre, der untere zur Speisewasserrückführung 2 Ableitungen. Die anfangs sehr stark geäußerten Bedenken wegen Verschleißes der Siederohre haben sich, wie der jahrzehntelange Dauerbetrieb erwiesen hat, nicht bestätigt. Natürlich darf der Rohrmantel nicht so weit heruntergezogen sein, daß die Rohre in den Bereich starker Schlackenreibung gelangen. Zudem sind die unteren Enden durch die

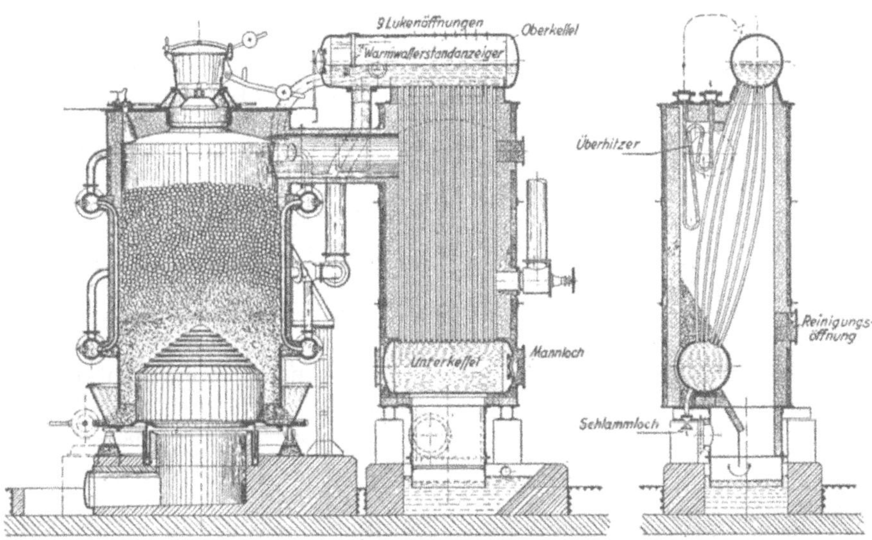

Abb. 23. Hochdruck-Generatorkessel (Pintsch).

erwähnten Gußschuhe bewehrt und der untere Ringraum wird in neueren Ausführungen noch besonders dadurch geschützt, daß der Tauchring an den unteren Ringraum angeschweißt wird und als Halt für innen angeschraubte, gegebenenfalls auch den Ringraum überdeckende Schleißbleche dient.

Ein Hochdruck-Röhrendampfkessel von Pintsch (Abb. 23) ordnet die die Mantelsiederohre oben und unten verbindenden Ringkammern außerhalb des Schachtmantels an; die Siederohre sind dementsprechend rechtwinklig nach außen abgebogen und die Walzstellen sind durch außen gegenüberliegende Stopfenlöcher zugänglich. Um das Einwalzen der Rohre und das Abprüfen schon in der Fabrik vornehmen zu können, sind die Ringkessel in kurze Segmente unterteilt, die mit den fertig eingewalzten Rohrbündeln am Ort zusammengesetzt werden. Der Dampfsammler, der das von der oberen Ringkammer aufsteigende Dampf-Wasser-Gemisch aufnimmt, ist zugleich Dampfsammler des Abhitze-Wasserröhrenkessels, der unmittelbar neben dem Generator aufgestellt ist und auch als Staubfang dient. Die Speisewasserrückleitung zur unteren Ringkammer führt ebenfalls von diesem Dampfsammler ab. — Das innere Schleißblech ist bis oberhalb des Schlackendruckbereiches hochgezogen.

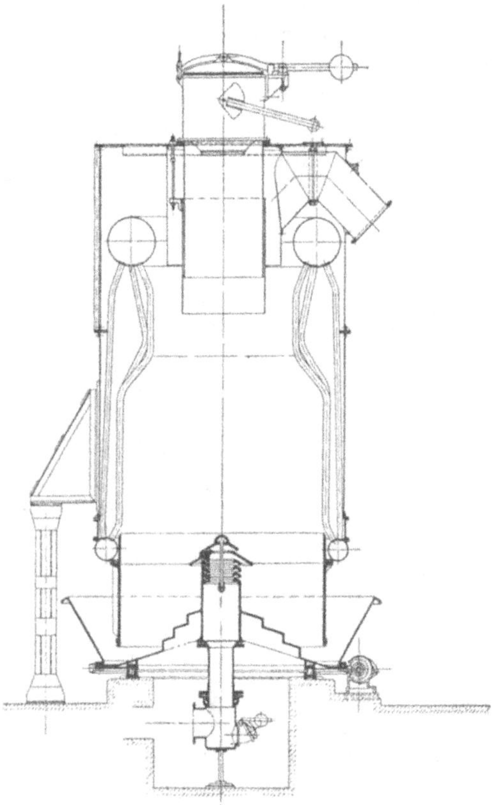

Abb. 24. Hochdruck-Generatorkessel (Lurgi).

Der Hochdruck-Dampfröhrenkesselgenerator der Lurgi-Gesellschaft für Wärmetechnik gibt den Siederohren und der oberen Ringkammer eine andere Anordnung (Abb. 24). Die obere Ringkammer liegt im Generatoroberteil, sie ist mit außen sichtbarem Wasserstand versehen und nur etwa halb mit Wasser gefüllt, bildet also zugleich den Dampfsammler. Die Dampfentnahme ist an der Oberseite der Ringkammer angeschlossen. Die Siederohre bilden einen Doppelmantel; der innere Siederohrmantel ist der Wärme des Brennstoffbettes unmittelbar ausgesetzt und dient als Steigerohr, der Oberteil dieser Rohre ist zur besseren Verteilung der Einwalzstellen wechselnd verschieden gebogen. Den äußeren Mantel bilden die Wasserrückführungs- oder Fallrohre; sie sind durch die zwischen beiden Rohrreihen eingebauten Chamotteformsteine vor direkter Beheizung geschützt. Die Wasserzufuhr wird auch durch Zuflußregler bedient. Die untere Ringkammer und die unteren Enden der Steigrohre springen so weit zurück, daß der Tauchring zu ihrem Schutz bis über Rostkegelhöhe hochgezogen werden kann.

Einen anderen, in Wien entwickelten Hochdruck-Dampfgenerator, der allerdings nur bis 6 atü betrieben wurde, beschreibt Marischka[1])

[1]) Marischka, Gas- u. Wasserfach **70** (1927), S. 826.

(Abb. 25). Um die Wärmeaustauschfläche des Doppelmantelkessels möglichst zu erhöhen, wurden in die Außenwand 2 Reihen gebogener Siederohre eingewalzt und diese Rohrreihen mit einer von dem abziehenden Generatorgas durchströmten Außenkammer umkleidet. Der Gasabgang aus dem Generatorschacht führt unmittelbar in diese Kammer oben hinein und auf der entgegengesetzten Seite unten hinaus. Der Mantelkessel ist in diesem Falle in ganzer Schachthöhe ausgeführt.

Außer den oben für den Hochdruck-Dampfkesselgenerator erwähnten Vorteilen liegt ein weiterer noch in der erzeugten Dampfmenge. In kg Dampf je kg durchgesetzten Rohkoks berechnet, wird mit dem

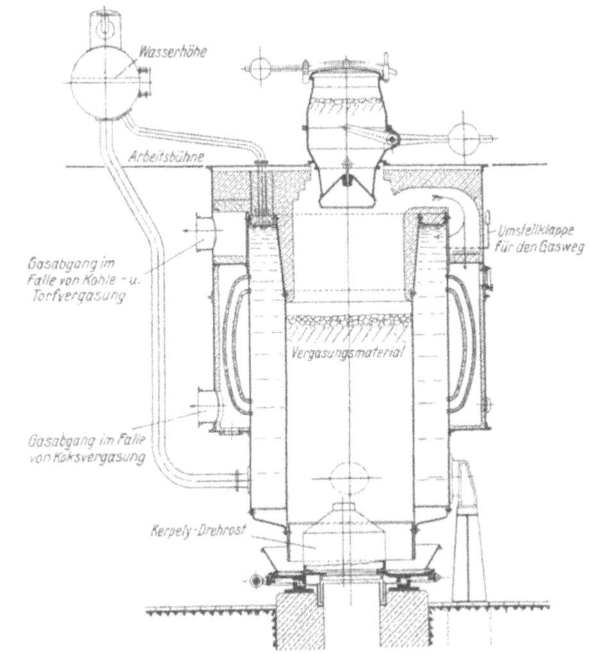

Abb. 25. Generator-Mantelkessel mit äußeren Siederohren.

Niederdruck-Dampfkessel meist 0,5—0,8—1,0 kg Dampf erzeugt. Der Hochdruck-Dampfkessel in Siederohrausführung und auch der Mantelkessel mit äußeren Siederohren erzeugen bis 1,5 kg Dampf je kg Koks.

Mit zunehmendem Schachtdurchmesser nimmt allerdings die Dampferzeugung je kg Durchsatz etwas ab, weil der für die Durchsatzleistung maßgebende Schachtquerschnitt im Verhältnis zum Umfang stärker wächst (vgl. Abb. 12).

γ) Der Generatoroberteil.

Der Generatordeckel zeigt mit allem Zubehör eine fast noch vielseitigere Ausbildung als der Schacht. Die Hauptbestandteile außer dem

Deckel selbst sind die Brennstoffzufuhr, die Brennstoffverteilung, besondere Stocheinrichtungen und die Stochlöcher.

Die Brennstoffzufuhr erfolgt bei den meisten Anlagen durch Hängebahnwagen od. dgl., die möglichst über eine Wiegeeinrichtung verfahrbar sind oder eine solche eingebaut haben. In größeren Anlagen und auch in Einzelanlagen, bei denen die Bedienung vereinfacht werden soll, ist auch selbsttätige Zufuhr zu finden. Diese erfolgt entweder durch nach Bedarf einzuschaltende Becherwerke oder durch Zuleitungsrutschen aus zentralen oder Einzelbunkern. Als Aufgabemittel dient dann meist ein Zellenrad.

Eine automatisierte Form der Brennstoffzufuhr, die den Impuls von der Höhe der Schüttung entnimmt, zeigt Abb. 26. Ein mit leichtem Gegengewicht entlasteter Fühlhebel wird von der durch das Zellenrad noch geförderten Füllung niedergedrückt. Ein auf der gleichen Welle befestigter Kontakthammer wird gleichzeitig gehoben und der Kontakt und damit die Zufuhr unterbrochen. Sobald nach Absinken der Schüttung der innere Hebel frei wird, schlägt er durch das Gegengewicht hoch und schließt den Kontakt zum Wiederanlaufen des Zellenrades und gegebenenfalls des Fördermittels. Den Gesamtaufbau einer solchen selbsttätigen Brennstoffbeschickung gibt Abb. 27. Ebenso läßt sich der Impuls für die automatische Aufgabe durch einen Kohlenstandschwimmer einrichten (Pintsch)[1], der die Arbeit des fördernden Zellenrades

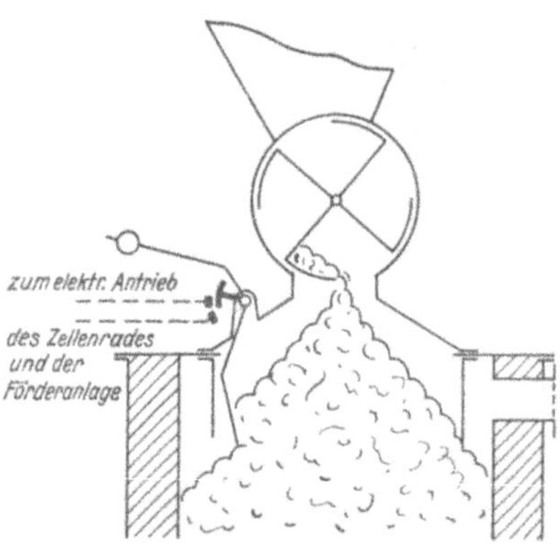

Abb. 26. Automatische Fülleinrichtung (Deutz).

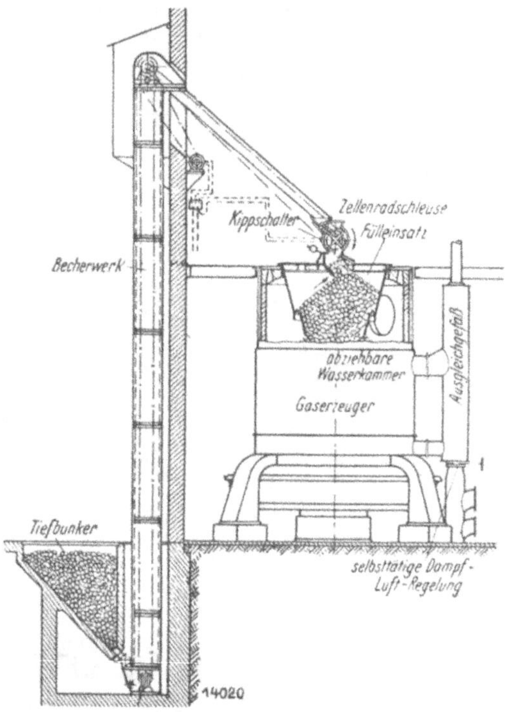

Abb. 27. Vollselbsttätige Gaserzeugerbeschickung (Humboldt-Deutz).

[1]) Lüth, Mitt. 172 d. Wärmest. Düsseldorf d. Ver. D. Eisenhütt.-L.

zwischen einer unteren und oberen Grenzfüllung nach Bedarf eingeschaltet.

Eine andere Form der automatischen Aufgabe geht einfach von der Sollmenge aus, die der Gaserzeuger durchzusetzen hat und regelt diese Menge durch die Umlaufgeschwindigkeit des aufgebenden Zellenrades (Poetter, Abb. 31). Die Trommelumdrehung ist dann natürlich in den der Generatorleistung entsprechenden Grenzen regelbar.

Solche gleichmäßig fördernde Aufgabevorrichtungen können auch halbautomatisch der Aufsicht des Generatorwärters überlassen und von diesem schwächer oder stärker gestellt werden.

Das fördernde Zellenrad wird vier-, drei- oder zweiflügelig ausgeführt.

Ein besonders wichtiger Teil des Generatorkopfes ist die Brennstoffverteilung im Generator. Bei völlig gleichförmig gekörntem und bereits entgastem Brennstoff ist diese von geringerer Bedeutung und es genügt dann ein einfacher Doppelverschluß, der es ermöglicht, den Brennstoff ohne Gasaustritt aus dem Generatorkopf in diesen einzuschleusen. Der Doppelverschluß besteht aus dem oberen, gasdicht aufgepreßten Deckel, der metallisch dichtet oder besser mit einer Filz- oder Gummidichtung versehen wird, und einer darunter aufgehängten Kegelglocke, die durch Hebel von außen als Konusverschluß betätigt wird (vgl. Abb. 17, 25, 28) und bei Öffnen des oberen Deckels angehoben sein muß. Diese Konusglocke bewirkt an sich schon eine gewisse Verteilung des einfallenden Brennstoffes nach dem Rande zu. Bei Brennstoffen verschiedener Körnung, d. h. mit wesentlichen Korngrößenunterschieden, würde diese Verteilungsart aber nicht verhindern können, daß die gröberen Stücke und Körner weiter nach außen geworfen werden und zudem noch abrollen. Dadurch tritt eine Entmischung des Brennstoffes ein und insbesondere dem Rande zu eine Auflockerung. Diese ist um so bedenklicher, je feiner die Kleinanteile der Brennstoffmischung, also je größer der Grusgehalt ist. Zu starke Auflockerung der Schüttung am Schachtumfang führt zu stärkerem Winddurchgang auf diesem bequemeren Wege, damit zu Randfeuer, zu ungleichmäßiger Verschlackung, Verlagerung der Reaktionszone, ungleichmäßiger Gasumsetzung, Gasverschlechterung und zu Brennstoffverlusten durch mehr Unverbranntes in der Asche.

Mit der zunehmenden Verwendung kleinkörniger oder nicht besonders sortierter Brennstoffe wurde deshalb die Brennstoffverteilung in der verschiedensten Form verfeinert. Bei teerhaltigen Brennstoffen kommt noch ein weiterer wichtiger Grund hinzu. Wird solcher Brennstoff in größeren Zeitabständen und in dementsprechend größeren Einzelmengen aufgegeben, so erfolgt die Abschwelung des Bitumengehaltes stoßweise; die Gasbeschaffenheit und auch die Belastung der Reinigungsanlagen wechselt dabei unter Umständen in so starker Schwankung, daß zu fettes und zu mageres Gas die Verbrennungsverhältnisse und damit die Flammentemperaturen nachteilig beeinflußt.

Die Verbesserung der Aufgabe wurde sowohl durch umlaufende wie auch durch feststehende Brennstoffverteiler erreicht. Der umlaufende Brennstoffverteiler kann, mit dem Deckel verbunden, sich mit diesem drehen oder er dreht sich nur als Mittelteil des Deckels in einer Wassertasse mit entsprechender Tauchung.

Der als Mittelstück des Deckels mit dem Füllaufsatz umlaufende Brennstoffverteiler von Koppers[1]) ist aus Abb. 28 zu ersehen. Er setzt den Füllschacht unter dem Konusverschluß fort durch drei gußeiserne Rutschen oder Schläuche, von denen der eine, senkrecht abführende, die Mitte der Brennstoffsäule bestreicht, der äußerste die Randzone belegt und ein mittlerer (in der Abb. punktiert) den zwischenliegenden Raum.

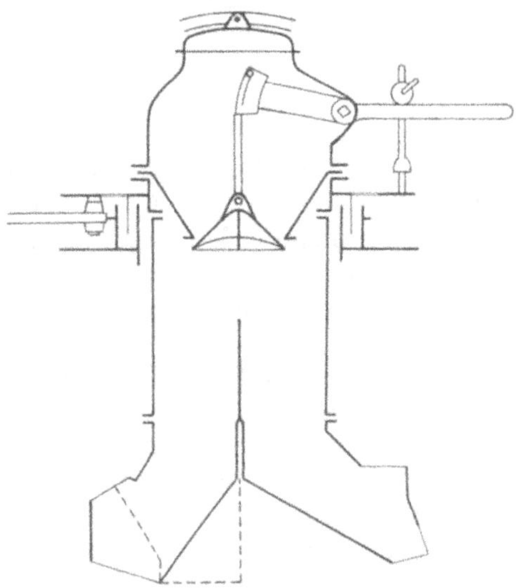

Abb. 28. Brennstoffverteiler (Koppers).

Sowohl ungleichmäßige Mischungen wie auch abwechselnd aufgebrachte Nuß- und Grusschüttungen werden gleichmäßig von allen drei Schläuchen weitergegeben, da die Verteilungskanten unter dem Konus jedem Schlauch den Anteil der jeweiligen Füllung zuteilen, der dem von ihm bestrichenen Teil des Schachtquerschnittes entspricht. Dieser Einsatz erreicht außer der gleichmäßigen Verteilung auch eine stets gleichmäßig hohe, durch die Unterkante der Schläuche bedingte Schüttung. Voraussetzung ist natürlich, wie bei allen nicht automatisch beschickten Füllvorrichtungen, sorgfältige Bedienung der Füllvase und des Füllkonus. Der Antrieb dieses Verteilers erfolgt von einer zugleich den Drehrost antreibenden Welle über Exzenterscheibe, Klemmbackenrad und Kegelzahnradübertragung.

[1]) H. Koppers, DRP. 372074, 428144.

Ein ebenfalls drehender Brennstoffverteiler von Humboldt-Deutz (Abb. 29) wird innerhalb eines Doppeldeckels durch einen Schneckenantrieb bewegt. Die flach-fächerartig geformte Fortsetzung des Füllschachtes bezweckt, den Brennstoff unter langsamer Verbreiterung seiner Oberfläche so absinken zu lassen, daß dadurch ein Abrollen und eine Entmischung vermieden wird. An der Unterkante angesetzte Dorne fördern die Gleichmäßigkeit der Schichthöhe und der Verteilung.

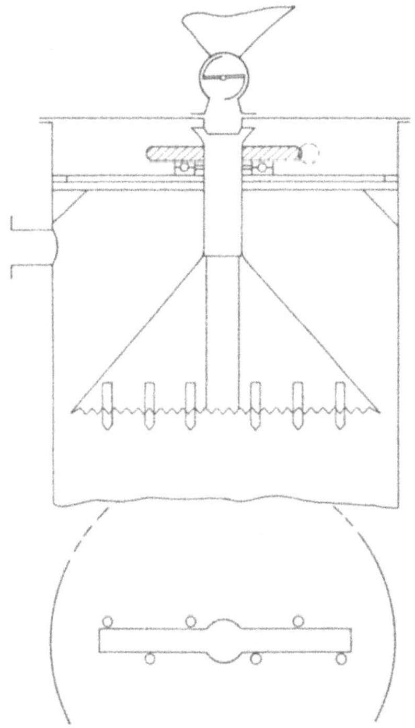

Abb. 29. Brennstoffverteiler (Humboldt-Deutz).

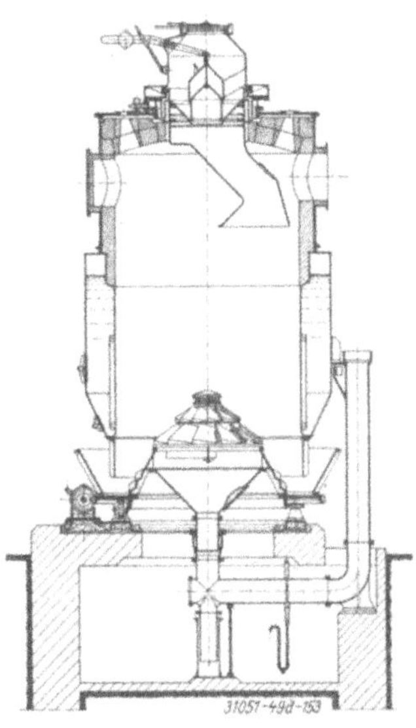

Abb. 30. Generator mit planierender Füllrutsche (Demag).

Der Demag-Generator arbeitet mit einer den Auslauf der Füllvase schräg fortsetzenden Rinne, die auch mit dem Füllaufsatz in Deckelmitte gedreht wird und dabei mit dem verstärkten Unterteil der Rutsche als Planierer wirkt (Abb. 30). Der Doppelverschluß dieses Aufsatzes hat eine untere Verschlußglocke, die nicht von unten pressend (wie z. B. Abb. 28), sondern aufsitzend dichtet. Sie läßt sich daher bei Instandsetzungsarbeiten im Betrieb leichter ausbauen als die ersteren.

Eine mit dem ganzen Deckel umlaufende Füllvorrichtung zeigte Abb. 15 an dem Demag-Hochleistungsgenerator.

Gegenüber diesen in sich unbewegten Drehverteilern wird der Standard-Verteiler (Poetter)[1]) während der Drehung bewegt (Abb. 31). An

[1]) Poetter, DRP. 456008.

dem, wie üblich, im feststehenden Deckel mit Tauchung drehbaren Füllschacht ist eine heb- und senkbare Rutsche angebracht, die in ständiger Pendelbewegung von der Randzone zur Mitte hin und her geht. Gleichzeitig mit der Drehung ist durch eine als Schablone dienende, für jeden Generatordurchmesser besonders berechnete Stufenscheibe die Bewegung der Schüttrinne so geregelt, daß sie in spiraligen Windungen die ganze Brennstofffläche gleichmäßig wiederkehrend bestreicht. Fall und damit

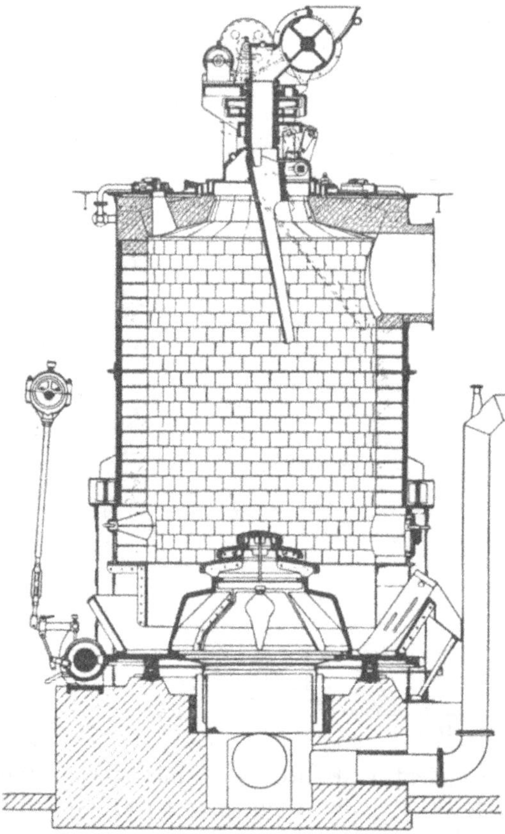

Abb. 31. Standard-Verteiler (Poetter).

Staubbildung sind durch die Länge der Rutsche weitgehend vermindert. Die Aufgabe auf die Rutsche erfolgt automatisiert in einstellbarer Menge durch ein Zellenrad.

Einige amerikanische Gaserzeugerbauarten, die hauptsächlich mit Anthrazit und Stückkohle arbeiten, verlegen die Bewegung nicht in den Deckel, sondern in den ganzen Generatorschacht, während der Deckel mit der Füllvorrichtung feststeht. Solche sind der Hughes-Generator[1])

[1]) H. Bleibtreu u. G. Bulle, Mitt. 71 d. Wärmest. Düsseldorf.

und der Wellmann-Generator[1]). Beide sind weitgehend automatisiert. Der Hughes-Generator dreht von demselben Antrieb aus den Mantel und die Rostschüssel gleichzeitig, die Asche wird durch einen außen an einer Säule feststehenden Pflug ausgeräumt. Die feststehende Kohlenzufuhr, die etwas aus der Mitte steht und dadurch schon verteilt aufgibt, führt den Brennstoff über automatisch gesteuerte Zellenräder bzw. Doppelglocken zu. Die Gasabführung muß wegen der Schachtdrehung auch im Deckel eingebaut sein. Dieser ist gegen den Schacht in üblicher

Abb. 32. Wellmann-Generator.

Weise durch eine Tauchtasse abgedichtet. Auf den auch im Deckel eingebauten Rührarm ist später noch zurückzukommen. — Der Wellmann-Generator (Abb. 32) unterscheidet sich von dem Hughes-Generator besonders dadurch, daß nur der Schacht gedreht wird. Die Rostschüssel hat gar keinen Antrieb, sie wird entweder durch die mit dem Mantel drehende Brennstoffsäule mitgenommen, oder sie kann, zwecks schärferer Durcharbeitung des Schlackenlagers durch den etwas exzentrisch

[1]) Engg. **119** (1925), S. 37; Herbordt, Gas- u. Wasserfach (1933), S. 112.

stehenden Rost, auch festgestellt werden. — Der Schacht ist bei beiden Generatoren ausgemauert und in der unteren Hälfte konisch nach oben erweitert, in der oberen Hälfte zylindrisch. Diese Bauarten, die wie erwähnt, bis 3,2 m Dmr. haben, nehmen besonders hohe Durchsatzleistungen für sich in Anspruch (vgl. S. 76).

Im Generatordeckel feststehende Brennstoffverteiler dienen entweder nur der Verteilung auf den Schachtquerschnitt oder zugleich der Schütthöhenregelung oder auch nur der letzteren.

Der Brennstoffverteiler von Dr. Otto[1]) (Abb. 33) stellt einen durch sternförmig angeordnete kleine Rutschen erweiterten Füllkonus dar, der

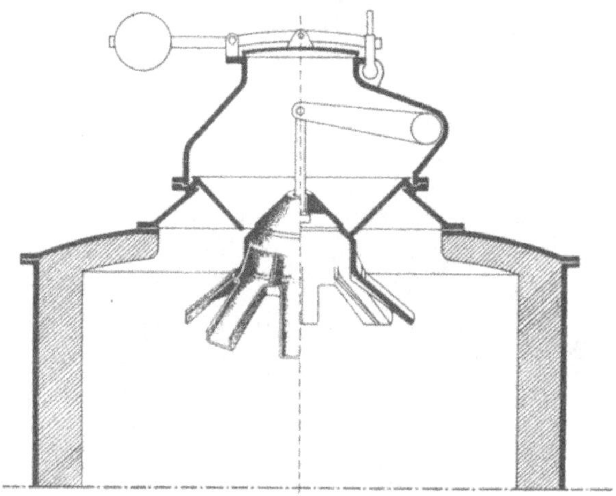

Abb. 33. Brennstoffverteiler (Dr. Otto).

das Feinkorn, zumal bei größerem Schachtquerschnitt, besser zur Randzone befördert, als dies mit einfachem Konus möglich ist.

Verteilung und Brennstoffhöhe regelt der Verteiler von Humboldt-Deutz (Abb. 34), der den im Füllschacht absinkenden Brennstoff teils durch eine zentrale Öffnung, teils durch vier über Kreuz stehende Rutschen mit zwischenliegenden Gasdurchgängen verteilt. Die Höhe des Brennstoffbettes kann bei Körnungswechsel oder sonstigen grundsätzlichen Betriebsänderungen durch Verstellung der senkrechten Distanzschrauben von außen bewirkt werden.

Bei geringerem Schachtdurchmesser und bei gleichmäßig gekörntem Brennstoff gibt auch der einfache, verstellbar verlängerte Füllschacht (Abb. 35) eine gute Verteilung.

Bei dem Hochleistungsgenerator (Abb. 15) wird dieser Füllschacht durch eine mit heißem Schwelwasser berieselte Rohrschlange gebildet, die die eingefüllten Briketts vorwärmt.

[1]) Dr. Otto u. Co. DRP. 657866.

Alle diese Brennstoffverteiler haben, wie erwähnt, neben der Aufgabe einer gleichmäßigen Verteilung vor allem auch den Zweck, die Höhe der Brennstoffschicht zu begrenzen. Diese Höhe der Füllung, von Rostspitze bis Unterkante des Verteilers gerechnet, betrug bei entgasten Brennstoffen früher 1400—1800 mm, neuerdings wird wegen des höheren Winddruckes und der entsprechend breiteren Reaktionszone eine Höhe von 1900 bis 2000 mm angestrebt.

Während diese Brennstoffverteiler von vornherein eine gleichartige und gleichmäßige Verteilung bezwecken, dienen die Rührwerke der Einebnung des in der Mitte eingeschütteten Brennstoffes und der Auflockerung der ganzen Schüttung. Letztere Nachhilfe ist vor allem

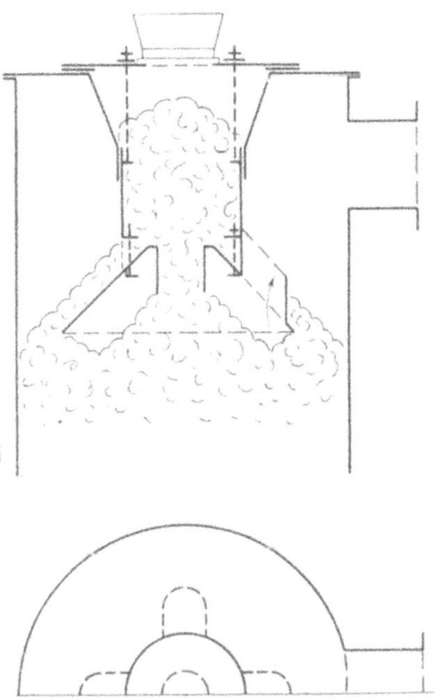

Abb. 34. Brennstoffverteiler.

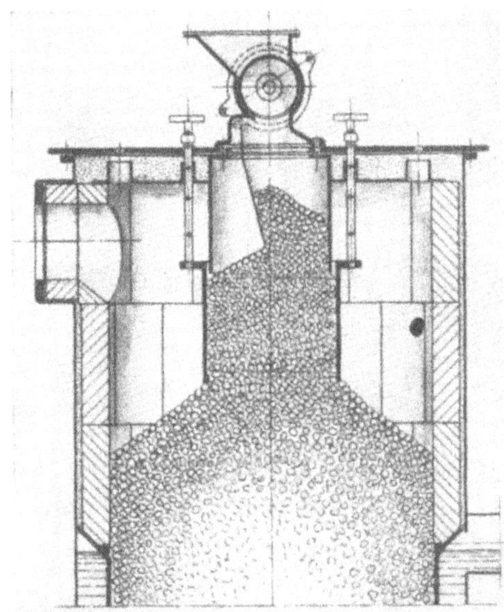

Abb. 35. Verstellbarer Füllschacht (Deutz).

dann wichtig, wenn der Brennstoff eine Neigung zum Backen zeigt. Vor allem aber wird für diese Rührwerke angegeben, daß die Leistung des Gaserzeugers dadurch wesentlich gesteigert wird, weil das Brennstoffbett überall gleichmäßig durchlässig gehalten wird.

Rührwerke wurden in Amerika bei der dort üblichen Bevorzugung der Steinkohle im Generatorenbetrieb schon lange und häufig verwandt, insbesondere das mit wassergekühlten Rührarmen arbeitende Rührwerk nach Mindoga-Chapman, das auch in der deutschen Hüttenindustrie eingeführt ist[1]).

[1]) Mitt. 172 d. Wärmest. Düsseldorf u. Mitt. 205 dgl.

Als deutsche Ausführung ist der Poetter-Rotor[1]) (Abb. 36) bekannt. Dieser besteht aus einer mit zwei Rührarmen versehenen, durch das Füllmundstück führenden und oberhalb dieses mittels Schnecke angetriebenen Mittelachse. Die Rührarme tragen nach unten je mehrere Dorne. Das ganze System ist ebenfalls wassergekühlt, das Kühlwasser wird der Mittelachse oberhalb des Antriebes zugeführt und verläßt das System durch sichtbare Abläufe über dem Generatordeckel. Der Rührarm des Poetter-Rotors arbeitet nicht **über** der Brennstoffoberfläche, sondern in der noch festen Kohle der Entgasungszone[2]). Die Dorne greifen unter Umständen lockernd bis in die Reaktionszone ein. Um zu vermeiden, daß der Rührarm bei Widerständen im Brennstoffbett, z. B. bei Schlackenverwerfungen, von diesen hochgehoben wird und darüber hinweggleitend das Brennstoffbett noch ungleichmäßiger macht, wie das bei den amerikanischen Bauarten vorkommt, wird der Poetter-Rotor oben im Antrieb durch ein »unterbrochenes Gewinde« geführt und in der richtigen Höhenlage gehalten. Die Mittelachse ist mit unterbrochenen Außengewindegängen und einer Antriebsnute versehen, die Büchse mit Innengewinde, ferner außen mit schrägen Anhebeflächen. Dadurch kann der Rührarm zwar bei Brennstoffauffüllung der Erhöhung folgen, sowie dem Absinken der Schüttung, aber in der jeweils erreichten Höhenlage dreht er sich zwangläufig gleich hoch. Die oben über den Antrieb herausragende Mittelachse zeigt dem Stocher die Höhe des Brennstoffbettes an.

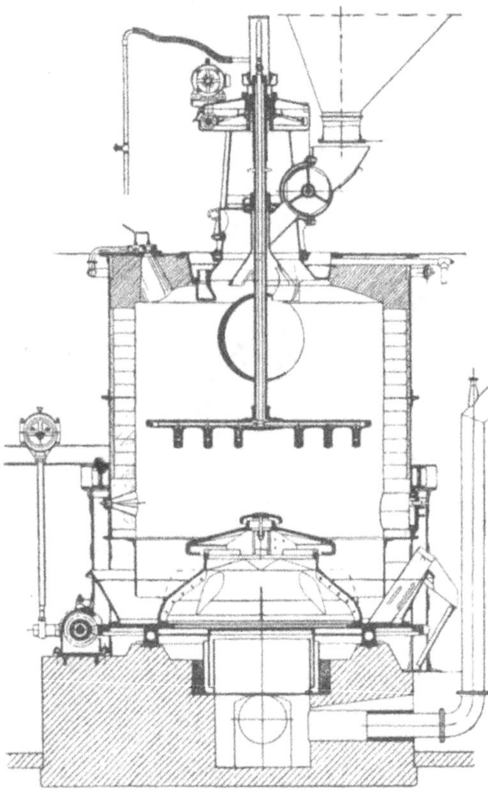

Abb. 36. Poetter-Rotor.

Die schon oben erwähnten schaftförmigen Rührarme des Hughes- und Wellmann-Generators (S. 49, vgl. Abb. 32) arbeiten grundsätzlich

[1]) Poetter, DRP. 458539.

[2]) J. Gwosdz, Brennst.-Chemie, **19** (1938), S. 317.

anders als die Rotoren. Der Schaft ist ebenfalls wassergekühlt und mit kräftiger Spitze versehen. Seine Bewegung geht nur zwischen Schachtmitte und Schachtmantel pendelnd hin und her. Dadurch aber, daß die Brennstoffsäule sich mit dem Mantel dreht, durchwühlt der Rührschaft den ganzen Inhalt. Abb. 37 zeigt den vom Rührarm im Laufe einer halben Stunde bestrichenen Weg, der eine völlige Durcharbeitung der Brennstofflage bis in die Reaktionszone sichert (Demag).

Der in Abb. 15 gezeigte Hochleistungsgenerator ist mit einem besonderen Stochapparat ausgerüstet. Er besteht aus einer wassergekühlten Stochstange, die, senkrecht oder beliebig schräg gestellt (bis zur Mitte bzw. bis zum Rande reichend), durch einen angebauten Motor in den Brennstoff bis unten hin eingebohrt werden kann. Um mit ihr den ganzen Generator bestreichen zu können, ist der äußere Deckelring um die feststehende Füllvorrichtung herum drehbar und wird, von der Stochstange in der obersten Stellung selbsttätig weitergeschaltet, herumbewegt.

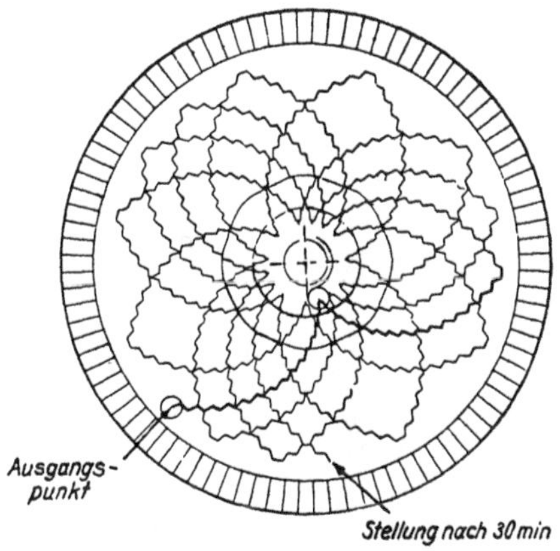

Abb. 37. Weg des Rührarmes im Wellmann-Generator während 30 min Arbeitszeit.

Die im Generatordeckel im allgemeinen zu 4—6 Stück vorhandenen Stochlöcher wurden früher mit einfachen konischen Stopfen verschlossen. Bei dem zur Betriebsüberwachung öfter notwendigen Öffnen dieser Stopfen ist aber, zumal bei höheren Gasdrücken im Generator, die Belästigung des Bedienungspersonals durch Gasaustritt sehr erheblich. Um diese zu verhindern, sind zahlreiche Düsenverschlüsse für Stochlöcher entwickelt worden, bei denen der austretende Gasdruck beim Öffnen durch einen Gegendruck von Dampf, Druckluft, Dampf-Luft-Gemisch oder auch von Preßgas überwunden wird. Da die Öffnungszeiten bei normalem Generatorbetrieb nicht lang sind, kann die durch den Luftzutritt natürlich vorübergehend eintretende Verbrennung und Gasverschlechterung als belanglos angesehen werden. Dampf vermeidet zwar diese Gasverschlechterung, doch ist dabei die Kondensatbildung störend. Ist Preßgas vorhanden, so ist dieses Mittel unbedingt vorzuziehen. Die Arbeitsweise dieser Stochlochverschlüsse beruht auf dem Einbau einer Ringdüse oder eines Kranzes von Einzeldüsen, die schräg abwärts dem aus dem Generator austretenden Gasdruck entgegengerichtet sind. Welche Bedeutung diesen Düsenverschlüssen in der Generatorenindustrie beigemessen wird, beweist die vielseitige Zusammenstellung dieser Bauarten in der Literatur[1]). Als Beispiel hieraus zeigt Abb. 38 eine Bauart Spetzler, bei der die Luftkanäle durch den geschlossenen Stopfen verdeckt werden; die Luftzuleitung ist durch ein Hahnküken verschlossen, das mit dem Stochlochstopfen durch ein Gelenk so verbunden ist, daß erst bei Beiseitestellen des Stopfens der Luftweg zum Stochlochwindschutz freigegeben wird. — Bei der Bauart Heimsoth-Vollmer (Abb. 39) liegen die Luftdüsen oberhalb des Stopfens.

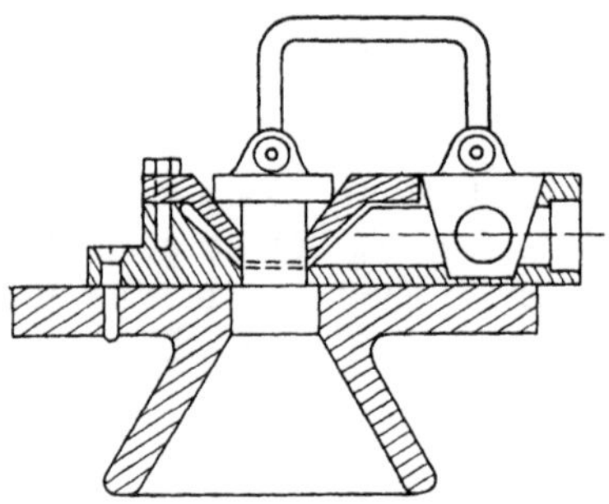

Abb. 38. Stochlochverschluß Bauart Spetzler.

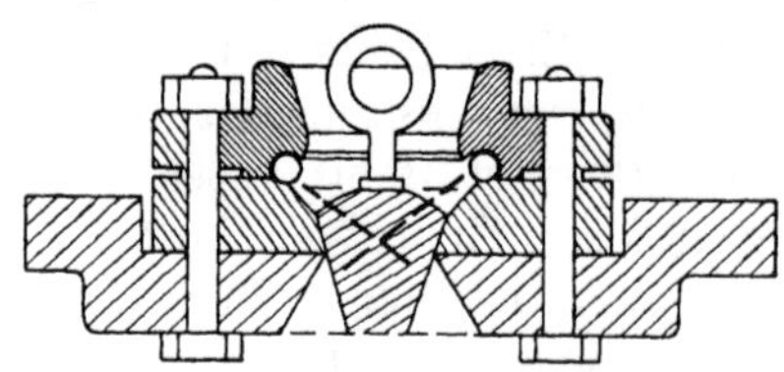

Abb. 39. Stochlochverschluß Bauart Heimsoth und Vollmer.

Den gleichen Dampfschleierschutz, wie für Stochlöcher üblich, verwenden Koller-Generatoren auch für den Füllkopf selbst[2]), weil der eingehängte Konusverschluß infolge Verschmutzung nie zuverlässig dicht schließt. Schon bei mäßigem Generatordruck von 20 bis 30 mm WS, noch mehr aber bei Druckgeneratoren, die mit den Verbrauchsstellen durch lange Leitungen verbunden sind oder druckverbrauchende Reinigungsapparate haben, treten beim Öffnen des oberen Deckels Gase aus. Die erwähnte Schutzeinrichtung (Abb. 40) sieht vor, daß vor Öffnen des oberen Deckels durch das Dampfventil *a* die Füllvase nach unten ausgedampft und entgast wird, dann nach Schließen von *a* wird Dampfventil *b* geöffnet und beim Absenken des Füllkonus tritt durch die freiwerdenden Öffnungen des Dampfringkanals um den Konus ein den Gasaustritt verhindernder Dampfschleier.

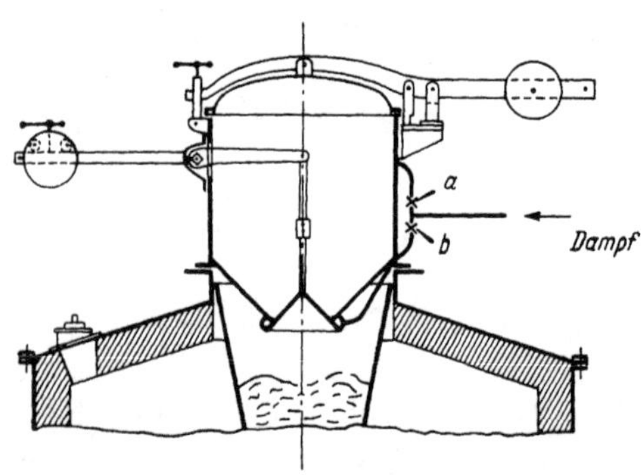

Abb. 40. Generator-Füllkopf mit Dampfschleier

δ) *Rost und Aschenaustragung.*

Der Unterbau des Drehrostgenerators dient sowohl der Austragung der Brennstoffrückstände, als auch der Windverteilung im Brennstoffbett.

[1]) Mitt. 54 d. Wärmest. Düsseldorf d. Ver. D. Eisenhütt.-L.

[2]) Kollergas, DRP. 594160.

Die Hauptbestandteile sind der in der Mitte der Drehschüssel aufgebaute Rost mit darunterliegender Windzufuhrleitung, die Drehschüssel mit Lagerung und Antrieb und die Ascheräumer.

Der Rost hat sehr verschiedene Ausbildungsformen erhalten; für seine Form war sowohl die Art des Brennstoffs als auch die Art und Menge der anfallenden Asche und der Durchmesser des Generators maßgebend. Drei Grundformen sind im wesentlichen zu unterscheiden, breite kegelförmige, breite flache und schmale pilzförmige Rostkegel.

Bei den Kegelrosten stellten einige die Windverteilung in den Vordergrund, so der Düsenrost von Koppers (vgl. Abb. 16, 22), der den Wind durch zahlreiche kleine Düsenbohrungen in die Schlacke verteilte. Da ein solcher Rost aber einen wesentlichen Druckverlust bedingt und die

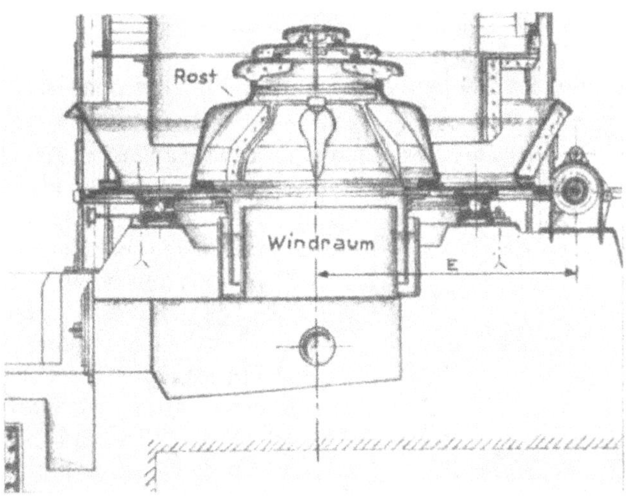

Abb. 41. Poetter-Etagenrost.

Verteilung des Windes auf den Schachtquerschnitt ohnehin mit durch die Aschenschicht erfolgen muß, wird jetzt vor allem darauf Wert gelegt, dem Wind einen möglichst gleichmäßigen, ungehinderten Durchgang durch den Rost zu ermöglichen[1]) und für genügende Auflockerung des Aschebettes zu sorgen. Aus letzterem Grunde wird fast immer eine etwas exzentrische Bewegung des Rostes im Schachtquerschnitt eingerichtet, entweder durch einseitig versetzte Form des Rostunterteils oder der Rosthaube, oder durch Exzentrizität des Rostunterteils und der Rosthaube in gleicher oder in entgegengesetzter Richtung (so daß die Rostspitze wieder etwa über der Mitte des Rostunterteils steht).

Die breiten kegelförmigen Roste sind am meisten verbreitet. Die einfachste Form ist der Kegeltreppenrost (vgl. Abb. 10). Ebenfalls

[1]) F. Lüth, Mitt. 172 d. Wärmest. Düsseldorf d. Ver. D. Eisenhütt.-L.

ringsum gleichförmig ist der Poetter-Etagenrost (Abb. 41). Der Osten-Rost hat nur ein breites Pilzdach und darunter einen jalusieartig untergreifenden Etagenring mit entsprechend breiten Luftschlitzen. — Andere breite Kegelroste bewirken auch mit der Form der Rosthaube schon

Abb. 42. Spiral-Stufenrost.

eine Lockerung des Aschenbettes, so der Spiralstufenrost (Humboldt-Deutz, Abb. 42), dessen Stufenteile kreis- bzw. spiralförmig liegen.

Die schon durch exzentrische Anordnung angestrebte Aschenbewegung oder Zerkleinerung wird weiter bei einigen Bauarten gefördert durch unregelmäßige Gestaltung des Rostunterteils, so bei dem Polygonrost (Koppers) durch vieleckige Form, wobei den Ecken des Vielecks einige am Tauchring angebrachte Brechbacken gegenübergestellt sind. Einen ähnlichen Zweck verfolgt der Sternrost (Poetter, Abb. 43).

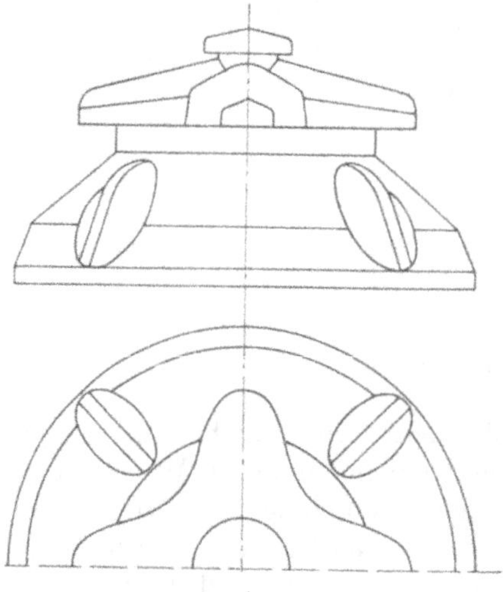

Abb. 43. Poetter-Sternrost.

Diese Kegelroste sind entweder in einem Stück gegossen oder, besonders für größere Schachtdurchmesser, zusammengesetzt aus der Rostspitze und aus Etagenringen oder Segmenten des Kegels. Auch der Pyramidenrost des zur Zeit größten Drehrostgaserzeugers nach Ricci Gozo (S. 32) mit 5 m Schachtdurchmesser ist aus 16 Segmenten zusammengesetzt.

Als Material wird fast ausschließlich Gußeisen verwandt, für die u. U. durch Hitze stärker beanspruchte Rostspitze auch Stahlguß. Bei den Rosten oder Rostunterteilen, die durch unregelmäßige Form einen stärkeren Angriff auf das Schlackenbett oder auf ankommende Schlackenbrocken bezwecken, sollten die dem Verschleiß besonders ausgesetzten Kanten oder Flächen außer der bereits üblichen Materialverstärkung an diesen Stellen möglichst mit einer Panzerung durch Auftragschweißung hochwertigen Materials versehen werden[1]), da ein wesentlicher Verschleiß dieser Stellen auf die Dauer die Arbeitsweise beeinträchtigen muß und der bei Verschleiß notwendige Ausbau aber sehr umständlich und teuer ist.

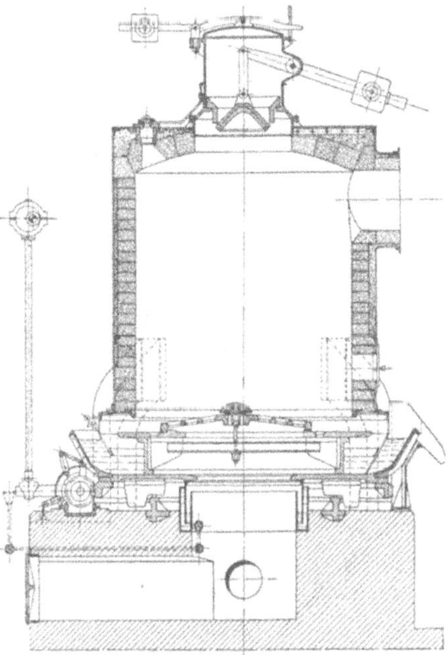

Abb. 44. Tischrost-Generator mit halbtrockener Austragung (Lurgi).

Ein Beispiel eines flachen, breiten Rostes gibt der Lurgi-Tischrostgenerator (Abb. 44). Er eignet sich besonders für feuchte Braunkohle mit lockerer Asche. Bei Vergasung dieses Brennstoffes kommt die Feuerzone verhältnismäßig tief zu liegen und eine zu scharfe Bewegung der Austragung würde sehr leicht zu störenden Verwerfungen oder Nestbildungen im Aschenbett führen (betr. halbtrockene Austragung vgl. später!). — Eine eigenartige, ganz abweichende Form des flachen Rostes ist der von Pintsch in neuzeitlichen Wassergasanlagen angewandte Rost (vgl. Abb. 123).

Abb. 45. Koller-Fräserrost.

Als kleiner Pilzrost ist vor allem der Koller-Rost bekannt[2]) [3]) (Abb. 45). Unter einem kräftigen pilzförmigen Dach befinden sich einige

[1]) F. Wehrmann, Gas- u. Wasserfach **82** (1939), S. 582; Licht u. Wasser **33** (1939), S. 333.

[2]) Gas- u. Wasserfach **74** (1931), S. 936.

[3]) Kollergas, DRP. 628902, 431892, 426396; öst. Pat. 122970, 140581.

ringförmige Luftschlitze für das Wind-Dampf-Gemisch. Dieser Rostkörper übt an sich keine mahlende oder pressende Kraft auf das Schlakkenbett aus. Die Schlacke wird vielmehr durch die auf dem ganz flach erhöhten Schüsselboden stehenden, gegen die Drehrichtung zum Rande zu etwas zurückfliehenden Rippen von unten abgearbeitet. Da diese Rippen mit einer nach vorn übergeneigten Kante die Schlacke angreifen, also abfräsen, wird diese Rostart auch als Fräserrost bezeichnet. — Noch viel stärker zurückfliehend sind die Rippen oder Leitschaufeln bei dem Drehrost mit spiraligen Leitrippen oder »archimedischen Spiralen« (Dr. C. Otto, Abb. 46)[1]). Der Arbeitszweck ist hier neben dem Fräsen ein allmählicher Schlackentransport zum Tauchring; die dort tangential ankommende Leitrippe preßt die Schlackenstücke gegen den mit welligen Schleißstücken besetzten Schleißring. — Nach F. Lüth[2]) erfordert solcher kleiner Rostkegel zur gleichmäßigen Verteilung des Windes auf den ganzen Schachtquerschnitt eine höhere Aschenschicht als ein breiterer Rost.

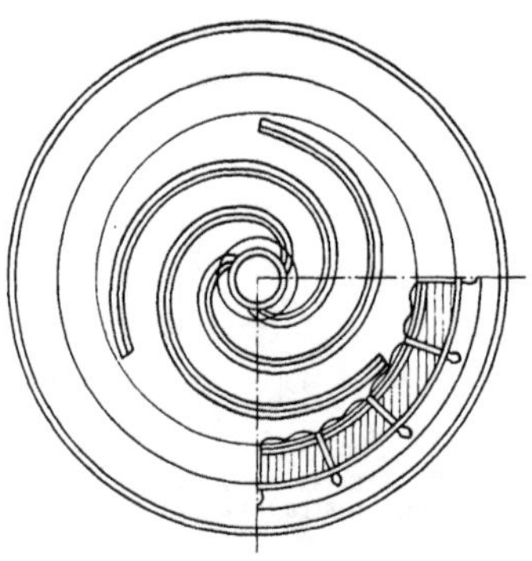

Abb. 46. Drehrost mit spiraligen Leitrippen. Aufsicht.

Die Umdrehungszahl des Rostes ist zunächst von der Brennstoffart und Aschenmenge abhängig, im einzelnen noch vom Stand der Feuerzone. Meist üblich sind eine bis vier Umdrehungen in der Achtstundenschicht, doch sind natürlich auch langsamere und schnellere möglich, sowie nach Bedarf vorübergehendes Stillsetzen der Rostschüssel.

Den Abschluß des Generators nach unten bildet bei nassem Abschluß die Wassertauchung der Drehschüssel. Für die Höhe der Tauchung, also für die Höhe der Schüsselwand, ist der betriebsmäßige Winddruck im Generatorunterteil nebst ausreichendem Sicherheitszuschlag maßgebend. — Die Drehschüssel wird durch eine Schnecke über Exzenter und Klemmbackentreibrad angetrieben. Sie läuft auf Tragrollen und wird ringsum gegen seitlichen Druck durch Führungsrollen gehalten. Für diese Rollen ist es wichtig, daß sie der starken Belastung entsprechend stark gelagert und ständig zuverlässig und gut geschmiert sind. Bei Kleindrehrostgeneratoren ersetzt Humboldt-Deutz die Tragrollen auch durch ein die ganze Schüssel tragendes, ringförmiges Kugellager mit lose liegenden Kugeln[3]), das, aus zwei übereinandergreifenden Rinnen bestehend, zugleich die seitliche Führung ergibt. — Nur bei dem Wellmann-Generator mit drehendem Schacht

[1]) Dr. C. Otto u. Cie., DRP. 650840.
[2]) F. Lüth, Mitt. 172 d. Wärmest. Düsseldorf d. Ver. D. Eisenhütt.-L.
[3]) Humboldt-Deutz, DRP. 628857.

hat die Drehschüssel keinen Antrieb, da sie von der drehenden Brennstoffsäule mitgenommen wird, sie hat aber eine Feststellvorrichtung (S. 49).

Die Schlacke wird, wie erwähnt, zwischen Rost und Tauchring in Bewegung gehalten und, soweit erforderlich, werden zu große Schlackenbrocken zerdrückt. Da die Schlacke unter dem Tauchring hinweg in den äußeren Schüsselraum geschoben werden muß, muß der engste Abstand zwischen Rost und Tauchring etwas kleiner sein als die lichte Höhe zwischen Unterkante Tauchring und Schüsselboden. Dies gilt nicht bei den Fräserrosten, wegen der ganz anderen Maßverhältnisse und Schlackenbearbeitung.

Die sich im Außenring der Schüssel sammelnde Schlacke wird durch Aschenräumer aus der Schüssel gefördert. Dies sind pflugartige Bleche, die schräg entgegen der Drehrichtung stehen, den Querschnitt zwischen Schüsselrand und Tauchring möglichst vollständig ausfüllen und am Tauchring, am Generatormantel oder den Tragsäulen befestigt sind bzw. bei drehendem Mantel an einer außen frei stehenden Säule. Es wird entweder 1 Aschenräumer eingebaut oder 2 gegenüberstehende, oder auch 1 Aschenräumer, der durch mehrere verteilt angeordnete Hilfsschaufeln unterstützt wird (Pintsch), die die Schlacke nur lockern und nach außen drängen. Die Aschenräumer sind feststehend oder auch in der Höhe durch Schraubgang verstellbar. Je nach Zahl und Tiefe der Aschenräumer muß natürlich die Umlaufgeschwindigkeit eingestellt und deren etwaiger Änderung angepaßt werden. Zu scharf austragende Räumer bewirken u. U. unerwünschte Verwerfungen des Schlackenbettes.

Fast allgemein üblich ist, wie erwähnt, die nasse Austragung, bei der die Schlacke in der Wasserfüllung der Drehschüssel abgelöscht und naß ausgetragen wird. Eine Sonderform zeigt die halbtrockene Austragung des Lurgi-Tischrostgenerators (vgl. Abb. 44). Die Austragung an sich ist auch naß, die Schlacke liegt aber zunächst trocken auf dem über dem Wasserspiegel drehenden Rostteller, von dem sie erst in das Schüsselwasser, abgestreift wird, nachdem sie durch den Wind weitgehend abgekühlt ist. Einerseits wird dadurch die gleichmäßige Lagerung des lockeren, trockenen Aschebettes erleichtert, anderseits aus Rücksicht auf die Brennstoffnässe zu starke Wasserverdampfung vermieden.

Auch ganz trockene Aschenaustragung wird angewandt, und zwar dann, wenn die Asche beim Zusammentreten mit Wasser zum Zementieren neigt. Dies ist bei einigen rheinischen Braunkohlenbriketts der Fall. Der Unterteil dieses Generators muß dann geschlossen ausgeführt werden, die vom Drehteller abgestreifte Asche fällt in einen oder zwei Aschesäcke — ähnlich wie bei den Wassergasgeneratoren —, die zeitweise entleert werden. — Diese Bauart ist auch dann in Gebrauch, wenn der Gaserzeuger aus Betriebsgründen (Gasverwendung) mit hohem Druck arbeiten muß, so daß eine entsprechend hohe Tauchung zu umfangreich würde. Abb. 47 zeigt einen Bamag-Hochdruckgenerator mit trockener Aschenaustragung.

Die Windzuleitung zum Rost führt durch das Fundament von unten in den Rost. Den Übergang zu dem Drehteller bildet meist eine Wassertauchung (vgl. die versch. Abb.), die gut gegen Einfall von Schlackenteilen geschützt sein muß. Neuerdings wird statt der Tauchung auch eine Stopfbüchsenanordnung ausgeführt (Lurgi, Demag u. a., Abb. 24, 30). —

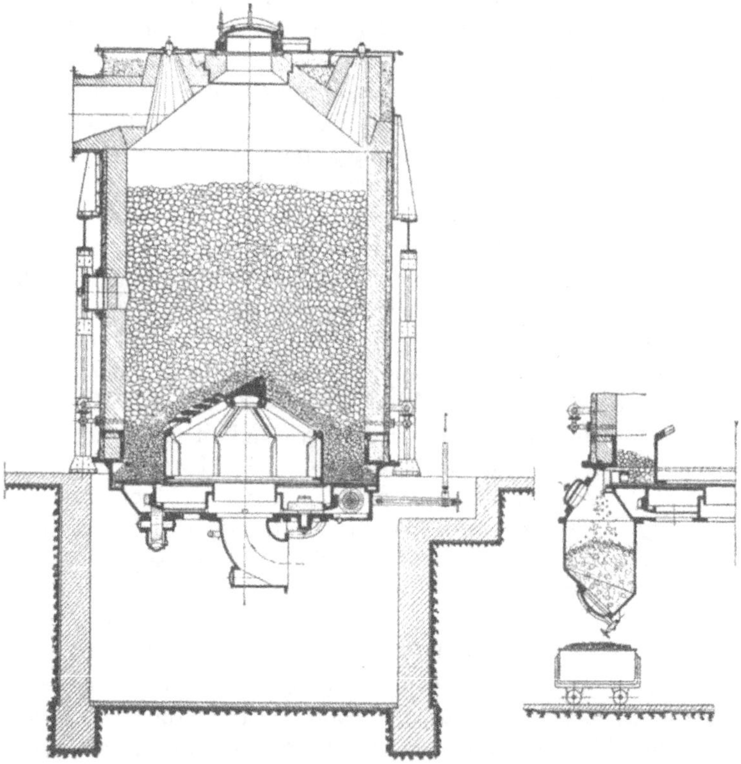

Abb. 47. Hochdruckgenerator mit trockener Entschlackung.

Windzuleitung nicht nur durch den Rost, sondern auch ringsum am Mantel wird nur vereinzelt bei größeren Generatordurchmessern angewandt (vgl. Abb. 11, 15), ist aber bei guter Rostausbildung und Schlackenlagerung im allgemeinen nicht erforderlich.

ε) Betrieb und Regelung der Generatorenanlagen.

Über die Zuführung der Vergasungsluft (Windzufuhr) zu den Gaserzeugern berichtet umfassend G. Neumann[1]). Ansaugung der Luft durch Kaminzug oder durch in den Gasstrom eingebaute Saugzug-

[1]) G. Neumann, Mitt. 101 d. Wärmest. Düsseldorf d. Ver. D. Eisenhütt.-L.

gebläse wird als völlig veraltet bezeichnet. Dampfstrahlgebläse (Injektoren), die vor allem in den Hüttenbetrieben gebräuchlich waren, werden als Dampffresser gekennzeichnet, die nicht nur durch überschüssigen Dampf unwirtschaftlich arbeiten, sondern auch infolge dieses Überschusses ein schlechtes Gas ergeben. Dampfstrahlgebläse können deshalb höchstens noch als Ersatzanlage für Stromstörungen am Gebläse empfohlen werden, wenn kein zuverlässiger Ersatzstromanschluß oder Dampfturbinenreserve vorhanden ist.

Die jetzt allgemein übliche Form der Windzufuhr ist das elektrisch oder durch Dampfturbinen angetriebene Unterwindgebläse, sofern nicht in Großbetrieben Wind von Kolbengebläsen mit zur Verfügung steht. G. Neumann[1]) bringt ausführlichere Angaben über Berechnung der Druckverhältnisse in den Gaserzeugern und in den Windleitungen sowie über die Antriebsart und Drehzahlregelung von Schleudergebläsen. Zu letzteren Fragen ist auch auf die Ausführungen über Turbosauger und Drehzahlregelung zu verweisen[2]).

Um in den Generatoren höhere Drücke zu vermeiden, die durch unvermeidliche Undichtheiten an den Füllstutzen und Stocheinrichtungen und vor allem beim Öffnen solcher Verschlüsse zu Belästigungen der Bedienung führen würden, sind neuerdings meist kombinierte Wind-Gas-Gebläse in Gebrauch, die auf derselben Motorwelle außer dem Windrad ein Gas-Turbogebläse tragen, das das Gas vom Gaserzeuger absaugt und zur Verwendungsstelle drückt. Der Gasdruck im Generator wird dann auf höchstens 20 mm gehalten und der Druck in der Weiterleitung kann dem Verwendungszweck beliebig angepaßt werden.

Zur Vermeidung von unerwünschten Schwankungen oder Überschüssen in der Erzeugung ist eine Regelung der Windmenge in Abhängigkeit vom Gasbedarf bzw. dem Gasdruck notwendig. Die einfachste und dabei zuverlässigste Form ist die Glockenregelung durch zwei Glockenregler für Gas und Wind. Der auf den Verbrauchsdruck eingestellte Gasglockenregler öffnet z. B. bei Druckabfall am Ofen einen Gasabgabeschieber zur Verbrauchsstelle im erforderlichen Maße, der dadurch vor diesem Schieber abfallende Druck beeinflußt den Windglockenregler zum Öffnen des Windschiebers. Diese Anordnung ist im Abschnitt »Regler«[3]) genauer beschrieben und abgebildet. Ebenso ist es natürlich möglich, mit einem der in demselben Abschnitt angeführten hydraulischen Regler entsprechende Drosselklappen in der Gas- und Windleitung zu betätigen, wobei der Impulsdruck meist über eine Membran auf den Stellzylinder eines Ölpumpwerkes od. dgl. und dadurch auf den Stellzylinder der Drosselklappe wirkt[4]).

[1]) G. Neumann, Mitt. 101 d. Wärmest. Düsseldorf d. Ver. D. Eisenhütt.-L.
[2]) Handbuch der Gasindustrie, III, 1, S. 11, 38.
[3]) Handbuch der Gasindustrie, III, 1, S. 52.
[4]) Handbuch der Gasindustrie, III, 1, S. 29.

Die für den Halbwassergasbetrieb (Luftwassergasbetrieb) notwendige Windbefeuchtung wird im allgemeinen mit direktem Dampfzusatz erreicht, wozu bei Dampfkesselgeneratoren natürlich nur Eigendampf in Frage kommt. Der Dampfzusatz wird meist in die Windleitung kurz vor deren Einführung in das Generatorfundament oder in den Unterbau eingeleitet, so daß keine wesentliche Abstrahlung oder Wasserauskühlung mehr erfolgen kann. Vereinzelt, bei kleinem Pilzrost, werden außer dem zentral mit dem Wind eintretenden Dampf zusätzliche Dampfdüsen durch den Generatormantel eingebaut[1]). Diese bezwecken, ebenso wie die seitliche Dampf-Luft-Einführung in verschiedenen Generatoren (Abb. 24, 30) möglichst gleichmäßige Verteilung auf das ganze Schlackenbett.

Der Wind kann auch durch Überleiten über heißes Abwasser teilweise oder ganz aufgesättigt werden[2]) (vgl. auch Abb. 51). Bei Vorhandensein anderer Wärmequellen kann auch der Unterwind vorgewärmt und durch Einspritzen von Kaltwasser gesättigt werden (Poetter, S. 117).

Explosionsgefahren sind im Ge-

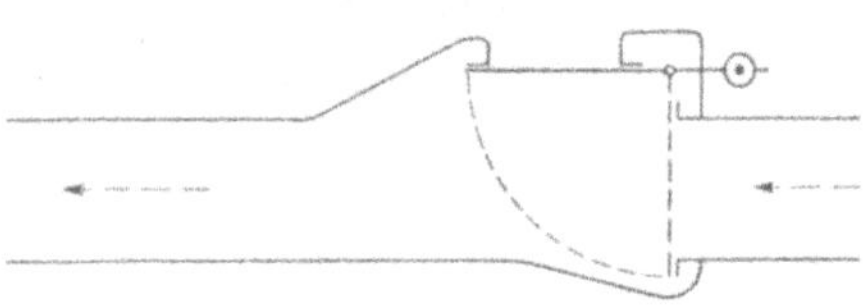

Abb. 48. Sicherheits-Rückschlagklappe für Windleitung.

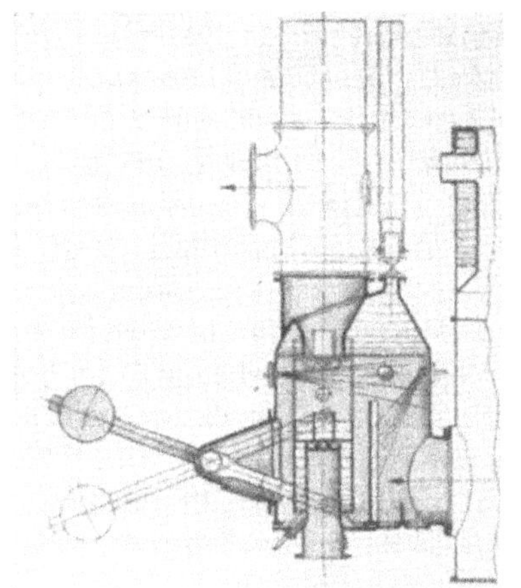

Abb. 49. Umschaltventil zum Umstellen des Gaserzeugers auf Stillstand.

neratorenbetrieb verhältnismäßig selten. Bei Stromstörungen besteht die Möglichkeit, daß die Gasbildung infolge Wasserverdampfung trotz Ausbleiben des Windes noch fortschreitet und, bevor die Ableitung über Dach geöffnet ist, das Gas unter den Rost tritt und dadurch bei Wiederanfahren ein Gas-Luft-Gemisch in die Feuerzone kommt. Die dabei vorkommenden Verpuffungen schlagen im allgemeinen ohne Schaden durch die Wassertauchungen des Generators durch. In größeren Betrieben werden aber doch auch Explosionssicherungen vorsorglich eingebaut. Eine solche Rückschlagklappe zeigt Abb. 48. Der Betriebswinddruck hält die durch das Gegengewicht nicht ganz ausgewuchtete Klappe in waagerechter Stellung geschlossen. Bei Ausbleiben des Winddruckes fällt die Klappe vor die Windöffnung und etwa zurücktretendes Gas kann nach oben entweichen. — Ferner werden immer an verschiedenen Stellen der Leitun-

[1]) Dr. C. Otto u. Cie. DRP. 650840.

[2]) F. Lüth, Mitt. 172 d. Wärmest. Düsseldorf d. Ver. D. Eisenhütt.-L.

gen, besonders an der Windleitung, Reißblenden aus Segeltuch oder sehr dünnem Blech eingebaut, die bei etwa entstandener Explosion in solcher Leitung durchschlagen.

Für den Fall von Stromstörungen, durch die der Winddruck ausbleibt, oder für betriebsbedingtes Ausschalten des Gaserzeugers ist im allgemeinen ein durch Schieber verschlossenes, über Dach führendes Kaminrohr dem Ausgang gegenüber angeschlossen. Bei dessen Öffnung muß der Gasabgangsschieber hinter dem Generator oder Wäscher geschlossen oder im Wäscher eine Wassertauchung hergestellt werden. — In sehr einfacher und schneller Weise ist diese Umschaltung ermöglicht durch das Deutz-Umschaltventil (Abb. 49), bei dem durch eine Hebelbewegung jeweils der Gasweg oder der Kamin mit Wassertauchung verschlossen wird.

ζ) Kühlung und Reinigung des Generatorgases.

Die Kühlung und Reinigung des Generatorgases ist verschieden zu behandeln bei teerfreien und teerhaltigen Gasen.

Teerfreie Gase, also solche von Koks, Schwelkoksen und Anthrazit, sind nur von Wasserdampf und Staub zu befreien. Die meisten Wäscher vereinigen beide Maßnahmen, z. B. alle mit unmittelbarer Kühlung arbeitenden Wäscher, bei denen Wasser in den Gasweg gesprüht oder gerieselt wird. Solche sind die Hordenwäscher — mit Horden ausgesetzte oder mit Füllkörpern aufgefüllte Waschtürme — und die Wasserschleierwäscher, in denen das Gas mittels geeigneter Einbauten durch Wassersprühkegel getrieben wird. Wasserschleierwäscher sind in stehender Form (z. B. Koppers) und rotierend (Feld-, Ströderwäscher u. a.) ausgeführt worden. Bauarten dieser Wäscher sind im Abschnitt »Gaskühlung« beschrieben[1]). Auch Schleuderwäscher mit Wassereinspritzung werden für größere Gasmengen angewandt[2]). Die Abscheidung von Staub und mitgerissenen Wassernebeln kann weiter noch vervollständigt werden durch Stoßabscheider, in denen das Gas mehrmals vor Blechwänden oder irgendeinem Füllmittel gestoßen und umgelenkt wird, oder durch Fliehkraftabscheider, in denen das wirbelnd geführte Gas Fremdkörper an der ruhenden Wand absetzt oder abfließen läßt. Wird das Gas nicht einem Kühler, sondern einem Abhitzekessel zugeführt, so wird auch zur Vermeidung von mechanischen Flugstaub-Scheuerwirkungen im Kessel ein Beruhigungsbehälter als »Trockenstaubabscheider« vor den Abhitzekessel gestellt (Demag). Dieser Abscheider muß möglichst für jeden Generator einzeln angeordnet werden.

Die Reinheitsforderung lautet im allgemeinen: höchstens 0,1 g teerfreier Staub im m³. Der praktisch erreichte Gehalt liegt meist wesentlich unter dieser Grenze. Bei starkem Staubgehalt oder sehr weitgehen-

---

1) Handbuch der Gasindustrie, III, 1, S. 78/80.

2) Handbuch der Gasindustrie, III, 1, S. 93.

den Reinheitsanforderungen kann auch die Einschaltung eines Elektrofilters notwendig werden[1]).

Das Kühlwasser kann, da oft eine vollständige Abkühlung betrieblich nicht erforderlich ist, auch geklärt, rückgekühlt und wieder zu den Kühlern gepumpt werden. Über Rückkühlanlagen wurde gesondert berichtet[2]).

Solches Kühlwasser reichert sich allerdings im Kreislauf der Rückkühlanlage durch Luftoxydation des Schwefelwasserstoffs unter Umständen so stark mit H_2SO_3 und H_2SO_4 an, daß das angesäuerte Wasser zu Korrosionen im Kühler führt. Dr. C. Otto u. Cie.[3]) vermeiden diese Störung durch Zugabe kleiner Mengen Kalkmilch zum Ablaufwasser vor der Klärung.

In Sonderfällen wird ein schwefelfreies Gas verlangt, z. B. bei Verwendung von Generatorgas in Lebensmittelbetrieben und in Betrieben,

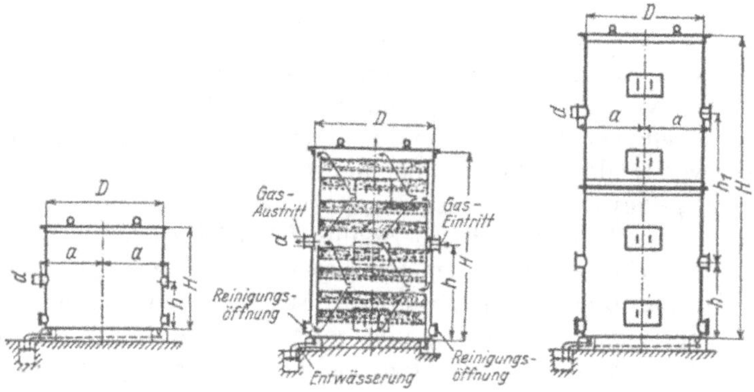

Abb. 50. Horden-Entschwefler.

die mit offenen Flammen arbeiten (Glasspinnerei, Löterei, Sengerei u. a.). Dann müssen Reiniger mit Füllung von Luxmasse oder Raseneisenerz verwandt werden. Die Füllung ist nach erfolgter Anreicherung, wie von der Gasreinigung bekannt, zu erneuern. Um großen Druckverlust durch die Reinigungsmasse zu vermeiden, muß die Masse in nicht zu dicke Lagen aufgeteilt und der Gasstrom möglichst durch mehrere Lagen parallel geleitet werden. Für Großanlagen wird auf den Abschnitt über Gasreinigung verwiesen[4]). — Für kleinere und mittlere, gegebenenfalls auch für größere Leistungen, baut u. a. Humboldt-Deutz stehende Entschwefler in verschiedener Höhe (Abb. 50). Raffloer-Entschwefler eignen sich auch besonders für kleinere Anlagen, sie sind mit

[1]) Handbuch der Gasindustrie, III, 1, S. 97.
[2]) Handbuch der Gasindustrie, III, 1, S. 81.
[3]) Dr. C. Otto u. Cie. DRP. 545331.
[4]) Handbuch der Gasindustrie, III, 2, S. 229.

Reinigungsmassekugeln gefüllt, die große Oberfläche und geringen Druckwiderstand ergeben.

Teerhaltige Gase können je nach den an die Teergewinnung gestellten Anforderungen verschieden behandelt werden.

Der einfachste und vor allem in kleineren Betrieben sowie bei nicht sehr weitgehenden Reinheitsanforderungen üblichste Weg ist der, das Gas zunächst in einem indirekten Kühler, z. B. einem Röhrenwasserkühler, vorzukühlen, wobei ein Mischkondensat von Wasser und Teer oder Teeröl anfällt, und dann in einem ölberieselten, rotierenden Schlagwäscher (Theisenwäscher, Desintegrator)[1]) die restliche Teerwaschung vorzunehmen.

Bei größeren Gasmengen und weitgehend geforderter Teerentfernung kann auch mit Elektroteerscheidern gearbeitet werden, bei denen die Wasser- oder Teernebel im Gas durch ein Feld von hochgespanntem Gleichstrom ionisiert und niedergeschlagen werden[2]). Diese Teerentfernung ist besonders bei Braunkohlengeneratorgasen auch zweistufig in Gebrauch. Die Heißstufe arbeitet mit über 100° und scheidet einen wasserfreien, paraffinreichen Teer aus; nach einer indirekten Zwischenkühlung wird in der Kaltstufe in einem gleichen Elektroteerscheider das Leichtöl mit restlichen Wasserdämpfen ausgeschieden. Diese getrennte Behandlung ist auch deshalb von großer Wichtigkeit, weil ein in einer Stufe gewonnenes Dickteer-Wassergemisch aus Braunkohlen schwer oder u. U. gar nicht vollständig zu trennen ist.

c) Leistung und Kontrolle von Generatorenanlagen.

α) Bau- und Leistungsgarantien.

Die an Zentralgeneratoren zu stellenden Anforderungen sind festgelegt einerseits in Regeln für die Abfassung von Garantieforderungen bei Vergebung von Generatorenaufträgen, anderseits in Regeln zum Nachweis dieser Garantien durch Leistungsversuche nach Inbetriebnahme. Für Deutschland bestanden solche Regeln in einer Fassung des Deutschen Vereins von Gas- und Wasserfachmännern als »DVGW-Normen« bezeichnet, in der 1930 vorläufig abgeschlossenen Fassung[3]) und in den 1932 veröffentlichten Richtlinien des Kokereiausschusses des Vereins für die bergbaulichen Interessen und des Vereins Deutscher Eisenhüttenleute[4]). Beide Vorschriften zeigen naturgemäß einen im wesentlichen übereinstimmenden Aufbau. Als Unterschiede sind u. a. zu erwähnen:

Die DVGW-Normen fordern als Endglied die Ermittlung des Vergasungswirkungsgrades, wobei für die Gasmenge die Kohlenstoffbilanz

[1]) Handbuch der Gasindustrie, III, 1, S. 93.
[2]) Handbuch der Gasindustrie, III, 1, S. 97.
[3]) Gas- u. Wasserfach **73** (1930), S. 577.
[4]) Gas- u. Wasserfach **75** (1932), S. 841 — Verlag Glückauf 1932.

und für den Heizwert die kalorimetrische Bestimmung aus der Tagesdurchschnittsprobe zugrunde gelegt wird. Die Kokereiausschuß-Richtlinien sehen drei Wirkungsgradberechnungen vor, nämlich 1. den thermischen Wirkungsgrad, 2. den Nutzungswirkungsgrad, 3. den Vergasungswirkungsgrad. Der Vergasungswirkungsgrad gibt, ebenso wie bei der DVGW-Norm, die in Gasform gebundene, gewonnene Wärmemenge an. Der thermische Wirkungsgrad, bei dem zunächst der Wärmeinhalt des Überschußdampfes mit als Wärmegewinn erscheint, soll weiter auch die fühlbare Wärme des abziehenden Gases mit einschließen. Diese Erfassung hat zwar für den Einbaugenerator Berechtigung, beim Zentralgenerator ist sie aber nur ein theoretischer Begriff. Als Nutzungswirkungsgrad wird noch ein auf den betrieblichen Sonderfall besonders bezogener thermischer Wirkungsgrad bezeichnet, der noch etwaige weitere in der Anlage auftretende Wärmeabgänge oder -gewinne einschließen kann. — Die Kokerei-Richtlinien lassen die Gasmessung als Staurandmessung (mit »scharfkantiger Blende«) ausführen und empfehlen kalorimetrische Heizwertmessung. Diese Richtlinien beziehen sich nur auf die Koksvergasung, während die DVGW-Normen die Vergasung von Braunkohlenbriketts als Anhang mitbehandeln.

In weiterer gemeinsamer Arbeit wurden die Vorschriften dieser Verbände zusammengelegt in der 1938 bekanntgegebenen[1]) Dinorm-Vorschrift DIN 1950, Regeln für Gewährleistungen und Abnahmeversuche an Gaserzeugern für Vergasung von Koks. Die wesentlichen Forderungen dieser Vorschrift sind folgende:

1. Die Gewährleistungen, die bei Vergebungen zu fordern sind:

Diese beziehen sich auf Brennstoffdurchsatz, Gasbeschaffenheit, Vergasungswirkungsgrad, Verbrauch an Dampf, Kühlwasser und Kraft.

Für den Vergasungskoks ist anzugeben die Herkunft, der Höchstgehalt an Wasser und Asche und die Körnung in üblichen Handelsbezeichnungen, dabei der Grusgehalt 0—10 mm und der Anteil unter 3 und unter 1 mm.

Der Brennstoffdurchsatz ist in t Rohkoks je Tag oder in kg Rohkoks je m² Schachtquerschnitt und Stunde zu rechnen.

Für die Gasbeschaffenheit ist der untere Heizwert in kcal/Nm³ festzulegen, der Staubgehalt in g je Nm³ und der Gasdruck an zu vereinbarender Gasverbrauchstelle. Für die Gastemperatur wird, um örtlichen Voraussetzungen gerecht zu werden, nur die Temperaturdifferenz zwischen Gasaustritt und Kühlwassereintritt angegeben.

Betr. Vergasungswirkungsgrad wird auf die Leistungsversuchsbedingungen verwiesen. — Zum Verbrauch an Dampf und Kühlwasser und Kraft ist bestimmt: Fremddampfbedarf wird in kg/kg durchgesetz-

[1]) Gas- u. Wasserfach **81** (1938), S. 344.

ten Reinkoks garantiert, Eigendampferzeugung als Erzeugung und Selbstverbrauch in kg/kg Reinkoks nebst Angabe von Dampfdruck und Temperatur. Kühlwasser und Kraftverbrauch werden auf die t durchgesetzten Reinkoks bezogen, der Kraftverbrauch möglichst auf Arbeitszwecke unterteilt.

Hinsichtlich Abweichung sind für jede Bedingung 3% vom Sollwert zugelassen; nur Durchsatzleistung und Wirkungsgrad dürfen entweder zusammen oder nur eines von beiden die Abweichung von 3% zeigen.

Sind betriebsmäßig irgendwelche Bedingungen nicht zu erfüllen, so kann auch eine Gesamtwirtschaftlichkeit der Anlage ermittelt und anerkannt werden, wenn sie nicht schlechter ist, als sie sich bei Erreichung aller Werte ergeben würde.

2. Abnahmeversuche zum Nachweis der Gewährleistungen:

Verlangt werden Versuche von 3mal 24 h mit täglichen Zwischenabschlüssen; sie dürfen nur nach Erreichung eines gleichmäßigen Beharrungszustandes mit dem Versuchsbrennstoff ausgeführt werden. Vorversuche sind zulässig. Der Koks wird nach Menge und Körnung gewogen, Proben genommen und untersucht auf Körnung, Wasser, Asche, Reinkoks, C-Gehalt und Heizwert.

Auf die Gasbeschaffenheit wird besonderer Wert gelegt, deshalb ist die Probenahme und deren Gleichmäßigkeit, die kalorimetrische Heizwertbestimmung, die Untersuchung auf CO_2-Auswaschung im Wäscher und auf Staubgehalt, sowie die Überwachung auf Heizwertschwankungen besonders wichtig. Von der Schlacke und dem Staubanfall sind Anfallgewicht und Gehalt an Wasser und Verbrennlichem zu ermitteln.

Der Dampf wird nach den VDI-Regeln, Wasser und Kraft mit üblichen Meßgeräten bestimmt.

Der Vergasungswirkungsgrad wird zunächst ohne Rücksicht auf die Art der Gasmengenermittlung definiert durch den Ansatz:

$$\eta_{\text{vergas.}} = \frac{\text{kcal im Gas}}{\text{kcal im Reinkoks}} \cdot 100\,\%.$$

Die Gasmenge kann mit der scharfkantigen Blende (Normblende nach Din 1952) bestimmt werden, in der Regel ist aber die Berechnung nach der Kohlenstoffbilanz maßgebend. Für diese Berechnung muß der vergaste Kohlenstoff mit der größten Genauigkeit festgestellt werden. Von dem C im Brennstoff werden die C-Verluste in der Schlacke, im Flugstaub und im Schlamm abgezogen und dann ergibt sich die Gasmenge zu

$$Q = \frac{\text{vergaster C}}{\text{C-Gehalt in 1 Nm}^3\text{ Gas}}\ \text{Nm}^3.$$

Der C-Gehalt des Gases folgt aus der Gasanalyse, indem die aus der Durchschnittsanalyse des Tages bestimmten %-Sätze C-haltiger Gase

(CO, CO_2, CH_4) addiert und je m³ mit 0,535 kg eingesetzt werden; z. B. folgt für ein Gas mit 5,0% CO_2, 28,0% CO und 0,4% CH_4 ein Gehalt an C-haltigen Gasen von 33,4%, 1 m³ enthält dann $0,334 \cdot 0,535$ kg = 0,179 kg C. Dieser Wert, in den wirklich vergasten Reinkoks dividiert, ergibt die Gasmenge nach der Kohlenstoffbilanz.

Für die Dampfmessung gelten wieder die VDI-Regeln Din/VDI 1952. Die erzeugte Dampfmenge wird am sichersten durch Messung des Speisewassers gefunden, der Überschußdampf bzw. verbrauchter Fremddampf werden möglichst durch Dampfmesser gemessen oder mit Dampfblende nach obengenannter Norm. Auch Überschußdampfmessung durch Kondensation des Dampfes wird als zuverlässig empfohlen, doch ist hierzu ein wirklich ausreichender Kühler bereitzustellen.

Diese allgemeingültigen Vorschriften erfassen, wie erwähnt, ebenso wie die Kokereiausschußvorschriften nur die Koksvergasung. Die von der DVGW-Norm für Brikettvergasung gegebenen Sondervorschriften verlangen zusätzlich noch folgende Bestimmungen:

Brennstoff: Die Briketts eines Versuches sollen gleicher Herkunft und gleicher Form und Größe sein und nicht lange gelagert haben.

Anfall von Teer: Zur Mengenfeststellung sollen im Teerscheidebehälter zum Versuchsabschluß gleiche Verhältnisse vorliegen, wie zu Beginn. Von einer Teerdurchschnittsprobe sind Wassergehalt, C-Gehalt und Heizwert zu bestimmen.

Vergasungswirkungsgrad und C-Bilanz: Zu den C-Abgängen ist noch der C im Teer beizufügen. —

Eine in vorstehenden Vorschriften nicht enthaltene weitere Form des Wirkungsgrades bringt noch der Gaskursus[1]) unter dem Namen »Wirtschaftlicher Wirkungsgrad«. Er stellt eine durch Einsetzen der Kaufpreise und Erlöse erhaltene Bilanz der Generatorgaserzeugung dar, die zum Vergleich verschiedener Brennstoffe in derselben Anlage wertvoll ist.

Für Italien sind ebenfalls Normen für Garantien und Abnahmeversuche an Generatoren festgelegt[2]).

β) Ausführung von Leistungsversuchen.

Leistungsversuche an Generatorenanlagen sind betrieblich oft schwer durchzuführen, aber ihre Bedeutung sollte nicht unterschätzt werden, da sie außer dem liefervertragsmäßig notwendigen Leistungsnachweis dem Betrieb noch wertvolle Unterlagen geben können. Sie geben z. B. Auskunft über die den Generatoren zuzumutenden Belastungsgrenzen, über die bei Über- oder Unterbelastungen noch trag-

---

1) K. Bunte u. A. Schneider, Zum Gaskursus, München 1927, S. 47.
2) Acqua e Gas, 1935/6, S. 181.

baren Verschlechterungen des Wirkungsgrades, über die Grenzen der geeigneten Körnungen oder Körnungszusammenstellungen u. a. m.

Ein klassisches Beispiel einer sorgfältig durchdachten und eingerichteten Versuchsanlage war die aus 5 verschiedenen Generatortypen bestehende Generatorenanlage in München. Über die an dieser Anlage in den Jahren 1927, 1929 und 1931 ausgeführten Leistungs- und Vergleichsversuche berichtete E. Schumacher[1]). Diese über den Rahmen des eigentlichen Leistungsnachweisversuches hinausgehenden Arbeiten bezweckten insbesondere Feststellungen über die Wärme- und Kohlenstoffbilanz, über die Belastbarkeit und die Abhängigkeit des Druckverlustes, der Gasbeschaffenheit und des Vergasungswirkungsgrades von der Belastung, ferner über die Wasserbilanz der Hochdruckkessel und die Wärmebilanz der Sättiger und Kühler. Ein Grundgedanke war dabei

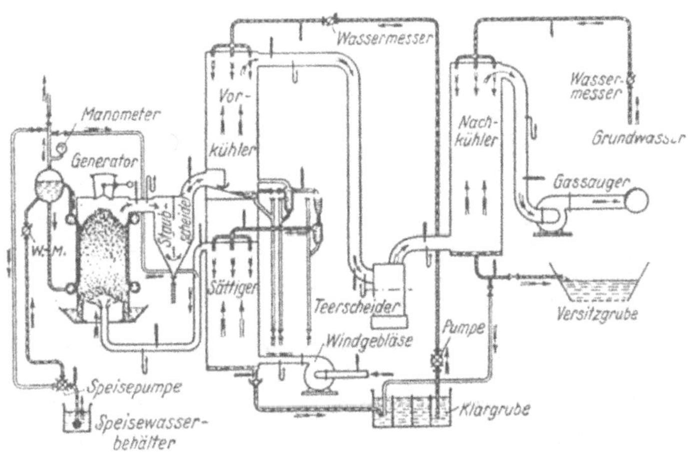

Abb. 51. Versuchsanordnung für Leistungsversuche an einer Generatorenanlage.

der, die betriebsmäßig bedingten Gasmengenschwankungen in der günstigsten Form auf einen bis zwei Generatoren zu legen und die größere Zahl auf optimaler, gleichmäßiger Belastung zu belassen. Bei den noch nach der DVGW-Vornorm vorgenommenen Versuchen, deren Gesamtanordnung in Abb. 51 gezeigt ist, wurden folgende Bestimmungen ausgeführt:

Koks: Gewichtsfeststellung durch Voll- und Leerwägung der etwa 1,3 t fassenden Kübel auf einer dazu geeigneten Waage, Probenahme mittels Stielbecher beim Entleeren in den Füllkopf des Generators in Mengen von 0,5 Gew.-% des Koksdurchsatzes (Tagesprobengewicht 100—150 kg), Probe zunächst in geschlossenen Blechkübeln gesammelt, dann im Vakuumtrockenschrank 20 h getrocknet, nach Rückwägung zur Körnungssiebanalyse gesiebt, wieder gemischt und nach dem üb-

[1]) Schumacher, Gas- u. Wasserfach **74** (1931), S. 1121.

lichen Teilverfahren (gemäß Vorschrift Din DVM 3711) für die Laboratoriumsproben aufbereitet.

Verbrennungsrückstände: Von der in tarierten Kippwagen abgefahrenen und gewogenen Asche wurde zweistündlich Probe in geschlossene Blechkübel genommen, in Menge von etwa 2,5% des Tagesanfalles (40 bis 50 kg/Tag). Die Probe wurde ebenfalls im Trockenschrank getrocknet, zerkleinert und auf Kleinprobe eingeengt. Entsprechend wurden Proben der gewogenen Flugstaub- und Schlammanfälle genommen und aufbereitet und auf Verbrennliches untersucht.

Gas: Zwei mittels Kubizierapparats geprüfte Gasbehälter von je 700 l wurden halbtägig wechselnd mit Durchschnittsprobe gefüllt; die Menge und die Unterbrechung sicherten ausreichende Untersuchungszeit und genügende Zahl der Vergleichsuntersuchungen auf Gaszusammensetzung, berechneten und kalorimetrischen Heizwert. Letztere stimmten meist gut überein. Außerdem wurde die erzeugte Gasmenge zum Vergleich mit den rechnerischen Verfahren gemessen durch einen ausreichenden, vorher mehrfach geprüften Glockengasmesser. Die Errechnung der Gasmenge nach der Kohlenstoffbilanz wurde unter peinlichster Erfassung aller Kohlenstoffverbräuche und -verluste ermittelt. Der Vergleich der beiden Meßverfahren ergab eine ziemlich befriedigende Übereinstimmung. Die Abweichung der beiderseitigen Bestimmungen vom Mittelwert lag etwa je zur Hälfte der Versuche nach plus und minus. Nach später von E. Hecker von derselben Anlage berichteten[1]) ähnlichen Vergleichsversuchen zwischen Kohlenstoffbilanz und Stationsgasmesser ergab sich die Volumenmessung in der Uhr durchweg etwas höher als die Kohlenstoffbilanz-Rechnung. Dieser Mehrwert sank aber mit steigender Belastung ab, etwa von 5 auf 1%, infolgedessen wurde die Kohlenstoffbilanz ebenfalls als maßgebend angenommen. — Zu der genauen Erfassung aller Kohlenstoffabgänge gehört auch die etwas umstrittene CO_2-Auswaschung aus dem Gase im Wäscher. Schumacher konnte in den zahlreichen Versuchen keinen gleichbleibenden Unterschied im CO_2-Gehalt vor und nach dem Wäscher feststellen, rechnete aber mit 0,5% CO_2-Auswaschung. Diese Berücksichtigung deckt sich mit andernorts gemachten Feststellungen[2]) [3]). Es ist denkbar, daß je nach Bauart des Wäschers, Temperaturgrenzen und Wasserbeschaffenheit die Voraussetzungen für eine Auswaschung wechseln; so scheint umgepumptes, rückgekühltes Wasser weniger CO_2 auszuwaschen. Auch während des Aufenthaltes der Gasprobe im wassergefüllten oder noch Wasser enthaltenden Aspirator findet noch CO_2-Auswaschung statt. Von den zwischen 0—1% schwankenden Betriebswerten hat der übliche Mittelwert 0,5% die Bedeutung,

[1]) E. Hecker, Gas- u. Wasserfach **75** (1932), S. 330.
[2]) F. Wehrmann, Gas- u. Wasserfach **71** (1928), S. 1253.
[3]) R. Mezger, Gas- u. Wasserfach **75** (1932), S. 825.

daß seine Vernachlässigung einen um 1—1,5% zu hohen Vergasungswirkungsgrad ergibt.

Unterwind und Windfeuchtigkeit: Eine Windmengenmessung durch Staudoppelrohre mit Anzeige- und Schreibgeräten zeigte sich als nicht zuverlässig gegenüber der Rückrechnung aus Gasmenge und N_2-Gehalt des Gases und Rohkokses. Die Windfeuchtigkeit stammte bei dieser Anlage aus der mitgebrachten Luftfeuchtigkeit, der Wasserdampfaufnahme im Sättiger und zusätzlichem Dampf. Das Wind-Dampf-Gemisch wurde noch überhitzt. Zur Prüfung diente eine Kondensationsapparatur für eine abgezweigte Windprobe, bestehend aus Wasserkühler, Abscheider mit Prallwand, Druck- und Temperaturmessung und einem Gasmesser für die gesättigt abgehende Windmenge. Die Messungen ergaben an den Entnahmestellen ohne Überhitzung gute Übereinstimmung mit dem Taupunkt, also mit der der abzulesenden Temperatur entsprechenden Sättigung.

Auch über andere, sehr eingehende Leistungsversuche liegen in der Literatur Berichte vor, so von Stuttgart, München, Berlin[1] [2] [3], ferner in großer Zahl Werks- und Firmenversuche.

Die bei den Münchener Versuchen verwandten Bestimmungsverfahren für die Unterlagen des Leistungsnachweises stellen eine Bestform dar, dürften jedoch in sonst üblichen Fällen nicht immer anwendbar bzw. zu teuer sein.

Bei Vereinfachung des Versuchsganges muß aber doch für den jeweiligen Fall eine möglichst zuverlässige Form gesucht werden. Die Brennstoffmessung und Probenahme muß vor allem den Betriebsverhältnissen angepaßt werden. Gerade hier sollte bei jeder Neuanlage oder Modernisierung besonderer Wert gelegt werden auf jederzeitige Möglichkeit genauer Verbrauchsmessung. Die sicherste und vor allem für den laufenden Betrieb einfachste Form ist der Einbau einer Waage in die Laufschiene des Füllwagens oder bei großen Ofentypen in den Füllwagen selbst. Sonst müssen wenigstens genügend unterteilte Bunker vorhanden sein, die, jeweils nicht übermäßig gefüllt, einen zuverlässigen Zwischenabschluß durch Abziehen und Wägen des Restbestandes ermöglichen. — Zur Koksprobenahme ist ebenfalls die den örtlichen Verhältnissen am besten entsprechende Art zu wählen, aus jedem gewogenen Füllwagen oder aus jedem xten Becher des zu den Bunkern zubringenden Becherwerkes, unter Uhrbeobachtung mittels Handschaufel vom zubringenden Förderband oder aus jedem Klappkübel od. dgl. Das Gesamtgewicht der Probe muß dann vom Durchsatzgewicht abgezogen werden. Die Einengungsvorschrift für die Probe wurde bereits erwähnt. Die Behandlung der Probe muß sich nach der Koksfeuchtigkeit richten, vor allem muß

---

[1]) R. Mezger, Gas- u. Wasserfach **75** (1932), S. 825.
[2]) E. Hecker, Gas- u. Wasserfach **75** (1932), S. 329.
[3]) H. Deneke, Gas- u. Wasserfach **77** (1934), S. 129.

Wasserverlust vor der Wägung und während der Aufbereitung vermieden werden. Am besten geschieht das, indem man die ganze Probe, auf tarierten Probeblechen gewogen, an staubgeschützter Stelle auf den Öfen oder sonstiger Heizanlage (Kesselhaus u. a.) sofort trocknet und nach Rückwägen aufbereitet. Eingehende Anweisung über Bestimmung der Koksfeuchtigkeit ist in Din DVM 3721 gegeben, für die Koksheizwertbestimmung in Din DVM 3716. Die tägliche Koksprobe soll mindestens Gesamtwasser, Asche und Reinkoks angeben; für C-Gehalt und Heizwert genügt Untersuchung einer Gesamtdurchschnittsprobe. — Über die Prüfung der Körnung sind je nach den gegebenen Garantien Vereinbarungen zu treffen; es können die Gewichte der getrennt geförderten Körnungen angenommen werden oder Siebanalysen der Einzel- oder Gesamtproben. Grusgehalt läßt sich zuverlässig nur durch Absieben getrockneter Durchschnittsproben mit vereinbarter Siebart bestimmen. Auf die besonderen Anforderungen für die Kohlenstoffbilanz wurde schon hingewiesen. Bei der Schlacke, dem Schlamm, Flugstaub u. dgl. ist wieder Wasserverlust während der Aufbereitung der Probe zu vermeiden. Wasserverlust vor der Wägung des Schlackenanfalls hat keinen Einfluß. Von dem je 24 h getrennt gelagerten Schlackenanfall wird die Probe beim Verladen genommen, um so größer, je grobstückiger die Schlacke ist. Die Schlackenanalyse (Wasser, Asche und Verbrennliches) bezieht sich auf den Zustand der Schlacke beim Verwiegen. Etwa vorher ausgelesener Schlackenkoks wird zweckmäßig vom Rohkoksdurchsatz abgezogen, kann aber auch gesondert geprobt, untersucht und als C-Abgang gerechnet werden.

Die für die Gasbeschaffenheit maßgebende Probe muß eine wirklich zuverlässige proportionale Durchschnittsprobe darstellen. Sie soll deshalb mittels genügend großen Aspirators genommen werden, der mit Abflußregler und Druckregler versehen ist. Der Heizwert kann von dieser Probe oder ständig registrierend oder durch Handbestimmungen in regelmäßiger Folge ermittelt werden (z. B. halbstündlich). Der aus der Analyse gerechnete Heizwert ist nicht zuverlässig, er soll deshalb zum rechnerischen Nachweis der Gewährleistungen nicht verwendet werden.

Auf Staubfreiheit des Gases wird besonderer Wert gelegt, weil hoher Staubgehalt einen der Hauptvorteile der Zentralgeneratorbeheizung wegnehmen würde, die Verhütung von Flugstaubverschmelzungen in den Ofenkanälen. Bei den meisten Ausführungen der Generatorenanlagen ist allerdings die Staubmenge so gering, daß ihre analytische Erfassung Schwierigkeiten macht. Verfahren für die Bestimmung geben die »Richtlinien für Leistungsversuche an Entstaubern«[1]). Bei ins Gewicht fallenden Staubmengen muß das im teerfreien Staub enthaltene Verbrennliche in der Kohlenstoffbilanz als nicht vergaster Reinkoks gerechnet

---

[1]) VDI-Verlag, Berlin.

werden. — Die in Gaswerken üblichen Zentralgeneratoranlagen liefern im allgemeinen Gas mit weniger als 0,1 g Staub je m³.

Außer diesen Gesamtleistungsversuchen sind natürlich im laufenden Betrieb auch Teilversuche für Sonderzwecke möglich, bei denen nicht alle von der Norm verlangten Feststellungen betrieblich erfaßbar oder auch nicht unbedingt notwendig sind. Vor zu weit gehender Vereinfachung der Versuchsarbeit muß aber gewarnt werden, weil dann das Ergebnis u. U. zu unzuverlässig oder ungenügend vergleichbar wird und die aufgewandte Arbeit nicht lohnt.

γ) Erreichte Leistungen (Leistungsgröße, Wärmebilanz, Wirtschaftlichkeit).

Über erreichte Leistungen von Gaserzeugern geben eine große Anzahl von Veröffentlichungen und von Leistungsversuchberichten zuverlässige Zahlen an, von denen eine beliebig herausgegriffene Auswahl von Koksvergasungen in Zahlentafel 3 zusammengestellt ist, zwecks Übersicht über die vorkommenden Größenordnungen.

Zahlentafel 3.

Leistungszahlen von Koksvergasungen.

Nr.	Generator Φ m	Generatormantel, Bauart, atü	Körnung mm	Durchsatz t/Tag	Schachtbelastung kg/m²/h	Gaserzeugung Nm³/kg auf Rohkoks	Gaserzeugung Nm³/kg auf Reinkoks	Unterer Heizwert kcal/m³	Dampferzeugung kg/kg	Vergasungswirkungsgrad (C-Bil., H_u, %)	Thermischer Wirkungsgrad %
		Hochdruck									
1	3,0	20	18% <10—20	25	200	3,65	5,1	1200	0,46	77,0	86,0
2	3,0	20	30% <10—20	20	173	3,7	5,3	1175	0,49	76,4	85,2
3	3,0	25	10—20	37	220	4,0	—	1180	0,58	78,0	—
4	3,0	25	40—60	41	242	4,5	—	1090	1,18	75,6	—
5	2,6	10	21% <10—20	15	167	3,7	5,0	1175	0,42	75,1	82,0
6	2,6	20	17% 10—20	17	186	3,6	5,1	1170	0,78	76,5	87,1
7	2,2	10	21% <10—20	14	215	3,4	4,9	1203	0,56	75,0	84,8
8	2,1	10	15% <10—20	13	218	3,9	5,3	1150	0,85	80,7 (H_0)	89,7 (H_0)
		Niederdruck									
9	3,0	0,5	6% 10—20	41	243	4,2	—	1174	0,60	78,6	—
10	2,6	0,5	20—40	16,5	130	—	—	1146	0,85	77,3	—
11	2,1	0,5	25% 10—20	9	110	3,6	—	1160	Überschuß 0,4	82,7	—
12	2,1	0,5	30% 0—5; 10% 5—30	8	96	—	—	1195	1,44	76,0	—

Die für jeden Begriff teils gleichartigen, teils wesentlich unterschiedlichen Zahlen weisen darauf hin, daß verschiedene Betriebseinflüsse sich gegenseitig addierend oder aufhebend auswirken können.

Über derartige Einflüsse liegen auch Sonderversuchsreihen vor, so über den Einfluß der Körnung des Vergasungsmaterials. R. Mezger, Kratsch und W. Baum[1]) stellten an einem Segment-Hochdruckröhrenkessel von 3 m Dmr. mit Abhitzeverwertung fest, daß mit steigender Körnung der Durchsatz und die Dampferzeugung steigen, auch die Gasausbeute je kg Brennstoff nimmt zu, aber der Vergasungswirkungsgrad nimmt ab, bedingt durch höhere Wärmeabgänge zum Mantel und im Gas, stärkeren Randgaszoneneinfluß und höheren C-Verlust in der Schlacke. Anderseits steigt mit kleinerer Körnung die reagierende Oberfläche (Zahlentafel 4). Die Körnung 40/60 mm ist allerdings im Gaserzeugerbetrieb weniger üblich, viel mehr noch die Verwendung noch kleinerer Körnung, durch die der Durchsatz natürlich noch mehr zurückgeht. Abb. 52 zeigt z. B. den für Koppers-Generatoren verschiedener Schachtdurchmesser bei steigendem Gruszusatz listenmäßig angegebenen Rückgang des Tagesdurchsatzes. — Der Vergasungswirkungsgrad verläuft aber dann nicht immer, wie nach Zahlentafel 4 anzunehmen wäre, bei kleinerer Körnung

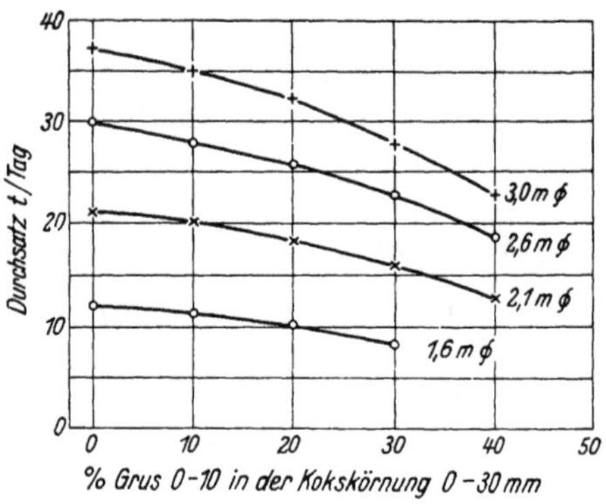

Abb. 52. Abhängigkeit der Generatorleistung vom Grusgehalt des Kokses.

Zahlentafel 4.

Einfluß der Körnung auf die Generatorleistung.

Körnung mm	Durchsatz kg/m²/h	Dampferzeugung kg/kg Koks	Gaserzeugung Nm³/kg	Vergasungswirkungsgrad (C-Bil., Hu, %)
10/20	220	0,58	3,96	78,2
20/40	232	0,93	4,20	76,9
40/60	242	1,18	4,50	75,6

weiter steigend, sondern nimmt wieder ab, infolge des bei kleinerer Körnung abnehmenden Reinkoksgehaltes und der ungünstigeren physikalischen Bedingungen der Gasbildung. Bei genauer Versuchsdurchführung läßt sich für jeden dieser Einflüsse für den betr. Gaserzeuger der Bestwert feststellen.

Über sehr eingehende Leistungsversuche an einem Schwachgaserzeuger berichtet H. Wohlschläger[2]); diese Versuche bezweckten Klarstellung der Abhängigkeit des Gasheizwertes und der Schlackenbildung von der Brennstoffbeschaffenheit und der Gaserzeugerbelastung. Luftsättigung, Schichthöhe und Schachtbelastung wurden unter besonderer Beachtung der Gleichhaltung der Versuchsbedingungen und Versuchs-

[1]) Gas- u. Wasserfach **75** (1932), S. 825.
[2]) H. Wohlschläger, Feuerungstechnik **26** (1938), S. 102.

methoden ausgeführt. In allen Fällen zeigte sich, daß jeder dieser Einflüsse einen Bestwert des Gasheizwertes zwischen einem aufsteigenden und einem abfallenden Kurvenast bewirkt, sodaß z. B. eine günstigste Brennstoffkörnung, Brennstoffeuchtigkeit, Querschnittsbelastung, Luftsättigung usw. festzustellen ist. Die Änderung der Luftsättigung ist von viel anhaltenderer Wirkung auf die Gaserzeugung als z. B. eine Änderung der Belastung, der sich der Gang bei Wiederherstellung des Erstzustandes schnell wieder anpaßt.

Diese Versuche bezogen sich zwar vorwiegend auf die im Kraftbetrieb (bei Sauggasanlagen) vorliegenden Voraussetzungen, doch sind die in zahlreichen Kurventafeln[1]) wiedergegebenen Versuchszahlen zur grundsätzlichen Beurteilung der Vorgänge im Gaserzeuger allgemein wertvoll.

Weiter zeigte E. Hecker[1]) in Versuchen an einem Hochdruckgenerator 2,1 m Dmr., daß Vergasungs- und thermischer Wirkungsgrad bei Normallast am höchsten sind, bei Unter- und Überbelastung etwas abnehmen. Die Gesamtstreuung der η-Werte betrug allerdings nur 2—3%.

Es ist möglich, diese verschiedenen Einflüsse gegeneinander abzustimmen und z. B. bei sehr kleiner Körnung oder hohem Grusgehalt durch Verminderung des Durchsatzes ebenfalls zu normalem Wirkungsgrad zu kommen oder diesen sogar auf einen Bestwert zu bringen.

Steigender Dampfzusatz zum Unterwind steigert ebenfalls den Vergasungswirkungsgrad. Bei Generatoren mit Abhitzegewinnung kann nach H. Deneke[2]) der Dampfzusatz bis 0,9 kg/kg Koks, also fast auf das Doppelte der Normalmenge, gesteigert werden, wobei allerdings der Zersetzungsgrad des Dampfes abnimmt; bei Fremddampfzusatz ist also Dampfsteigerung nicht ohne weiteres ratsam. — Die Höhe des günstigsten Dampfzusatzes untersuchten E. Terres und Mitarbeiter[3]) und ermittelten sie zu 0,5—0,6 kg Dampf/kg Koks. Der darüber hinaus erzeugte Dampf beträgt je nach Ausbildung des Generatormantels und der Abhitzegewinnung 0,4 bis über 1,0 kg je kg Koks, letztere Werte gelten für Hochdruck-Dampfkessel. Der Überschußdampf reicht nach Kellner[4]) nicht nur für den Bedarf einer Antriebsturbine für das Wind-Gas-Gebläse aus, sondern auch für Pumpenbetrieb.

Steigender Aschengehalt des Kokses vermindert die Vergasungsleistung und den Wirkungsgrad[5]), während Wassergehaltschwankungen verhältnismäßig belanglos sind, solange der Wassergehalt in der Trocknungszone noch restlos verdampft und im Kühler niedergeschlagen wird. Bei Abhitzeverwertung soll natürlich möglichst trockener Koks verwandt werden.

---

[1]) E. Hecker, Gas- u. Wasserfach **75** (1932), S. 329.

[2]) H. Deneke, Gas- u. Wasserfach **77** (1934), S. 129.

[3]) Gas- u. Wasserfach **67** (1929), S. 257; **77** (1928), S. 1206.

[4]) F. Kellner, Glückauf **68** (1932), S. 1165.

[5]) Fr. W. Herbordt, Stahl u. Eisen **54** (1934), S. 999.

Die derzeitigen Höchstdurchsätze von gut sortierem Koks betragen bei Generatoren mit 2,6 m Dmr. bis 35 t/Tag, mit 3,0 m Dmr. bis 50 t/Tag, das sind nahe an 300 kg/m² h Schachtbelastung. Für einen Wellmann-Generator gibt Fr. Herbordt[1]) bis zu 360 kg/m²/h an mit sortierter Steinkohle oder Anthrazit, auch für einige deutsche Bauarten werden Belastungen von über 300 kg/m²/h zugesichert, allerdings im wesentlichen unter der Voraussetzung besonders guter Brennstoffauswahl.

Hinsichtlich anderer Brennstoffe finden sich verschiedene und z. T. widersprechende Angaben. Unterschiede in den Durchsatzmengen gegenüber Koks sind selbstverständlich vorhanden, teils wegen anderer Reaktionsfähigkeit, teils wegen anderer Körnung oder anderen Wasser- und Aschengehalten. Nasse Rohbraunkohlen, grushaltige Fördersteinkohlen und Anthrazite u. dgl. geben gegenüber Koks nur ¾ bis halben Durchsatz. Dagegen erreichen leicht reagierende, stückige, wasserarme Brennstoffe größere Durchsätze als Koks. Z. B. ist für Koller-Generatoren listenmäßig angegeben, daß sie von 1,6 bis 3,0 m Dmr. mit Kleinkoks je nach Grusgehalt 150—200 kg/m²/h durchsetzen, bei Braunkohlenbrikettvergasung auf Heißgas gegen 250 kg/m²/h, mit wasserarmer Rohbraunkohle 270—300 kg/m²/h und mit wasser- und aschearmem Torf noch größere Zahlen. — R. Möller gibt[2]) für einen Braunkohlen-Hochleistungsgenerator (vgl. Abb. 15) Durchsätze von 26 bis 36 und auch als Grenzbelastung bis 45 t/Tag an, entsprechend 205—285—355 kg/m²/h.

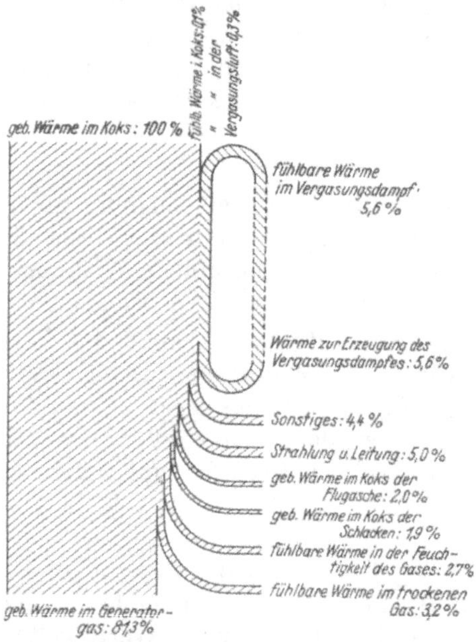

Abb. 53. Wärmestrombild eines Zentralgenerators.

Die Wärmebilanz des Generatorprozesses zeigt u. a. F. Schuster[3]) in einer Zusammenstellung wärmetechnischer Betrachtungen. Das Wärmeflußdiagramm (Abb. 53) beruht auf Durchschnittswerten, wie sie in neuzeitlichen Anlagen erreicht werden. Chemisch gebunden, also im Gas nutzbar, fallen 81,3% an, mit dem Gas gehen, natürlich ausgangs Generator betrachtet, 5,9% als Wärme im Gas und als unzersetzter

[1]) Fr. W. Herbordt, Gas- u. Wasserfach **76** (1933), S. 112.
[2]) R. Möller, Braunkohle **35** (1936), S. 417.
[3]) F. Schuster, Gas- u. Wasserfach **72** (1929), S. 716.

Dampf ab, die Verluste an C in Schlacke, Flugstaub und Schlamm usw. betragen 3,9%, Strahlung und Leitung nebst einem Restposten zusammen 9,4%, die als Vergasungsdampf in den Prozeß zurückgenommene Wärme 5,6%.

Eine noch weitergehender aufgeteilte Wärmebilanz, die zugleich auch die zusätzliche Apparatur mit darstellt, bringt E. Schumacher[1]) auf Grund der bereits erwähnten Versuche (vgl. S. 69) (Abb. 54). Diese Bilanz unterscheidet sich von der vorhergehenden hauptsächlich dadurch, daß sie auf gekühltes Gas bezogen ist, nicht auf Generatorausgang. Dementsprechend gehen mit dem Gas nur 1,3% an Wärme weg. Die C-Verluste in Schlacke, Schlamm usw. liegen mit 4% in gleicher Höhe, ebenso der zur Windbefeuchtung in den Kreislauf zurücktretende Dampf mit

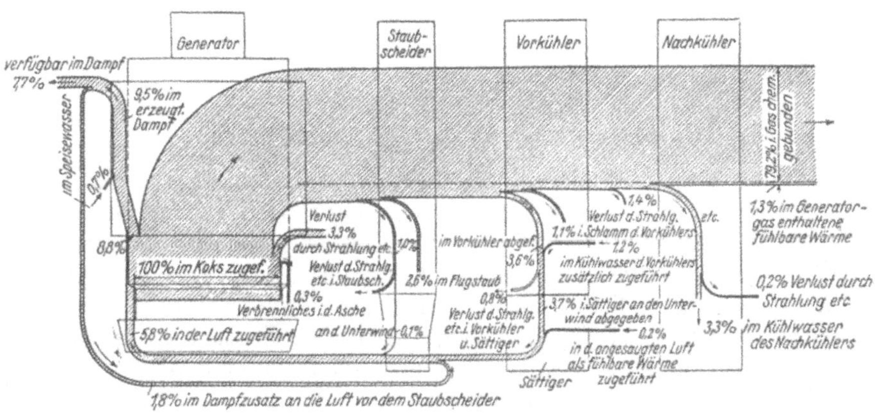

Abb. 54. Wärmeflußdiagramm einer Generatorenanlage.

5,8% und der chemisch gebundene Gaswärmeinhalt mit 79,2 in gleicher Größenordnung. Die Wärmeabgänge betragen für Strahlung, Leitung und Kühlwasser zusammen etwa 10%, der Dampfüberschuß ist, da diese Versuche an Hochdruck-Röhrenkesselgeneratoren ausgeführt wurden, sehr hoch und umfaßt 5,9% des Wärmeeinsatzes.

Über die Wirtschaftlichkeit der Generatorgaserzeugung finden sich vielerlei Angaben, die meist durch den Erzeugungspreis für 1000 kcal in Gasform ausgedrückt sind. Dieser Wert ist einerseits vom örtlich erzielbaren Brennstoffpreis abhängig, anderseits von der Größe und Betriebsweise der Anlage. Brennstoffpreis und Art sollten deshalb bei Vergleichen stets mit angegeben werden. Abgesehen vom Preis ist der Vergleich mit anderen beschaffbaren Brennstoffen oder Energiearten wichtig, z. B. der Vergleich mit 1000 kcal Ferngas; der für den jeweiligen Fall als tragbare Grenze geltende Brennstoffpreis wird auch als »anleg-

[1]) Schumacher, Gas- u. Wasserfach **74** (1931), S. 1126.

barer Kokspreis« od. dgl. bezeichnet[1]). An anderer Stelle gibt F. Kellner[2]) Darstellungen über den Preis von 1000 kcal Generatorgas in Abhängigkeit vom Kokspreis.

Auf den Begriff des »wirtschaftlichen Wirkungsgrades« wurde schon oben hingewiesen (S. 68).

Vergleiche der Vergasungskosten bei Verwendung verschiedener Brennstoffe (Anthrazit, Steinkohle, Braunkohlenbriketts) bringt F. Lüth[3]). Die Größenordnung des Preises von 1000 kcal im Generatorgas liegt um 0,4—0,5 Pf. und wird von Lüth[3]) für Steinkohle (23 RM./t) mit 0,486 Pf., für rheinische Braunkohlenbriketts (15 RM./t) mit 0,544 Pf. je 1000 kcal angegeben, von R. Möller[4]) mit 0,44—0,47 Pf. für Braunkohlenbriketts.

Eine Kostenaufteilung für 1000 kcal Generatorgas nach Löhnen, Betriebsbedarf, Betriebsunterhaltung und Brennstoff errechnen Kaudela und Pietsch[5]), das Vergasungsmaterial beträgt dabei über 91% der Gesamtkosten, die Löhne 2,2%.

δ) *Betriebskontrolle der Generatorenanlagen.*

Nicht weniger wichtig als die Leistungsfeststellung bei Inbetriebnahme einer Generatorenanlage ist die laufende Betriebskontrolle. Diese muß den Rohstoff, das Erzeugnis und die Arbeitsweise umfassen.

Das Brennstoffgewicht kann als Tagesmenge nur durch Hängebahn-Gleiswaage oder ähnlich ermittelt werden, als Monatsmenge auch durch Wägung der Zufuhr zu den Bunkern unter Berücksichtigung des Bunkerinhaltes. Ist keine ständige Wiegemöglichkeit vorhanden, so darf das Zählen der eingefüllten Kübel oder Wagen und deren Durchschnittsgewicht nicht zu überschlägig gehandhabt werden, sondern letzteres muß in regelmäßigen Abständen durch Auswiegen von 1 bis 2 Kübeln nachgeprüft werden. Getrennte Buchung der verschiedenen Körnungen ist schon wegen der Betriebskostenberechnung notwendig. Brennstoffprobenahme kann regelmäßig oder stichprobenweise erfolgen, ebenso die Prüfung der Asche auf Brennbares, wofür allerdings meist schon die äußere Ansicht ausreicht. —

Eine unmittelbare Messung von Gas und Heizwert ist nicht sicher durchführbar, weil Staurand und andere Meßgeräte zu schnell verschmutzen und ein registrierendes Kalorimeter durch das chemisch unreine Gas bald verrottet. Die Messung des erzeugten Gases wird daher zweckmäßig ersetzt durch geeignete Kontrolle der Arbeitsweise der Anlage. Eine Windmengenmessung hat zwar nicht die Nachteile der Rohgasmessung,

---

[1]) F. Kellner, Glückauf **68** (1932), S. 1165.
[2]) F. Kellner, Gas- u. Wasserfach **76** (1923), S. 110.
[3]) F. Lüth, Mitt. **172** d. Wärmest. Düsseldorf d. Ver. D. Eisenhütt.-L.
[4]) Möller, Zeitschr. VDI **81** (1937), S. 1167.
[5]) Kaudela u. Pietsch, Gas- u. Wasserfach **77** (1924), S. 599.

doch wurde von E. Schumacher[1]) bei den Münchener Versuchen ihre Unzuverlässigkeit beobachtet. Immerhin bietet ein Staurand in der Windleitung vor der Dampfsättigung, der ständig sauber bleibt, mit zugehörigem Differenzdruckschreiber einen guten Anhaltpunkt für die Gleichmäßigkeit des Betriebes bzw. für erfolgte Gasentnahmeänderungen, die ja über den Regler die entsprechende Windmengenänderung selbsttätig unmittelbar veranlassen.

Zur Gasbeschaffenheitskontrolle ist öfters ein Kohlensäureschreiber üblich. Abgesehen von dessen Empfindlichkeit gegen Gasunreinigkeiten ist seine Anzeige aus dem Gesamtgas mehrerer Generatoren wertlos, da sie keinen sicheren Hinweis auf die Ursache einer etwaigen Abweichung (z. B. CO_2-Steigerung infolge Randfeuer eines Generators) geben kann. Eine viel bessere Überwachung gibt der Einbau von je einem Widerstandsthermometer im Gasabgang jedes Generators. Unter der Voraussetzung gleichmäßiger Brennstoffzufuhr und -verteilung muß bei ungestörtem Betrieb diese Temperatur gleichmäßig bleiben. Randfeuer wird ein Steigen der Temperatur bringen, zu tiefes Absinken der Brennstoffschüttung oder der Feuerzone, ungenügender Dampfzusatz, einseitiges Anhäufen von Schlacke und andere Unregelmäßigkeiten werden stets unmittelbar oder durch Änderung der Reaktion im Gaserzeuger eine Änderung der Gasabgangstemperatur ergeben. Vereinigt man die Anzeige dieser Thermometer auf einem Mehrfarbenschreiber, so kennzeichnet sich jeder etwa abweichende Generator selbst, und der Wärter hat nicht nur die Möglichkeit, jeder Störung an der richtigen Stelle nachzugehen, sondern gleichzeitig wird die Dauer der Abweichung oder der Behebung nachweisbar festgehalten. Diese Kontrolle kann höchstens durch plötzlich sehr stark schwankenden Brennstoff-Wassergehalt etwas beeinflußt werden.

Bei Gruszusatz zum Generator steigert sich der Widerstand der Brennstoffsäule und sinkt damit die Gaserzeugung. Um übermäßiges Nachstochen zu umgehen, hat daher die Bedienung Interesse an nicht zu starker Grusverwendung. Dies zu überwachen, dient vor allem bei Generatoren mit Gasabsaugung ein einfacher Druckschreiber an der Manometerleitung »Gasdruck Generatorausgang«. Er zeigt durch die Gleichmäßigkeit oder Abweichung der Druckhöhe an, ob die Anlage immer — z. B. auch in der Nachtschicht — die wirtschaftlich erwünschte Höchstmenge an Grus erhalten hat, bzw. ob, nach einer Unterbrechung der Gruszufuhr wegen Druckabfalls infolge Gasmehrentnahme, schnellstmöglich wieder mit dem Gruszusatz begonnen wurde.

Weiter dienen der Betriebskontrolle Manometer an den wichtigeren Punkten der Wind- und Gaswege und an den Generatoren Thermometer für Wind-Dampf-Gemisch und Gas. Fernthermometer werden zweck-

[1]) E. Schumacher. Gas- u. Wasserfach **74** (1931). S. 1123.

mäßig durch ein an der Anschlußstelle eingebautes Quecksilberthermometer ständig vergleichbar gehalten.

Wird Überschußdampf an andere Anlagen oder Betriebe abgegeben, so ist Einbau eines Dampfmessers im Interesse der Betriebskostenrechnung ratsam. Auch die Speisewasserzufuhr und etwaiger Fremddampf ist zu messen. — Regelmäßig von der Bedienung zu überwachen sind vor allem die Kesselwasserstände und die mit Probestangen zu messenden Feuerzonenhöhen in den Generatoren.

F. Kretschmer und I. Möller[1]) weisen in einem ausführlichen Bericht über Generatorüberwachung neben der Beobachtung von Dampfzusatz, Gasdruck-, Temperatur- und Gaszusammensetzung vor allem auf die Beobachtung des Widerstandes der Beschickung im Generator hin und beschreiben eine für diese Beobachtung besonders geeignete Geräteanordnung. In der Windleitung vor dem Generator wird ein Staurand eingebaut, dessen Differenzdruck auf eine Ringwaage übertragen wird. Eine zweite gleichgeartete Staurand-Ringwaagenanordnung befindet sich im Gasweg hinter dem Generator. Die beiden Ringwaagen sind als Doppelmeßgerät übereinander zusammengelegt (Folgezeitgerät Hartmann & Braun), mit bei Normalzustand übereinanderliegenden Zeigern. Bei Störungen im Brennstoffbett (Schlackenstauung, Randfeuer u. a.) ändert sich die Gasbeschaffenheit und damit die Gasmenge im Verhältnis zur Windmenge und die Zeiger gehen auseinander. Bei Körnungsänderung der Beschickung müssen die Doppelzeiger allerdings neu aufeinander abgestimmt werden.

d) Sonderformen der Vergasung.

α) Der Abstichgenerator.

Neben dem in den vorbeschriebenen Anlagen gezeigten Vergasungsverfahren sind noch einige davon abweichende Sonderarbeitsweisen zu erwähnen, und zwar a) der Abstichgenerator, der grundsätzlich trocken, d. h. ohne Dampfzusatz zum Unterwind arbeitet (Luftgaserzeugung), b) die Doppelfeuergeneratoren für vollständige Vergasung bituminöser Brennstoffe.

Der Abstichgenerator dient in der chemischen Industrie zur Herstellung von CO-reichem Gas, ebenso bei der Aluminiumherstellung, und in der Hüttenindustrie zum schnell bereiten Ausgleich von Druck und Menge im Hochofengasnetz. Er arbeitet im Prinzip ähnlich dem Hochofen als ein mit hohem Winddruck auf flüssige Schlacke betriebener Schachtofen, ohne Dampfzusatz im reinen Generatorgasprozeß. Das damit erzeugte Gas hat infolgedessen sehr wenig CO_2 und H_2 und neben Stickstoff vor allem CO. Für einen gleichmäßigen Betrieb ist stückiger Koks nicht unter 20 mm erwünscht. In der Hüttenindustrie sind aller-

[1]) F. Kretschmer u. I. Möller, Wärme **53** (1930), S. 763.

dings Versuche gemacht worden[1]), ihn auch mit kleinerer Körnung zu betreiben, bis zu etwa 30% 0—10 mm, im Dauerbetrieb ist aber bei wesentlichem Grusgehalt meist mit Hängenbleiben der Schachtfüllung zu rechnen, da der Wind sich Einzelwege bahnt und Schlackenbrücken in der Brennstoffsäule bildet. Jedenfalls ist, je kleiner die Körnung gewählt wird, um so höhere Windpressung notwendig. Bedingung für guten Generatorgang ist außerdem das Vorhandensein einer mengenmäßig ausreichenden und leicht schmelzenden Schlackenmenge. Zum besseren Schmelzen der Schlacke werden deshalb dem Koks Zuschläge von Kalk, Hochofenschlacke oder Martinofenschlacke beigemischt, etwa ein Teil Schlacke auf vier Teile Koks. Die Herstellung dieser Mischung, als Möllerung bezeichnet, findet in besonderen Möller-Anlagen statt. Das Schlackenbett stellt im Abstichgenerator für die Brennstoffsäule die Zündvorrichtung dar; sie hält einen Wärmevorrat, der den Koks auf Reaktionstemperatur und in Brand bringt und Stillstände überbrückt. Je leichter schmelzend oder dünnflüssiger die Schlacke ist, desto weniger besteht die Gefahr des Hängenbleibens in der Schlackenzone.

Das erhaltene Gas hat gegenüber üblichem Generatorgas sehr wenig Wasserdampfgehalt, es ist um so trockener, je weniger Feuchtigkeit der Brennstoff mitbringt. Der Abstichgenerator wird deshalb und wegen der dampffreien oder dampfarmen Arbeitsweise auch Trockengasgenerator genannt.

Die Gaszusammensetzung ist etwa: 0,4—2,0% CO_2
32,0—34,0% CO
1,0—2,0% H_2
0,2% CH_4
62,0—66,0% N_2.

Der obere Heizwert beträgt 1000—1100 kcal, der Luftbedarf das 0,8—0,87 fache.

Als Nachteile können betrachtet werden die hohe Abgastemperatur von 600—800° und der verhältnismäßig hohe Staubgehalt von 2 bis 8 g/m³ je nach Brennstoffkörnung und Schachtdurchmesser (bei größerem Schachtdurchmesser weniger Staubabgang infolge relativ geringerer Strömungsgeschwindigkeit). Abhitzeverwertung für Dampferzeugung ist möglich, da es sich nur um trockenen Koksstaub handelt, der nicht durch Kondensat aus dem Gas niedergeschlagen wird. Allerdings ist bei dessen ungewöhnlich starker Schleißwirkung, zumal bei der hohen Strömungsgeschwindigkeit, besondere Vorsicht in der Anordnung des Abhitzekessels geboten.

Findet keine Abhitzeverwertung statt, so wird das Gas in Kühlerwäschern gekühlt und gereinigt. Wird das Gas heiß verwendet, so wird ein Staubsack dem Generator nachgeschaltet. Auch zur Vorwärmung der

[1]) Mitt. 34 d. Wärmest. Düsseldorf d. Ver. D. Eisenhütt.-L.

Gebläseluft in einem Gegenstromvorwärmer wird die Gaswärme ausgenutzt, z. B. bei dem Würth-Schlackenschmelzgenerator[1]) (Abb. 55). Die dadurch erhöhte Temperatur des Unterwindes bewirkt einen sehr heißen Gang des Generators, dadurch natürlich sehr hohen Durchsatz, aber auch die Gefahr unregelmäßiger Schlackenbildung und -schmelzung. Der Würth-Generator setzt aus diesem Grunde oberhalb der Luftdüsen

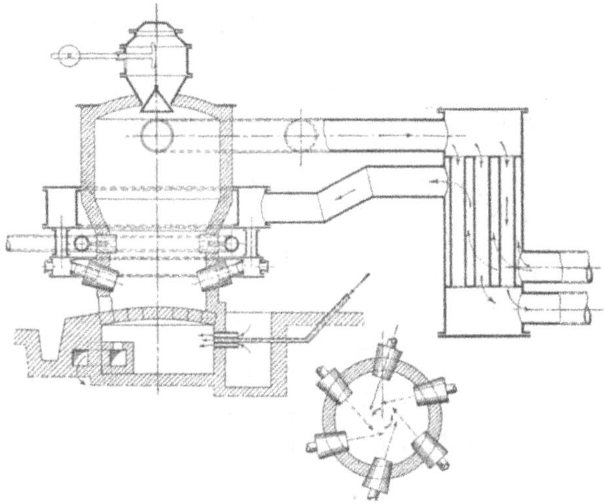

Abb. 55. Schlackenschmelzgenerator Bauart Würth (Abstichgenerator).

in einem weiteren Düsenkranz geringe Mengen Dampf zu, die die Schlacke ohne Brückenbildung in die Schmelzzone überleiten hilft.

Der Durchsatz des Würth-Generators beträgt auf den Schacht bezogen 300—370 kg/m² h, auf das eingezogene »Gestell« bezogen über 1000 kg/m²/h. Der geringe Dampfzusatz (0,23 kg/kg Koks) ergibt einen etwas höheren H_2-Gehalt (7%) und Heizwert (1210 kcal). Der Würth-Generator arbeitet mit 600 mm WS Windpressung, ein kg Koks ergibt 4,42 m³ Gas.

Andere Abstichgenerator-Bauarten arbeiten aber ganz ohne Wasserdampfzusatz, so die neueren Generatoren von Pintsch, Demag u. a.

Im Hüttenbetrieb sind Abstichgeneratoren mit 40—60 t/Tag und auch bis 100 und mehrere hundert t/Tag üblich. Kleinere Generatoren für Aushilfsleistung werden für 10—30 t/Tag gebaut.

Abb. 56 zeigt einen Demag-Abstichgenerator — mit Begichtung, Heißgasventilen und Staubsack —, der bis 300 t täglich durchsetzt. Die Begichtung aus dem Möller-Vorbunker erfolgt vollautomatisch. Zwei übereinander angeordnete Gichtglocken sind preßluftbetätigt und elektrisch gesteuert. Sobald die in den Generator einhängende Sonde das

---

[1]) G. de Grahl, Wirtsch. Verwertg. d. Brennst., München 1927, S. 196.

Absinken der Brennstoffsäule anzeigt, schaltet der darauf liegende Gichtglockenhebel die Steuerung ein, die die zwei Glocken wechselnd bewegt. — Das Gas zieht durch die wassergekühlten Heißgasschieber mit etwa 900° zum Zyklon-Staubscheider.

Im Gegensatz zu dieser Großanlage stellt Abb. 57 einen Abstichgenerator kleiner Leistung (Pintsch) dar.

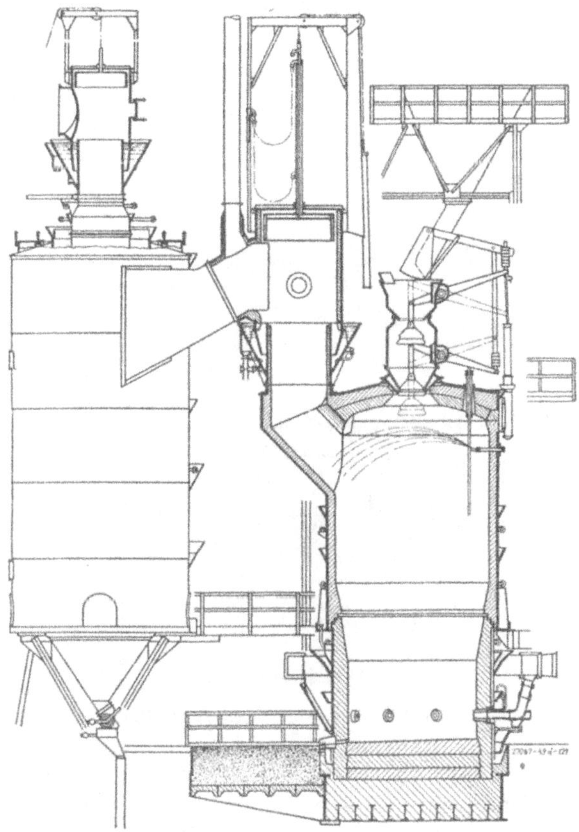

Abb. 56. Abstichgenerator im Schnitt (Demag).

Als besonderen Vorteil des Abstichgenerators hebt F. Kellner[1]) die hohe Durchsatzleistung je Einheit hervor, die das Vier- bis Fünffache eines gleich großen Drehrostgenerators beträgt.

Belastungsänderungen sind beim Abstichgenerator ohne wesentliche Änderung der Gasbeschaffenheit schnell und nach oben und unten in weiten Grenzen möglich. Betriebsversuche ergaben Überlastbarkeit auf

[1]) F. Kellner, Glückauf 78 (1932), S. 1165.

das 1½—2fache des Normalen, bei kleineren Einheiten auch über das 2fache, ferner vorübergehende Unterbelastbarkeit bis auf 40% der Normallast. Bei länger dauernder Unterbelastung ist allerdings wegen der veränderten · Strömungsverhältnisse eine Änderung der Winddüsen (Formen) notwendig. Die Belastungsänderung kann innerhalb weniger Sekunden erfolgen.

Über Leistung, Wärmebilanz und Betriebskosten von Abstichgeneratoren in Frankreich berichtet A. Heczko[1]). Nach Versuchen

Abb. 57. Kleiner Abstichgenerator (Pintsch).

von Markgraf[2]) 'ist der thermische Nutzeffekt des, wie oben erwähnt, mit geringem Dampfzusatz arbeitenden Würth-Generators 72—74%, ohne die fühlbare Wärme des Gases, in breiten Belastungsgrenzen. Für übliche Abstichgeneratoren gibt Wellner[3]) den Vergasungswirkungsgrad mit nicht über 70% an.

β) Generatoren für bituminöse Brennstoffe (Krackung im Generator).

In den beschriebenen Gaserzeugerbauarten können, wie erwähnt, auch bituminöse Brennstoffe vergast werden, z. B. Braunkohlenbriketts,

[1]) A. Heczko, Chim. et Ind. Paris 1939, Sonderheft 5, S. 420.
[2]) Markgraf, Stahl u. Eisen **38** (1918), S. 643.
[3]) Wellner, Glückauf 1932, S. 1165.

Braunkohle, Torf. Je nach Verwendungszweck muß das daraus erzeugte Gas entteert werden. In vielen Fällen ist es aber erwünscht, auch diese Brennstoffe zu verwenden, ohne zur verhältnismäßig schwierigen Teerscheidung gezwungen zu sein. Dieser Aufgabe entsprechen die sog. Zweifeuer- oder Doppelfeuergeneratoren, die in zwei übereinanderliegenden Brennzonen die Schwelung und Verkrackung einerseits und die Vergasung anderseits bewirken. Da Generatoren dieses Arbeitsprinzips fast ausschließlich als Sauggasgeneratoren in Betrieb sind, wird dazu auf diesen Abschnitt verwiesen (S. 90). Demselben Zweck dienen die Generatoren mit umgekehrter oder abfallender Vergasung, die ebenfalls mit Holz oder Briketts betrieben werden und den Luftzutritt in halber Höhe des Generators, den Gasabgang in Rosthöhe haben. Auch diese gehen vorwiegend als Sauggaserzeuger (s. das.).

Eine Sonderform der letzteren Betriebsweise ist der Generator mit absteigender Vergasung für feuchte Brennstoffe (Deutz)[1] [2]) (Abb. 58), d. h. für Brennstoffe, die so viel Wassergehalt haben, daß bei Durchleiten der gesamten Wasserverdampfung durch das Brennstoffbett dieses zu sehr gekühlt würde. Die Luftzufuhr, durch ein Gebläse betätigt, erfolgt auch in halber Höhe. Dieser Gaserzeuger hat aber noch einen Kaminaufsatz, dessen unteres, gelochtes Ende weit in das Brennstoffbett hineinragt. In den Kamin ist ein Thermostat eingebaut, der auf eine Drosselklappe in der Gebläseleitung wirkt. Die Luft geht teils abwärts, teils aufwärts im Gaserzeuger; die aufwärtsgehende Luft trocknet den Brennstoff teilweise unter Mitwirkung der ausstrahlenden Brennzonenwärme und zieht mit dem Schwaden oben ab. Steigt das Thermometer im oberen Abgang infolge zu starken Blasens und höherkommender Reaktionszone, so wird der Luftstrom automatisch gedrosselt. Je nach Brennstofffeuchtigkeit kann der Thermostat auf einen günstigsten Wert eingestellt werden, so daß nur Wasserdämpfe nach oben abziehen. Alles Entgasungsgas nebst Teerdämpfen wird durch die Brennzone gezwungen und daselbst vollständig verkrackt.

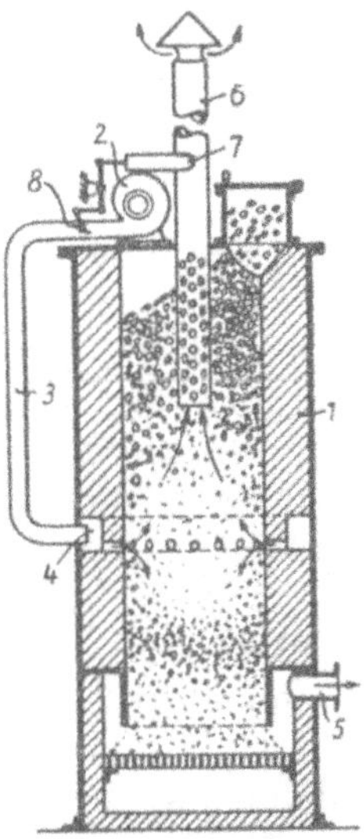

Abb. 58. Gaserzeuger mit absteigender Vergasung.

e) Generatorgasverwendung.

Die größten Generatorgasanlagen befinden sich vor allem in Hüttenwerken zur Beheizung metallurgischer Öfen (z. B. Martinöfen), ferner in Gaswerken und Kokereien zur Beheizung der Entgasungsöfen. Anlaß

[1]) Humboldt-Deutz, DRP. 669332.

[2]) H. Jordan, Brennst.-Chemie **20** (1939), S. 402.

zu dieser Verbreitung des Gaserzeugers war zumeist die Gleichmäßigkeit und Reinheit des Heizgases, bisweilen aber auch der Zwang, Kokshalden abzuarbeiten, oder neuerdings in Kokereien der Zweck, möglichst viel Starkgas für Ferngaslieferung freizumachen[1]).

Ein ziemlich vielseitiges Anwendungsgebiet ist die chemische und Glasindustrie, die Generatorgas für Glaswannen, Natronschmelzkessel und andere Schmelzzwecke verwendet, weiter die keramische, Zellstoff- und Textilindustrie.

Große und auch kleine Generatoren sind vielfach angewandt in der eisenverarbeitenden Industrie für Glüh-, Härte-, Schmide- und Wärmeöfen u. dgl., ferner in Bäckereien, Lebensmittelwerken und anderen mehr, sowie für Raumheizung.

Weiter ist Generatorgas besonders geeignet zum Antrieb von Gasmotoren, sowohl für Fabrikbetriebe, wie für Fahrzeuge (vgl. Sauggasanlagen und Fahrzeuggaserzeuger).

3. Ortsfeste Sauggasanlagen.

Die besondere Eignung von Generatorgas als Kraftgas für Gasmotoren wurde bereits erwähnt. Dieser Verwendungszweig hat breiteres Ausmaß erst bekommen, als etwa um 1900 die Ausbildung der Sauggasanlagen verbessert und für die verschiedensten Brennstoffe ausprobiert wurde[2]).

Der Unterschied zwischen den vorher beschriebenen Gaserzeugeranlagen und den Sauggasanlagen ist für letztere durch die andersartigen Betriebsvoraussetzungen bedingt. Die Vergasung erfolgt statt durch Unterwinddruck durch den Saughub des angeschlossenen Gasmotors. Dementsprechend ist der zulässige Widerstand der Brennstoffsäule und die Querschnittsbelastung des Generators begrenzter, ebenso dürfen die Reinigungsapparate keinen zu hohen Durchgangswiderstand geben. Weiter ist im allgemeinen ein möglichst geringer Bedienungsaufwand gefordert, deshalb wird der Brennstoffvorrat im Schacht groß gehalten oder seine Zufuhr schon bei kleineren Einheiten automatisiert, so daß trotz längerer Bedienungspausen die Arbeitsfähigkeit des Motors stets gesichert ist.

Die ersten, von Dawson praktisch betriebsfähig erstellten Sauggaserzeuger verwendeten nur teerfreie Brennstoffe, in neuerer Zeit gewannen aber auch die teerhaltigen Brennstoffe zunehmend Bedeutung und finden heute besonders in Kleinanlagen z. T. sogar bevorzugte Verwendung. Der Motor verlangt allerdings ein unbedingt reines, teerfreies Gas. Teergehalt würde zum Verkleben der Kolbenringe und zur Verunreinigung des Öls führen, also eine schwere maschinelle Gefährdung darstellen.

[1]) Kellner, Gas- u. Wasserfach **76** (1933), S. 110.
[2]) J. Gwosdz, Chem.-Ztg. **61** (1937), S. 997.

Deshalb zeigen Sauggasanlagen für teerfreie und teerhaltige Brennstoffe einige grundsätzliche Unterschiede in der Gaserzeugerbauart und in den Reinigungsanlagen. Zwischen diesen beiden Gruppen liegen die Sauggasanlagen, die teerhaltige Brennstoffe unmittelbar auf teerfreies Gas verarbeiten (vgl. auch S. 85, 90); sie unterscheiden sich von den ersteren — für teerfreie Brennstoffe — durch die Generatorbauart und Betriebsweise.

a) Sauggasanlagen für teerfreie Brennstoffe.

Als teerfreie Brennstoffe kamen früher nur Hochtemperaturkoks und Anthrazit in Frage, in neuerer Zeit werden aber auch Schwelkokse aus Braun- und Steinkohle wegen ihrer günstigen Vergasungseigen-

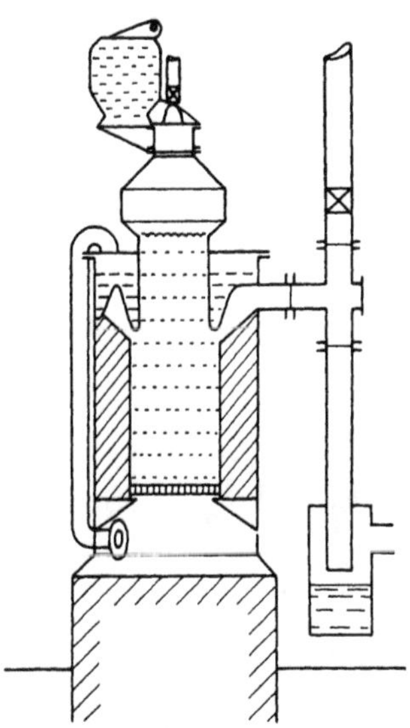

Abb. 59. Festrost-Sauggasanlage (Pintsch).

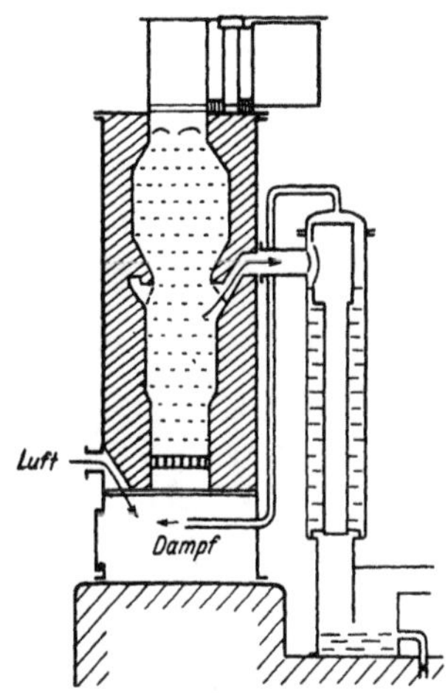

Abb. 60. Festrost-Sauggasgenerator (MAN).

schaften viel für Sauggasanlagen verwendet. Die Gaserzeuger für diese Brennstoffe gleichen grundsätzlich den mit Winddruck betriebenen Gaserzeugern, zeigen allerdings meist vereinfachte Ausführung. Der ausgemauerte Generatorschacht überwiegt. Körting-Gasanlagen und andere werden auch mit Wassermantel zur Dampferzeugung gebaut. Der Planrost, entweder feststehend oder auch als Rüttelrost, ist viel gebraucht, außerdem aber auch von Hand drehbare Roste oder bei größeren Einheiten die bekannten mechanischen Drehroste. — Der Generatorunterteil wird vorwiegend geschlossen ausgeführt, mit Schlacktüren zum Ascheaustragen. Für Ascheaustragung im Betrieb und damit für ununterbrochene Arbeitsmöglichkeit des Motors kann auch ein Aschensumpf mit Wassertauchung und seitlicher Aschenentfernung untergebaut werden (vgl. Abb. 64). Drehroste haben die übliche nasse Austragung. Die Abb. 59 und 60 zeigen kleinere Festrost-Sauggasgeneratoren, die Abb. 61 eine größere Drehrost-Sauggasanlage mit Skrubber.

Die Brennstoffzufuhr und der Brennstoffvorrat im Schacht sind, wie erwähnt, möglichst reichlich angelegt. Der Schacht wird deshalb meist höher gefüllt gehalten, als im Drehrostgenerator sonst üblich, oder er erhält sogar eine Verlängerung nach oben als Brennstoff-Vorrats-

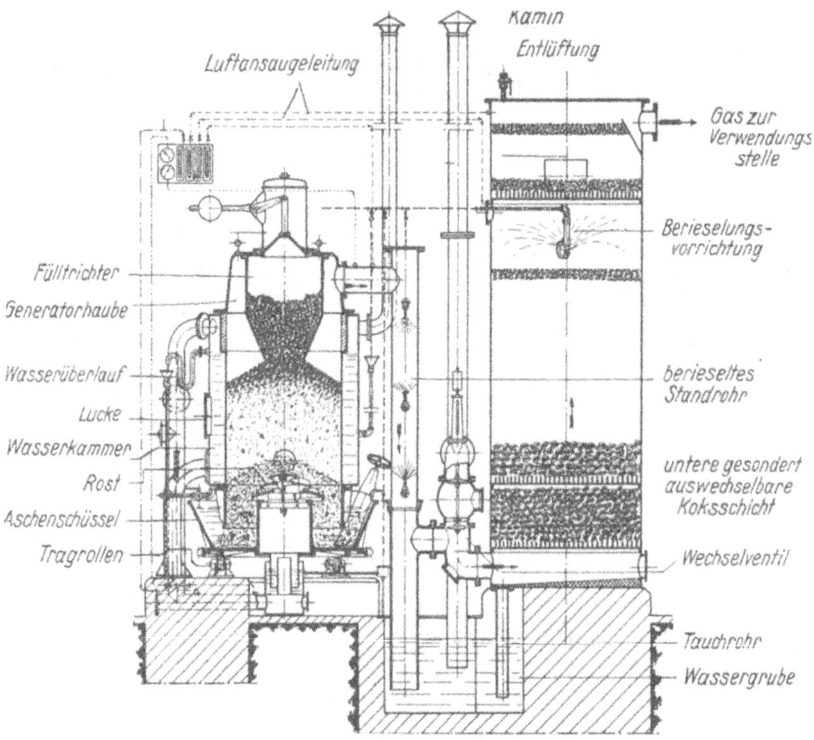

Abb. 61. Drehrost-Sauggasanlage (Körting).

raum (Abb. 59). Die Beschickung erfolgt oft durch auf dem Generator stehende Füllgefäße, die, drehbar angeordnet, neben der Füllöffnung stehend gefüllt werden und dann, mit geschlossenem Deckel über die Füllöffnung geschoben, in diese entleeren. Solche Gefäße werden einzeln oder auch doppelt als Wechselgefäß ausgeführt (Abb. 59, 60). Auch übliche Fülleinrichtungen mit Doppelverschluß werden ausgeführt. — Die Unterluft tritt unter den Rost ein oder auch seitlich in Rosthöhe. Der meist aus der Wärme des abziehenden Gases gewonnene Dampf wird der Unterluft zugesetzt oder getrennt unter den Rost geführt. Der

Dampferzeugung dienen — außer dem vorerwähnten Dampfmantel — auch Verdampfer, die dem Generator nachgeschaltet werden; sie sind als Mantelkühler um das Abgangsrohr (Abb. 60) oder auch als Röhrenverdampfer ausgebildet. Eine andere Form wählte Pintsch durch Anordnung einer Wasserschüssel im Generatorschacht unter dem Deckel, über deren Wasseroberfläche die Vergasungsluft vor der Zuleitung unter den Rost geführt wird (Abb. 59). Ebenso streicht beim Dampfmantel die angesaugte Unterluft zunächst durch den Dampfraum des Kessels (Abb. 61).

Zum Anheizen bei Inbetriebnahme oder nach Stillständen ist natürlich eine künstliche Luftzufuhr an Stelle des Motorsaugzuges notwendig, sowie eine Abführung der nicht brennbaren Anfangsgase. Zum Anblasen dienen handbetätigte oder bei größeren Anlagen elektrisch betätigte Gebläse, oder der Motor erzeugt während seiner Betriebszeit einen gewissen, für die Anheizzeit ausreichenden Druckluftvorrat. Ein Abblasekamin oder sonstige Ableitung über Dach kann unmittelbar auf dem Generator aufgesetzt sein oder hinter dem Verdampfer oder Skrubber. Eine ebenfalls zweckmäßige Bauform von Pintsch[1]) stellt das Ansaugegebläse hinter dic Anlage, saugt also an Stelle des Motors an; dadurch wird, ebenso wie bei Anfangsgasableitungen hinter dem Wäscher, erreicht, daß der Motor sofort mit vollwertigem Gas anfahren kann. Kleinanlagen werden auch ohne Kamine gebaut und das Anfangsgas durch den Deckel weggelassen.

Um zu vermeiden, daß der Motor aus dem noch nicht betriebsfähigen Generator ansaugt, ist zwischen dem Verdampfer oder Generator und dem Kühlerwäscher ein Sicherheitstauchtopf eingeschaltet, der nach Auffüllen mit Wasser durch eine Tauchwand absperrt (Abb. 59, 60).

Zur Reinigung teerfreier Sauggase sind die bekannten einfachen Kühlwäscher oder Skrubber üblich, Blechzylinder mit einer Füllung von Holzhorden oder Koks oder Raschigringen sowie einer Wasserberieselung. Nachgeschaltet ist ein mit Sägespänen beschickter Hordenreiniger zum Festhalten mitgerissenen Wassers. Bei kleinen Anlagen werden Kühler und Reiniger zusammengefaßt, indem eine oder einige Reinigeranlagen oder eine Ringfüllung im Oberteil des Wäschers über der Wasserberieselung untergebracht werden; einzelne Kleinausführungen fassen sogar Gaserzeuger und Wäscherreiniger in einem zusammenhängenden Apparat zusammen.

Einen neuzeitlichen Naßreiniger beschreibt B. Möller[2]), in dem das Gas zwischen genau abgestimmten Platten und wasserberieselten Kaskaden durchgeführt wird; diese Bauart vereinigt Staubabscheidung und Waschung auf kleinstem Raum.

---

[1]) G. de Grahl, Wirtsch. Verwertg. d. Brennst., München 1921, S. 190.
[2]) B. Möller, Chem.-Ztg. **61** (1937), S. 455.

b) Sauggasanlagen für bituminöse Brennstoffe.

Als bituminöse Brennstoffe kommen Steinkohlen, Braunkohlenbriketts, Braunkohlen, Torf und Holz in Betracht. Backende Steinkohle ist ungeeignet wegen der unvermeidlichen Schwierigkeiten durch Festhängen der Brennstoffsäule. Nichtbackende Steinkohlen werden bisweilen verwandt, doch vorwiegend Braunkohlen und Briketts, und für Kleinanlagen Holz oder Mischungen von Holz und Briketts. Torfverwendung ist besonders vom Standort abhängig. Diese Brennstoffe lassen sich natürlich ebenso wie in Winddruck-Gaserzeugern auch in Sauggasanlagen mit aufsteigender Vergasung verarbeiten. Der anfallende Teer

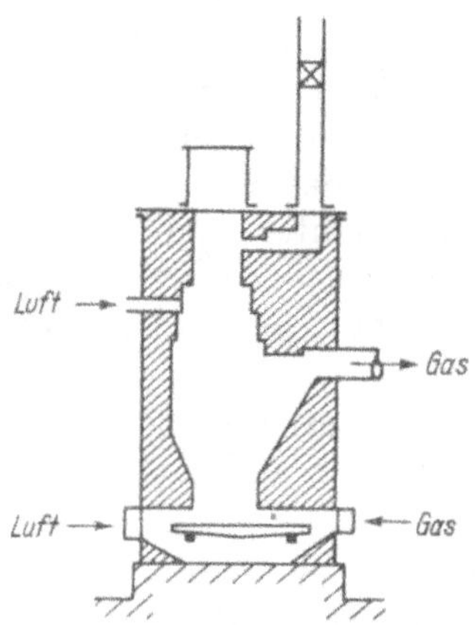

Abb. 62. Zweifeuergenerator.

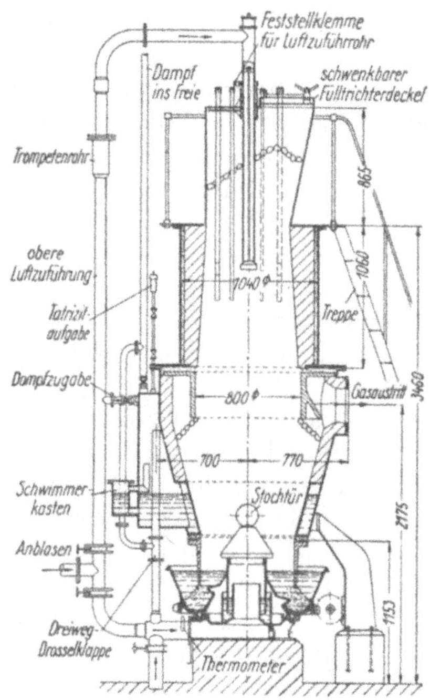

Abb. 63. Doppelfeuergenerator (Humboldt-Deutz).

erfordert nur eine besondere Form der Reinigung des Gases, um dieses teerfrei zum Motor zu bringen. Solche zusätzliche Apparaturen sowie das nebenbei anfallende Schwelwasser sind aber für Kleinanlagen sehr unerwünschte Begleiterscheinungen. Deshalb eignen sich für bituminöse Brennstoffe viel besser die auf teerfreies Gas arbeitenden Sauggaserzeuger, die Schwelen, Teerkracken und Vergasen in einem Schacht vereinigen.

Hierzu dienten zunächst die Gaserzeuger mit Zweifeueranordnung. Die Luft wird nicht nur unter den Rost zugeführt, sondern ein Teilstrom auch in halber Höhe oder im oberen Drittel der Brennstoffsäule. Diese obere Brennstoffsäule vergast einen Teil des Brennstoffs und die Wärme dieser Vergasung bewirkt, in das Brennstoffbett ausstrahlend, dessen Trocknung und Schwelung. Wasserdampf und Schwelgase werden durch die obere Brennzone nach unten durchgesaugt, allmählich verkrackt und in Gasform umgesetzt. Die Gase des oberen Feuers vereinigen sich am mittleren Gasabgang mit dem vom unteren Feuer kommenden Gas der restlichen Vergasung des Brennstoffkokses.

Eine ältere Ausführung des Zweifeuergenerators zeigt Abb. 62. Die obere Luftzuführung erfolgt seitlich. Es ist daher leicht möglich, daß sich die für das Oberfeuer angesaugte Luft nicht gleichmäßig auf den ganzen Querschnitt des Schachtes verteilt und daher ungenügend verschwelte Brennstoffteile in die Nähe des Gasabganges absinken und das abziehende Gas mit Teer verunreinigen. Diesen Nachteil vermeidet der Doppelfeuergenerator Bauart Deutz[1]) (Abb. 63).

Dieser mit Aschenschüssel und Drehrost ausgestattete Generator hat die Gasabführung in halber Höhe des Generatorschachtes, durch einen gußeisernen Winkeleinbau und eine Brennstoffböschung gebildet, den Luftzutritt einerseits unter dem Rost und anderseits durch ein von oben eingeführtes Mittelrohr nebst einer mit dem Schachtdurchmesser zunehmenden Anzahl zusätzlicher, ringförmig angeordneter Rohre. Diese Rohre führen etwa so weit in das Brennstoffbett ein, daß der obere und untere Luftzutritt in gleicher Entfernung vom Gasaustritt liegen. Die Luftverteilung auf den Schachtquerschnitt ist dadurch einwandfrei gesichert. Mit der Anblaseleitung ist nur das Mittelrohr verbunden, im übrigen wird die Oberluft durch Jalusiekappen auf den Rohren geregelt.

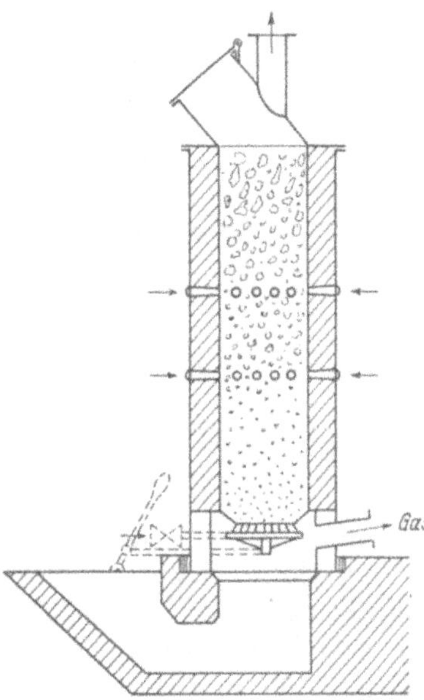

Abb. 64. Generator mit abfallender Vergasung.

Das Prinzip dieser aufeinanderfolgenden Trocknung—Schwelung—Krakkung—Vergasung ist gegenüber dem Zweifeuergenerator noch vereinfacht bei dem »Gaserzeuger mit umgekehrter oder abfallender Vergasung«, der besonders für Holzvergasung, aber auch für Briketts oder Gemische von Holz und Briketts gut bewährt ist. Ein Gebläsegenerator mit abfallender Vergasung wurde bereits beschrieben (S. 85, Abb. 58). Für Sauggasbetrieb entfällt die vom Thermostaten beeinflußte Trennung der Wasserdämpfe, es werden hier alle Dämpfe und Gase durch die Feuerzone geführt. Die Luftzufuhr erfolgt bei diesen Gaserzeugern nur durch in halber Höhe des Schachtes in ein oder zwei Reihen eingebaute, außen regelbare Düsen (Abb. 64), oder auch durch ein von oben eingeführtes Mittelrohr und eine bis zwei Düsenreihen im Mantel (Humboldt-Deutz).

[1]) Humboldt-Deutz, DRP. 664524.

Übermäßig hoher Wassergehalt würde bei diesen Zweifeuer- bzw. abfallenden Gaserzeugern natürlich zu einer zu starken Kühlung der Brennzone führen. Als oberste Grenze des Wassergehaltes von in Generatoren für abfallende Vergasung noch durchzusetzendem Brennstoff wird 20—30% angegeben. Bei hohem Wassergehalt muß der Schachtoberteil, wenn er nicht ausgemauert ist, gut isoliert werden[1]).

Bei Holzvergasung ist, da es sich hierbei meist um Abfälle handelt, auf die Stückgröße und Mischung verschiedener Größen zu achten. Grobstückiges Holz darf im Verhältnis zum Schachtdurchmesser nicht zu groß sein, insbesondere sind für Grobholz Schachtverengungen über der Feuerzone gefährlich. Rütteln des ganzen Brennstoffbettes würde dann die wenig widerstandsfähige Schüttung der Glutzone schädigen. Eine Rüttelvorrichtung der Hansa-Gasgeneratoren-Ges. vermeidet letzteres durch Einbau von Rüttelarmen über der Brennzone[2]), deren Fallhebel vom Motor aus periodisch ausgelöst werden. Über eingehende Versuche an ortsfesten Klein-Holzgaserzeugern berichtet u. a. das österr. Kuratorium für Wirtschaftlichkeit[3]).

Die Gasbeschaffenheit von Sauggasen weicht im allgemeinen von den üblichen Generatorgasen (vgl. Zahlentafel 2, S. 24) etwas ab und zeigt höheren Gehalt an CO_2 und H_2, besonders bei Vergasung feuchter, bituminöser Brennstoffe, die ihren gesamten Wassergehalt mit durch die Reaktionszone führen.

Zahlentafel 5.
Zusammensetzung von Sauggasen.

Brennstoff	CO_2 %	C_nH_m %	CO %	H_2 %	CH_4 %	O_2 %	N_2 %	H_u
Koks	4,8	—	27,6	7,2	2,0	—	58,6	1200
Braunkohlen-Schwelkoks	4,0	—	27,5	12,0	0,6	—	55,9	1205
Anthrazit	5,5	—	23,3	17,4	2,0	0,5	51,3	—
»	5,0	—	28,0	12,0	0,5	—	54,3	1210
Braunkohle	11,5	0,1	17,0	15,2	2,5	—	53,6	1122
Braunkohlen-Briketts. .	7,0	0,5	25,0	14,0	5,0	0,1	46,5	1350
» » . .	10,1	—	18,0	22,5	2,3	0,1	47,0	—
Torf	16,0	—	12,3	22,4	1,9	0,2	47,1	—
Grobholz	13,0	—	13,8	16,0	2,8	—	54,3	1086
Holzspäne	13,5	—	14,2	14,8	3,0	—	54,4	1084

Die Leistungsgrößen von Sauggasanlagen werden grundsätzlich fast nur nach PS-Leistung bezeichnet, der Brennstoffverbrauch wird dementsprechend in kg oder g je PSh angegeben. Zahlentafel 6 gibt einige etwa als Mittelwerte anzusehende Zahlen.

---

[1]) Zeitschr. VDI. **82** (1938), S. 455.
[2]) J. Gwosdz, Brennst.-Chemie **19** (1938), S. 317.
[3]) Zeitschr. VDI. **82** (1938), S. 455.

Zahlentafel 6.

Spezifischer Verbrauch verschiedener Brennstoffe in Sauggasanlagen.

Brennstoff	Verbrauch in g/PSh
Holzkohle	550
Koks	550
Braunkohlen-Briketts	650—800
Rohbraunkohle	1000
Holz, grobstückig	850—950
Holz, Säge- und Hobelspäne	1000
Holz, Abfälle	900—1000
Holz, frische Abfälle mit 30% Wasser	1100

Die Brennstoffkosten für Sauggaskraft können wegen der örtlich sehr verschiedenen Brennstoffpreise bzw. Abfallbewertung nicht eindeutig angegeben werden, sondern sind von den Baufirmen von Fall zu Fall zu gewährleisten. Nach verschiedenen Angaben liegen sie etwa in der Größenordnung von 0,5 bis 1,5 bis 2,3 Rpf./PSh.

Hinsichtlich Belastung des Generators findet sich bei Sauggasanlagen die bei Gaserzeugern sonst übliche Kennzeichnung nach kg/m²/h nur sehr selten in Literatur und Firmenangaben; neben dem üblichen Wert kg/PSh erscheint noch die Bezeichnung nach kcal/m²/h. Letzterer Wert ist als Vergleichszahl wichtig bei Vergleich verschiedenartiger Brennstoffe mit verschiedener Reaktionsfähigkeit und verschiedenem Aschengehalt. So ergab eine Körting-Sauggasanlage[1]) mit grusfreiem Braunkohlenbrikett-Schwelkoks und mit stückigem Brikozit (Braunkohlen-Stückkoks), also mit sehr reaktionsfähigen Brennstoffen, 175 bis 185 kg/m²/h, in Heizwert ausgedrückt für Brikettschwelkoks 1,1 bis 1,2 Mill. kcal/m²/h. Nach Versuchen von E. Rammler, K. Breitling und J. Gall[2]) erreichte ein besonders reaktionsfähiger Steinkohlenschwelkoks 1,2 Mill. kcal/m²/h bei einer Schachtbelastung von 190 kg/m²/h gegenüber einem Zechenkoks, der nur 1,0 Mill. kcal/m²/h bei 150 kg/m²/h ergab. Als Kennzeichen der Größenordnung des hierzu benutzten Gaserzeugers sei erwähnt, daß er bei 1,1 m Schachtdurchmesser für eine Maschinenleistung von 300 bis 350 PS bemessen war. Im Vergleich mit den Leistungszahlen von Generatoren mit Gebläsewind (S. 76) liegen diese Zahlen niedriger, entsprechend der geringeren Windgeschwindigkeit im Gaserzeuger.

Der Dampfverbrauch von Sauggasanlagen wird mit 0,35—0,55 kg je kg Brennstoff angegeben[3]).

[1]) Gas- u. Wasserfach **80** (1937), S. 685; E. Rammler, Braunk. 1937, S. 334, 1938, S. 289.

[2]) E. Rammler, K. Breitling u. J. Gall, Glückauf 1937, S. 1077.

[3]) Gas- u. Wasserfach **80** (1937), S. 685.

Sauggasanlagen werden je nach Verwendungszweck und Kraftbedarf in Größenordnungen von 5 bis 500 PS gebaut, letztere Größe entspricht einem Tagesdurchsatz von etwa 7 bis 8 t Brennstoff. Schon von 25 PS an werden sie vollautomatisch ausgeführt.

4. Fahrzeuggeneratoren.

a) Gaserzeuger für Schiffsantrieb.

Frühere, um 1910 unternommene Versuche, Gaserzeuger für Schiffsbetrieb zu verwenden, hatten den Wettbewerb des Dieselmotors nicht zu schlagen vermocht. Erst als die Notwendigkeit der Verwendung heimischer Brennstoffe in den Vordergrund trat, nahm die Deutzmotoren-A.G. ihre älteren Erfahrungen wieder auf und wandte sie in dem 1934 in Betrieb genommenen Gasschiff »Harpen I« mit Erfolg an. Dieser Erfolg war maßgebend für eine seither ständig verbreiterte Einführung generatorgasbeschickter Schiffsmotore[1]) [2]).

Zwar erfordert die Gaserzeugeranlage nebst Brennstoffbunkern und Reinigungsapparaten einen größeren Raum und höhere Anlagekosten als ein Dieselmotor mit Zubehör bei gleicher Leistung, aber diesem höheren Kapitaldienst stehen wesentliche Ersparnisse durch den billigeren Brennstoff gegenüber, die bei regelmäßigem Betrieb des Gasschiffes die ersteren Mehrkosten überwiegen[3]).

Im ganzen sind die Voraussetzungen für Erstellung einer Sauggasanlage in einem Schiff verhältnismäßig günstig. Natürlich ist der Platzbedarf gegenüber ortsfesten Anlagen grundsätzlich sehr beschränkt und die Bedienung muß aus Rücksicht auf die wenigen im Schiffsdienst vorhandenen Fachkräfte äußerst vereinfacht werden. Ein wesentlicher Faktor ist aber, daß für die Kühlung und Reinigung Wasser unbegrenzt zur Verfügung steht. Es ist daher möglich, auch mit räumlich äußerst begrenzten Reinigungsapparaten die für den Motor erforderliche physikalische und chemische Reinheit des Betriebsgases zu sichern. Die Einfachheit der Bedienung ist durch weitgehende Mechanisierung des Generatorbetriebes und der Brennstoffzufuhr erreicht.

Die Gaserzeuger für Schiffsbetrieb sind, um alle Schlackenstörungen zu vermeiden, mit Niederdruck-Dampfkesselmantel und mit mechanischem Drehrost versehen. Die Brennstoffzufuhr durch eine Zellenradschleuse hält den Generatorschacht mit oben eingebautem Brennstoffverteiler ständig hoch voll. Der Brennstoffvorrat kann aus dem Bunker mit Becherwerk oder mit Kübelaufzug hochgefördert werden. Die Reinigungs- und Zubehörapparate sind möglichst gedrängt, aber zugänglich

---

[1]) Gas- u. Wasserfach **78** (1935), S. 656; Zeitschr. VDI 1936, S. 757; H. Brückner, Gas- u. Wasserfach **80** (1937), S. 463.

[2]) Humboldt-Deutz, DRP. 629614, 637548 u. a.

[3]) J. Haack und E. Feld, Glückauf **72** (1936), S. 135.

angeordnet. Diese auf Grund neuester Erfahrungen im Gaserzeugerbau eingerichteten Schiffsanlagen stellen also, obgleich sie meist als Kleinanlagen zu bezeichnen sind, eine in jeder Richtung neuzeitliche Ausführung dar.

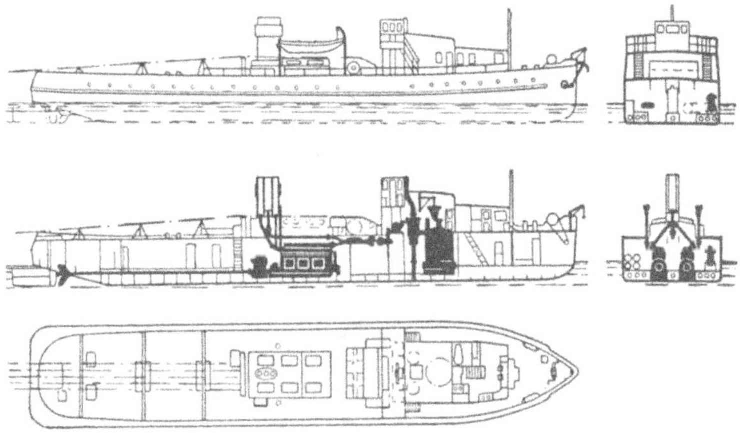

Abb. 65. Gasschlepper Harpen I. Gesamtübersicht.

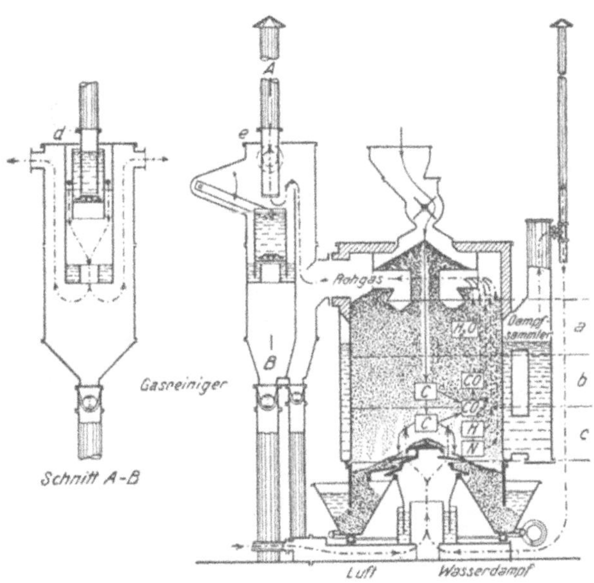

Abb. 66. Schiffsgaserzeuger des Gasschleppers Harpen I.

Abb. 65 zeigt den erwähnten, als entscheidender Fortschritt zu bezeichnenden Neueinbau der Gaserzeugeranlage im Schlepper »Harpen I«, Abb. 66 den Aufbau des Gaserzeugers und Abb. 67 die Anordnung der Nebenapparate. Es ist ein Drehrost-Gaserzeuger mit stark seitlich pressender Rosthaube und der üblichen selbsttätigen Aschenaustragung. Der Wassermantel hat drucklose Siedekühlung (vgl. S. 38); der Gasabgang führt durch einen Blechbehälter, der zugleich Staubabscheider und Um-

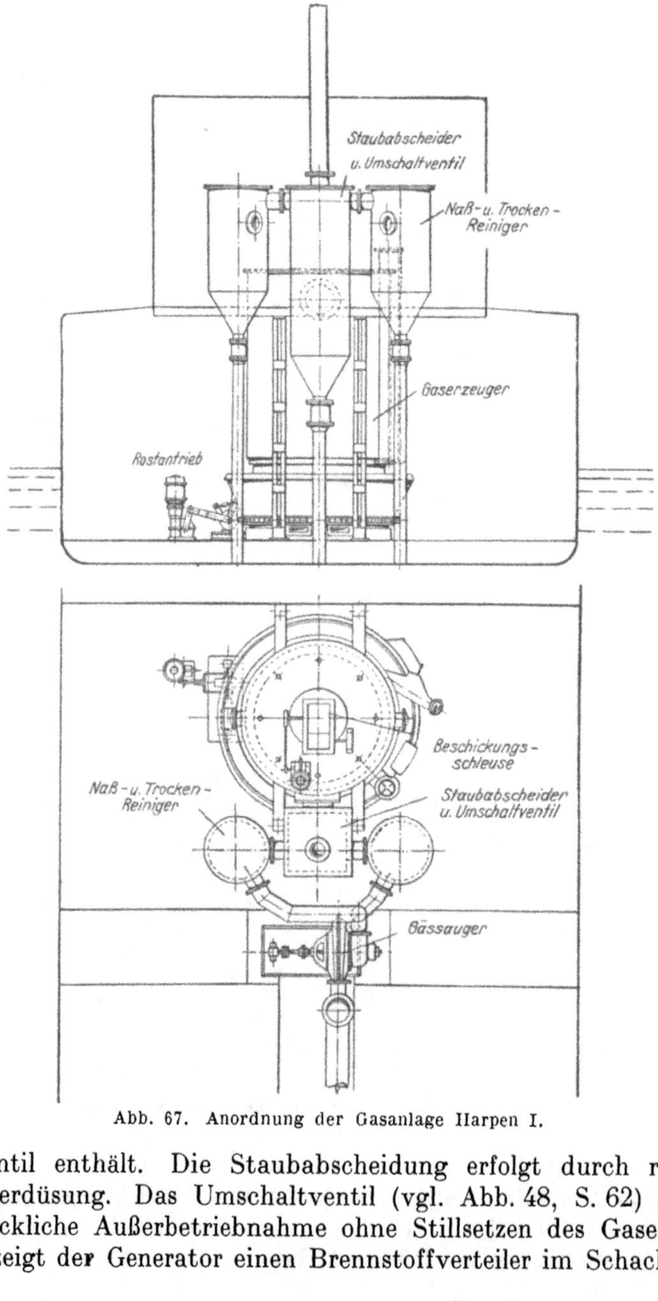

Abb. 67. Anordnung der Gasanlage Harpen I.

schaltventil enthält. Die Staubabscheidung erfolgt durch reichliche Wasserverdüsung. Das Umschaltventil (vgl. Abb. 48, S. 62) gestattet augenblickliche Außerbetriebnahme ohne Stillsetzen des Gaserzeugers. Weiter zeigt der Generator einen Brennstoffverteiler im Schacht, einen

Dampfsammler am Mantelkessel und eine durch besonderen Motor angetriebene Zellenradbeschickung, der der Brennstoff aus dem Vorbunker zufließt und die sich bei vollem Generator selbsttätig ausschaltet. Das im Staubabscheider vorgereinigte Gas verteilt sich in zwei Wegen (Abb. 65) auf zwei beiderseits des Staubabscheiders stehende Naß-Trockenreiniger, in denen das Gas durch reichliche Wasserstreudüsen und Prallplatten auf die für den Gasmotor erwünschte Reinheit gebracht wird. Das Wasser der Reiniger hat freien Abfluß in den Strom. Von jedem der 2 Nachreiniger führt ein getrennter Gasweg zu den 2 Deutz-Gasmotoren (8 Zylinder, Viertakt) von je 375 bis 410 PS, die mittschiffs parallel aufgestellt sind und mit verlängerter Welle auf die 2 Schrauben wirken. Zwischen Nachreiniger und Gasmotor ist jeweils ein Gasförderer (Gebläse) und ein Gasdruckregler eingebaut, sowie vor dem Gasmotor ein Abzweig in eine im Schiffskamin eingebaute Brennvorrichtung für Anlaufgas und Überschuß bei plötzlichem Stillstand. Der Gasförderer hat zunächst nur den Zweck, den Gaserzeuger auf Normalleistung zu bringen und die Reinigungsapparate mit gutem Gas durchzuspülen, so daß der Motor dann sofort gleichmäßiges, gutes Gas erhält, wenn der Schlepper anfahren soll. Der Gasdruckregler hält den Gasdruck am Motoreingang auf $\pm$ 0, um dem Motor stets gleiche Arbeitsbedingungen zu sichern. Der Gasförderer kann aber auch im Betrieb mitlaufen und bewirkt dann eine um 7 % höhere Motorenleistung als bei reinem Sauggasbetrieb. Die Anheizzeit des Gaserzeugers beträgt mit Gebläse je nach der Dauer des vorhergegangenen Stillstandes 10—20 min[1]).

Hinsichtlich Brennstoff ist die Anlage sehr anpassungsfähig, also nicht standortgebunden, sondern sie verarbeitet alle in Deutschland vorkommenden Anthrazite, Magerkohlen, Kokse und Schwelkokse und vor allem auch Kleinkokskörnungen. Kleinkoks Nuß IV und Anthrazit Nuß IV und V haben sich als wirtschaftlichstes Betriebsmittel erwiesen. An Brechkoks IV werden 0,5 kg/PSh verbraucht, im Werte von 0,75 bis 1,0 Rpf./PSh[2]), nach anderen Feststellungen[3]) 350 g Anthrazit oder 430 g Steinkohlenschwelkoks oder 450 g Braunkohlenschwelkoks je PSh, womit die reinen Brennstoffkosten sich auf 0,8 Rpf./PSh stellen. Versuche des Schleppamtes Hannover gemeinsam mit Körting-Maschinenbau an einer Sauggasanlage für Braunkohlenschwelkoks ergaben einen Bedarf von 430 bis 480 g/PSh bei einem Schwelkoksheizwert von 6000 kcal/kg bzw. von 520 bis 570 g/PSh bei einem Schwelkoksheizwert von 5000 kcal/kg. Auf Grund dieser Ergebnisse setzte der Reichsschleppbetrieb mehrere Gasschlepper für Schwelkoks ein. Teerspuren, von ungenügendem Abschwelungsgrad des Kokses herrührend, beein-

---

[1]) Zeitschr. VDI **80** (1936), S. 757.
[2]) Gas- u. Wasserfach **78** (1935), S. 656.
[3]) Werft, Reederei, Hafen 1938, S. 107.

trächtigten den Motorbetrieb nicht. Eine Zusammenstellung[1]) vergleicht die Kosten je PSh in Gas, Dieselöl und Dampf:

Gas aus Koks IV	0,88 Rpf./PSh
» » » III	1,17 »
» » Anthrazit IV . . .	0,83 »
» » » V . . .	0,75 »
Dieselöl landverzollt . . .	2,95 »
» zollbegünstigt . . .	1,28 »
Dampf 12 atü	1,19—1,38 Rpf./PSh
» 30 »	1,07 Rpf./PSh

Da im Gasbetrieb, wie erwähnt, nicht die Anlagekosten, sondern die Brennstoffkosten das Entscheidende bei der Wirtschaftlichkeit des Betriebes sind, ist natürlich die Belastungsstärke des Schleppers besonders wichtig. Nur bei regelmäßigem Betrieb sind die höheren Anlagekosten unbedingt gerechtfertigt. Anderseits können natürlich auch nationalwirtschaftliche Rücksichten auf den Brennstoffmarkt die Auswahl beeinflussen.

Für Lieferung des Stromes für den Gaserzeugerantrieb und für die Motorzündung ist ein kleines Diesel-Aggregat neben den Gasmotoren aufgestellt.

Während für schwere Schlepper Zweischraubenanordnung mit 2 Gasmotoren im Interesse der Augenblicksleistung wie der Wendigkeit sehr wichtig ist, genügt für den Einbau in Frachtschiffe die einfache Anord-

Abb. 68. Frachtschiff mit Gaskraftanlage, Raumbeanspruchung.

nung (Abb. 68), um so mehr, als bei diesem Schiffstyp aus Rücksicht auf den Laderaum besondere Raumbeschränkung notwendig ist. Die Anordnung im Heck des Frachtschiffes ist grundsätzlich genau die gleiche wie für den Schlepper beschrieben, auch die Mechanisierung ist trotz kleinerer Betriebsgröße ähnlich durchgeführt, da die Wartungsmöglichkeit gegenüber dem Schlepperbetrieb eher noch vermindert ist.

Infolge des guten Erfolges der Generatoren für Schiffsantrieb ist diese Verwendungsart mit allen Einzelheiten in der Fachpresse vielfach eingehend beschrieben[2]) [3]).

---

[1]) Zeitschr. VDI **80** (1936), S. 757.
[2]) H. Brückner, Gas- u. Wasserfach **80** (1937), S. 463.
[3]) W. Reerink, Bericht D 75 des Reichskohlenrates, 1936, VDI-Verlag.

b) Generatoren für Landfahrzeuge.

α) Brennstoffe und Betriebsbedingungen.

Während bei Sauggasanlagen für Schiffsantrieb noch verhältnismäßig günstige Aufstellungs- und Betriebsbedingungen vorliegen, sind diese bei Gaserzeugern zum Antrieb von Fahrzeugmotoren in verschiedener Hinsicht sehr erschwert. Sowohl räumlich als auch gewichtsmäßig läuft der Einbau der Gaserzeugungs- und Reinigungsanlagen dem Grundzweck des Fahrzeuges, einer weitestgehenden Ausnützung von Raum und Gewicht für Ladezwecke, zuwider. Der gegenüber Schiffsantrieb hervortretende Mangel an Wasser erschwert die Reinigung des Gases und gefährdet den Motor durch Gasunreinigkeiten. Weiter stehen Gaserzeuger und Apparate nebst dem Brennstoff selbst unter ständig starker Erschütterung, so daß die Bauart ebenso auf Gewichtsersparnis wie auf Stabilität Rücksicht nehmen muß und die Brennstoffauswahl begrenzt ist.

Der Brennstoff ist, um wirtschaftlichen Erfolg des Fahrzeuggaserzeugers zu sichern (vgl. später), vor allem standortgünstig zu wählen. Gebraucht werden sowohl entgaste, also teerfreie Brennstoffe, wie Holzkohle, Torfkoks, Schwelkokse von Braun- und Steinkohlen, diesen ähnlich geartet auch Anthrazit, anderseits teerhaltige Brennstoffe wie Holz und Braunkohlenbriketts. Diese beiden Gruppen verlangen auch eine verschiedene Generatorbauart und Betriebsweise. Während die Gaserzeuger für die teerfreien Brennstoffe nach Art aller Koksgeneratoren den Luftzusatz unten und den Gasabgang oberhalb der Reaktionszone haben und dieses Gas verhältnismäßig einfach entstaubt und gekühlt werden kann, muß bei Vergasung teerhaltiger Brennstoffe entweder durch umfangreichere Reinigung dafür gesorgt werden, daß der Teergehalt von normaler Vergasung dem Motor ferngehalten wird, oder — was heute allgemein üblich ist — es werden hierfür Gaserzeuger mit abfallender Vergasung oder auch Doppelfeuergeneratoren (vgl. S. 90) verwendet, in denen der Teer des Brennstoffs noch im Generator verkrackt wird und das ebenfalls teerfreie Gas nur die normalen Reinigungsapparate erfordert. Denselben Zweck der Teerverkrackung im Generator zeigen die Bauarten mit Querstromvergasung.

Von den genannten Brennstoffen ist die Holzkohle zweifellos einer der geeignetsten; sie ist besonders reaktionsfähig, daher an Belastungsschwankungen des Motors gut anpassungsfähig und hat den geringsten Ballast an Wasser und Asche. Auch Torfkoks und Braunkohlenschwelkoks zeichnen sich durch gute Reaktionsfähigkeit aus. Steinkohlenschwelkoks steht hinter dem Braunkohlenschwelkoks etwas zurück, ist aber praktisch gut bewährt. Allerdings müssen die Schwelkokse gut und durchweg gleichmäßig abgeschwelt sein, da restlicher Teergehalt in einer nicht auf Teer abgestellten Reinigungsanlage und im Motor sehr stört. Außerdem nennt E. Rammler[1]) als feste »Treibkokse« noch Braunkohlen-Stückkoks (Brikozit), Schwelbriketts aus Gasflammkohle, Braunkohlen-Feinkoksbriketts und abgesiebten Brikett-Grudekoks. Anthrazit hat den Vorteil des höchsten Heizwertinhaltes bei kleinstem Raumbedarf[2]). — Holz ist, wo es ausreichend zur Verfügung steht, wegen seines billigen Preises viel in Gebrauch. M. Kochler[3]) empfiehlt gedörrtes Trockenholz wegen seines höheren Heizwertes. — Braunkohlenbriketts dagegen haben sich nicht in großem Umfange eingeführt, weil ihr verhältnismäßig hoher Teergehalt entweder besondere Sorgfalt in der Überwachung erfordert, oder nicht in ausreichendem Maße im Generator verkrackt wird und daher in der Reinigeranlage oder im Motor Schwierigkeiten bereitet.

Den Wertunterschied der üblichen Brennstoffe zeigt folgende Übersicht über den Heizwertinhalt in Mill. kcal je m³ des geschütteten Brennstoffs:

Holz (20% Wasser)	0,985	Mill.	kcal/m³	Brennstoff
Holzkohle	1,5	»	»	»
Braunkohlen-Schwelkoks . . .	2,0	»	»	»
Torfkoks	2,6	»	»	»
Steinkohlen-Schwelkoks . . .	3,15	»	»	»
Anthrazit	6,4	»	»	»

Die geeignetste Körnung für alle fossilen Brennstoffe und für Holzkohle ist 10—20 mm, möglichst ohne Unterkorn und Staub. Körnungen von 30 bis 40 mm bewirken bei den geringen Generatorquerschnitten bereits eine Verschlechterung des Heizwertes und des Vergasungswirkungsgrades. Für Holzvergasung wird am besten trockenes Buchenholz von etwa 8 cm Länge und 5 cm Breite verwandt. Nadelholz neigt zu stärkerer Verteerung infolge des hohen Harzgehaltes[4]).

Die Reaktionsfähigkeit des Brennstoffes ist bei den Fahrzeuggeneratoren mit ihrer wechselnden Belastung — sei es durch Wechseln von Fahrt und Stillstand oder von ebener und Bergfahrt — von besonderer Bedeutung. Ein nicht genügend reagierender Brennstoff würde bei verstärkter Ansaugung durch den Motor vom Luftüberschuß abgeschreckt und das Gas verschlechtert werden, anderseits genügt bei reaktionsfähigem Stoff auch schon schwache Durchsaugung, um die für gute Gasbildung notwendige Temperaturlage zu erhalten. Diese Voraussetzungen erfüllen die Holzkohle, Schwelkokse und Anthrazite. Bei nicht entgasten Stoffen, insbesondere Holz, ist aber bei Über- und Unterelastung Vorsicht geboten[5]). Holzvergaser können längere Zeit mit öherer Belastung fahren, solange der durch Abschwelen erhaltene Holz-

[1]) E. Rammler, Gas- u. Wasserfach **80** (1937), S. 689.
[2]) F. Kolkhorst, Feuerungstechnik **27** (1939), S. 121.
[3]) M. Kochler, Technica Lyon **6** (1938), S. 5, Feuerungstechnik **25** (1937), S. 24.
[4]) H. Brückner, Gas- u. Wasserfach **80** (1937), S. 446.
[5]) H. Mehlig, Zeitschr. DVI **80** (1936), S. 301.

kohlenvorrat im Generator noch nicht aufgebraucht ist. Dann tritt die Gefahr des Durchbruches von Holzkohlenstaub und Teer zum Motor auf. Bei vorübergehender Überlastung gleichen sich Verschiebungen des Holzkohlenspiegels durch die vorübergehende Temperatursteigerung des Brennstoffbettes von selbst aus. Ein lange unterbelasteter Holzgaserzeuger ist wiederum dadurch gefährdet, daß der Wärmeinhalt des Gaserzeugers für die Abschwelung nicht ausreicht und aus diesem Grunde Teer durchbrechen kann. Dieser Gefahr kann nach längerem Stillstand durch vorsorgliches Anblasen mittels Hilfsgebläse vorgebeugt werden.

Wasserdampfzusatz ist nicht bei allen Bauarten üblich. Notwendig ist er bei schnellaufenden Motoren, weil die Zündgeschwindigkeit vom H_2-Gehalt des Gases abhängig ist und 10—12% nicht unterschreiten soll[1]). Notwendig ist Dampfzusatz auch bei aschereichen Brennstoffen, um der besonders bei zeitlicher Überlastung auftretenden Gefahr fester Verschlackung vorzubeugen. Bei abfallender Vergasung feuchter Brennstoffe fällt der Wasserdampf mit dem Gas zwangläufig an.

Die Bekämpfung der Schlackengefahr ist im Interesse der Betriebssicherheit des Fahrzeuges und einer einfachen Bedienung sehr wichtig. Der Bericht D 83 des Reichskohlenrates von Rammler und Mitarbeitern über Vergasungsverhalten von festen Kraftstoffen[2]) gibt den Begriff der »Verschlackungszahl« in g Schlacke je 1000 umgesetzte kcal und stellt diese in den Grenzen von 2 bis 10 g fest, je nach Aschengehalt und verschlacktem Anteil der Gesamtasche. Natürlich ist die Festigkeit der Schlacke auch von Einfluß. Bekämpfung der Schlackenstörungen ist außer durch Brennstoffauswahl, Belastungsregelung, automatische Dampfzusatzsteigerung bei Vollast u. dgl. auch konstruktiv möglich durch Auswahl des feuerfesten Materials, durch nicht zu starke, also zu sehr wärmespeichernde Ausmauerung und durch geeignete Formgebung des Generatorunterteils und des Rostes. Als radikale Lösung wird auch auf Weglassen der Ausmauerung und Betrieb auf Schlackenverflüssigung hingewiesen[2]). Letztere Betriebsweise benutzt eine Luftdüse als Luftzuführung, die, im Querstrom arbeitend, durch hohe Strömungsgeschwindigkeit eine räumlich begrenzte Reaktionszone ergibt, aus der die Schlacke nach unten abfließt. Diese Düsengeneratoren (vgl. S. 106) erzeugen meist nicht Halbwassergas (Luftwassergas), sondern Luftgas.

Während bei den ortsfesten Sauggasanlagen (S. 86) die Schachtbelastung im allgemeinen geringer ist als bei normalen Drehrostgeneratoren, wird die Leistung von Fahrzeuggeneratoren aus Rücksicht auf die Platzbeschränkung möglichst gesteigert und erreicht Durchsätze bis 350 kg/m²/h, nach E. Rammler[2]) sogar von 375 bis 500 kg/m²/h. Bei Vergleich dieser Leistungen mit solchen normaler Gaserzeuger ist allerdings

[1]) H. Finkbeiner, Zeitschr. VDI **82** (1938), S. 836.

[2]) E. Rammler, K. Breitling, J. Gall, Feuerungstechnik **27** (1939), S. 99, und Bericht D 83 des Reichskohlenrates, VDI-Verlag 1938.

zu berücksichtigen, daß sie im allgemeinen nicht auf den Gesamtquerschnitt des Gaserzeugerschachtes bezogen werden, sondern auf die durch Verengung des ausgemauerten Schachtunterteils verringerte Rost- oder Luftdurchtrittsfläche; nur bei Generatoren für aschereiche Brennstoffe ohne diese Verengung trifft dies nicht zu. Trotzdem bewiesen diese Belastungszahlen die Notwendigkeit, den Brennstoff und die Betriebsweise gut auszuwählen und zu überwachen. Grenzen der Leistung liegen in der erwähnten, schließlich eintretenden restlosen Verschlackung, ferner in zu starkem Mitreißen von Flugstaub, in zu hoch steigender Gastemperatur und zu starkem Druckverlust im Brennstoffbett.

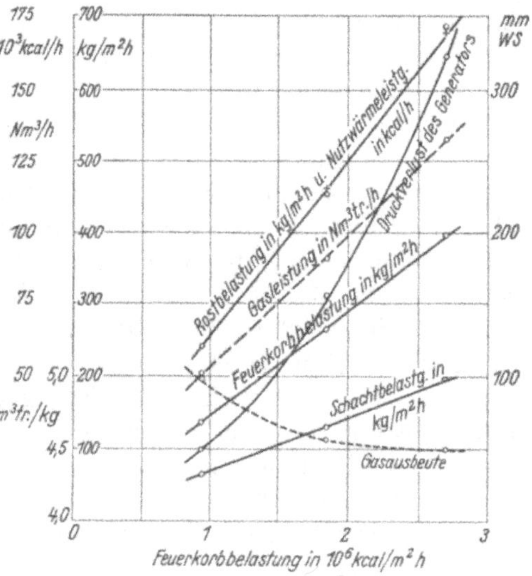

Abb. 69. Fahrzeug-Gaserzeuger, Belastungen und Gasausbeute.

Einen Überblick über die Auswirkungen verschieden hoher Belastungen eines Fahrzeuggenerators auf Betriebsmittelverbrauch, Vergasungswirkungsgrad und Verluste, Heizwert und Gasbeschaffenheit geben die in Abb. 69—71 gezeigten Versuchsergebnisse, die E. Rammler, K. Breitling und J. Gall[1]) auf Grund von Versuchen an einem Wisco-Fahrzeuggenerator mit Steinkohlenschwelkoks 10—20 mm berichten. Die Zahlen sind bezogen auf die Feuerkorbbelastung, also auf den Durchsatz an dem engsten Generatorquerschnitt, ausgedrückt in 10^6 kcal/m²/h und beruhen auf Versuchen bei Schwachlast, $^2/_3$ Last und Vollast. Abb. 69 vergleicht die Begriffe Rostbelastung, Feuerkorbbelastung und Schachtbelastung (Steigerung entsprechend der Verengung) in kg/m²/h mit der Wärmeleistung in kcal/m²/h und zeigt, daß Gasleistung und Druckverlust des Generators mit der Belastung zunehmen, die Ausbeute in Nm³/kg

[1]) Bericht D 83 des Reichskohlenrates, Berlin 1938, VDI-Verlag.

Brennstoff aber infolge schlechterer Brennstoffausnutzung etwas zurückgeht. — Abb. 70 zeigt den mit der Belastung natürlich steigenden Koksverbrauch; der Dampfzusatz in kg/kg Brennstoff geht durch die ungünstigere Sättigungsdauer zurück. Dementsprechend nimmt CO_2- und H_2-Gehalt ab, der Gehalt an CO und Gesamtbrennbarem und der C-Gehalt im Gas steigen. Der Gasheizwert steigt ebenfalls entsprechend der CO_2-Abnahme, aber nicht ganz im gleichen Grade, weil bei der stärkeren Strömungsgeschwindigkeit auch der N_2-Gehalt etwas höher ist. — Abb. 71

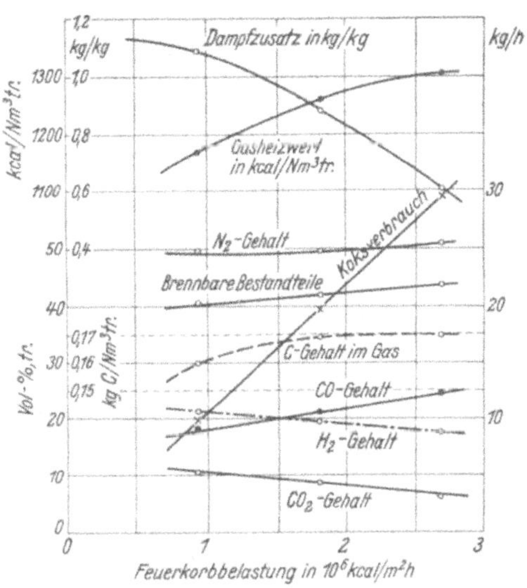

Abb. 70. Dgl. Gaszusammensetzung und Heizwert.

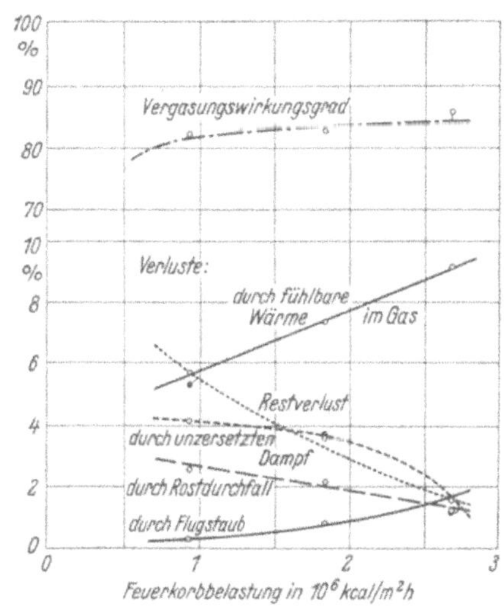

Abb. 71. Dgl. Wirkungsgrad und Verluste.

gibt als Auswirkung der Versuche den Vergasungswirkungsgrad und die Verluste. Der Wirkungsgrad steigt trotz zunehmendem Verlust durch fühlbare Wärme des Gases, weil anderseits die Verluste durch unzersetzten Dampf und durch Unverbranntes im Rostdurchfall abnehmen.

β) Bauarten von Fahrzeuggeneratoren.

Die unter den obenerwähnten Voraussetzungen zweifellos vorhandene Erschwerung des Fahrzeuggaserzeugerbetriebes und seine in neuerer Zeit immer stärker herausgestellte nationalwirtschaftliche Bedeutung haben zu einer sehr eingehenden und vielseitigen Erforschung und betriebsmäßigen Erprobung und Anwendung geführt, deren Darstellung in der Fachliteratur hier nur teilweise angezogen werden kann[1–4]) (und vorgenannte).

[1]) H. Finkbeiner, Hochleistungsgaserzeugung im Fahrzeugbetrieb, Berlin 1937.
[2]) F. Kolkhorst, Feuerungstechnik **27** (1939), S. 121.
[3]) G. Kühne, Zeitschr. VDI **87** (1934), S. 1241.
[4]) Fachsitzung Brenn- u. Treibstoffe. Zeitschr. VDI **80** (1936), S. 946.

Sehr gefördert und verbreitet ist der Fahrzeuggaserzeuger auch in Italien, wo ihm ebenfalls hohe nationalwirtschaftliche Bedeutung zukommt[1]). Auch in Frankreich wird der Generatorenbau staatlich sehr gefördert und durch staatliche Beiträge zu den Einrichtungskosten unterstützt.

Die Bauarten der zahlreichen betrieblich bewährten Fahrzeuggaserzeuger weichen von den vorher beschriebenen Gaserzeugerbauformen z. T. sehr ab, einerseits in der erwähnten, oft angewandten Einschnürung des Schachtunterteils, anderseits darin, daß der eigentliche Gaserzeugerraum nur einen kleinen Teil des Schachtes umfaßt und dessen Hauptteil durch selbsttätig nachsinkenden Brennstoffvorrat die Betriebsbereitschaft zu sichern hat; dies ist noch stärker ausgeprägt, als bei den ortsfesten Sauggasanlagen. Deshalb liegt der Gasabgang bei Aufwärtsvergasung bzw. der Lufteintritt bei abfallender Vergasung nicht immer oben am Schacht, sondern oft in der Mitte oberhalb der Reaktionszone. Die Hauptbetriebsarten sind für teerhaltige Brennstoffe die Abwärtsvergasung, für teerfreie die Aufwärtsvergasung, Schräg- und Querstromvergasung.

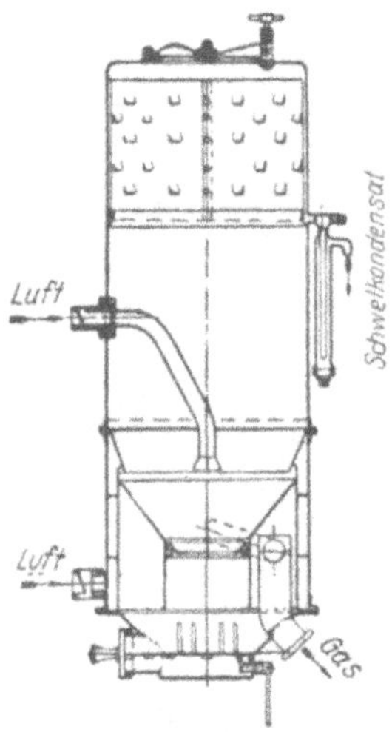

Abb. 72. Holzgaserzeuger (Orenstein u. Koppel).

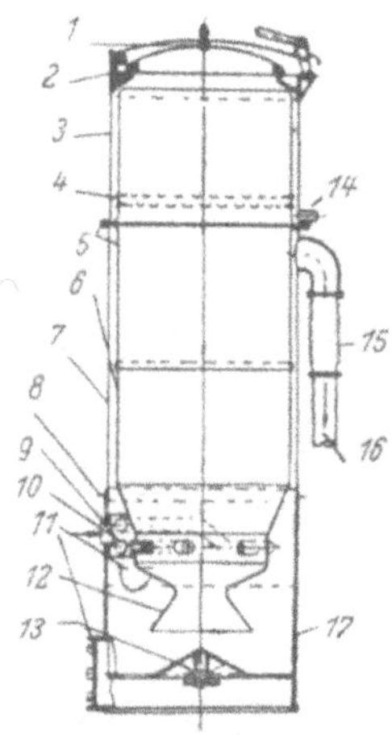

Abb. 73. Holzgaserzeuger (Imbert).

Einen Holzgasgenerator mit **abfallender Vergasung** zeigt Abb. 72 (Bauart Orenstein und Koppel[2])), Abb. 73 einen Imbert-Holzvergaser mit einer bereits der Querstromvergasung nahekommenden Abwärtsvergasung. Beide Ausführungen haben im Schachtoberteil einen Doppelmanteleinbau, in dessen Außenraum durch Jalousieschlitze oder durch den oben offenen Ring überschüssige Wasserdämpfe abziehen und als Kondensat abgeführt werden können. Generatorausmauerung ist bei Holzvergasung nicht notwendig. Bei der abfallenden Vergasung tritt die Luft teils ringförmig ein, teils durch eine Mitteldüse, die seitlich von oben (Abb. 72, vgl. auch Abb. 64) oder auch von unten durch die Rostmitte hochgeführt (Deutz) eintritt. Durch diese Mitteldüse wird eine über den ganzen Schachtquerschnitt gleichmäßige Reaktionszone erreicht. Der Gasabgang der Abwärtsvergasung ist dicht über oder unter

[1]) Marcucci u. La Valle, Die Gaserzeuger für Kraftwagen, Rom 1938.
[2]) H. Brückner, Gas- u. Wasserfach **80** (1937), S. 447.

dem Rost angeschlossen, oder das Gas durchströmt erst, durch einen Schaufeleinbau wirbelnd geführt, einen Ringraum zwischen Mantel und verjüngtem Einbauunterteil[1]). Der Imbert-Holzgaserzeuger (Abb. 73) läßt die Luft ziemlich nahe über dem Rost durch einen Düsenring seitlich in spiraliger Richtung eintreten. Das unten aus dem Rost abziehende Gas umstreicht vorwärmend den Schachtmittelteil bis zum Gasabgang.

Der Holzkohlengaserzeuger (Hansa) (Abb. 74) hat aufsteigende Vergasung und benutzt in einer bei verschiedenen Bauarten ähnlich benutzten Anordnung die Wärme des abziehenden Gases zum Verdampfen des Luftsättigungswassers. Die aufsteigende Vergasung ist für Schwelkokse und Anthrazit bisher am meisten in Gebrauch. Ebenfalls mit Aufwärtsvergasung, aber mit Gasabgang unter dem Brennstoffvorratsbehälter arbeitet der Wisco-Generator für Holzkohle bzw. Anthrazit oder Schwelkoks (Abb. 79). Dieser benutzt die Wärme des Generatormantels in

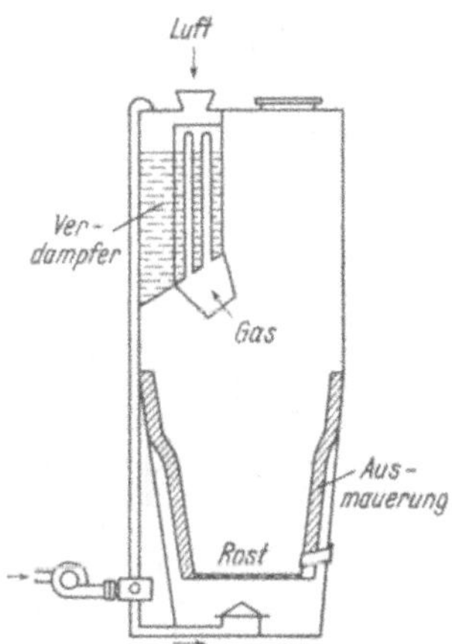

Abb. 74. Holzkohlengaserzeuger (Hansa).

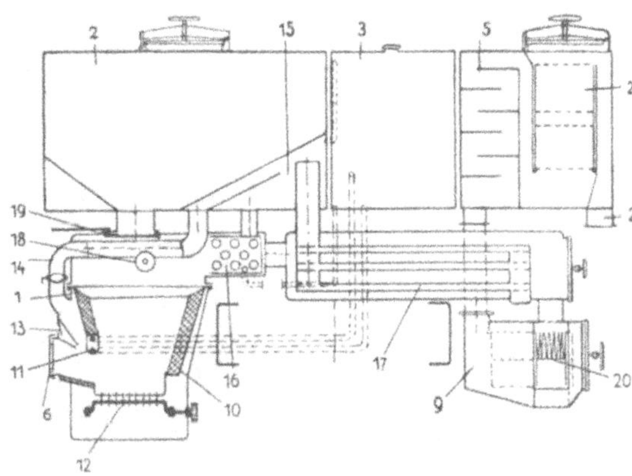

Abb. 75. Hansa-Universal-Gaserzeuger mit Zubehör, Schnittbild.

Höhe der Reaktionszone zur Vorwärmung des Dampf-Luft-Gemisches und nimmt deshalb einen höheren Gasheizwert für sich in Anspruch.

Für Vergasung von Braunkohlenkoks und Braunkohlenschwelkoks wird der Generatorschacht auch oft nicht ausgemauert, um einem Verschmelzen der verhältnismäßig reichlicheren und voluminöseren Asche vorzubeugen.

Der Wisco-Bauart ähnlich ist der französische Barbier-Autogazgenerator[2]) und der italienische Dux-Generator[3]).

Mit Schrägstromvergasung, die dem Querstrom nahekommt, ist der Hansa-Universalgenerator eingerichtet (Abb. 75). Der Brennstoffbehälter ist bei dieser Bauart vom Generator aus Einbaugründen getrennt und

[1]) Humboldt-Deutz, DRP. 654798.

[2]) Engineer **143** (1927), S. 448.

[3]) Brennst.-Chemie **15** (1934), S. 205.

mit ihm durch eine den Brennstoff fördernde Schnecke verbunden. Im Generator ist hier die Oberkante der Lufteintrittstelle durch hohe Temperatur gefährdet und wird deshalb als wassergekühlte Rippe ausgeführt. Der Rost, auch ein Schüttelrost, liegt noch waagerecht unter dem Feuer. Im Gasabgang ist ein Verdampfer eingebaut.

Bei der reinen Querstromvergasung steht der Rost senkrecht dem Lufteintritt gegenüber und bildet zugleich den Gasabgang, während sich die Asche auf dem Generatorboden sammelt und da z. B. durch einen untergebauten wegnehmbaren Kasten entfernt werden kann.

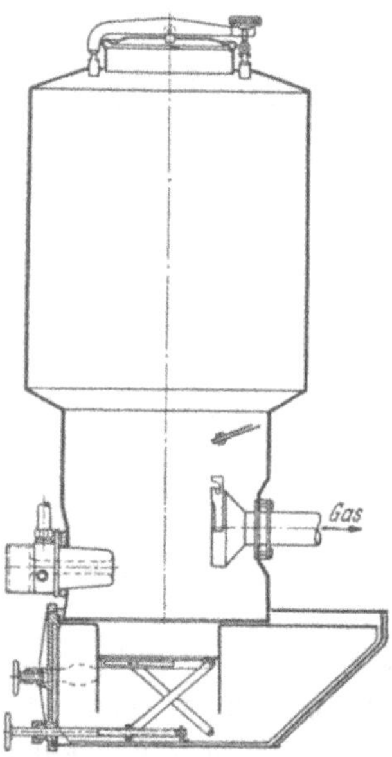

Abb. 76. High-Speed-Gaserzeuger.

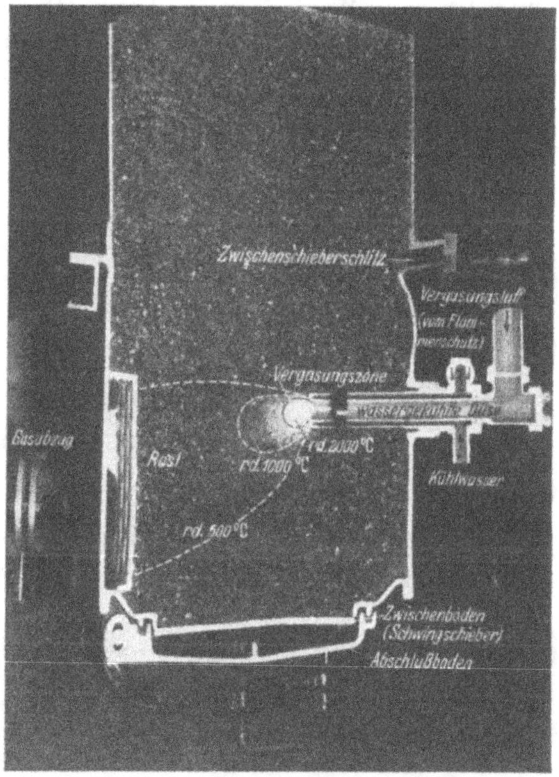

Abb. 77. Daimler-Benz-Düsengenerator.

Eine wichtige neue Art der Querstromvergasung ist die mit enger Luftdüse, die, wie oben erwähnt, für weniger reaktionsfähige Brennstoffe entwickelt wurde. Solche sind der englische Gilford-Gaserzeuger (High-Speed-Gaserzeuger) (Abb. 76), dem auch der französische Gaserzeuger von Gohin ähnlich ist, und der deutsche Daimler-Benz-Düsengenerator (Abb. 77). Die Luftdüse erzeugt eine sehr hohe Strömungsgeschwindigkeit und dadurch sehr scharfe Reaktion am Luftaustritt[1]), wodurch so

[1]) Feuerungstechnik **26** (1938), S. 106.

hohe Temperatur erreicht wird, daß die Schlacke schmilzt und auf den Generatorboden abfließt. Die scharfe Reaktion hat deren enge Begrenzung auf die Generatormitte zur Folge, deshalb wird alle davon ausstrahlende Wärme an das Brennstoffbett abgegeben; sie erreicht aber den Generatormantel so wenig, daß Ausmauerung des Feuerkorbes nicht notwendig ist. Die geschmolzene Schlacke muß etwa einmal täglich entfernt werden. Die scharfe Reaktion vor der Düse hat weiter den Vorteil, daß nach Stillständen oder Fahrpausen die Reaktionszone selbst bei Bildung oder Füllung von Hochtemperaturkoks schnell wieder in normal arbeitenden Zustand kommt. Wie Abb. 77 zeigt, ist die Düse bis gegen Schachtmitte vorgeschoben und wird mit Wasser gekühlt. Der Daimler-Benz-Gaserzeuger geht ganz trocken auf Luftgas, ohne Dampfzusatz. Der englische Düsengenerator (Abb. 76) kann durch ein besonderes

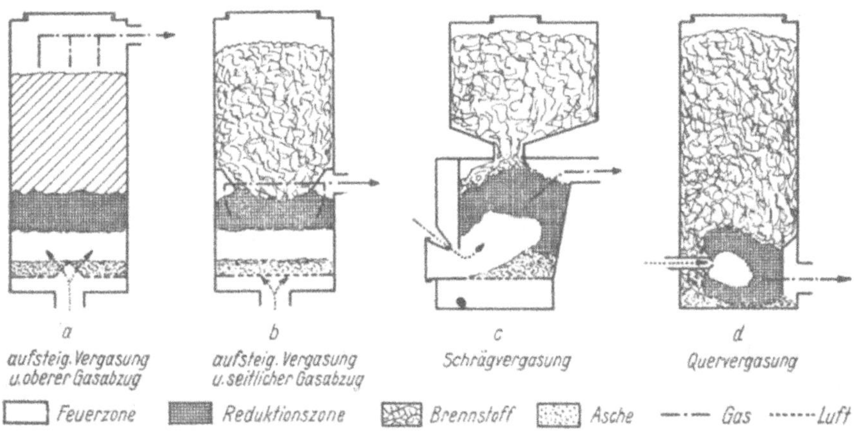

Abb. 78. Schematische Darstellung der Fahrzeuggaserzeuger-Vergasungsarten.

Zuführungsrohr in der Düse auch Wasser in geringer Menge einstäuben. Dieses Wasser nimmt aber, obwohl es sofort explosionsartig verdampft, infolge der großen Strömungsgeschwindigkeit kaum an der Umsetzung teil und wirkt nur etwas abkühlend auf die Generatorwand. — Das CO-reichere Gas des Düsenquerstromgaserzeugers hat eine geringere Zündgeschwindigkeit als wasserstoffhaltigere Generatorgase und verlangt deshalb eine Anpassung des Motors.

Eine schematische Übersicht über die Vorgänge bei den verschiedenen Vergasungsarten zeigt die von E. Rammler gegebene[1]) Darstellung (Abb. 78). Bild *a* entspricht dem Hansa-Holzkohlengenerator (Abb. 74), *b* dem Wisco-Gaserzeuger (Abb. 79), die Schrägvergasung Bild *c* dem Hansa-Universalgenerator (Abb. 75) und die Querstromvergasung dem Daimler-Benz-Düsengenerator (Abb. 77).

[1]) Zeitschr. VDI **79** (1935), S. 721.

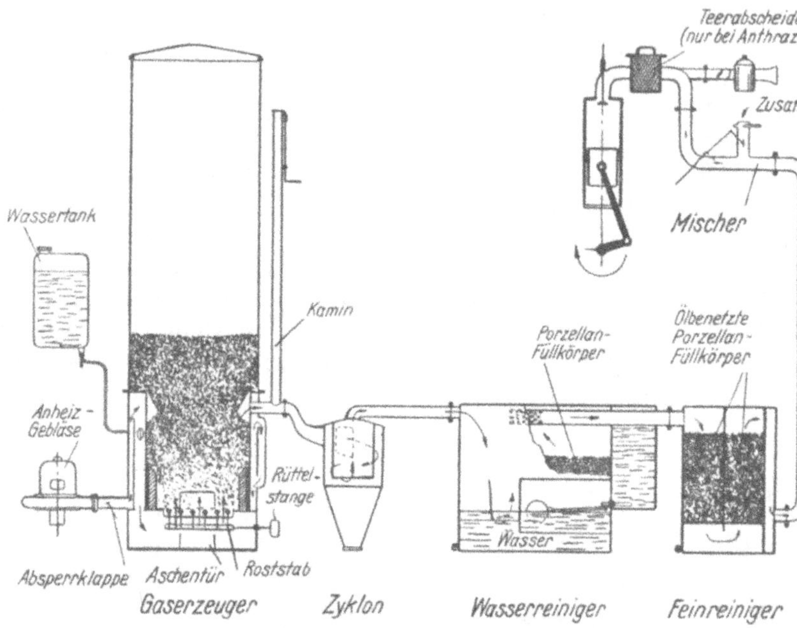

Abb. 79. Wisco-Fahrzeuggeneratoranlage für Schwelkoks oder Anthrazit, Schnittbild der Gesamtanordnung.

γ) *Gasreinigung.*

Mehr noch als die Bauart des Gaserzeugers ist die Anordnung der Reinigungsanlagen durch die Betriebsverhältnisse und den Raummangel bedingt. Die Reinigungs- und Kühlapparate haben die Aufgabe, das Gas von der etwa 300—500° betragenden Abgastemperatur möglichst nahe auf Außentemperatur zu kühlen und allen Staub und gegebenenfalls Teerreste zu beseitigen. Staub in größerer Menge und gröberer Form würde im Motor schmirgelnd wirken, Teerteile verkleben Ventile und Kolbenringe und verderben den Ölfilm im Zylinder. Bei der Staubabscheidung muß dafür gesorgt werden, daß dieser sich nicht in toten Leitungsecken oder in Teilen der Reinigungsapparate örtlich so anhäuft, daß der Durchgangswiderstand in einem die Motorarbeit störenden Umfange ansteigt.

Eine eingehende Übersicht über Reinigungsapparate verschiedener Bauarten gibt H. Finkbeiner[1]).

Wasserkühlung wird, mit Ausnahme des in Naßreinigern gebrauchten Wassers, selten angewandt, weil die Wasserrückkühlung durch einen besonderen Wasserkühler zu viel Platz beanspruchen würde. Im allgemeinen ist die Luftkühlung durch die am Fahrgestell angebrachten Appa-

[1]) Zeitschr. VDI **79** (1935), S. 721.

rate und Rohrleitungen ausreichend, gegebenenfalls wird sie durch zusätzlich verlängerte Rohrleitungen oder Rippenrohre ergänzt.

Für die Staubreinigung werden Beruhigungsbehälter, Prallplattenapparate, Zyklone, Behälter mit Füllkörpern, Filtertücher und ähnliche Einrichtungen getrennt oder in einem Apparat zu mehreren vereinigt angewandt.

Beruhigungsbehälter haben wesentlichen Erfolg nur bei verhältnismäßig großem Rauminhalt. Nach Lentze[1]) wurde bei einem Imbert-Gaserzeuger für einen Omnibus der Gasinhalt der Reinigeranlage absichtlich möglichst groß gehalten, um neben der Staubreinigung eine weitgehende Elastizität des Fahrbetriebes zu sichern.

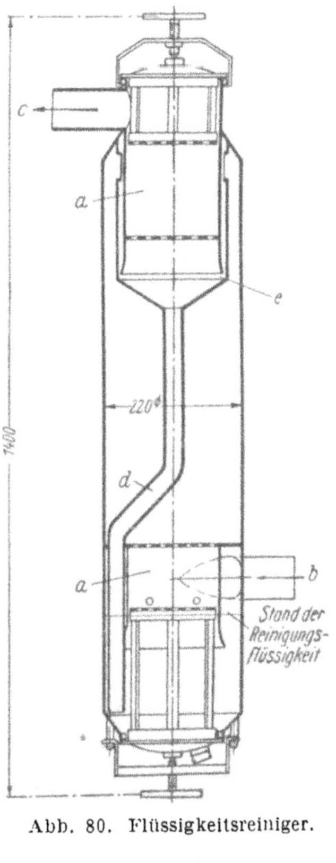

Abb. 80. Flüssigkeitsreiniger.

Prallplatten wirken durch häufigen Richtungswechsel des Gases mit Anprall; sie neigen bei hohem Staubgehalt zu Staubverlagerungen und müssen häufig gereinigt werden.

Zyklone einfacher Bauart sind Blechbehälter, meist runder Form, mit spiraligem Einbau od. dgl., durch die der Gasstrom im Wirbel geführt und der Staub seitlich ausgeschleudert wird (vgl. Abb. 79).

Diese Apparate sind nur als Grobreiniger zu bewerten, die zwar gröberen Staub und einen Teil Feinstaub entfernen, aber nur 60—80% Wirkungsgrad erreichen können.

Zu weitergehender Reinigung werden meist kombinierte Naßreiniger verwandt. Diese enthalten entweder Füllkörper (Raschigringe, Koks, Holzkohle) mit einer Benetzung oder Berieselung von Wasser oder Öl oder eine Wassertauchung, um den Staub anzufeuchten und ihn im feuchten Zustand leichter niederzuschlagen, als es bei trockenem Staub möglich ist. Füllkörperbehälter müssen bei wesentlichem Staubanfall rechtzeitig frisch beschickt werden.

Einen sehr wirksamen »Flüssigkeitsreiniger« zeigt H. Finkbeiner[2]) (Abb. 80). Der in der Wassertauchung angefeuchtete Staub wird in einer Filtermasse festgehalten. Ähnlich arbeitet der Wisco-Wasserreiniger (vgl. Abb. 79). Der Hansa-Universalgenerator hat einen Naßreiniger, nicht mit einfacher Wassertauchwand, sondern mit einem in das Wasser

---

[1]) Automobiltechn. Ztg. **37** (1934), S. 289.

[2]) Zeitschr. VDI **79** (1935), S. 721.

leicht eintauchenden Düsensystem, durch das das Gas ohne starken Druckverlust perlend durch das Wasser geführt wird (vgl. Abb. 75).

Ein Hansa-Ölreiniger bewirkt eine gründliche Durchwaschung des in feine Strahlen aufgespaltenen Gasstromes durch ein Ölbad in doppelter Hintereinanderschaltung. Durch Verwendung von Motor-Altöl entstehen keine zusätzlichen Kosten.

Filtertücher haben an sich eine gute Feinreinigungswirkung. Beim Fahrzeugmotor tritt noch der Vorteil hinzu, daß sie sich durch die Erschütterungen des normalen Betriebes ständig wieder freischütteln.

Eine besondere Anordnung bringt der Daimler-Benz-Fahrzeugmotor[1]), indem er das Gas durch einen mit Holzkohlepulver teilweise gefüllten, oben durch Filtertuch abgeschlossenen Behälter führt. Die im Gasstrom durchgewirbelte Holzkohle wirkt mechanisch staubbindend und zugleich chemisch reinigend und wird am Filtertuch ständig festgehalten und wieder abgeschüttelt.

Abb. 81. Wisco-Entstauber nach Prof. Feifel.

Einen großen Fortschritt in der Entwicklung der Fahrzeuggasreinigung stellt der in neuester Zeit zur Anwendung kommende Fliehkraftentstauber nach Prof. Dr. Feifel dar[2]). Er geht von wesentlich anderen theoretischen Grundsätzen aus, als der nur grob reinigende Zyklonreiniger und erreicht durch Ausbildung von Wirbel- und Ruhezonen eine außerordentlich weitgehende Entstaubung auf kleinstem Rauminhalt. Abb. 81 zeigt mit Maßstab die Größenordnung eines Feifel-Entstaubers (Wisco) für einen Lastwagenmotor, der eine Staubentfernung von 97% erreicht. Er gestattet deshalb, die ganze Gasreinigung auf einen solchen Fliehkraftentstauber und ein nachgeschaltetes einfaches Ölfilter zu beschränken, wodurch die Gesamtanordnung sehr vereinfacht wird.

H. Finkbeiner beschreibt[3]) eine geeignete Versuchsanordnung zur Prüfung von Reinigungsapparaten.

Staubreinigung ist anzustreben wenigstens bis auf etwa 10 mg/m³; dieser Wert ist noch tragbar, da auch angesaugte Straßenluft ähnliche

---

1) H. Brückner, Gas- u. Wasserfach **80** (1937), S. 449.
2) Forschungsarb. auf dem Geb. d. Ing.-Wesens 1938, Nr. 2, S. 68.
3) H. Finkbeiner, Zeitschr. VDI **79** (1935), S. 721.

Größenordnung an Staubgehalt erreicht[1]). E. Rammler und Mitarbeiter[2]) stellten bei ihren Versuchen im Rohgas 2—21 g/m³ je nach Brennstoffart fest. H. Finkbeiner[3]) fand 10—55 mg/m³ im Reingas verschiedener Brennstoffarten.

Teerfilter werden, weil die restlichen Teerdämpfe sich z. T. erst nach der Entspannung und dem Kaltluftzutritt in der Mischdüse abscheiden, erst zwischen Mischdüse und Motor angeordnet[4]) (vgl. Abb. 79). Hierzu dienen Stoßfilter, die zur Vermeidung von Verpuffungen bei Rückschlägen mit Sicherheitsvorrichtungen versehen sind[5]).

δ) Gesamtanordnung und Verwendung von Fahrzeuggeneratoren.

Im allgemeinen wird der Gaserzeuger neben oder dicht hinter dem Führersitz aufgestellt, die Reinigungsapparate unter der Ladefläche, so daß die Arbeitsnutzung des Lastwagens möglichst wenig behindert wird.

Neuartig ist eine italienische Bauart, die den Gaserzeuger mit allem Zubehör in einen Anhänger verlegt[6]). Diese Anordnung hat einerseits den Vorteil, daß die Lademöglichkeit des Lastwagens unbeeinflußt ist, und daß, besonders bei größeren Fuhrparks, die Auswechselung und Überholung des Gaserzeugersatzes ohne Ausfall des Nutzfahrzeuges oder ohne große Reservehaltung möglich ist.

Fahrzeuggeneratoren arbeiten, wie erwähnt, fast ausschließlich als Sauggaserzeuger, ein von der Fahrzeugbatterie oder von Hand bedienter Hilfsventilator dient nur zum Anheizen oder Wiederanblasen. Humboldt-Deutz gibt auch einen Gaserzeuger an, mit in der Drehzahl regelbarem Gebläse, das von der Stellung der Gasdrosselklappe des Mischventils, also der Motorleistung beeinflußt wird. Eine Automatisierung der Gas- und Luftzufuhr wird in der Literatur mehrfach angeregt.

Die Anwendung der Fahrzeuggaserzeuger ist nicht auf den Lastwagenbetrieb beschränkt, sondern auch für Omnibus- und Triebwagenbetrieb gebraucht, ferner werden sie sowohl in Motorlokomotiven verwandt[7]) als auch vor allem in vielerlei landwirtschaftlichen Fahrzeugen, wie Schleppern, Motorpflügen u. a.[8]).

ε) Leistung, Verbrauch, Wirtschaftlichkeit von Fahrzeuggaserzeugern.

Wenn ein mit einer Verdichtung von 1:4 bis 1:5 arbeitender Benzinmotor auf Generatorgas umgestellt wird, so geht natürlich die Leistung

---

1) H. Brückner, Gas- u. Wasserfach **80** (1937), S. 448.
2) Bericht D 83 des Reichskohlenrates, Feuerungstechnik **27** (1939), S. 99.
3) H. Finkbeiner, Zeitschr. VDI **82** (1939), S. 836.
4) F. Kolkhorst, Feuerungstechnik **27** (1939), S. 121.
5) H. Kurz u. F. Schuster. Koks, Leipzig 1938, S. 290.
6) Brennst.-Chemie **20** (1939), S. 237; Petrol. **35** (1939), S. 385.
7) Humboldt-Deutz, DRP. 668629.
8) H. Menth. Zeitschr. VDI **82** (1938). S. 57.

dadurch zurück, daß statt des ballastfreien Brennstoffes Benzin ein bereits mit etwa 50% Stickstoffballast beladenes Brenngas zugeführt wird. Dieser Verlust kann durch Erhöhung der Verdichtung auf 1:7 bis 1:9 weitgehend vermindert werden und die Leistung beträgt dann bei 7facher Verdichtung 77%, bei 9facher 85—90% der Normalleistung mit Benzin.

Der Brennstoffverbrauch der erwähnten Brennstoffe ist nach verschiedenen Literaturangaben für mittlere Lastwagen etwa folgender:

Holz	0,8—1,0 kg/PSh
Braunkohlenschwelkoks	0,7—0,8 »
Steinkohlenschwelkoks	0,55—0,65 »
Torfkoks	0,5—0,55 »
Holzkohle	0,4—0,45 »
Anthrazit	0,4—0,45 »

Der Wasserverbrauch liegt bei 0,3—0,6 l/kg Brennstoff.

Preisangaben je PSh sind zwecklos, da gerade die Preise dieser Brennstoffe örtlich weitgehend verschieden sind. Fast immer aber wird ein Brennstoff zu beschaffen sein, der auch bei starker Abschreibung der Anschaffungs- und Umbaukosten wirtschaftlicher arbeitet als flüssige Brennstoffe.

Als Berechtigungsnachweis für Schwelkoksverwendung bemerkt E. Rammler[1]), daß auf gleiche motorische Leistung bezogen, für synthetischen flüssigen Brennstoff die 2½fache Menge Kohle erforderlich ist als für Schwelkoks.

C. Schwelgeneratoren.

a) Die Vergasung bituminöser Brennstoffe.

Bituminöse Brennstoffe können, wie z. T. schon ausgeführt, auf verschiedene Weise vergast werden. Jeder normale Gaserzeuger ist an sich außer für Koks auch für solche Brennstoffe geeignet und er wird dann vor allem für Verwendung rohen Heißgases in möglichster Nähe der Verwendungsstelle (Öfen) erstellt und das Gas in ausgemauerten oder außen gut isolierten Rohren dahin geleitet. Der dabei anfallende Teer ist teilweise verkrackt und stark mit Kohlenstoff und Staub verunreinigt. Staub kann z. T. in einem isolierten großen Staubscheider (Beruhigungstopf) trocken abgeschieden werden. Der Teergehalt wird, soweit er sich nicht in zu langen oder zu engen Rohrleitungen absetzt, in der Feuerung mit dem Gas verbrannt. Abgesehen von dem nutzbar gemachten Teerheizwert ist bei dieser Arbeitsweise der Teer nicht viel mehr als eine unerwünschte Begleiterscheinung. Er kann aber auch durch elektrische

[1]) Feuerungstechnik **27** (1939), S. 99.

Teerscheidung (ein oder zweistufig) oder durch Teerschleudern auf dem Wege zwischen Gaserzeuger und Ofen abgeschieden werden[1]).

Will man die betrieblichen Schwierigkeiten des Heißrohgases oder der Teerabscheidung vermeiden, so kann der bituminöse Brennstoff auch schon im Gaserzeuger verkrackt werden. Dazu dienen die Doppelfeuer- oder Zweifeuergeneratoren oder die Generatoren mit fallender Vergasung (vgl. S. 85, 90).

Diese liefern ein teerfreies Gas, das wie Generatorgas gereinigt und verwendet werden kann.

Legt man dagegen Wert auf die Gewinnung des Teeres, so ist es wichtig, ihn in einer möglichst wenig verunreinigten und gut verkäuflichen Form zu gewinnen und in möglichst vollständigem Umfange. Diese Forderungen können nicht durch einen üblichen Gaserzeuger erfüllt werden, sondern nur durch einen Gaserzeuger mit Schwelaufsatz (Schwelgenerator).

b) Brennstoffe für Schwelgeneratoren.

Die Entwicklung der Schwelgeneratoren ist zeitlich und örtlich bedingt gewesen; zeitlich durch das besonders in der Kriegszeit nach 1914 gestiegene Interesse an der Urteergewinnung und örtlich nach dem Vorhandensein geeigneter Brennstoffe. Nach 1914 wurde vor allem die Steinkohlenschwelung außer anderen Arbeitsweisen auch im Schwelgenerator vielfach versucht und hat sich seitdem in Oberschlesien mit den dort greifbaren besonders geeigneten Steinkohlensorten stärker eingeführt. Immerhin zeigt die Anwendung der Generatorschwelung starke Abhängigkeit vom gleichzeitig gesicherten Absatz für Gas und Urteer. Die neuere Entwicklungsrichtung geht deshalb dahin, daß Steinkohlenschwelteer bevorzugt in Schwelöfen hergestellt wird. Über die Grundlage neuzeitlicher Steinkohlenschwelung und die diesen entsprechenden Schwelöfen wird auf den betr. Sonderabschnitt verwiesen[2]). Für Schwelgeneratoren dagegen werden neben örtlich noch vorkommender Steinkohlenverwendung meist stückige, lignitische Braunkohlen und Braunkohlenbriketts bevorzugt. Auch Torf wird bei frachtgünstiger Lage in vorgetrockneter oder gepreßter Form in Schwelgeneratoren mit wirtschaftlichem Erfolg durchgesetzt.

c) Bauarten und Betriebsweise von Schwelgeneratoren.

Der zunächst versuchte Weg, einen Schweleinsatz in den Gaserzeuger einzuhängen (Deutsche Mondgas-Ges., Lurgi-Ges.[3])), der durch die Gaswärme von außen erhitzt und von einem Teil des Gases durchströmt und

[1]) Handbuch der Gasindustrie, III, **1**, S. 92, 96.
[2]) Handbuch der Gasindustrie, VI, **2**, S. 2.
[3]) Dr. H. Winter, Taschenbuch für Gasw. u. Kok., Halle 1928, S. 435.

abgeschwelt wurde, ist zugunsten des auf den Generator aufgebauten Schwelaufsatzes verlassen worden.

Gaserzeuger mit Schwelaufsatz unterscheiden sich im Unterteil, dem eigentlichen Gaserzeuger, grundsätzlich kaum von den üblichen Gaserzeugerbauarten. Sie zeigen daher im wesentlichen die in den vorstehenden Abschnitten beschriebenen Bauarten und von den einzelnen Baufirmen entwickelten Besonderheiten hinsichtlich Drehrost, Ascheaustragung, Tauchring usw. Der Generatormantel wird, zumal bei aschearmen Brennstoffen, noch vielfach ganz ausgemauert, aber bei hohem Aschegehalt und wenn Wasserdampf nicht zur Verfügung steht, wird auch der Niederdruck-Dampfmantel (Kollergas, Lurgi u. a.) oder der Heißwassermantel (Deutz) immer mehr angewandt. Abb. 82 zeigt einen Schwelgenerator, dessen Generatormantel in Höhe der Reaktionszone als Niederdruck-Dampfkessel gebaut ist, mit aufgesetztem, ausgemauertem Schachtteil. Der Schwelaufsatz ist ein Blechzylinder, der zum Schutz des Blechmantels und zur Wärmeisolierung ausgemauert ist. Der Blechmantel bzw. die Ausmauerung ist im allgemeinen zylindrisch, doch wird letzterer auch eine nach unten schwach konisch erweiterte Form gegeben, um einwandfreies Nachsinken des Brennstoffs zu sichern (bei Braunkohle kaum erforderlich). Der Durchmesser des Schwelaufsatzes ist geringer als der Gaserzeuger-Schachtdurchmesser; in dem durch diese Verringerung gebildeten ringförmigen Generatordeckelteil befinden sich die Stochlöcher, deren Verschlüsse mit Dampf oder Windschleier geschützt sind (vgl. S. 54). Von diesen Stochlöchern aus ist der Gaserzeugerschacht gegebenenfalls leicht zu bearbeiten.

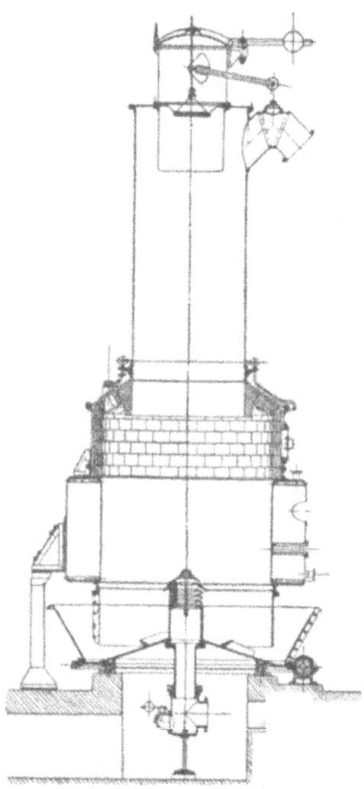

Abb. 82. Schwelgenerator.

Die Höhe des Schwelaufsatzes ist etwa die gleiche, wie die des Gaserzeugers vom Schüsselboden bis zu den Stochlöchern. Nur bei Verarbeitung sehr nasser Brennstoffe, die für ausreichende Trocknung einen längeren Sinkweg brauchen, muß der Schwelschacht u. U. höher genommen werden.

Da der Schwelschacht immer gut gefüllt sein muß, um dem Brennstoff die nötige Berührungszeit mit dem heißen Gas zu geben, und da außerdem der Schwelschachtdurchmesser verhältnismäßig gering und der Brennstoff meist grob gekörnt ist, ist die Gefahr einer Entmischung beim Füllen nicht erheblich und es erübrigt sich der Einbau eines Brennstoffverteilers. Es wird nur durch Einhängen eines nach unten verlängerten Fülltrichterzylinders für einen Gasabgang-Ringraum oben gesorgt (Abb. 82). Zum Einbringen des Brennstoffs dienen Doppelverschlüsse oder auch seitlich aufgeschobene Füllgefäße, wie bei Sauggasgeneratoren (Abb. 59, 60).

In der Betriebsweise der Schwelgeneratoren sind zwei grundsätzlich verschiedene Arbeitsweisen zu unterscheiden, die einen verschiedenen Aufbau des Generators und der Gasförder- und Reinigungsapparaturen bedingen, und zwar einerseits die Durchleitung des gesamten Vergasungsgases aus dem Generator durch den Schwelschacht, anderseits die teilweise getrennte Abführung von Generatorgas und Schwelgas.

Die erstere Anordnung, der der Schwelgenerator nach Abb. 82 entspricht, wird hauptsächlich für Braunkohlen und Braunkohlenbriketts sowie für Torf verwendet. Infolge des hohen Wassergehaltes dieser Brennstoffe und infolge des nicht allzu hohen Reinkohlegehaltes wird die Temperatur des Gases im Schwelschacht kaum so hoch gesteigert, daß eine Zersetzung des Urteers erfolgen kann. Bei etwa 550° werden bereits hochwertige Kohlenwasserstoffe unter Abscheidung von Ruß und Naphthalin zerschlagen. Die Gasabgangstemperaturen des Schwelschachtes kommen selbst bei verhältnismäßig wasserarmen Briketts mit 15% Wassergehalt kaum über 150—180°, bei starker Belastung, also reichlichem Gasdurchgang, auch bis 250°; Temperaturen über 500° sind also bei diesem Material in der Schwelzone nicht zu erwarten.

Schwelgeneratoren dieser Bauart werden wie andere Generatoren mit Windgebläse betrieben, dessen Leistung nach der Gasmenge oder auch nach der Gasaustrittstemperatur geregelt wird. Das abziehende Generatorgas-Schwelgas-Gemisch wird gekühlt und entteert. Die Entteerung erfolgt durch Teerscheider, Teerschleuderwäscher oder ein- bis zweistufige Elektroteerscheidung. Die Kühlung in Röhrenkühlern wird je nach den Betriebsverhältnissen vor, zwischen oder nach der Teerscheidung angeordnet.

Wird im Schwelgenerator Steinkohle verarbeitet, so ist einerseits der Wasserdampfanfall viel geringer, anderseits ist das Mengenverhältnis der Schweldämpfe zu dem bei der Vergasung des Koksrestes entstehenden Generatorgas sehr nach dem letzteren verschoben, so daß bei völliger Durchleitung dieses Gases durch den Schwelschacht dieser zu heiß gehen würde. Ebenso kann u. U. bei Betrieb mit vorgetrockneter Braunkohle der gleiche Fall eintreten. In diesem Falle muß der Schwelaufsatz von einem Teil des Generatorgases entlastet werden. Das Schwelgas zieht dann nur mit einem Teil des Schwachgases gemischt oben am Schwelschacht in der vorbeschriebenen Form ab und wird ebenso durch die Kühlung und Teerscheidung geleitet. Das für die Schwelung nicht erforderliche Generatorgas wird getrennt abgeführt, aus dem Ringraum, der sich unterhalb des Schwelzylinders im Generatorunterteil durch den Schüttkegel zwischen Gaserzeuger und Schwelaufsatz bildet (Abb. 83). Für dieses Generatorgas ist eine getrennte Kühlung und Staubreinigung vorhanden, in den bei Schwachgaserzeugern üblichen Anordnungen (vgl. S. 63). Während für den Schwelgenerator mit nur einem Abgang das Windgebläse als Mengengeber genügt und ein auf der Gasabgangseite eingesetzter Teerschleuderwäscher nicht als Gasfördermittel notwendig ist, muß bei doppeltem Gasabgang die Belastung der beiden Gaswege nebeneinander abgestimmt werden. Beide Gaswege, Schwel-Schwachgas-Gemisch und Schwachgas, vereinigen sich hinter ihren Reinigungsanlagen als Mischgas. Die Mengenregelung

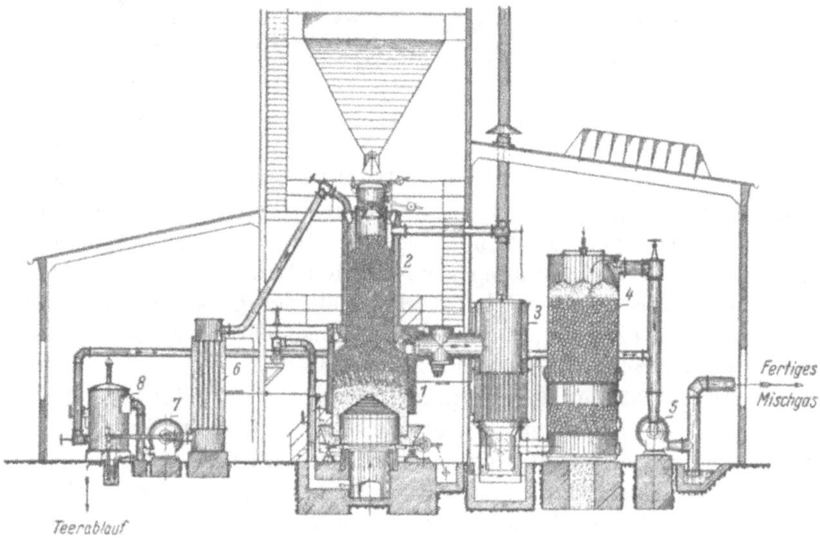

Abb. 83. Schwelgeneratoranlage mit geteiltem Gasabgang.
1 Generator 2 Schwelschacht 3 Verdampfer 4 Skrubber 5 Mischgebläse 6 Röhrenkühler 7 Schwelgasgebläse 8 Teerscheider

kann nun so erfolgen, daß das Schwelgas durch einen geregelten Sauger weggeholt und dem durch den Generatorwinddruck weggeförderten Schwachgas zugebracht wird, oder Schwelgas und Schwachgas erhalten je einen Gassauger, oder es kann auch ein Gassauger hinter der Vereinigungsstelle beider Gase stehen (Abb. 83), außer dem beibehaltenen Schwelgasgebläse.

Wird schwefelwasserstoffreies Reingas für einen Verwendungszweck gebraucht, so kann in die Schwelgas- oder Mischgasleitung eine Reinigungsmasseapparatur eingeschaltet werden.

Die Gasbeschaffenheit des Schwelgeneratorgases unterscheidet sich von dem aus Braunkohlengeneratoren gewonnenen (Zahlentafel 2, S. 24) durch etwas höheren Gehalt an Methan und schweren Kohlenwasserstoffen, ferner durch mehr Kohlensäure, dafür aber weniger Stickstoff. Der Heizwert (H_u) liegt durch die höherwertigen Kohlenwasserstoffe bei 1600—1700 kcal/m³.

Bei Braunkohlengasen und bei Schwelgeneratorgasen ist das anfallende Schwelwasser eine störende Begleiterscheinung, da es wegen seines Gehaltes an Phenolen und anderen störenden organischen Verbindungen im allgemeinen nicht in die Kanalisation oder Flüsse abgeleitet werden darf. Es sind deshalb verschiedene Wege versucht worden, das anfallende Schwelwasser zu vernichten.

Bei dem in Abb. 15 (S. 34) gezeigten Gaserzeuger wurde das Schwelwasser in dem korbartigen Seitenrost zur Kühlung und zur Schwadenerzeugung für die Unterwindsättigung verwendet.

Das einfache Verdampfen des Schwelwassers ist schwierig, da es leicht schäumt und Krusten bildet, die dann den Wärmeübergang hindern. In einer Einrichtung von Poetter[1]) zur Beseitigung von Gaswasser wird das vorgewärmte Schwelwasser in den überhitzten Unterwindstrom eingenebelt und dadurch so schnell verdampft, daß die genannten störenden Erscheinungen nicht auftreten. Das Dampfluftgemisch tritt noch überhitzt in den Generator. Den Kosten der Winderhitzung steht ein Gewinn durch Verbesserung der Gasbeschaffenheit gegenüber, abgesehen von dem Vorteil der vollständigen Vernichtung des anfallenden Schwelwassers.

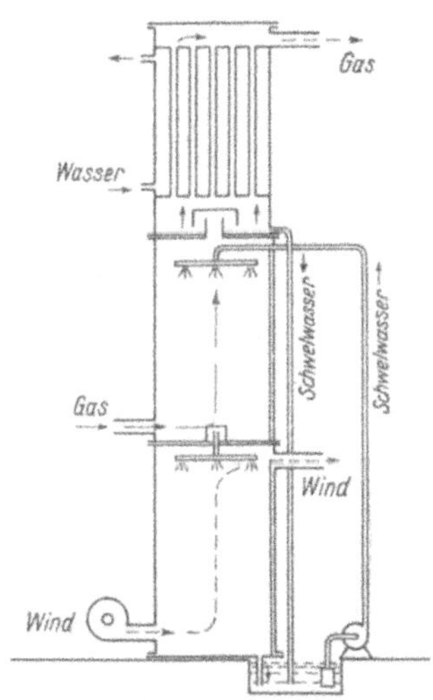

Abb. 84. Schwelwasservernichtung.

Andere Verfahren zur Schwelwasservernichtung (Kollergas, Lurgi) verwenden einen dreiteiligen Kühlersättiger (Abb. 84), in dem oben ein Gas-Wasserröhrenkühler, in der Mitte ein Gas-Rieselkühler, unten ein Windsättiger eingebaut ist. Das von einem Elektroteerscheider kommende heiße Gas tritt in den in der Mitte befindlichen Rieselkühler ein, der mit Schwelwasser aus der oberen Kühlstufe berieselt wird. Dieses Rieselwasser wird dadurch so erhitzt, daß es beim unmittelbar anschließenden Verrieseln in der untersten Kammer den dort durchgeleiteten Generatorunterwind sättigt. Das in der mittleren Kammer durch die Berieselung vorgekühlte Gas geht zur weiteren Kühlung nach oben durch den Wasserröhrenkühler, das Schwelwasserkondensat der oberen Kühlstufe sammelt sich mit etwaigem Überschuß aus der Windsättigungsstufe im

[1]) Poetter, DRP. 641369.

Sammelbehälter der Schwelwasserpumpe. Abb. 84 zeigt diese Arbeitsweise schematisch, sie wird je nach Betriebsverhältnissen in geeigneter Form angeordnet.

Deutz-Anlagen erwärmen das Schwelwasser durch Überschußdampf vom Generator auf ca. 80° und beregnen mit diesem Heißwasser einen Windsättiger, dem der Wind ebenfalls durch Überschußdampf vorerhitzt zugeführt wird.

D. Generatoren für Wassergas.

1. Wassergas.

a) Geschichtliches.

Daß durch Einwirken von Wasserdampf auf glühenden Kohlenstoff ein brennbares Gas entsteht, wurde schon von Fontana (1781) und von Lavoisier (1783) berichtet[1]. In technischem Maßstabe wurde es erstmalig nach 1870 von Lowe hergestellt[2] und in der Folgezeit in der Industrie zum Schweißen und Heizen angewandt.

In der Gasindustrie führten sich zunächst Anlagen für karburiertes Wassergas ein, weil sie gegenüber Ofenanlagen verhältnismäßig schnell betriebsbereit waren und sich daher besonders zur Spitzendeckung bei sehr ungleichmäßiger Gasabgabe eigneten, ferner weil sie ein gut leuchtendes Gas lieferten.

Die Blauwassergaserzeugung erreichte erst Bedeutung, als durch Einführung der Krummhübeler Richtlinien für die Gasbeschaffenheit[3] ein Gas mit verringertem Heizwert und geringem Gehalt an inerten Bestandteilen gefordert wurde. Dieses war mit Wassergaszusatz besser zu erreichen, als mit dem sonst üblichen Zusatz von Generatorgas oder Ansaugen von Rauchgas.

b) Chemische und Physikalische Vorgänge der Wassergaserzeugung.

Wie schon bei der Generatorgaserzeugung (Halbwassergasprozeß) ausgeführt wurde (S. 8), erfolgt die Wassergasumsetzung nach der Gleichung:

$$C + H_2O = CO + H_2 - 1267 \text{ kcal} \quad \ldots\ldots \quad (4)$$

als primärem Vorgang und nach dem Wassergasgleichgewicht,

$$CO + H_2O \rightleftarrows CO_2 + H_2 + 464 \text{ kcal} \quad \ldots\ldots\ldots \quad (5)$$

sekundär oder gleichzeitig. Die frühere Annahme, daß bei niederer Temperatur auch die Umsetzung

$$C + 2\,H_2O = CO_2 + 2\,H_2 - 803 \text{ kcal} \quad (6)$$

[1]) P. Dolch, Gas- u. Wasserfach **79** (1938), S. 799.

[2]) B. Neumann, Chem. Technologie, Leipzig 1912.

[3]) Gas- u. Wasserfach **64** (1921), S. 424; **68** (1925), S. 609.

primär auftrete, gilt nach eingehenden Versuchen von P. Dolch[1]) und anderen nicht mehr.

Das Wassergasgleichgewicht (5) ist, wie das Generatorgasgleichgewicht, eine umkehrbare Reaktion. Ist die Temperatur im Brennstoffbett durch genügendes Heißblasen oder sonstiges Erhitzen sehr hoch, also reichlicher Wärmevorrat vorhanden, so überwiegt nach thermodynamischen Grundsätzen die wärmeverbrauchende Umsetzung von rechts nach links, also Bildung eines CO-reichen Gases. Mit abfallender Generatortemperatur während des Gasens kehrt die Umsetzung schließlich von links nach rechts um und gibt ein kohlensäurereiches Gas. Es muß betont werden, daß diese Wassergas-Gleichgewichtsreaktion eine Umsetzung in der reinen Gasphase ist, ohne Beteiligung des festen Brennstoffs; neben dieser Reaktion geht die Wassergasbildung nach (4) an der Brennstoffschüttung ständig weiter.

Die theoretische Zusammensetzung des stickstoff-freien Wassergases im Gleichgewicht bei den verschiedenen Temperaturen gibt Zahlentafel 5[2]). Die Gleichgewichtskonstante der Umsetzung,

$$k = \frac{[CO] \cdot [H_2O]}{[CO_2] \cdot [H_2]}$$

ist ebenfalls beigefügt[3]).

Zahlentafel 5.

Theoretische Wassergaszusammensetzung im Gleichgewicht (Vol.-%, bezogen auf trockenes Gas).

Temperatur	CO_2	CO	H_2	Gleichgewichts-Konstante
1200°	—	50,0	50,0	1,972
1000	0,3	49,5	50,2	1,617
800	2,6	46,1	51,3	0,966
600	20,3	19,2	60,5	0,372
400	33,1	0,2	66,6	—

Diese Gleichgewichte werden bei der hinsichtlich Temperatur und Dampfgeschwindigkeit betriebsüblichen Arbeitsweise der Koks-Wassergasgeneratoren nicht erreicht, wie durch die Versuche von W. Horak[4]) und von F. W. Herbordt[5]) bestätigt wurde. P. Dolch stellte ebenfalls fest[6]), daß Steinkohlen-Hochtemperaturkoks infolge seiner relativen Reaktionsträgheit zunächst nach (4) keine vollständige Dampfumsetzung erreicht,

[1]) P. Dolch, Gas- u. Wasserfach **75** (1932), S. 807, 975. — »Wassergas«, Leipzig 1936.

[2]) W. J. Müller u. E. Graf, Brennstoffchem. **20** (1939), S. 244.

[3]) Gaskursus, München 1927, S. 90.

[4]) W. J. Müller u. E. Graf, Brennstoffchem. **20** (1939), S. 241.

[5]) F. W. Herbordt, D. Licht- u. Wasserf.-Ztg. **31** (1937), S. 183.

[6]) P. Dolch, Gas- u. Wasserfach **75** (1932), S. 807.

daß aber daneben trotz dadurch bedingtem Dampfüberschuß das Wassergasgleichgewicht (5) nicht völlig eintritt. Dagegen erreichte P. Dolch bei Verwendung von Braunkohlen-Schwelkoks das Wassergasgleichgewicht nahezu vollständig. Auch E. Terres fand[1]) bei vergleichender Untersuchung verschiedener Verkokungsprodukte bei verschiedenen Temperaturen, daß für die reaktionsfähigeren Kokse mit steigender Temperatur die Annäherung an das Wassergasgleichgewicht steigt.

Die Tatsache, daß der Stand des Gleichgewichtes temperaturabhängig ist, ist wichtig für verschiedene Sonderprozesse, bei denen ein mehr H_2 oder CO_2 enthaltendes Gas erwünscht ist, z. B. für einige Synthesen.

Für die übliche technische Wassergaserzeugung ergibt sich aber die Notwendigkeit, die Aufheizung der Brennstoffsäule vor dem Gasen so weit zu treiben, daß mindestens Temperaturen von 1000° überschritten sind, bevor der Wasserdampf zugeleitet wird.

Diese Aufheizung erfolgt, abgesehen von Sonderfällen der ununterbrochenen Beheizung, auf die gesondert zurückzukommen ist, im allgemeinen durch das mit den Gaseperioden wechselnde Heißblasen im sog. Wechselbetrieb.

Der Vorgang des Heißblasens vollzieht sich grundsätzlich nach den früher erwähnten (S. 8) Regeln der Generatorgasbildung (Luftgas) der Oxydation des Kohlenstoffs zu CO_2 bzw. CO:

$$C + O_2 = CO_2 + 4337 \text{ kcal} \qquad (1)$$

$$C + \tfrac{1}{2} O_2 = CO + 1303 \text{ kcal} \qquad (2)$$

und nach dem Generatorgasgleichgewicht

$$C + CO_2 \rightleftharpoons 2\,CO + 464 \text{ kcal} \;.\;.\;.\;.\;.\;.\;. \qquad (3)$$

Der Prozeß verläuft allerdings anders, als etwa in dem ebenfalls mit Luft betriebenen, aber ständig gleichmäßig geblasenen Abstichgenerator, dessen Gas sich etwa auf den der durchschnittlichen Brennstofftemperatur und Luftzufuhr entsprechenden Gleichgewichtszustand einstellt. Es wird beim Heißblasen vielmehr mit großer Strömungsgeschwindigkeit, also großer Luftmenge, auf möglichst vollständige Verbrennung von Koks nach (1) unter größtmöglicher Wärmeentwicklung gearbeitet. Die Strömungsgeschwindigkeit darf allerdings nicht beliebig gesteigert werden, weil neben etwas mehr CO_2-Erzeugung zugleich der Wärmeverlust durch vergrößertes Abgasvolumen steigen würde. Die üblichen günstigsten Blasegeschwindigkeiten sind deshalb versuchsmäßig als wärmetechnisch beste Werte festgestellt[2]). Mit Zunahme der Temperatur der Kokssäule nimmt, wie früher ausgeführt (S. 8), die Reaktionsgeschwindigkeit des Generatorgasgleichgewichtes (3) von links nach

[1]) E. Terres u. Mitarb., Gas- u. Wasserfach **77** (1934), S. 585, 705.

[2]) W. J. Müller u. E. Graf, Brennstoffchem. **20** (1939), S. 245.

rechts zu und der CO-Gehalt des Blasegases steigt, führt also zu Wärme- und Brennstoffverlusten, wenn die Blasedauer zu lang gewählt wird, d. h. der Wirkungsgrad des Heißblasens wird mit steigender Temperatur immer schlechter. Hohe Reaktionsfähigkeit des Kokses, die für die Wassergasbildung an sich erwünscht ist, wirkt also beim Blasen infolge zu rascher Temperatursteigerung weniger günstig.

Die Blasedauer bzw. das Verhältnis von Blasezeit zu Gasezeit ist im Laufe der Wassergaspraxis sehr verschieden gehandhabt worden. Hauptsächlich zu unterscheiden sind 3 Arbeitsweisen[1]):

Das älteste Verfahren war das der Europäischen Wassergasgesellschaft. Es arbeitete mit geringer Windgeschwindigkeit, daher langer Blasedauer von 15 bis 20 min, dagegen mit verhältnismäßig kurzer Gasezeit von 4 bis 6 min; letztere Kurzdauer war begründet in hoher Dampfgeschwindigkeit, durch die der Kohlensäureanstieg sehr beschleunigt wurde.

Gegenüber diesem wenig produktiven Zeitverhältnis verwandte das Dellwick-Fleischer-Verfahren beim Blasen hohe Windgeschwindigkeit und dementsprechend kürzere Blasezeiten von nur 3 bis 4 min und eine lange Gasezeit von 12 bis 17 min mit geringer Dampfgeschwindigkeit. Letztere war notwendig, weil die kurze Blasezeit keine sehr hohe Generatortemperatur erreichte.

Zwischen diesen beiden Extremen fand Strache auf Grund eingehender Berechnungen und Betriebsversuche einen Mittelweg. Diese in neuerer Zeit meist übliche Arbeitsweise verkürzt die Blasezeit bei starker Windgeschwindigkeit auf 1—2 min und die Gasezeit auf 2 bis 5 min. Das Verhältnis Blasezeit zu Gasezeit beträgt meist 1:3 bis 1:4. Der Vorteil dieser Arbeitsweise liegt darin, daß sowohl die Erzeugungsmenge in der Zeiteinheit, wie auch die Gasausbeute auf den Brennstoffdurchsatz bezogen, besser sind, als bei den älteren Verfahren. Trotzdem weichen die in verschiedenen neuzeitlichen Anlagen anzutreffenden Periodenzeiten noch wesentlich voneinander ab, begründet durch Reaktionsfähigkeit und Körnung des Kokses, Größe und Belastung bzw. tägliche Betriebszeit der Anlage, Dampfdruck und Dampfgeschwindigkeit, Betriebsüberwachung und andere örtlich verschiedene Einflüsse.

Als grundlegende Arbeiten über Theorie und Praxis der Wassergaserzeugung, die noch heute größtenteils Gültigkeit haben, sind die Mitteilungen von R. Geipert[2]) und H. Strache[3]) zu nennen.

Ein Rechnungsbeispiel des »Gaskursus«[4]), das von einem üblichen Wassergas mit 5% CO_2, 40% CO, 50% H_2, 0,5% CH_4 und 4,5% N_2 ausgeht, sowie ein Blasegas mit durchschnittlich 12% CO_2 und 14,8%

[1]) P. Dolch, Wassergas, Leipzig 1936.
[2]) R. Geipert, Gas- u. Wasserfach **65** (1922), S. 441, 457.
[3]) Strache, Gas- u. Wasserfach **65** (1922), S. 697.
[4]) K. Bunte u. A. Schneider, Zum Gaskursus, München 1929, S. 94.

CO annimmt, kommt zu folgendem Ergebnis der Kohlenstoffverteilung auf die Einzelfunktionen des Wassergasprozesses, auf 1000 m³ Erzeugung bezogen:

C-Gehalt des Wassergases	24,3	kg C =	41,2%
Aufwand für die Wärmetönung des Wassergasprozesses	9,85	» » =	16,7%
Aufwand zur Deckung des Wärmeinhaltes des Wassergases	6,85	» » =	11,6%
Aufwand zur Deckung des Wärmeinhaltes des unzersetzten Wasserdampfes	0,8	» » =	1,3%
Aufwand zur Deckung des Wärmeinhaltes der Blasegase	17,2	» » =	29,2%
	59,0	kg C =	100%

Einschließlich des C-Verlustes in der Schlacke und eines Betrages für Strahlung und Leitung wird für die vorgenannten Betriebsbedingungen ein C-Verbrauch von 0,63 kg/m³ Wassergas angenommen, oder von einem Koks mit 85—87% Reinkoks etwa 0,73 kg Rohkoks je m³. — Das Verhältnis Blasegas zu Wassergas stellt sich auf etwa 1,5 m³ Blasegas für 1 m³ Wassergas. — P. Dolch[1]) gibt das C-Verhältnis des Blasegases zu dem des Wassergases mit 114:100 an.

Sehr eingehende und vielseitige Berechnungen über die Erzeugung eines Wassergases mit ebenfalls 5% CO_2, 40% CO, 50% H_2 und 5% N_2 nebst Blasegas von im Mittel 10% CO_2 und 18% CO geben W. J. Müller und E. Graf[2]) mit folgenden Ergebnissen: Auf 1 m³ trockenes Wassergas werden 1,9 m³ Blasegas aus 1,73 m³ Vergasungsluft erzeugt. — Der Reinkoksverbrauch, für das Blasen mit 0,25 kg/m³ Wassergas berechnet und für das Gasen mit 0,3 kg/m³, gibt einen Rohkoksverbrauch von 0,65 kg/m³ oder eine Wassergaserzeugung von 1,5 bis 1,6 m³/kg Rohkoks. — Bei den hierfür angenommenen Arbeitsbedingungen (3 m Generator-Dmr., Erzeugung 4000 m³/h in etwa 15 Gängen je h, Koks-Schüttgewicht 0,6 t/m³, 1 m wirksame Schütthöhe) werden folgende Einzelheiten errechnet:

Sekundliche Windmenge .	5,8 Nm³			
Sekundliche Blasegaserzeugung	6,4 »	bzw. 32	m³ bei 1100°	im Generator
Sekundliche Wassergaserzeugung	1,7 »	» 8,5	» » 1100°	» »

mittlere Strömungsgeschwindigkeit im Generator, auf freien Raum zwischen der Koksfüllung und auf Generatortemperatur von etwa 1100° bezogen,

für Blasegas 8 m/s, für Wassergas 2,1 m/s.

1) P. Dolch, Wassergas, Leipzig 1936.
2) W. J. Müller u. E. Graf, Brennstoffchem. **20** (1939), S. 244.

Auch andere Veröffentlichungen, z. B. R. Geipert[1]), rechnen mit 0,6 kg gesamtem Koksverbrauch je m³ Wassergas und ähnlichen Werten.

Über den Dampfverbrauch sind die Angaben verschieden. Als theoretischer Bedarf für ein Wassergas üblicher Zusammensetzung werden 0,38—0,42 kg/m³ genannt. W. Fitz gibt[2]) als praktischen Verbrauch 0,55 kg/m³, andere Feststellungen[3]) [4]) liegen bei 0,7—0,72 kg/m³ Wassergas; letztere Werte entsprechen einer 55—60proz. Dampfumsetzung.

Die Wirkungsgrade des Heißblasens und Gasens liegen entgegengesetzt gerichtet; der des Heißblasens nimmt, wie oben erwähnt, mit steigender Temperatur ab und beträgt[5])

bei	650°	ca.	95%
»	900°	»	40%
»	1700°	»	0%

Der Wirkungsgrad des Gasens dagegen nimmt mit steigender Temperatur zu, allerdings bei Temperaturen über 1000° geht er infolge des zunehmenden Abhitzeverlustes wieder etwas zurück.

Der Gesamtwirkungsgrad ergibt sich aus der Summe der beiden vorgenannten Wirkungsgrade und zeigt einen Bestwert von 73% bei 800—900°. Dieser Bestwert kann aber nicht allein maßgebend sein für die Arbeitsweise, denn wenn mit 800—900° Generatortemperatur gearbeitet würde, würde der Nutzeffekt des Gasens zu schnell nach rückwärts abfallen. Abb. 85 zeigt den Verlauf dieser Wirkungsgrade in Abhängigkeit von Temperatur und CO_2-Gehalt der Abgase[6]). Der Gesamtwirkungsgrad der üblichen Wassergaserzeugung bei 1000° liegt um 60 bis 50%.

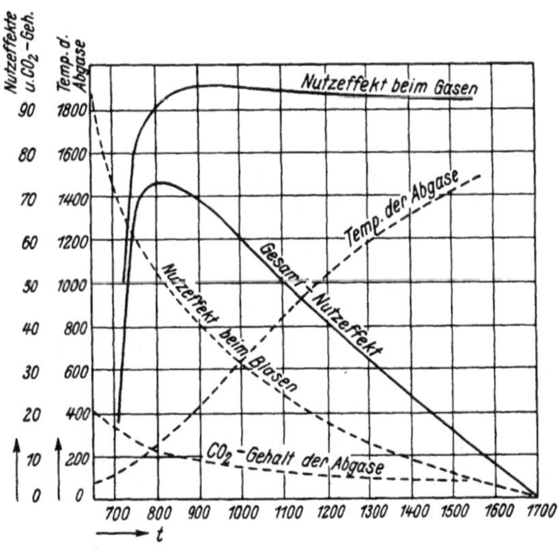

Abb. 85. Abhängigkeit der Nutzeffekte der Wassergaserzeugung von der Generatortemperatur.

---

[1]) R. Geipert, Gas- u. Wasserfach **65** (1922), S. 441.
[2]) H. Winter, Taschenbuch f. Gasw. u. Kok., Halle 1928, S. 116.
[3]) F. Wehrmann, Gas- u. Wasserfach **70** (1927), S. 1104.
[4]) H. Entner, Gas- u. Wasserfach **75** (1932), S. 453.
[5]) R. Geipert, Gas- u. Wasserfach **65** (1922), S. 441.
[6]) H. Strache, Gas- u. Wasserfach **65** (1922), S. 697.

Die aus vorerwähnten chemischen und physikalischen Grundlagen folgende betriebsmäßige Arbeitsweise weist Verschiedenheiten auf bei der Arbeit im Wechselbetrieb oder ununterbrochenem Betrieb, handbedient oder automatisch, mit und ohne Karburierung. Deshalb ist auf diese Maßnahmen und Unterschiede bei Beschreibung der einzelnen Verfahren zurückzukommen.

c) Brennstoffe für Wassergaserzeugung.

Der meistgebrauchte Brennstoff für Wassergasanlagen ist Steinkohlen-Hochtemperaturkoks. Allerdings ist nicht jeder Koks gleich geeignet. Zu weicher, klüftiger Gaskoks ist wegen des zusätzlichen Zerfalls beim Einfüllen und beim Durchgang durch den Generator physikalisch ungeeignet. Zu harter Gießereikoks ist für die im Wassergasgenerator in Frage kommende Durchlaufzeit durch die Brennstoffschichthöhe zu wenig reaktionsfähig; er verläßt den Generator halbverbraucht und ergibt dadurch hohen Koksverlust in der Schlacke. Ein dichter Koks aus Gemischen von Gas- und Fettkohle ist besonders geeignet, da er sowohl genügend standfest wie genügend reaktionsfähig ist.

Zur Erreichung der notwendigen Strömungsgeschwindigkeit wird möglichst grobstückiger Koks verlangt. Die Sortierungen über 90 mm oder 60/90 mm werden daher meist angewandt, aber auch in Mischung mit 40/60 mm oder mit letzterer Körnung allein ergeben sich noch keine Schwierigkeiten. Darüber hinaus wurde betriebsmäßig erwiesen, daß auch Nußkoks 20/40 in etwas angepaßter Arbeitsweise für Wassergaserzeugung brauchbar ist[1]). Die dichtere Lage dieses Brennstoffs erfordert, infolge der Durchgangshemmung für den Wind, eine Verkürzung von Blase- und Gasezeit. Wassergaserzeugung aus Kleinkoks 10/20 mm ist aber nicht möglich, da der Wind sich zu schlecht verteilt und örtlich zu stark verschlackend wirkt.

Außer Hochtemperaturkoks sind natürlich auch sonstige Brennstoffe für Wassergaserzeugung versucht worden. Größere Reaktionsfähigkeit verlangt sehr vorsichtiges Heißblasen. Bituminöse Brennstoffe kommen für den üblichen Wassergasgenerator nicht in Frage, da der Teergehalt größtenteils beim Blasen vernichtet würde, nur in Verbindung mit Spülgasschwelung werden auch Braunkohlen, Braunkohlenbriketts und Torf für Wassergaserzeugung verwendet.

Über vielseitige amerikanische Versuche, Steinkohlen unmittelbar im üblichen Wassergaserzeuger zu vergasen, berichtete Fulweiler auf der Weltkraftkonferenz in Pittsburgh 1926[2]). Sie zeigten ähnliche Schwierigkeiten, wie sie hier in den Anfängen der Doppelgaserzeugung auftraten, insbesondere zu hohen Blasegasverlust und verringerte Durch-

---

[1]) F. Wehrmann, Licht u. Wasser (1937), S. 133.

[2]) J. Gwosdz, Gas- u. Wasserfach **71** (1928) S. 1233.

satzleistung wegen erschwerten Winddurchgangs. Die Bauarten, die schließlich mit einigem Erfolg arbeiteten, entsprechen unseren Doppelgasanlagen[1]), nicht einem eigentlichen Wassergaserzeuger.

Sonst aber sind vor allem sämtliche Verkokungsprodukte geeignet. Als Reihenfolge der Reaktionsfähigkeit ermittelten K. Bunte und A. Gießen[2]): Grude naß gelöscht, Holzkohle, Grude trocken gekühlt, Halbkoks, Gaskoks naß gelöscht, Gaskoks trocken gekühlt, Zechenkoks. Ähnlich fanden E. Terres und Mitarbeiter[3]): Braunkohlenhalbkoks, Holzkohle, Steinkohlenhalbkoks, Steinkohlenkoks, Ruß, Graphit.

Nach Versuchen von B. Neumann, C. Kröger und E. Fingas[4]) ist auch der Aschegehalt der Kokse nicht ohne Einfluß und wirkt öfter katalytisch umsatzfördernd. Zusatz von Eisenoxyd steigerte den Wassergasumsatz auffallend. Diese Untersuchungen wurden erweitert und fortgesetzt von C. Kröger und Mitarbeitern[5]) durch vergleichende Zusätze von Alkalikarbonaten und Metalloxyden der 1., 2. und 8. Gruppe des periodischen Systems. Weiter gingen Kröger und H. Knothe[6]) den Ursachen der katalytischen Reaktionsbeschleunigung nach; sie untersuchten die Wasserdampfumsetzung einerseits an aschearmen Kohlenstoffsubstanzen, denen die Asche durch HCl-Extraktion größtenteils entzogen war, anderseits versetzten sie diese Brennstoffe mit ausgewählten Mengen Alkali sowie Zusätzen von Oxyden des Lithiums, Kobalts, Silbers u. a. m. Abb. 86 zeigt die Ergebnisse. Kurven **1**, **2**, **3**, **4** kennzeichnen die Reaktionen mit Wasserdampf bei den aschearmen Brennstoffen, wobei diese auch die schon früher erwähnte Reaktionsfähigkeitsfolge zeigen: Graphit, Steinkohlenschwelkoks, Braunkohlenschwelkoks, Holzkohle. Mit Zusatz von 8% Alkali steigt die Reaktion der Kurve **1** (Graphit) auf die Höhe der Kurve **5**, die des Braunkohlenschwelkokses von 3 auf 6. Der Reaktionsverlauf des nicht entaschten Braunkohlenschwelkokses in Kurve 7 liegt dem aschearmen, aktivierten sehr nahe, so daß der natür-

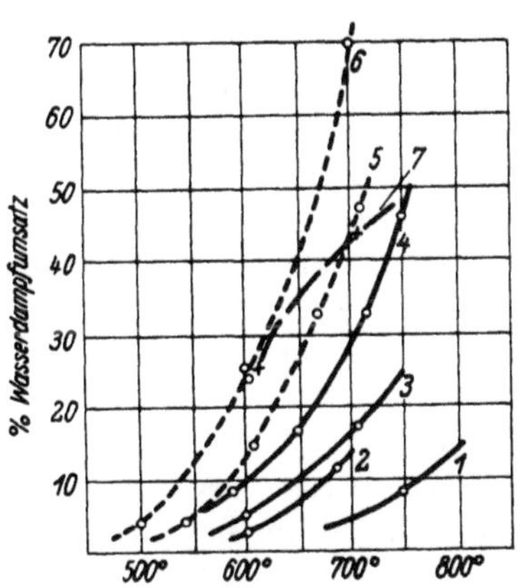

Abb. 86. Wassergasbildung an aschearmen und aktivierten C-Substanzen.
1 Grafit 0,4 % Asche
2 Steinkohlenschwelkoks 5,4 % Asche
3 Braunkohlenschwelkoks 2,4 % Asche
4 Holzkohle 1,1 % Asche
5 Grafit (*1*) 8 % KNaO
6 Braunkohlenschwelkoks (*3*) 8 % K_2O
7 aschehaltiger Braunkohlenschwelkoks

[1]) Handbuch der Gasindustrie II, 3.

[2]) K. Bunte u. A. Gießen, Gas- u. Wasserfach **71** (1930), S. 241.

[3]) Gas- u. Wasserfach **75** (1934), S. 705.

[4]) Gas- u. Wasserfach **72** (1931), S. 565.

[5]) Brennstoffchem. **19** (1938), S. 157, 257; Ztschrft. f. Elektrochem. **44** (1938), S. 524.

[6]) Brennstoffchem. **20** (1939), S. 373, 383.

lichen Asche infolge ihres Pottasche- und Kalkgehaltes eine stark aktivierende Wirkung zuzuerkennen ist. Weitere Versuche mit Metalloxydzusätzen ergaben bei Braunkohlenschwelkoks keine wesentliche Aufbesserung gegenüber alleinigem Alkalizusatz.

Betriebsmäßige Versuche mit reaktionsfähigeren Koksen, insbesondere mit feststückigem Steinkohlenschwelkoks in einer automatischen Großwassergasanlage berichtet G. Wilke[1]). Die Blasezeit mußte verkürzt werden und der Windbedarf war etwas geringer, auch wegen des geringeren Schüttgewichtes der Brennstoffüllung, der Schwelkoksverbrauch mit 0,535 kg/m^3 geringer als bei Hochtemperaturkoks; die Vergasung brachte große Dampferzeugung bei relativ geringem Dampfverbrauch, also hohen Dampfüberschuß.

A. Jäppelt und A. Steinmann[2]) führten an einem außenbeheizten kontinuierlichen Röhrengenerator (vgl. S. 181) Vergleichsvergasungen von Hochtemperaturkoks und Spülgasschwelkoks von Stein- und Braunkohlen durch und stellten eine in der vorgenannten Reihenfolge steigende Vergasbarkeit (Gasausbeute und Vergasungswirkungsgrad) fest.

Auch R. E. Brewer und L. H. Reyerson[3]) beobachteten bei Vergasung von Schwelkoksen und Koksen junger Steinkohlen mit überhitztem Wasserdampf bei relativ niederer Temperaturlage und kurzer Berührungszeit hohe Gasausbeute und hohen Dampfüberschuß.

H. Leider weist darauf hin[4]), daß für die Wassergaserzeugung sich vor allem auch Steinkohlenschwelbriketts aus aschereicheren Kohlen eignen, die ihrerseits für andere Verwendungszwecke nicht herangezogen werden können. Betriebsversuche im Gaswerk Mariendorf ergaben eine Wassergaserzeugung, die in allen Betriebszahlen der Erzeugung aus Hochtemperaturkoks sehr ähnlich war, in den meisten höher lag. Der Durchsatz des Generators (2,2 m Dmr.) betrug bei Schwelkoks 234 kg/m^2/h, gegenüber 218 kg/m^2/h bei Hochtemperaturkoks.

E. Terres[5]) erwähnt die bessere Reaktionsfähigkeit bereits bei Steinkohlenkoks, der bei niedrigerer Temperatur entgast worden war (Mitteltemperaturkoks); von Stein- und Braunkohlenhalbkoksen gibt er an, daß sie sich in ihrem Verhalten den entsprechenden Kohlen eng anschließen, aber z. T. störende Nebenreaktionen durch Kohlenwasserstoffreste zeigen.

Trotz dieser verschiedenen Vorteile dürfte für die allgemeintechnische Wassergaserzeugung doch der Hochtemperaturkoks vorwiegend in Gebrauch bleiben, vor allem auch des Preises wegen. Dagegen sind die reaktionsfähigeren Kokse besonders geeignet für Sauggasanlagen oder

---

[1]) Techn. Mitt. Krupp 1937, S. 2; Brennstoffchem. **18** (1937), S. 366.
[2]) A. Jäppelt u. A. Steinmann, Gas- u. Wasserfach **80** (1937), S. 346.
[3]) R. E. Brewer u. L. H. Reyerson, Ind. Engg. Chem. **26** (1934), S. 1002.
[4]) H. Leider, Feuerungstechn. **27** (1939), S. 335.
[5]) E. Terres, Gas- u. Wasserfach **77** (1934), S. 585.

für verschiedene Sonderprozesse oder für Betriebe, in denen sie nach der Erzeugung sofort weiterverarbeitet werden können (Syntheseanlagen).

Ein Sonderfall der Wassergaserzeugung ist die unmittelbare Vergasung einer Emulsion von Mineralöl und Wasser unter Verwendung einer Kontaktmasse[1]).

d) Gasbeschaffenheit.

Blaues Wassergas aus Koks (Hochtemperaturkoks) hat im allgemeinen die Zusammensetzung von

4,3— 5,0%	CO_2
0— 0,2%	O_2
39,5—40,0%	CO
45,0—51,0%	H_2
0,5— 1,0%	CH_4
4,0— 9,0%	N_2

Das Dichteverhältnis (Luft = 1) beträgt 0,5—0,55, das Raumgewicht 0,69—0,7 kg/Nm³, der obere Heizwert 2700—2800 kcal/m³, der untere 2450—2600 kcal/m³. Der Luftbedarf zur vollständigen Verbrennung ist mit der 2,2fachen Menge wesentlich geringer als bei Kohlengas. Das Wassergas verbrennt infolge einer hohen Zündgeschwindigkeit mit sehr straffer, kleiner Flamme, deren Flammentemperatur trotz des geringeren Heizwertes bei dem kleinen Flammenvolumen höher ist als die aus heizwertreicheren, aber mit 4—5fachem Luftbedarf und entsprechend größerem Flammenvolumen verbrennenden Kohlengasen. Die theoretische Flammentemperatur von kaltem Wassergas mit kalter Luft beträgt etwa 2000°, mit Vorwärmung sind 2200° erreichbar. Der Wassergaszusatz zum Leuchtgas ist für dessen technische Verwendung deshalb keineswegs als »Streckmittel« anzusehen, sondern verbessert seine Anwendungsbedingungen. Allerdings ist zuzugeben, daß für die meisten Anwendungsarten des Mischgases im Haushalt und im Kleingewerbe diese Flammentemperaturerhöhung praktisch nicht zur Auswirkung kommt, nur bei gewissen technischen Sonderverfahren, z. B. dem Schneiden mit Gas-Sauerstoff-Schneidbrenner u. a.

Wassergas-Luftgemische sind sehr brisant (Knallgas), daher sind entsprechende Sicherheitsvorrichtungen in den Wassergasanlagen sehr wichtig (s. später). Die Explosionsgrenzen sind mit 12,5—66,5% Gas im Gas-Luftgemisch sehr breit.

Infolge des hohen CO-Gehaltes ist das Wassergas giftiger als Kohlengas; dies ist um so mehr zu beachten, als selbst ungereinigtes Wassergas keinen auffallenden, also warnenden Geruch hat.

Bei Vergasung von Schwelkoks aus Stein- und Braunkohlen steigt das Verhältnis H_2:CO, das bei Hochtemperaturkoks etwa 1,25 beträgt,

[1]) Gas- u. Wasserfach **82** (1939), S. 691 TR.

auf 1,45—1,65 (z. B. 53,5% H_2, 36,0% CO), ohne daß der CO_2-Gehalt wesentlich steigt[1]).

Mit hoher Dampfgeschwindigkeit und hohem Dampfüberschuß kann für Sonderzwecke auch der CO_2- und H_2-Gehalt weiter gesteigert werden, zumal bei niederen Temperaturen[2]).

2. Blauwassergas-Generatorenanlagen für Wechselbetrieb.

Zahlenmäßig am häufigsten arbeiten Wassergasgeneratoren in Blauwassergasanlagen, in denen die Periodenwechsel von Hand oder halbautomatisch gesteuert werden, im allgemeinen in dem obenerwähnten (S. 121) Zeitverhältnis 1:3 bis 1:4. Mit der Vergrößerung und Leistungssteigerung der Wassergasgeneratoren wurde deren Betrieb automatisiert, sowohl für die Wechselei wie auch für die Beschickung und Entschlackung. Da Großanlagen entsprechend der weitgehenden technischen Durchbildung der Automatik in neuerer Zeit vorwiegend in dieser Betriebsweise ausgeführt werden, dürfte jetzt mengenmäßig das Wassergas überwiegend in automatisierten Generatoren hergestellt werden.

a) Größenordnung von Wassergas-Generatorenanlagen.

Klein-Wassergasgeneratoren werden schon für Leistungen von 5—10 m^3/h gebaut. Von dieser Grenze aufwärts sind in Gaswerken im allgemeinen Wassergaserzeuger mit Stundenleistungen von mehreren 100 m^3 bis etwa 2000 m^3/h üblich; darüber hinaus kommen in großen Werken auch Generatoren für 5000—7000 m^3/h vor[3]). Vollautomatische Anlagen werden, um die Einrichtung der umfangreichen Automatik wirtschaftlich zu rechtfertigen, durchweg nur für große Leistungen gebaut, deren obere Grenze heute bereits nahe an 10000 m^3/h liegt.

b) Klein-Wassergasanlagen.

Der Begriff »Kleinanlagen« ist zwar nach der Größe der Leistung nicht eindeutig festzulegen, wohl aber ist eine grundsätzliche Gruppeneinteilung wie folgt zu erkennen: einerseits kleine Wassergasanlagen, die darauf abgestellt sind, mit möglichst wenig Zubehör, Mechanismus und Bedienungsaufwand zu arbeiten, anderseits große Anlagen, die grundsätzlich alle Fortschritte der Mechanisierung zur Leistungssteigerung ausnützen.

Kleinanlagen kommen deshalb auch nur für kleinere Gaswerke oder für Kleingewerbebetriebe in Frage. Die Beschränkung des Mechanismus zwingt zu Vereinfachungen der sonst üblichen Betriebsweise und ge-

---

[1]) G. Wilke, Techn. Mitt. Krupp 1937, S. 2; Brennstoffchem. (1937), S. 366.
[2]) R. E. Brewer u. L. H. Reyerson, Ind. Engg. Chem. **26** (1934), S. 1002.
[3]) N. E. Rambush, Gas- u. Wasserfach **75** (1932), S. 92 TR.

stattet nicht immer ein Arbeiten auf günstigste Gasbeschaffenheit, Ausbeute und Wärmeausnützung.

Als Größenordnung der Kleinanlagen (Abb. 87) kann etwa die Leistung von 10 bis 50, allenfalls bis 100 m³/h gelten. Der Kleingenerator hat vorwiegend ausgemauerten Schacht, ferner einen Festrost, oder er wird auch rostlos ausgeführt. Bei Festrost sind über dem Rost und

Abb. 87. Kleiner Wassergas-Festrostgenerator mit Mantel-Dampferzeuger.

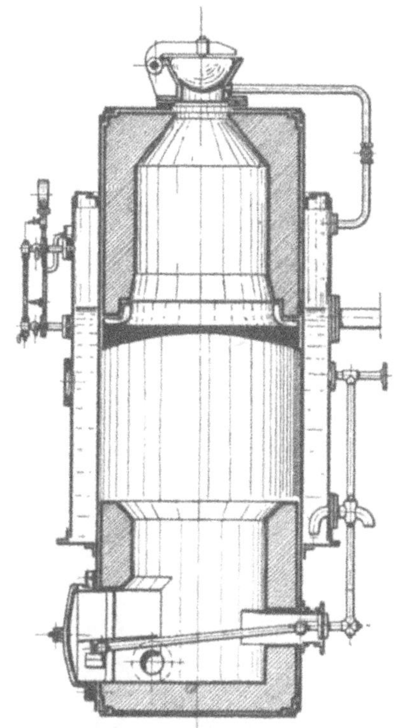

Abb. 88. Kleiner Wassergas-Festrostgenerator, ausgemauert.

unter diesem im Aschenraum je eine bis zwei Schlacktüren eingebaut, bei dem rostlosen Generator nur unten vor dem Schlackenbett. Von etwa 100 m³/h an werden auch Kleingeneratoren mit Manteldampferzeuger versehen (Abb. 88).

Betrieb und Steuerung sind möglichst einfach gestaltet. Das Heißblasen erfolgt grundsätzlich bei geöffnetem Deckel, das Blasegas wird durch einen Schlot über Dach abgeführt (Abb. 89). Das Gasen wird bei einfachen Anlagen nur in einer Richtung ausgeführt, meist dem Blasen entgegen, also abwärts, um die Wärme des Brennstoffbettes gut auszunützen. Das nur einseitige Gasen vereinfacht die Bedienung und den Steuermechanismus ganz besonders. Es ist nur notwendig, das Bewegen des Fülldeckels und des Gasabgangsventils gegenseitig zu verriegeln, was unter Benutzung eines gemeinsamen Stellhebels oder Steuerrades möglich ist, unter gleichzeitig wechselnder Verriegelung von Windschieber und Dampfventil.

Klein- und Kleinstanlagen sind wegen ihrer einfachen Gestaltung nicht etwa als minderwertig zu betrachten, vielmehr geben sie bei rich-

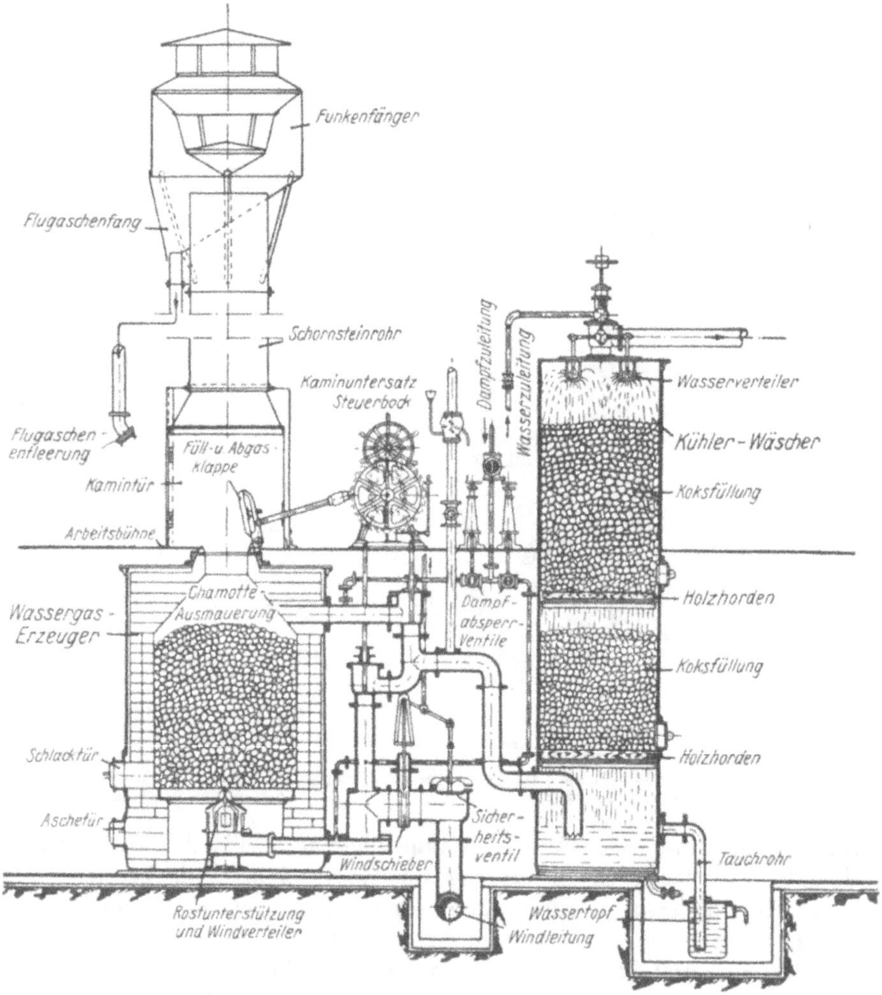

Abb. 89. Wassergasanlage mit Skrubber, Blasegasabgang über Dach.

tiger Bedienung und Abstimmung ebenfalls ein gutes Wassergas, nur können sie natürlich wärmewirtschaftlich nicht so günstig arbeiten wie Großanlagen.

Für Betriebe, in denen kein Dampf zum Gasen zur Verfügung steht, wird auch ein einfacher, ohne Sicherheitsvorschriften zu bedienender

Verdampfer gebaut (Francke-Werke). Dieser besteht aus einem auf dem Generatorschacht aufgesetzten Blechzylinder, der mit Schamottegitterwerk ausgesetzt ist (Abb. 90). Der Koks wird seitwärts unter dem Gitterwerk eingefüllt, der sonst übliche Generatordeckel und Blasegaskamin sind auf den Verdampfer aufgesetzt. Beim Blasen heizt sich das Gitterwerk auf. Zum Gasen wird der Deckel oben geschlossen und Wasser aus Düsen auf das heiße Gitterwerk zerstäubt und verdampft, der Dampf wird durch eigenen Druck durch die Kokssäule gedrückt.

Der Wassermantel von kleineren Generatoren wurde natürlich aus Gründen der Einfachheit als Niederdruckdampfmantel gebaut, bei größeren Einheiten wird aber wegen des an sich hohen Dampfbedarfs des Wassergasprozesses wenigstens ein Doppelmantelkessel für Mitteldruck von meist 2—3 atü verwandt. Bei kleinen Koller-Generatoren wird auch der Wassermantel innen mit einer dünnen Spezialausmauerung versehen, um zu starker Wärmeabgabe aus dem Brennstoffbett — zum Nachteil der Reaktion — vorzubeugen. Da bei kleinem Schachtdurchmesser der Umfang gegenüber dem Querschnitt verhältnismäßig groß ist, kann diese Wärmeabgabe dann von großem Einfluß sein. — Höherer Druck erfordert bei Doppelmantelkesseln verhältnismäßig große Blechstärken, doch wurden solche Kessel auch für höheren Druck, bis 6 und 10 atü, vereinzelt ausgeführt.

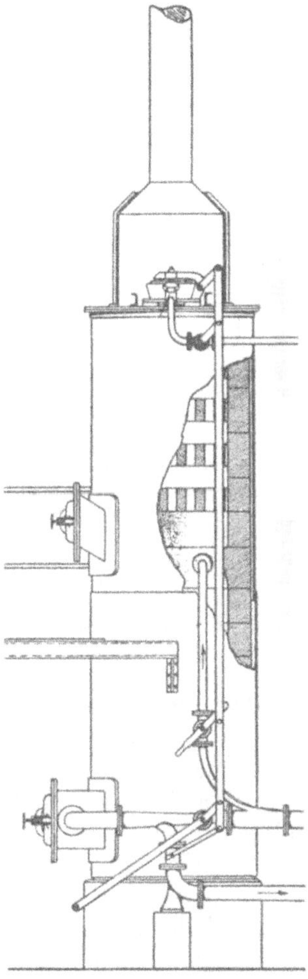

Abb. 90. Klein-Wassergasanlage mit Verdampfer.

c) Große Wassergasanlagen.

α) *Der Generator-Schacht.*

Wenn auch Dampfmantel-Wassergaserzeuger weit überwiegend in Gebrauch sind, werden doch ausgemauerte Generatorschächte auch noch verwandt. Der bei den hohen Arbeitstemperaturen erhöhten Gefahr der Wandverschlackung wird durch besondere Materialauswahl für die Ausmauerung vorgebeugt, ferner durch rechtzeitige Kontrolle des Verschlackungsgrades und Schlackenentfernung und durch Vergasung von Koks mit möglichst hohem Ascheschmelzpunkt.

Bei den Mitteldruck-Doppelmantelkesseln der Wassergasanlagen wurden natürlich die bei den Zentralgenerator-Mantelkesseln gesammelten Erfahrungen (vgl. S. 32) nutzbar gemacht und es finden sich viele, jenen grundsätzlich ähnliche Ausführungen (Abb. 91). Der Dampfsammelraum ist entweder um das Mauerwerk des Generatoroberteils etwas hochgezogen oder es ist ein gesonderter Dampfsammleroberkessel seitlich unter oder über Bedienungsflur hochgezogen. Bei der entsprechend der Generatortemperatur sehr lebhaften Dampfentwicklung ist ein gesonderter Dampfsammler dem Ringraum vorzuziehen. Der Dampfsammler soll zur ausreichenden Beruhigung des mitgerissenen Wassers einen genügend großen Dampfraum haben oder mit einem nachgeschalteten Dampfentwässerer versehen sein[1]). Das stoßweise Arbeiten des Wassergasgeneratorkessels darf nicht unterschätzt werden; bei unzureichender Bemessung des Dampfraumes oder Entwässerers kommt es leicht vor, daß bei dem der Blasegasdampfentwicklung unmittelbar folgenden Gasen der Dampf so große Wassermengen mitreißt, daß das Mauerwerk im Generatoroberteil beschädigt und außerdem die Temperatur des Brennstoffbettes durch Wasserverdampfung plötzlich herabgesetzt wird.

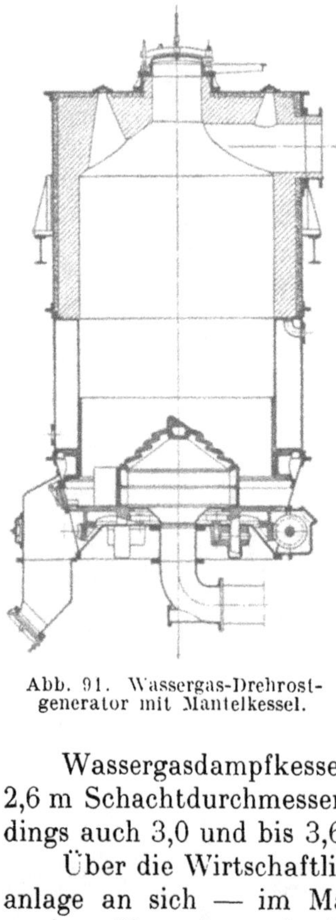

Abb. 91. Wassergas-Drehrostgenerator mit Mantelkessel.

Wassergasdampfkesselgeneratoren sind vorwiegend mit 2,1 und 2,6 m Schachtdurchmesser in Gebrauch, bei Großanlagen werden neuerdings auch 3,0 und bis 3,6 m Dmr. angewandt.

Über die Wirtschaftlichkeit der Dampferzeugung in der Wassergasanlage an sich — im Mantelkessel und zusätzlich aus dem Blasegas sowie u. U. noch aus der Wärme des Wassergases, waren die Meinungen im Fach sehr geteilt. Während z. B. J. Gwosdz u. a. unter Hinweis auf den verhältnismäßig teuren Brennstoff für diese Dampferzeugung und die hohen Sonderanlagekosten und die bei dem wechselnden Betrieb nicht so hohe Dampfleistung der Wassergasabhitzekessel die Ausnützung der Wärme des Wassergasprozesses für Dampfgewinnung als nur unwesentliche Verbesserung hinstellen, betont Marischka[2]), daß die Dampfgewinnung mindestens dann einen unzweifelhaften Vorteil bedeute, wenn die Ausnützung der Blasegase mit in einem geeigneten Generatordampfkesselmantel erfolgt. Dieser Voraussetzung entsprach der in Wien

[1]) Gas- u. Wasserfach **73** (1932), S. 457.
[2]) Marischka, Gas- u. Wasserfach **70** (1927), S. 884.

aus dem früher erwähnten Hochdruckdampfkessel-Zentralgenerator entwickelte Wassergas-Hochdruckgenerator. Dieser Doppelmantelkessel, der ähnlich dem in Abb. 25 (S. 43) gezeigten Generatormantelkessel gebaut ist, trägt an seinem Außenmantel zwei Reihen bogenförmige, eingewalzte Siederohrreihen. Die Blasegase werden zunächst unter Zweitwindzusatz in einer nebengeordneten Zündkammer verbrannt und dann durch den um den Generatorkessel und die Siederohre angeordneten äußeren Überhitzermantel geführt, wobei sie ihre Wärme an die Außenflächen des Kessels noch weitgehend abgeben und entgegengesetzt zum Kamin abziehen. Wegen des großen Wärmeinhaltes der Blasegase ist die Siederohrheizfläche bei diesem Wassergaskessel größer bemessen als bei dem erwähnten Generatorkessel. Es wurde eine sehr hohe Dampfleistung des Mantelkessels erreicht (ca. 2 kg Dampf je kg Koks), dabei ist zu berücksichtigen, daß dieser Erfolg auf verhältnismäßig geringer Grundfläche und mit — gegenüber gesondertem Abhitzekessel — geringeren Anlagekosten erreicht wurde. Diese Bauform wurde jedoch später wieder verlassen, da sie sich für 12 atü nicht genügend bewährte. Sie wurde abgelöst durch eine neuere (1919) Wiener Ausführung des Hochdruck-Wassergasgeneratorkessels, über den W. Horak berichtet[1]). Diese lehnt sich eng an die Bauart des inzwischen von Koppers weiter entwickelten Wasserröhrenmantelgenerators (vgl. S. 40). Er besteht wie dieser aus je einer oberen und unteren Ringkammer viereckigen Querschnitts mit den eingewalzten, den Generatorschacht bildenden Siederohren, deren Zwischenräume mit Kupferblechstreifen verstemmt werden (Abb. 92). Auch der Gasabgang zwischen den Siederohren oben ist der gleiche. Die Abwärmeausnützung im Generator ist nach dem von Marischka erwähnten Grundsatz noch weiter ausgebildet. Die Blasegase werden in einer nebengebauten Zündkammer nachverbrannt, umstreichen dann in dem Generatoraußenmantel fast die ganze Außenfläche der Mantelsiederohre und geben weitere Wärme in einem unmittelbar an den Generator angebauten gußeisernen Vorwärmer ab. Die Dampfgewinnung erreicht auf diese Weise ebenfalls den günstigen Wert von 2 und mehr kg Dampf je kg Rohkoksdurchsatz.

Eine sehr zu beachtende Störungserscheinung zeigen noch in neuerer Zeit einige Mantelkesselbauarten, bei denen der Kesselboden des Mantelkessels im Schlackenraum liegt (Abb. 93). In dem zwischen Schlackenböschung und Kesselboden gebildeten Ringraum sammeln sich Wasserdämpfe, die aus der Schlacke und dem Wassergas mit SO_2, CO_2 u. a. m. beladen sind. Obwohl bei einem Kessel von 2—5 atü anzunehmen wäre, daß dieser in allen Teilen über 100^0 heiß ist, beweisen verschiedene Betriebsbeobachtungen, daß tatsächlich — wohl infolge Stagnierung des Kesselwassers am Boden und starker Abkühlung während des Blasens —

[1]) Gas- u. Wasserfach **74** (1931), S. 935; Z. Österr. Ver. Gas- u. Wasserfachm. **71** (1931), S. 122.

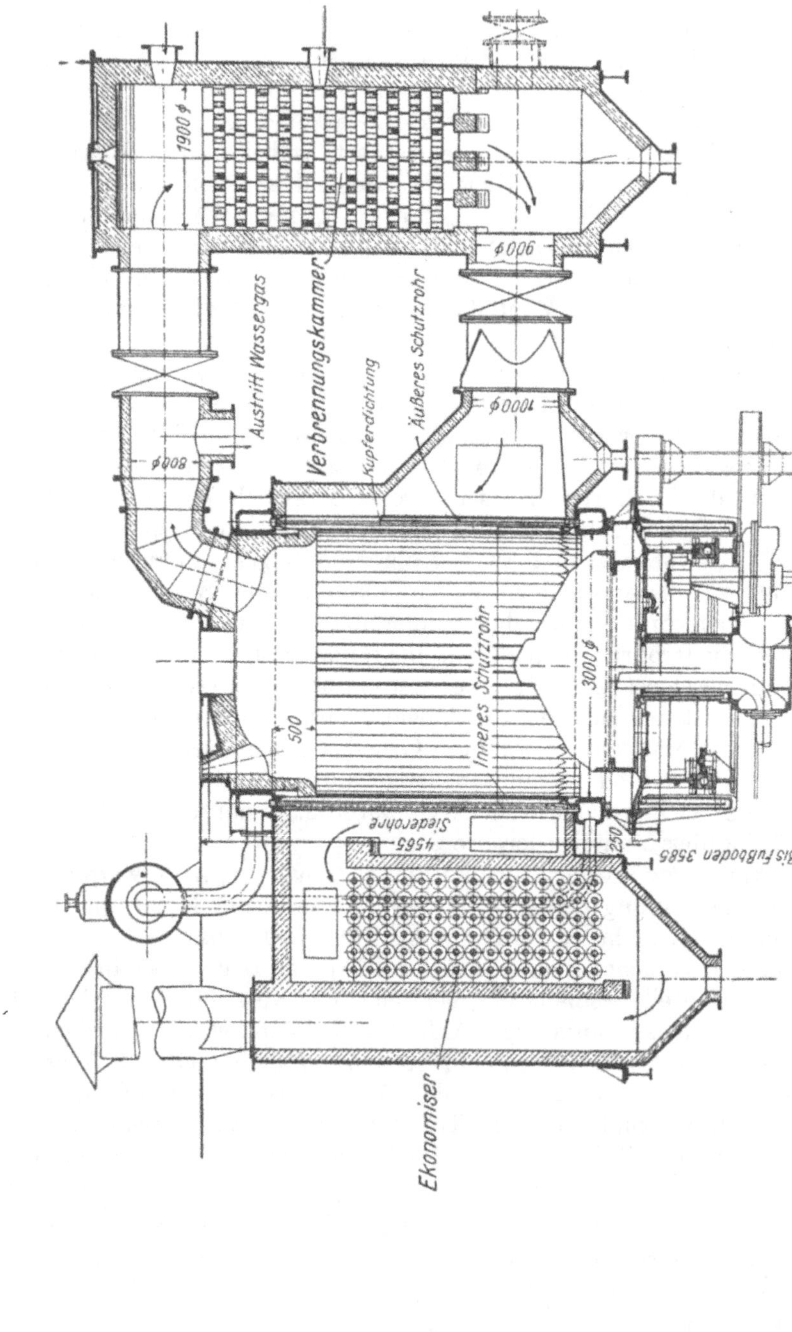

Abb. 92. Hochdruck-Röhrenkessel-Wassergasgenerator.

an dem Kesselboden diese korrodierenden Dämpfe sich niederschlagen und den Kesselboden von außen auffallend schnell anfressen. Bei dieser Bauart muß also, um Störungen vorzubeugen, wenigstens eine besonders dicke Wandstärke des Kesselbodens vorgesehen werden. Richtiger ist es aber, den Kesselboden außerhalb des Schlackenbettes und der Gasströmung zu verlegen, wie z. B. an den Bauarten der Abb. 91 und 94 zu ersehen ist. Auch die in Abb. 19 (S. 37) an einem Demag-Generator gezeigte Anordnung eines Leitblechs im

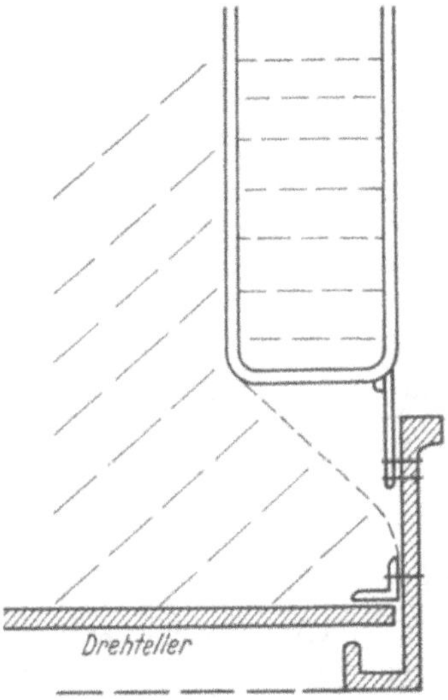

Abb. 93. Wassergasmantelkessel, Kesselboden im Schlackenraum (gefährdete Bauart).

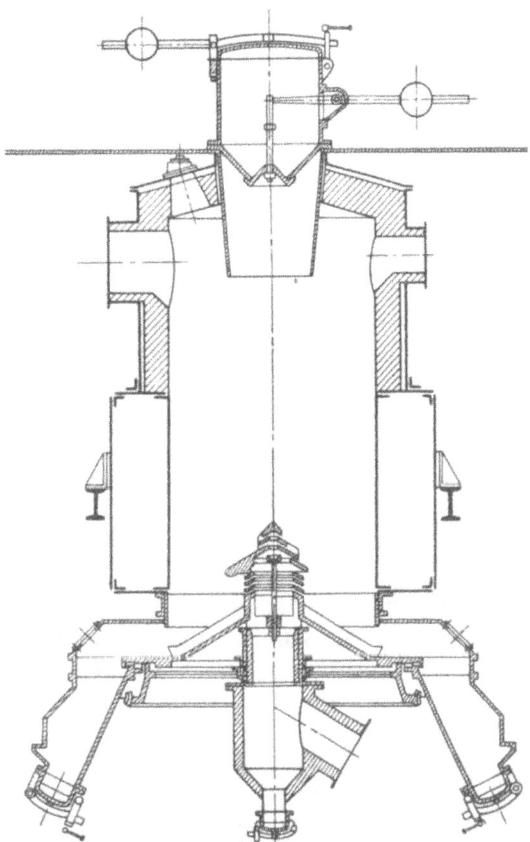

Abb. 94. Wassergasgenerator mit trockener Austragung.

Mantelkesselraum dient dieser notwendigen Wasserumwälzung zur Vermeidung von Wasserstagnierung. Bei den mit Hochdruck betriebenen Wasserröhrenkesseln ist entsprechend ihrer höheren Temperatur und der zwangläufig mehr durchgreifenden Wasserbewegung im unteren Ringraum mit solchem Temperaturabfall und daraus folgenden Anfressungen nicht zu rechnen.

Die Innenseite des Mantelkessels ist im unteren Teil stark der Schlackenreibung ausgesetzt. Darauf wird in verschiedener Form Rücksicht genommen. Entweder wird der Kessel nicht bis in die Zone der stärksten Reibung heruntergezogen, sondern durch ein an der Innenkante unten angeschweißtes Stehblech die Innenwand nach unten fortgesetzt (Abb. 94) oder an ein solches Blech wird ein nach oben den Kesselmantel noch ein Stück überdeckendes Schleißblech angebaut (Abb. 91). Letzteres bringt allerdings die Gefahr von Verwerfung und Aufhängen der Brennstoffsäule, wenn einmal das Feuer zu tief kommt. Eine weitere Vorbeugungsmaßnahme ist es, die Kesselblechstärke in dieser Zone von vornherein mit einem ausreichenden Verschleißaufmaß zu wählen.

Die Füllvorrichtung im Deckel des Wassergasgenerators ist gegenüber den bei den Zentralgeneratoren üblichen Einrichtungen sehr einfach. Meist ist nur ein aufgedichteter, nach unten gegen die Hitzestrahlung isolierter Deckel vorhanden. Da grundsätzlich ein gleichmäßig grobgekörnter Brennstoff verarbeitet wird, ist eine Entmischung beim Füllen nicht zu befürchten, also ein Brennstoffverteiler überflüssig. Der Koller-Wassergasgenerator (Abb. 94) ist dagegen mit einem eingehängten Füllstutzen aus feuerbeständigem Spezialstahl versehen, durch den, wenn der Generator stets voll gehalten wird, das tiefe Fallen des Brennstoffs vermieden und dieser zugleich auf dem Wege in den Schacht vorgewärmt wird. Da durch diese Brennstoffsäule der Deckel zugleich gegen Strahlung aus dem Schacht geschützt ist, ist bei dieser Bauart auch der Gebrauch eines Füllkonus möglich, an dessen ausgewuchtetem Handhebel die Leerung der Füllvase erkennbar ist.

Die Stochlochverschlüsse sind entsprechend dem Gasdruck im Generator mit schweren Stopfen versehen und haben keinen Dampf- oder Windschleierschutz, weil sie ja während des Betriebes nicht geöffnet werden, sondern nur in den Schlackpausen oder bei Stillstand des Generators.

β) Rost und Ascheaustragung.

Festroste, zumeist als Planrost, bisweilen auch schwach schräg oder dachförmig ausgeführt, sind in Wassergasgeneratoren noch bis etwa 1000 m³/h üblich. Der mechanisierte Drehrost ist aber nicht an diese Grenze gebunden, sondern wird schon für Leistungen von 600—700 m³/h gebaut.

Die Austragung der Schlacke aus dem Wassergaserzeuger kann naß oder trocken erfolgen. Die nasse Austragung lehnt sich in ihrer Durchbildung völlig an die bei den Schwachgas-(Halbwassergas-)generatoren gebrauchten Formen an, mit dem einzigen Unterschied, daß die Wassertauchung entsprechend dem höheren Druck im Generator wesentlich höher und außerdem wegen der stoßweisen Beanspruchung mit größerer Sicherheit bemessen sein muß. So sind Ausführungen mit 1000—1100 mm Tauchschüsselhöhe bekannt, die also bei einem lichten Abstand von etwa 250 mm zwischen Tauchring und Schüsselboden höchstens 750—780 mm

Tauchhöhe verfügbar haben. Es ist somit trotz dieser erhöhten Tauchung eine gewisse Vorsicht beim Blasen und Gasen notwendig. — Weitere Nachteile des nassen Abschlusses sind, daß meist mehr Brennbares in die Asche gerät, weil die absinkenden Koksstücke durch Ablöschen schneller aus dem Bereich der Reaktionstemperatur kommen, und vor allem wird bei Stillstand der Anlage durch die von der Brennstoffüllung ausstrahlende Wärme ständig Wasser aus der Schlacke bzw. der Schüssel nachverdampft und durch den Dampf sowohl nutzlos und unter Kohlenstoffverlust Gas gebildet, als auch das Brennstoffbett abgekühlt.

Mit Ausnahme der automatischen Generatoren, bei denen zum Teil andere Voraussetzungen und Betriebsbedingungen maßgebend sind und der nasse Verschluß im Interesse gleichmäßiger, mechanisierter Austragung angewandt wird (vgl. S. 154) (Abb. 95), ist bei den Wassergasanlagen aus den obengenannten Gründen fast nur noch die trockene Austragung in Gebrauch.

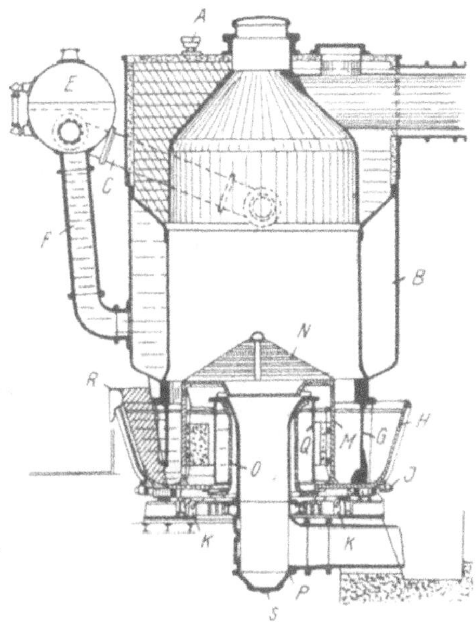

Abb. 95. Wassergasgenerator mit nasser Austragung.

Bei der trockenen Austragung steht der Rostkegel nicht auf dem Schüsselboden, sondern auf einer Drehplatte, die sich in dem geschlossenen gußeisernen Generatorunterteil bewegt. Sie läuft meist auf Rollen, einerseits radial untergebauten waagerechten Laufrollen, anderseits senkrecht oder schräg stehenden Druck- oder Führungsrollen oder es wird ein Gleitring verwendet (Pintsch), der durch seine gleichmäßige Gewichtsverteilung eine spezifisch geringe Beanspruchung ergibt[1]). Die Bewegung der Drehplatte wird von einem Motor über ein Gestänge mit Sperrklinkenrad und einen von diesem betätigten Schneckenantrieb bewirkt. Zur Entfernung der Asche sind an das Gehäuseunterteil gußeiserne Schlackentaschen mit Exzenterverschlußdeckeln seitlich angebaut, meist zwei gegenüber (Abb. 94, 96). Oberhalb dieser Taschen sind Abstreifer am Gehäuse über dem Drehteller eingebaut, durch welche die von den Räumern herangeführten Schlackenbrocken in die Taschen abgeworfen werden. Der Drehteller läuft im Gegensatz zum Schwachgaserzeuger nicht ständig, sondern nur intermittierend in Zeiträumen von

[1]) Gas- u. Wasserfach **75** (1932), S. 453.

je 5—15 min, in der Achtstundenschicht insgesamt etwa ¾—1¼ h. Entsprechend der kürzeren Laufdauer bewegt sich der Drehteller und Rost gegenüber den Generatorrostschüsseln schneller, weil er gegen die meist härter zusammengeschmolzenen Wassergasschlacke schärfer arbeiten muß. Bei zu schwacher Bewegung besteht die Gefahr, daß der Rost sich unter einem hochgehobenen zusammengeschmolzenen Schlackengewölbe wirkungslos dreht. Die Schlackentaschen werden nach Bedarf in Betriebspausen entleert.

Die Rostformen der Wassergaserzeuger sind nicht so vielfältig wie bei den Zentralgeneratoren. Am häufigsten trifft man den kegelförmigen Schuppenrost (Kerpely-Rost), aus Segmenten zusammengesetzt (Abb. 96),

Abb. 96. Wassergasgenerator-Unterbau.

mit kräftigen, starkwandigen Schuppen und einer Stahlgußrostspitze oder Rosthaube, die exzentrisch geformt ist. — Statt der Segmentausführung verwendet der Koller-Kegelrost, wie auch der Rost nach Humphreys und Glasgow (Abb. 95), gußeiserne Ringplatten mit abnehmendem Durchmesser aufeinandergebaut und mittels der Stahlgußkappe zusammengehalten.

Der Rost selbst und seine Aufstellung ist meist wenig oder gar nicht exzentrisch, die Schlackenbewegung und Zertrümmerung wird bei dieser Kegelrostform durch am Rostunterteil angesetzte, sehr kräftig gebaute 2—4 Räumer erledigt.

Eine andere oft gebrauchte Rostbauart ist der ebenfalls von den Generatoren bekannte Fräserrost (Koller, Demag) (Abb. 94), der einen kleinen, pilzförmigen Kegel und auf dem ganz flachkegeligen Rostunterteil starke, entgegen der Drehrichtung rückwärtsgebogene Rippen trägt, die den Schlackenkuchen auf der ganzen Unterseite abarbeiten und nach außen zu den Schlackentaschen bewegen.

Die Spitze des Kegelrostes ist durch die hohe Temperatur des Brennstoffbettes natürlich stärker gefährdet als bei dem Schwachgaserzeuger. Als Schutz gegen das Verbrennen des Rostes verwandte Marischka[1]) eine hohlgegossene Rostkappe mit Wasserdurchlaufkühlung. Das sichtbar abfließende Rostkühlwasser ergab bei gleichbleibendem Zufluß durch seine Temperatur einen guten Anhaltspunkt für normale oder zu starke Annäherung der Glut an den Rost. Bei sorgfältiger Überwachung der Drehrostlaufzeiten ist aber die Einhaltung der Schlackenhöhe auch ohne dieses Hilfsmittel gut möglich und bei guter Abstimmung der Blasezeit und der Zeit und Menge des Dampfzusatzes kann erfahrungsgemäß wochen- und monatelang durchgearbeitet werden, ohne daß ein Nachschlacken des Generators mit Schlackstangen notwendig wird. In modernen Großwassergasanlagen hat sich sogar gezeigt, daß trotz der Leistungssteigerung der Rost nicht stärker gefährdet ist.

Eine abweichende Bauart hat der Pintsch-Rost für automatische Hochleistungs-Wassergasanlagen (vgl. S. 168, Abb. 122), ein Flachrost mit darüber drehendem, wassergekühltem, zweiarmigem Räumer.

In amerikanischen Bauarten von Wassergasgeneratoren zur unmittelbaren Vergasung bituminöser Steinkohlen (vgl. S. 124) wurde der Rost mit einem pfeilerartigen Aufbau versehen; er sollte die bei großen Generator-Querschnitten erschwerte gleichmässige Beaufschlagung des ganzen Brennstoffbettes sichern und eine gegenüber den leichter durchgänglichen Randzonen ungenügend ausgegaste Brennstoff-Kernzone vermeiden. Der Pfeiler wurde in einer Stärke von etwa einem Drittel des inneren Generatordurchmessers gebaut[2]), bei weniger als 2,7 m Schachtdurchmesser war der Pfeiler nicht mehr genügend standfest. Um den zu hohen Blasegasverlust zu mindern, wurde ein Teil des letzten, bereits an Kohlenoxyd reichen Blasegases als »Windgas« oder »Nutzblasegas« zum Wassergas genommen. — Diese Wassergaserzeugung aus Steinkohle nähert sich, wie erwähnt, dem Begriff der Doppelgaserzeugung[3]).

γ) Betriebsweise und Steuerung.

Die Ausbildung der Steuerung richtet sich vor allem nach der Größe der Anlage. Bei Kleinanlagen wird sie, wie schon erwähnt wurde, möglichst einfach gehalten und dieser Vereinfachung sogar die Betriebsweise angepaßt. Das Gasen in nur einer Richtung erfordert nur einen Gasschieber und ein Dampfventil, für das Heißblasen wird nur das Öffnen

[1]) Marischka, Gas- u. Wasserfach **70** (1927), S. 851.
[2]) J. Gwosdz, Gas- u. Wasserfach **71** (1928) S. 1233.
[3]) Handbuch der Gasindustrie II, 3.

des Windschiebers und des Generatordeckels gebraucht (vgl. Abb. 86, 88). Diese Bewegungen lassen sich gegenseitig verriegelt auf einen bis zwei Stellhebel vereinigen.

Bei mittelgroßen Anlagen, schon von 200 bis 300 m³/h an, ist bereits das wechselnde Gasen üblich. Beim ständigen Gasen von unten wird der Wärmeinhalt des Brennstoffbettes zu sehr nach oben verschoben und der Blasegasverlust steigt dadurch. Deshalb ist es zweckmäßig, etwa jede 3. Gasung abwärts zu richten. Das Zeitverhältnis Blasen zu Gasen ist, wie oben ausgeführt wurde (S. 121) etwa 1:3 bis 1:4, neuerdings auch bis 1:2. Die Abwärtsgasung gibt, da hierbei der Dampf nicht erst durch die bereits etwas abgekühlte Schlacke gehen muß, sondern unmittelbar auf den glühenden Koks trifft, eine etwas bessere Ausbeute und kann meist länger ausgedehnt werden als die Aufwärtsgasung.

Abb. 97. Steuerbock einer Wassergasanlage.

Für diesen Wechselbetrieb sind außer dem Windschieber zwei Gasventile, oben und unten, und zugehörig zwei Dampfschieber, unten und oben, notwendig, ferner ein Abgasschieber, sobald das Blasegas nicht mehr durch den Füllstutzen über Dach abgeführt wird.

Nach dem Abwärtsgasen ist der Raum unter dem Rost mit Wassergas gefüllt. Stellte man unmittelbar Wind zum Heißblasen an, so bildete sich ein Knallgasgemisch, das vom nachdrängenden Wind in die Feuerzone gedrückt wird und dort zündet. Bei großräumigen Generatoren kann solche Explosion zu schweren Schäden führen. Deshalb wird der Gasrest des Abwärtsgasens vor erneutem Blasen durch kurzes Nachgasen von unten verdrängt. Dieser Arbeitsgang wird als »Spülen« bezeichnet.

Die mit zunehmender Anlagengröße größer und schwerer werdenden Armaturen werden nicht mehr unmittelbar von Hand gesteuert, sondern mit geeigneten Übersetzungen, Zahnstangen mit Handrädern. Abb. 97 zeigt einen solchen Steuerbock einer Anlage mit Abgasführung über Dach (vgl. auch Abb. 89). Bei dieser Anordnung sind Windschieber und Fülldeckel einerseits zusammengefaßt, anderseits die Gasschieber getrennt gesteuert. Wind bzw. Dampfschieber werden noch nach der Schieberbetätigung gesondert von Hand bedient.

Die zunehmende Erschwerung der Bedienung dieser Schaltungen wurde weiter vereinfacht durch Zwischenschaltung eines Druckmittels. Auf jedem Schieber wurde ein Druckzylinder aufgebaut (Abb. 98), durch dessen Bewegung der Schieber über eine Hubstange betätigt wird.

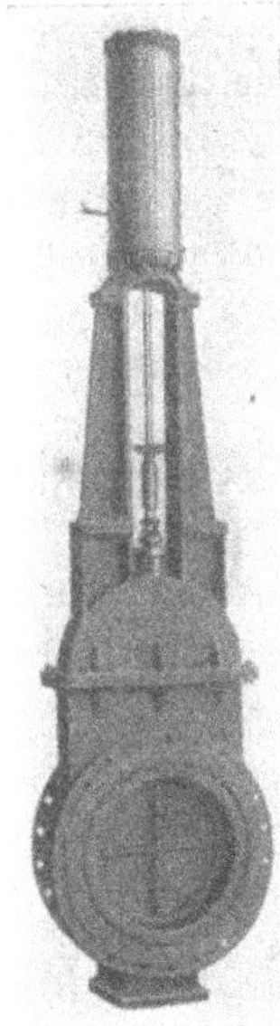

Abb. 98. Heißgasschieber mit Hubzylinder.

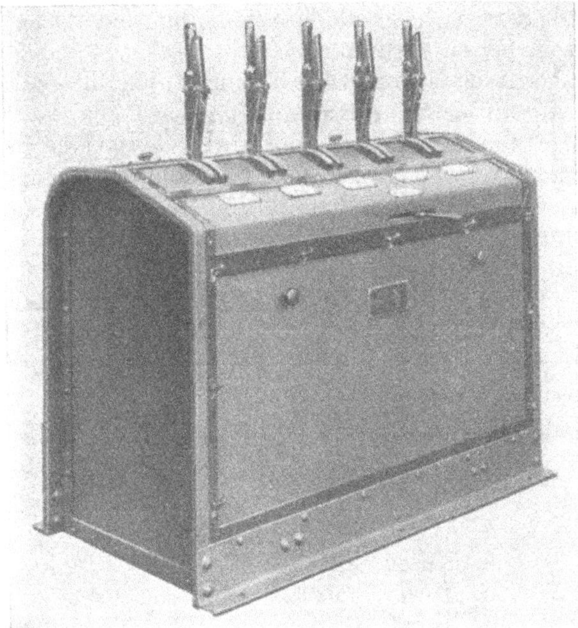

Abb. 99. Steuerbock einer hydraulischen Wassergassteuerung.

Die Öffnung geschieht stets mit Druck, das Schließen kann mit Gegendruck oder nur durch Entlastung erfolgen. Alle Bewegungen konnten damit zusammengefaßt werden an einem »Steuerbock« (Abb. 99), von dem aus jeweils die erforderlichen Schieber und Ventile unter Druck oder zum Abstellen unter Gegendruck des Druckmittels gesetzt werden. Als Druckmittel kann Dampf dienen oder Öl oder einfacher noch Wasser mit Zusatz eines wasserlöslichen Schmiermittels. Dampf erfordert Kondensatabführungen und Isolierung von Leitungen und Druckkolben, Öl und Wasser brauchen eine Druckpumpenanlage nebst Druckkessel mit Luftpolster als Druckvorrat. Dampfdruckanlagen arbeiten mit 4 bis 5 atü, Öl- und Wasserdruckanlagen mit höheren Drücken, 10—25 atü und bei Großanlagen mit schwereren Armaturen selbst bis 40 atü.

Da die Bewegung der Schieber und Ventile bei dieser Anordnung nach Umlegen des Schalthebels selbsttätig erfolgt, wird diese Bauart der Steuerung auch als »halbautomatische Steuerung« bezeichnet.

Die Steuerung der Hebel am Steuerbock ist durch diese Anordnung sehr vereinfacht und gestattet, wie auch bei der Handradsteuerung üblich, aber noch weitgehender, eine Sicherung und gegenseitige Verriegelung aller nicht zusammengehörenden Arbeitvorgänge. So kann, wenn der Abgasschieber geöffnet ist, nur der Windschieber, aber kein Gas- oder Dampfschieber bewegt werden, erst wenn Abgas- und Windschieber geschlossen sind, ist die Blockierung des Gas- und Dampfschiebers gelöst. Besonders wichtig ist, daß die halbautomatische Steuerung bei parallelem Arbeiten mehrerer Generatoren auch das Zusammenfallen gleichartiger Arbeitsgänge zweier Generatoren, also z. B. gleichzeitiges Blasen, verriegeln kann[1]). Die die Blockierungen zusammenfassende Schaltwalze kann so eingerichtet sein, daß sie eine bestimmte Gasungsfolge (z. B. 2 Gasungen aufwärts, 1 abwärts) zwangläufig einhält und bei anders gewünschter Folge besonders umgeschaltet werden muß, oder es ist nur die Verriegelung der genannten Hauptdrucke gegeneinander vorgesehen.

Auf die Steuerung der automatisch arbeitenden Wassergasanlagen ist gesondert zurückzukommen (S. 156, 160).

Der Arbeitsgang der üblichen handgesteuerten Wassergaserzeugung ist zusammenfassend folgender:

1. Blasen	$^3/_4$	bis	$1^3/_4$	min
2. Aufwärtsgasen	$1^1/_2$	»	$2^1/_2$	»
3. Blasen	$^3/_4$	»	$1^3/_4$	»
4. Aufwärtsgasen	$1^1/_2$	»	$2^1/_2$	»
5. Blasen	$^3/_4$	»	$1^3/_4$	»
6. Abwärtsgasen	2	»	$3^1/_2$	»
7. Aufwärtsspülen	$^1/_4$ min			

und wieder mit 1. beginnend.

δ) *Abhitzegewinnung, Kühlung und Reinigung.*

Auf die Strittigkeit der Frage, ob eine Ausnützung der Blasegase und gegebenenfalls auch des Wassergases in besonderen Abhitzekesseln wirtschaftlich sei, wurde bereits hingewiesen (S. 132). Für Abhitzegewinnung in und an Hochdruckröhren-Generatorkesseln großer Leistung ist diese Wirtschaftlichkeit außer Zweifel[2]). Für Mitteldruck-Dampfkesselgeneratoren und für mittelgroße Anlagen überhaupt kann diese Frage nur von Fall zu Fall beurteilt werden. Zweifellos kann ein Blasegasabhitzekessel, der in seiner Größe der jeweiligen augenblicklichen Blasegasmenge angepaßt sein muß, zeitlich aber nur kurz stoßweise beansprucht wird, nicht die wirtschaftliche Dampfleistung erreichen, wie ein ständig gleichmäßig beheizter Kessel. Dieser Nachteil steigert sich,

---

[1]) H. Entner, Gas- u. Wasserfach **75** (1932), S. 453.

[2]) Marischka, Gas- u. Wasserfach **70** (1927), S. 884.

wenn die Anlage nicht immer in Betrieb ist und nur in einer oder zwei Schichten täglich gegast wird; der Abhitzekessel kommt dann insgesamt so von Temperatur, daß nach Wiederbeginn des Gasens stets längere Zeit vergeht, bis er wieder Dampf abgeben kann; es muß deshalb solange mit fremder Dampfquelle gearbeitet werden. Trotzdem kann der Wassergasabhitzekessel in solchem Falle wertvoll sein, wenn das Betriebsdampfnetz zwar eine vorübergehende, aber keine stundenlange Überbelastung verträgt. In diesem Sinne haben sich selbst bei Kleinwassergaserzeugern mit Blasegasabgang über Dach Abhitzegewinnungen örtlich bewährt, die in oder um den Dachschlot eingebaut wurden. — Günstiger ist die Betriebslage für Wassergasabhitzekessel, wenn mehrere Generatoren zusammenarbeiten. Wenn bei Belastungsschwankungen vorübergehend auch nur ein Generator gast, ist dann doch Dampf für das Wiederanfahren eines weiteren Generators stets vorhanden. Sehr zweckmäßig hat z. B. Gaswerk Düsseldorf zu drei Wassergaserzeugern zwei Abhitzekessel angeordnet[1]), wobei der mittlere Generator wahlweise auf jeden der beiden Kessel geschaltet werden kann.

Ist dagegen die Wassergasanlage im wesentlichen nur für einen Spitzenausgleich vorgesehen und steht die überwiegende Zeit still, so ist die Anlage eines Abhitzekessels sicher nicht angebracht.

Die ebenfalls vorgeschlagene Form, zwecks gleichmäßigerer Kesselbelastung das Wassergas durch den gleichen Abhitzekessel zu führen, wie das Blasegas, ist nur in Sonderfällen ratsam, einerseits wegen der komplizierteren Leitungsanordnung, vor allem aber, weil teils Wassergasverluste, teils Gasverschlechterung durch die im Abhitzekessel beim Umschalten verbleibende Restgasmenge eintreten. Bei der Abwärtsgasung mit Abgang durch die Schlacke ist kein lohnendes Temperaturgefälle vorhanden. Ist Wärmegewinnung aus dem Wassergas erwünscht, so ist es richtiger, diese Wärme für Wasservorwärmung zu verwenden oder zum Überhitzen des Gasungsdampfes[2]) oder des Wind-Dampf-Gemisches, besonders unter Ausnützung der Aufwärtsgasungen.

Soweit Blasegas zur Abhitzegewinnung verwendet wird, ist es notwendig, den besonders gegen Ende der Blasezeit ansteigenden CO-Gehalt des Abgases nachzuverbrennen. Dazu dient eine zwischen Gaserzeuger und Abhitzekessel geschaltete »Zündkammer«, ein feuerfest ausgemauerter und mit Chamotte-Gitterwerk ausgesetzter Blechzylinder, in welchem dem eintretenden Blasegas durch eine Zweitwindleitung die zur Nachverbrennung notwendige Luft zugemessen und beigemischt wird. Beim Durchgang durch das in jeder Blasezeit neu aufgeheizte Gitterwerk findet eine vollständige Verbrennung statt, außerdem dient die Zündkammer oder ihr Unterteil gleichzeitig als Staubfang.

---

[1]) H. Entner, Gas- u. Wasserfach **75** (1932), S. 453.
[2]) Marischka, Gas- u. Wasserfach **70** (1927), S. 884.

Als Abhitzekessel werden liegende Rauchröhrenkessel oder stehende Wasserröhrenkessel verwandt. Eine Anlage mit liegenden Rauchröhrenkesseln, bei denen das Blasegas durch die Röhren des Kessels streicht,

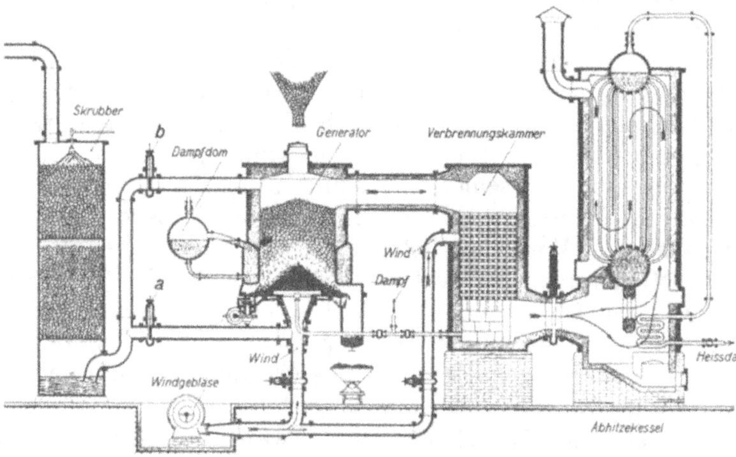

Abb. 100. Schema einer Blauwassergasanlage mit Abhitzegewinnung.

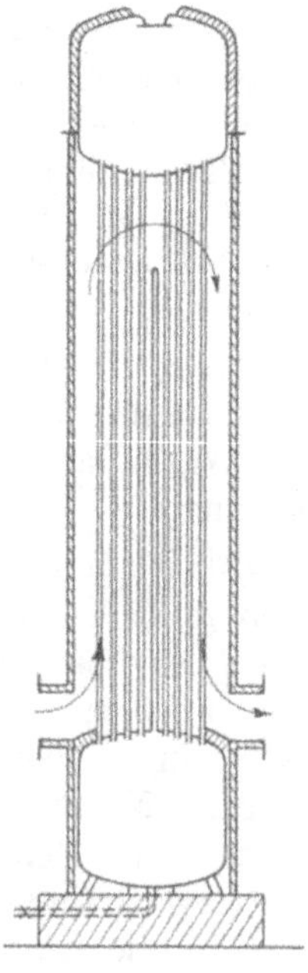

Abb. 101. Stehender Wasserröhren-Abhitzekessel.

beschreibt H. Entner[1]). Der Rohrboden auf der Gaseintrittseite des Rauchröhrenkessels muß durch eine Chamottevormauerung geschützt werden, da der Koksstaub bei der plötzlichen Richtungsänderung und Strömungsbeschleunigung sehr stark schmirgelnd wirkt. — Eine Gesamtanordnung mit Zündkammer und stehendem Wasserröhrenkessel gibt Abb. 100. Die Blasegase werden innerhalb des wassergefüllten Röhrenbündels ein bis mehrmals umgelenkt, um weitestgehenden Wärmeaustausch zu sichern. Der aus dem Oberkessel-Dampfsammler abziehende Dampf durchläuft noch den im Blasegasstrom vor dessen Eintritt in den Kessel liegenden Überhitzer. Außer der in Abb. 100 ersichtlichen Kesselform mit liegendem Ober- und Unterkessel ist auch eine Bauart mit völlig parallel eingewalzten Siederohren viel in Gebrauch (Abb. 101).

Während die Generator-Mantelkessel (mit Ausnahme der Hochdruck-Röhrenkessel) mit 2—3—5 atü arbeiten und ihr meist geringer Dampfvorrat bei der folgenden Gasperiode verhältnismäßig schnell verbraucht ist, arbeiten die Abhitzekessel mit 12—15 atü

[1]) H. Entner, Gas- und Wasserfach 75 (1932), S. 453.

und geben daher einen ausreichenden Dampfvorrat. Über den Bedarf an Gasungsdampf hinausgehende Dampfmengen können in einen Dampfspeicher oder in das Betriebsnetz geleitet werden. Anordnung eines Dampfspeichers hat vor allem dann Vorteile, wenn noch innerhalb der Anlage weitere Dampfverbraucher vorhanden sind, z. B. Dampfturbinenantrieb des Windgebläses oder Dampfpumpen.

Bei richtig bemessener Ausbildung der Abhitzegewinnung ist der erzeugte Dampf — bis über 2 kg Dampf je kg Koks — für die Gaserzeugung und alle Arbeitsvorgänge mehr als ausreichend. Dasselbe gilt, wie oben erwähnt (S. 132), von dem Hochdruckröhren-Wassergaserzeuger. Dagegen deckt der Doppelmantel-Generatorkessel mit Nieder- oder Mitteldruck allein den Dampfbedarf für die Gaserzeugung meist nicht vollständig[1]).

Das in der Gaseperiode erzeugte Wassergas wird, sofern nicht in Ausnahmefällen seine fühlbare Wärme in einem Röhrenvorwärmer od. dgl. ausgenützt wird, sofort in einen Skrubber-Kühler geschickt. Diese in Wassergasanlagen üblichste Kühlerart[2]) besteht nur aus einem Blechzylinder, der unter Zwischenlage tragender Holzhorden mit Grobkoks oder Nußkoks gefüllt ist und von oben her durch Streudüsen oder über Prallplatten mit Wasser berieselt wird. Dieser Kühlwäscher hält zugleich mitgerissenen Koksstaub gut fest. In gleicher Weise werden auch Hordenwäscher und Regenkühler benutzt[2]). Weitere Reinigung des Wassergases ist im allgemeinen nicht üblich, weil es meist dem Rohgas der Ofenanlage zugesetzt wird und mit diesem die Apparateanlage durchläuft. Wird das Wassergas aber erst dem Reingas zugesetzt, oder ist sonst seiner Verwendung wegen eine besondere Schwefelreinigung notwendig, so kann diese nicht ohne weiteres mit Reinigungsmasse erfolgen, wie sie bei Kohlengas gebraucht wird. E. Jaworski und C. Eymann[3]) stellten durch Betriebsbeobachtungen fest, daß übliche Reinigungsmasse in rohem Wassergas regenerierunfähig wird und daher nach gewisser Zeit keinen Schwefel mehr aufnehmen kann. Ursache ist der höhere Gehalt an CO_2 und SO_2, die eine Art Versauerung der Masse bewirken. Sodazusatz war ohne Erfolg, dagegen wurde die Masse bei Sättigung der dem Wassergas zugesetzten Regenerationsluft mit Ammoniak-Rohwasser wieder belebt. Die aufgenommene Ammoniakmenge betrug 5—20 g NH_3 je 100 m^3, der Zusatz erfolgte in einer Art Regenkühler.

Das technische Wassergas enthält in feinster Suspension Kieselsäure, SiO_2. Diese Substanz schlägt sich im Verlaufe der Rohrleitungen und Apparate nur sehr langsam nieder und erscheint noch weit hinter der Erzeugungsanlage, selbst hinter einem durchströmten Gasbehälter für Wassergas auch im Wassergasgebläse, in Ventilen, Wassergasmessern

[1]) Gas- u. Wasserfach **68** (1925), S. 734.

[2]) Handb. d. Gasind. III, 1, S. 78.

[3]) E. Jaworski u. C. Eymann, Gas- u. Wasserfach **81** (1938), S. 453.

u. dgl. und in den Rohrleitungen. Die Entstehung dieses Niederschlages ist nicht eindeutig geklärt. Früher nahm man an, daß er von einer Zersetzung von SiH_4 und $SiCl_4$ herrühre. Neuerdings wird vermutet[1]), daß sich bei der Wassergasumsetzung nebenbei aus den Schlackenbestandteilen ein Siliziumsulfid, SiS_2, bildet. Dieses ist flüchtig und wird mit Wasserdampf leicht zersetzt zu SiO_2 und H_2S. Anscheinend wird, nach der Zusammensetzung der vielerorts festgestellten Rohrleitungsbeläge zu urteilen, auch Eisen in irgendeiner Form mitgeführt und niedergeschlagen; die abgelagerte Masse wirkt dann als Reinigungsmasse und nimmt als solche aus dem rohen Wassergas Schwefel auf, mit dem sie sich stark anreichert. Diese großoberflächige Kieselsäure-Eisen-Schwefelmasse ist an der Luft leicht entzündlich, bisweilen zündet sie auch erst nach längerer Zeit und bildet beim Öffnen von Wassergasapparaten und Leitungen ein sehr zu beachtendes Gefahrenmoment. Nach der Mischung mit Kohlengas wurden solche Ablagerungen noch nicht beobachtet.

ε) Zubehör der Wassergasanlagen.

Grundzubehör der handbedienten Wassergasanlagen ist vor allem das Windgebläse. Dieses wird, obwohl nur zeitweise benötigt, doch zur Vermeidung von Zeit- und Arbeitsverlusten durch das An- und Ablaufen stets während der ganzen Arbeitszeit der Wassergasanlage in Betrieb gehalten. Wird der Windschieber am Generator gesperrt, so kommt es vor, daß die unter Gebläsedruck stehende Luft in der Windleitung unter lautem Geräusch in »pumpendes« Schwingen gerät. Dies kann vermieden werden, wenn mit Schluß der Blasezeit zugleich mit dem Abgasschieber auch auf der Saugseite des Gebläses ein Flachschieber (Blechschieber) geschlossen wird, der nur eine kleine Öffnung in der Mitte der Schieberplatte hat. Das Gebläse wälzt dann fast nur die in ihm befindliche Luft ständig um. — Der Antrieb des Gebläses erfolgt durch direkt gekuppelten Elektromotor oder durch eine vom Abhitzekessel gespeiste Dampfturbine.

Die Schieber am Generator sind Sonderbauarten, als Heißgasschieber bezeichnet. Sie müssen hitzebeständig und korrosionsfest sein, gut und sicher schließen und dürfen sich beim Bewegen nicht klemmen. Die üblichste Bauart hat statt des Schieberkeils zwei etwas beweglich aufgehängte, entgegengesetzt gerichtete Deckelplatten, die erst nach Absenken des Schiebers durch einen Keil und Preßrollen an ihre Dichtflächen angepreßt werden. Beim Öffnen löst erst wieder der Keil die Pressung der Deckel, bevor sie hochgehoben werden.

Wenn auch durch die Verriegelung der Arbeitsgänge des Blasens und Gasens grundsätzlich eine Falschschaltung und damit ein Zusammentreffen des brisanten Wassergases mit Luft und Zündung verhindert

[1]) P. Dolch, Wassergas, Leipzig 1936.

wird, kann doch durch unglückliche Umstände, Klemmen eines Schiebers und andere Ursachen, gelegentlich eine explosive Mischung entstehen. Um in solchem Falle Schäden am Gaserzeuger oder an den Apparaten zu vermeiden, sind an verschiedenen Stellen der Anlage Explosionssicherungen eingebaut, als Reißblenden aus dünnem Blech oder als gefederte oder schwach belastete Explosionsplatten, z. B. in der Windleitung, an den Schlackentaschen des Generators, am Abhitzekessel, auf der Zündkammer.

Der über Dach führende Blasegaskamin wird, um Belästigung der Umgebung durch Flugstaub möglichst zu vermindern, mit einem Staubfang versehen, sofern nicht Zündkammer und Abhitzekessel diese Funktion schon übernehmen. Bei dem über dem Gaserzeuger direkt über Dach führenden Kamin dient diesem Zweck eine Prallblechkonstruktion mit seitlicher Staubtasche (vgl. Abb. 89). Bei seitlichem Gasabgang aus dem geschlossenen Generator wird das Blasegas vor dem Kamin erst abwärts geleitet, in einer mit Wasserbad versehenen Staubkammer umgelenkt und dann erst über Dach abgeführt. Nübling und R. Mezger beschreiben[1]) einen besonders wirksamen Staubabscheider (Abb. 102), bei dem das Abgas durch den Wasserschleier einer Streudüse geleitet und der benetzte Staub in einem Wassersumpf besser niedergeschlagen wird, als dies bei trockenem Staub möglich ist.

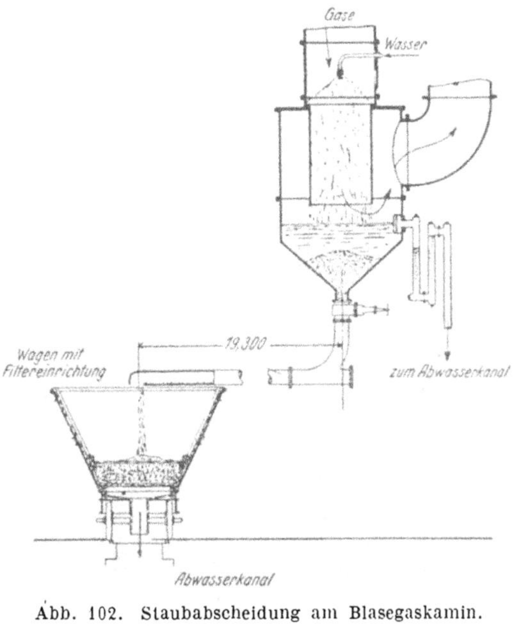

Abb. 102. Staubabscheidung am Blasegaskamin.

Der Flugstaub wird bei allen diesen mit Wasserschiff arbeitenden Staubabscheidern als Schlamm aus dem Wasser geholt.

ζ) Leistung, Wärmewirtschaft und Betriebskosten der Wassergasanlagen.

Zahlentafel 6 gibt einen Überblick über einige betriebsmäßig in Abnahmeversuchen ermittelte Betriebszahlen von Wassergasanlagen.

---

[1]) Nübling u. R. Mezger, Gas- u. Wasserfach **75** (1932), S. 456.

Zahlentafel 6.

Leistungen von Wassergasanlagen (Blauwassergas).

Generator-Durchmesser . . . . . m	2,1	2,2	2,6
Durchsatz . . . . t/Tag	15,9	21,6	31,8
Gaserzeugung . . . . . . m^3/kg Koks	1,54	1,60	1,535
Koksdurchsatz . . . . kg/m^2/h	192	237	251
Koksverbrauch . . . . kg/m^3	0,650	0,626	0,651
Dampfverbrauch . . . . kg/m^3	1,10	0,81	0,73
Kühlwasserverbrauch . . . . . l/m^3	—	7,0	6,84
Stromverbrauch . . . . W/m^3	—	20,4	22,5
Dampferzeugung			
im Generatorkessel . . . . . kg/m^3	0,43	0,81	0,60
im Abhitzekessel . . . . . . kg/m^3	0,99	0,68	0,78
insgesamt . . . . kg/m^3	1,42	1,49	1,38
Gasheizwert . . . . H_0 (0°/760)	2745	2730	2830

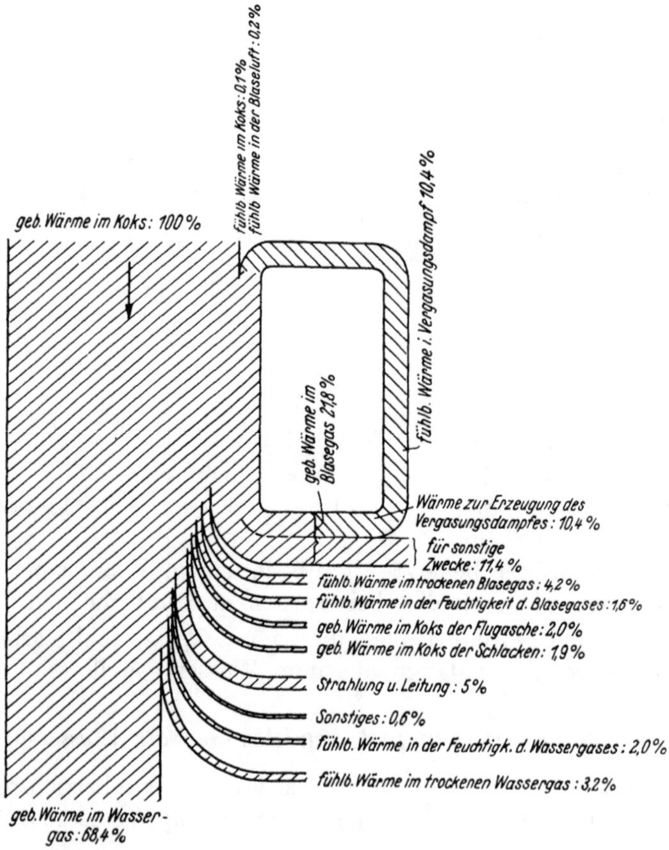

Abb. 103. Wärmestrombild eines Wassergasgenerators mit Abhitzedampfgewinnung.

H. Winter[1]) gibt als übliche Belastung neuzeitlicher Wassergasgeneratoren von 2,6 und 3,0 m Dmr. nur 185 kg/m²/h an, diese wird aber jetzt weit überschritten.

Die Wärmebilanz der Wassergaserzeugung ist je nach dem Grade der Wärmeausnützung sehr verschieden. Ein errechnetes Wärmestrombild eines Wassergasgenerators mit Abhitzekessel gibt F. Schuster[2]) (Abb. 103). Als Gegensatz zeigen Abb. 104 den Wärmefluß einer Wassergasanlage, die ohne eigene Dampferzeugung arbeitet und Fremddampf

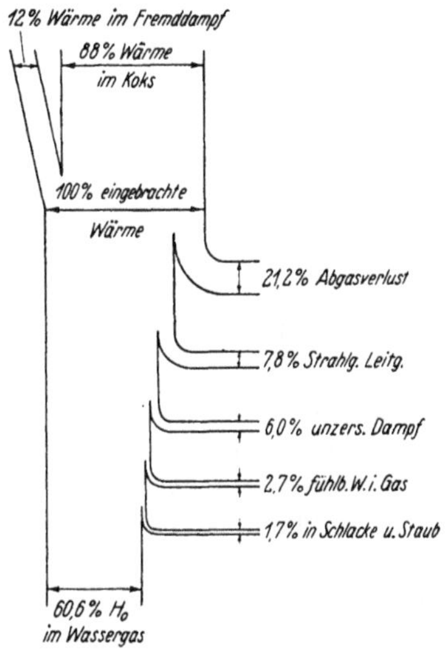

Abb. 104. Wärmestrombild eines Wassergasgenerators ohne Abhitzeverwertung.

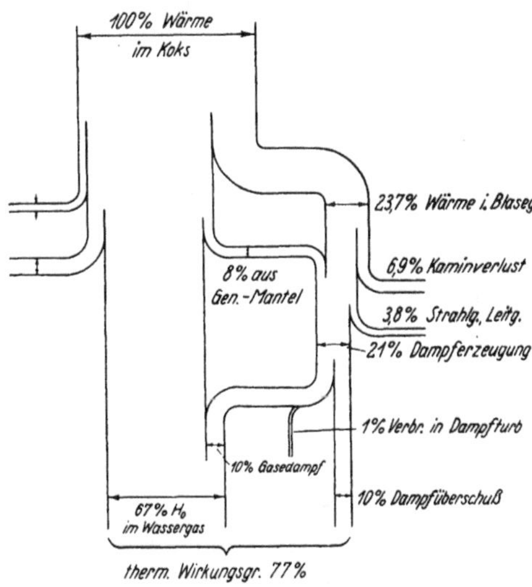

Abb. 105. Wärmestrombild eines Marischka-Hochdruck-Röhrenkessel-Wassergaserzeugers.

aufnehmen muß, Abb. 105 den eines Hochdruckröhren-Wassergasgenerators mit weitgehender Wärmerückgewinnung. Bei ersterer Anlage werden nur 60,6% der eingebrachten Wärme nutzbar gewonnen, bei letzterem wird ein thermischer Wirkungsgrad von 77% erreicht.

Die Kosten der Wassergaserzeugung je m³ lassen sich noch weniger allgemeingültig angeben als für andere Schwachgase, weil sie nicht nur von dem örtlichen Kokspreis und der Wärmeausnützung der Anlage abhängen, sondern sehr stark auch von der zeitlichen Belastung der Anlage oder der Länge der Betriebspausen, in denen der Wärmeverlust und Abbrand weitergehen. Außerdem ist für die Bewertung der Zweckmäßigkeit der Wassergaserzeugung nicht der absolute m³-Preis maßgebend, sondern der Erzeugungspreis für 1000 kcal im Wassergas, ver-

[1]) H. Winter, Taschenbuch f. Gasanst. u. Kok., Halle 1930.

[2]) F. Schuster, Gas- u. Wasserfach **72** (1929), S. 717.

glichen mit dem Preis von 1000 kcal des Ofengases, beide frei Behälter. Aber auch wenn dieser 1000-kcal-Preis des Wassergases über dem des Ofengases liegt, kann die Wassergaserzeugung als durchaus wirtschaftlich bezeichnet werden, wenn sie nach Lage der Betriebsverhältnisse als Spitzenausgleich zu bewerten ist.

Erzeugungspreise von Wassergas werden in der Literatur etwa in den Grenzen von 1,2 bis 3,0 Pf./m³ angegeben.

η) Betriebsüberwachung der Wassergasanlagen.

Bei Kleinanlagen wird im allgemeinen nur nach der Probeflamme gearbeitet. Die am Generatorausgang angeschlossene Probeleitung gibt einen ständigen kleinen Teilstrom zum Steuerstand, die Flammenform und Farbe gibt einen gewissen Anhalt für das Absinken der Gasbeschaffenheit und es kann, wenn die Probeleitung nicht zu lang und stark ist, mit einiger Genauigkeit das zweckmäßige Ende der Gasung beurteilt werden. Für größere Anlagen kann aber die Probeflamme nicht mehr als ausreichend angesehen werden, weil ihre Anzeige immer mit einer gewissen Verzögerung ankommt, die im Verhältnis zu den Gasezeiten schon von Einfluß ist.

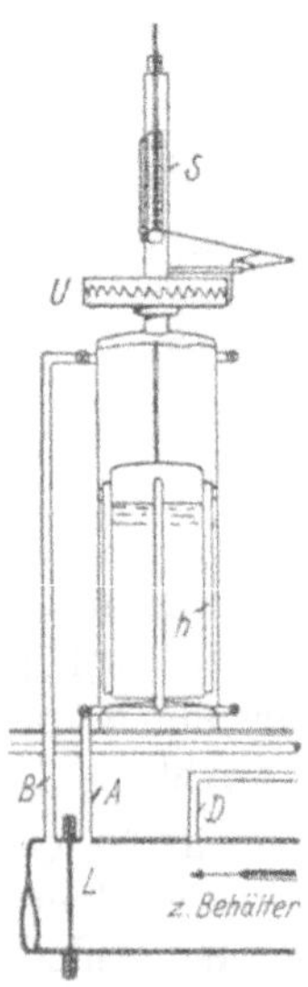

Abb. 106. Dampfschlußmelder nach Strache.

Da das Ende der Gasung durch die Temperatur des Brennstoffbettes bestimmt wird und das Sinken dieser Temperatur von der Menge des zugeführten und umgesetzten Gasungsdampfes abhängig ist, entwickelte Strache im Zusammenhang mit seinen grundlegenden Versuchen über das geeignete Verhältnis von Blase- zu Gaszeit (vgl. S. 121) einen Dampfschlußmelder[1]) (Abb. 106). Dieser arbeitet einerseits mit einer Drosselscheibe in der Dampfzuleitung, an der der Durchgangswiderstand und damit die Durchgangsmenge konstant gehalten wird, anderseits mit einer Drosselscheibe oder einem Meßschieber hinter dem Kühler im Strom des gekühlten Gases. Je mehr die Generatortemperatur sinkt, desto geringer wird die aus der Dampfeinheit gewonnene Gasmenge, bis ein Verhältnis erreicht wird, bei dem weiterer Dampfzusatz nicht mehr wirtschaftlich ist. Bei Erreichung dieses für jede Anlage festzulegenden und zeitweise nachzuprüfenden Grenzverhältnisses von Dampfdurchgang zu Gaserzeugung wird ein Signal ausgelöst, demzufolge der Gaser umschaltet.

Über ausführliche Versuche zur Dampfmessung mit Blenden unter Anwendung der Bendemannschen Werte für Durchfluß für Dampf

---

[1]) Gas- u. Wasserfach **50** (1907), S. 885; Gas- u. Wasserfach **65** (1927), S. 697; H. Winter, Taschenb. f. Gasanst. u. Kok., Halle 1930.

durch Düsen[1]) berichtet R. Geipert[2]). Die Einhaltung der Dampfmenge, die für einen Wassergasgenerator und die in ihm üblicherweise vergaste Kokskörnung den günstigsten Betriebszustand ergibt, ist für die Wirtschaftlichkeit der Wassergaserzeugung von grundlegender Bedeutung, deshalb ist auch regelmäßige Kontrolle der Blenden auf Verschleiß notwendig.

Die erstmalige und zeitweise zu prüfende Einstellung der Arbeitsweise kann zuverlässig nur an Hand der Gasuntersuchung erfolgen. Bei der Kürze der Perioden und der dabei ständig wechselnden Beschaffenheit des Gases ist eine Durchschnittsprobe nicht maßgebend, sondern es muß der Verlauf der Änderung in der Gasanalyse festgestellt werden. Dies ist möglich, indem man mit der Stoppuhr zu bestimmten Zeiten verschiedener Gasungen Stichproben mit dem Orsat-Apparat nimmt und die Analysendaten in ein Koordinatensystem einträgt, oder wesentlich sicherer und übersichtlicher nach dem Vorschlag von W. Schweder[3]) durch Entnahme von Reihenproben über je eine ganze Gasung oder Blasezeit mit einer zusammengebauten Gasbürettenreihe (Abb. 107) mit einer CO_2-Absorptionsbürette. Die gleiche Untersuchung ist auch durchführbar mit einer zusammengeschalteten Reihe Gasproberöhren, deren Inhalt der Reihe nach in einen Orsatapparat übernommen wird, besonders auch zur Prüfung des CO-Gehaltes der Blasegasproben. Die kurvenmäßige Aufzeichnung der CO_2- bzw. CO-Werte mehrerer gleichartiger auf diese Weise untersuchter Gasezeiten oder Blasezeiten gibt einen zuverlässigen Hinweis auf notwendige Änderungen der Arbeitsweise.

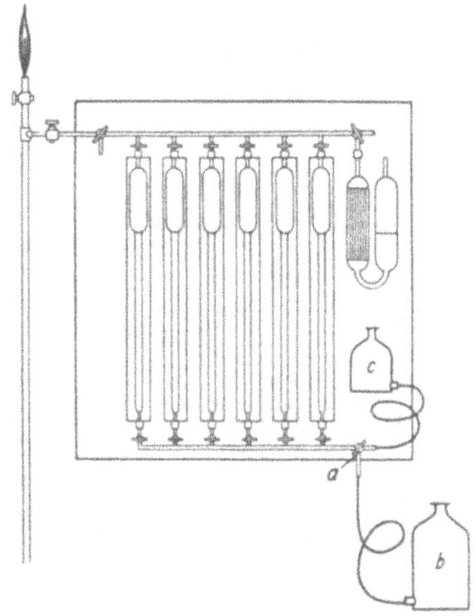

Abb. 107. Gasprobenahme nach Schweder.

Die Kohlensäureregistrierung mit schreibenden CO_2-Apparaten gibt infolge des nicht mit der Periodenzahl des CO_2-Prüfers übereinstimmenden Wechsels der Arbeitsperioden und der Anzeigeverzögerung durch die Zuleitungen kein zuverlässiges Bild.

[1]) Hütte, 23. Aufl. I. S. 447; Handb. d. Gasind. I, 5. Teil, S. 68.
[2]) R. Geipert, Gas- u. Wasserfach **65** (1922), S. 441.
[3]) W. Schweder, Gas- u. Wasserfach **72** (1929), S. 261.

Für die laufende Betriebsüberwachung und als Arbeitsanhalt für den Gaser hat sich auch ein »Gasungsschreiber« sehr bewährt, der unter der Voraussetzung einer durch Blende und geregelten Vordruck stets gleichmäßig gehaltenen Dampfzufuhr lediglich die Gasmenge hinter dem Skrubber durch einen Staurand erfaßt und dessen Differenzdruck auf dem Schreibstreifen einer mit einem 8-Stunden-Uhrwerk (statt sonst

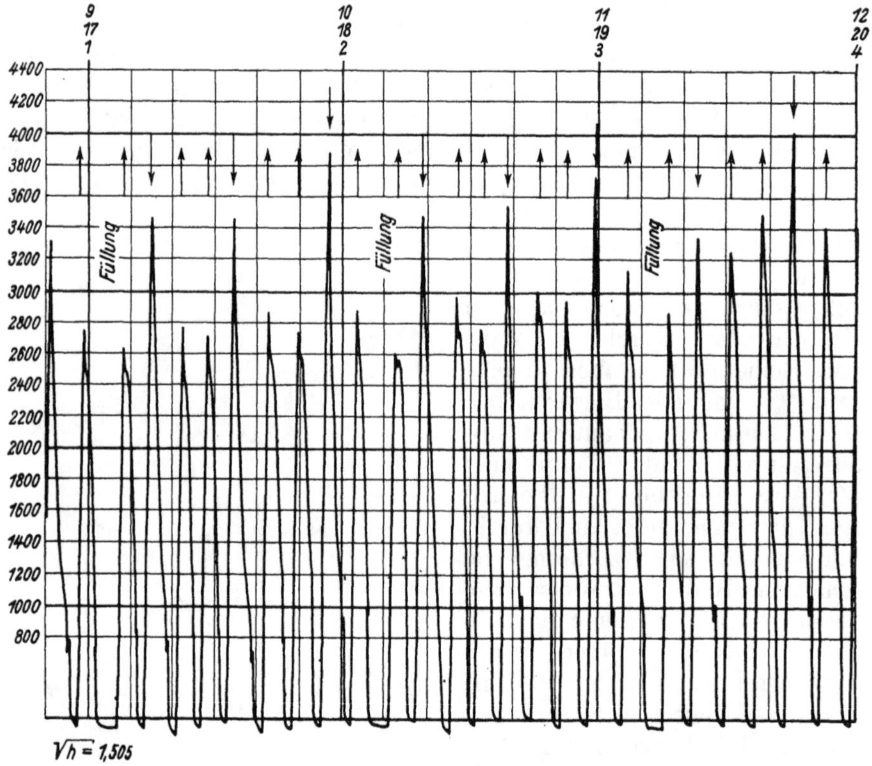

Abb. 108. Diagramm eines »Gasungsschreibers« mit 8-Stunden-Uhrwerk.

üblichen 24-Stunden-Werkes) versehenen Schreibtrommel aufschreibt, der eine Einteilung in m^3/h trägt. Der Kurvenverlauf jeder Gasung ist bei diesen starken Streifenvorschub gut übersichtlich (Abb. 108) und der Gaser erhält nur Anweisung, bei welcher Gasmenge die Gasungen abzubrechen sind[1]).

Zur allgemeinen Kontrolle der Anlage wird natürlich am Steuerstuhl eine Manometertafel zur Beobachtung durch den Gaser aufgestellt, die die Gasdrucke im Gaserzeuger oben und unten und in der Windleitung, den Dampfdruck vor den Dampfblenden, den Druck der Hydraulik,

[1]) Licht u. Wasser (1937), S. 133.

gegebenenfalls auch Temperaturanzeigen im Generator und im Abgas- und Gasstrom übersichtlich zusammenfaßt.

d) Automatisch arbeitende Wassergasanlagen.

α) Grundlagen und Betriebsweise der automatischen Anlagen.

Automatische Wassergasanlagen sind stets Großanlagen, weil die dazu notwendige Apparatur nur für große Einheiten und möglichst für mehrere zusammenarbeitende Aggregate wirtschaftlich einzurichten ist. Der Begriff »halbautomatische Steuerung« hat mit den automatischen Anlagen nichts zu tun; die halbautomatische Steuerung arbeitet, wie erwähnt, mit arbeitserleichternder Druckübertragung, braucht aber für jeden Arbeitsgang eine Handbetätigung. Es gibt auch Anlagen mit teilweiser Automatisierung, z. B. mit automatischer Brennstoffzuführung, wie bei Generatoren oder Sauggasanlagen. Das Ziel der Konstruktion automatischer Wassergasanlagen war aber die vollständige Automatisierung jedes Arbeitsganges bei weitgehend gleichmäßiger Arbeitsweise und Erzeugung.

Eine besonders eingehende Darstellung der Einrichtung und Arbeitsweise von automatischen Wassergasanlagen nach Humphreys und Glasgow geben Nübling und R. Mezger[1]).

Diese Anlagen an sich unterscheiden sich, abgesehen von der Automatik, in der Gesamtanordnung nicht wesentlich von den bisher er-

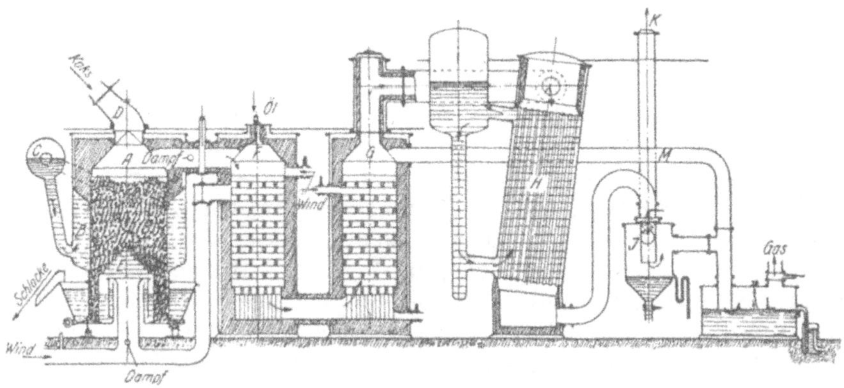

Abb. 109. Gesamtanordnung einer automatischen Wassergasanlage nach Humphreys und Glasgow.

wähnten Wassergasanlagen. Sie arbeiten zwar oft mit Karburierung, besonders im Ausland, da dies aber kein Charakteristikum der automatischen Arbeitsweise ist, wird auf diesen Teil der Anlage später zurückgekommen (vgl. Karburierung S. 169). Abb. 109 zeigt das Schema der

[1]) Nübling u. R. Mezger, Gas- u. Wasserfach **70** (1927), S. 1085.

einen von R. Mezger beschriebenen Anlage (Paris-Genevilliers). Hervorzuheben ist am Generator der für gleichmäßige Austragung geeignete nasse Abschluß und der Gasweg des erzeugten Gases. Der beim nassen Abschluß erwähnte Nachteil (S. 137) des Nachgasens bei Stillstand entfällt bei der ununterbrochenen Anlage. Der Gasweg führt wegen der Karburierung durch den Überhitzer, genau wie das Blasegas, das Wassergas kann dann auch noch durch den Abhitzekessel geleitet werden, geht aber im allgemeinen vom Überhitzer direkt durch eine Umgangsleitung zu einem Staubabscheider hinter dem Abhitzekessel (Gasvorlage). Die Stochlöcher im Generatordeckel werden wegen des tatsächlich störungsfreien Dauerbetriebes meist weggelassen, dagegen ist eine Stopfbüchsendurchführung für einen Höhenstandtaster zur laufenden Beobachtung des Brennstoffstandes eingebaut.

Die automatische Betriebsweise weicht von der allgemeinen Anordnung der handbedienten in folgenden Punkten ab:

1. Der Drehrost, der bei Handbedienung nur zeitweise läuft, arbeitet bei der automatischen Anlage ständig mit entsprechend geringerer Geschwindigkeit; aus diesem Grunde ist die Exzentrizität des glatten Rostturmes stärker ausgeprägt als bei den erwähnten Wassergasrosten mit Schlackenräumern.

2. Während bei den handbedienten Anlagen im allgemeinen auf zwei Aufwärtsgasungen eine Abwärtsgasung folgt und diese je nach Generatorstand auch geändert werden können, arbeitet die automatische Steuerung auf äußerste Gleichmäßigkeit in der Bedienung hin. Es gibt deshalb nur eine Art des Gasens; jede Arbeitsperiode besteht aus dem Blasen, einer Aufwärtsgasung und unmittelbar anschließender Abwärtsgasung, nebst kurzem Spülen von unten (zur Vermeidung von Verpuffungen). Die Abwärtsgasung wird hier meist als »Bac run« bezeichnet, das ist ein von den Karburieranlagen übernommener Begriff, nämlich die Wärmerückführung aus der Zündkammer in den Generator durch Überhitzen des Abwärtsdampfes in der Zündkammer. Die Blasezeit wird mit $1\frac{1}{2}$—$1\frac{3}{4}$ min angegeben, das Verhältnis Blasen zu Gasen etwa mit 1:1,8 bis 1:2 gegenüber 1:3 bis 1:4 bei handbedienten Anlagen. Diese zeitliche Verschiebung bedeutet nicht, daß, wie es äußerlich erscheint, das Blasen gegenüber dem Gasen verlängert wird, vielmehr wird selbstverständlich auch nur die zur Speicherung der Reaktionswärme notwendige Blasegasmenge entsprechend erzeugt, nur in relativ längerer Zeit durch kleinere sekundliche Windmenge, wegen der geringeren zulässigen Winddruckhöhe.

Arbeiten mehrere automatische Generatoren zusammen, so wird ihre Automatik so gekuppelt, daß die Blasezeiten möglichst wenig oder gar nicht zusammenfallen.

β) Die Automatik.

Die Automatik erstreckt sich, wie gesagt, auf möglichst viele Arbeitsgänge, also auf Kohlenzufuhr, Kohlenwägung, Ascheaustragung, Schalten der Schieber für Wind, Blasegas, Zweitwind der Zündkammer und der Gas- und Dampfschieber aufwärts und abwärts, ferner regelt sie die Reihenfolge und Zeitdauer aller Arbeitsvorgänge.

Von Hand oder getrennt maschinell zu bedienen bleiben somit nur noch die Kohlezufuhr zum Vorratsbunker und die Abfuhr von Schlacke und Flugstaub.

Abb. 110. Steuerung der automatischen Anlage (»Klavier«).

Der ganze Schaltmechanismus der Automatik ist für jede Einheit in einem Apparat zusammengefaßt, dem sog. »Klavier«. Abb. 110 gibt den Einblick in eine geöffnete Apparatur; den Antrieb erhält diese durch einen unten eingebauten Motor. — Ferner muß die Automatik bei Störung irgendeines Arbeitsvorganges alle weiteren, etwa zur Gefährdung der Anlage führenden Arbeitsgänge ausschalten und für den Fall längerer Störung die Möglichkeit geben, alle Schaltungen unter Verzicht auf die selbsttätige Bewegung vorübergehend ganz von Hand zu bedienen.

Über die sehr komplizierte Bauart und Arbeitsweise dieser automatischen Apparaturen liegen in der Literatur wenig Angaben vor, deshalb sei im Hinblick auf die Wichtigkeit dieser neuzeitlichen maschinellen Entwicklung die sehr eingehende und übersichtliche Beschreibung, die R. Mezger davon gibt[1]), nachstehend wörtlich wiedergegeben:

Wir nehmen diese Beschreibung an Hand des französischen Patentes Nr. 594772 vor unter Weglassung von allem Unwesentlichen. Vorausgeschickt sei, daß alle zu steuernden Organe mit Wasserdruck von 30 atü betätigt werden. Zum Verständnis soll zunächst die automatische Betätigung für nur 1 Abschlußorgan herausgegriffen werden, weil sich diese Anordnung für sämtliche Abschlußorgane wiederholt.

In Abb. 111 wird die Welle 1 durch einen Motor mit veränderlicher Drehzahl angetrieben. Diese Welle 1 betätigt an irgendeiner nicht gezeigten Stelle mit Hilfe einer Zahnräderübersetzung die Welle 2 derart, daß sie sich in umgekehrter Richtung mit gleicher Geschwindigkeit wie die Welle 1 dreht. Auf der Welle 1 ist die Scheibe 2 und auf der Welle 2 die Scheibe 3 aufgekeilt. Diese Scheiben können in ihrer relativen Lage zur Achse nach Wunsch den Betriebserfordernissen angepaßt werden. In den Scheiben 2 und 3 sind die Knaggenrasten 4 und 5 in der gezeigten Form angeordnet. In diese Knaggenrasten greifen die Knaggenhebel 6 und 7, die um eine Achse 8 lose drehbar sind, ein, sobald dies die relative Lage der Knaggenrasten erlaubt. Der Knaggenhebel 6 steht mit der Verbindungsstange 9 und der Knaggenhebel 7 mit der Verbindungsstange 10 im Zusammenhang derart, daß die Verbindungsstange 1 einen um 11 drehbaren Hebel 12 betätigt, während die Verbindungsstange 10 um den gleichen Drehpunkt 11 einen Hebel 13 periodisch in Bewegung setzt.

Der Drehpunkt 11 ist auf einer Schubstange 14 befestigt. Die Schubstange 14 betätigt ihrerseits wieder einen Hebelarm 15, der um Zapfen 16 drehbar angeordnet ist und eine mit dem Wasserzuführungshilfskolben 17 verbundene Stange in Bewegung zu setzen vermag. Die Welle 18 wird durch einen auf Welle 2 sitzenden Exzenter in hin- und hergehende Bewegung derart versetzt, daß der starke Hebelarm 19 hin- und herschwingt. Steht dann gerade z. B. der Hebel 12 in der gezeichneten Stellung, so wird die Schubstange 14 nach rechts geschoben und der Hilfskolben 20 bewegt sich nach unten. Ist dagegen der Hebel 13 in seiner unteren Stellung, so greift der Hebel 19 an diesem an, schiebt die Stange 14 nach links und demzufolge den Kolben 20 nach oben. — Eine sparsame Betriebswirtschaft zeigt der Hilfskolben 20 insofern, als das wertvolle Druckwasser von 30 atü nur auf der einen Seite des Hauptkolbens 21 verlorengeht. Der Kolben 21 betätigt mit Hilfe der Kolbenstange 22 das Absperrorgan. Die Bewegung des Kolbens 21 in der anderen Richtung dagegen erfolgt durch einen Wasserdifferenzdruck, der sich daraus ergibt, daß das Druckwasser infolge des Fehlens der Kolbenstange auf der oberen Seite des Kolbens auf einer größeren Fläche angreift als auf der anderen Seite, wo ein Teil der Kolbenfläche

[1]) Nübling u. R. Mezger, Gas- u. Wasserfach **70** (1927), S. 1121.

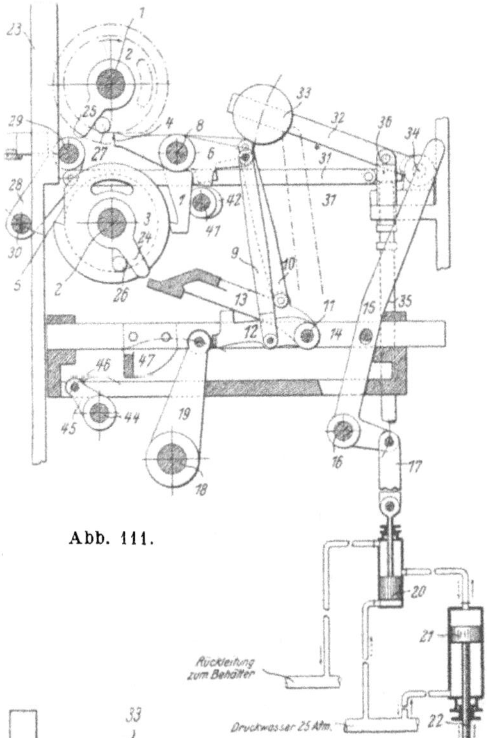

Abb. 111.

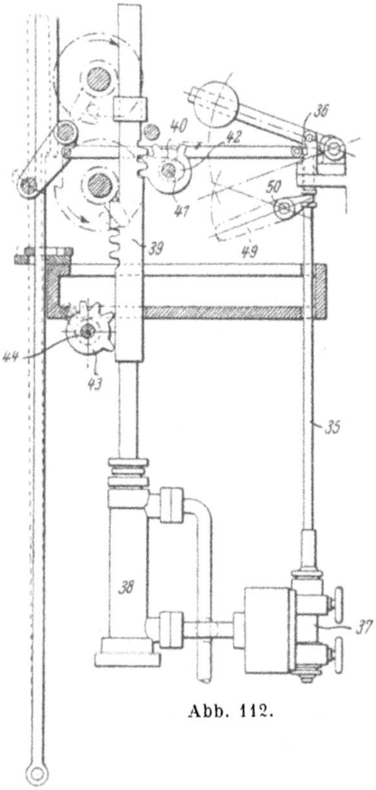

Abb. 112.

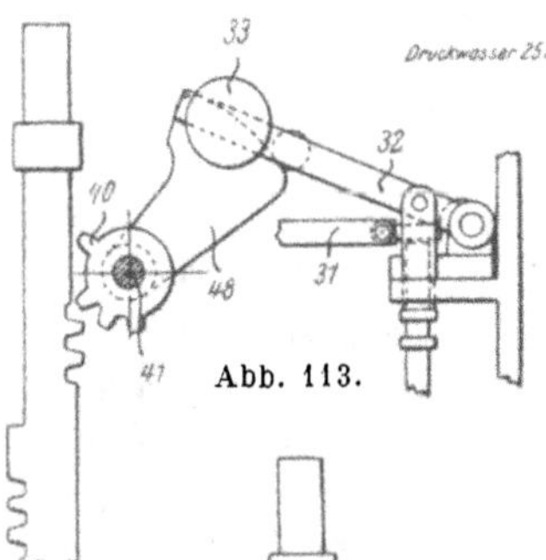

Abb. 113.

Abb. 111—115. Teilbilder der automatischen Steuerung.

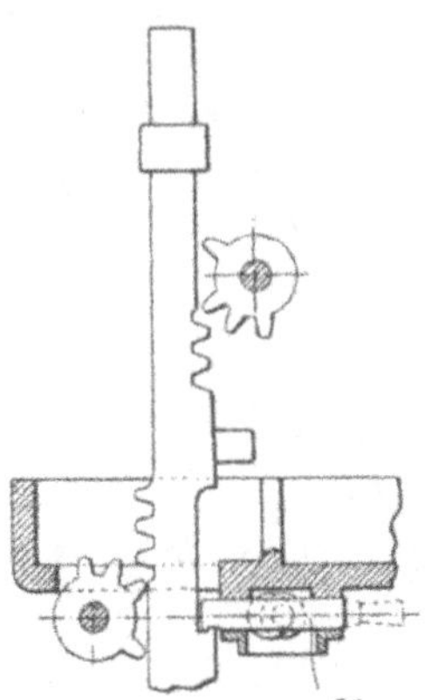

Abb. 114.

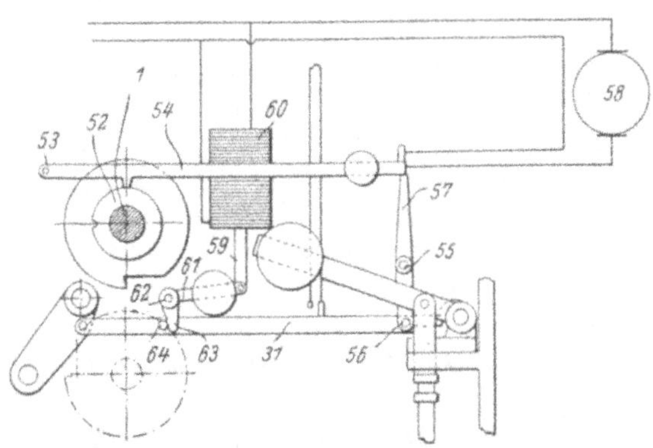

Abb. 115.

durch die Kolbenstange 22 belegt ist. Im übrigen ist die Wirkungsweise des Hilfszylinders auf Grund der Abb. 111 ohne weiteres verständlich.

Es ist natürlich notwendig, daß beim Ausbleiben eines beabsichtigten Öffnungs- oder Schließvorganges eines Ventils sofort Sicherheitsmaßnahmen derart getroffen sind, daß die Apparatur selbsttätig ausschaltet; andernfalls müßte man ja Explosionen und damit weitgehende Schädigungen der Apparatur gewärtigen. Dies ist in sehr sinniger Weise dadurch erreicht worden, daß die Ventilbewegung auf die Schubstange 23 zurückgegeben wird. Die Bewegung dieser Schubstange ist dann derart, daß im Falle des fehlerhaften Ausbleibens irgendeiner Ventilbewegung das obere breitere Teil der Schubstange 23 von einem Finger 24 bzw. 25 zur Seite gedrückt wird. Dieser ist lose auf der Achse 2 bzw. 1 befestigt und wird durch eine Nocke 26 bzw. 27 betätigt. Bei diesem seitlichen Ausweichen der Stange 23 wird ein Rahmen 28, der um 29 drehbar gelagert ist, durch Angriff an der Verbindungsstange 30 zur Seite getrieben. Mit diesem Rahmen ist anderseits drehbar die Schubstange 31 verbunden, die durch eine Knagge den Hebel 32 mit Gegengewicht 33 in seiner Stellung verriegelt. Durch Ausweichen der Schubstange 31 nach links wird der um 34 drehbare Hebel 32 freigegeben, der seinerseits eine Kolbenstange 35 nach unten drückt. Diese Kolbenstange 35 ist nicht fest mit dem oberen Teil 36 verbunden, es setzt sich vielmehr dieser obere Teil 36 hülsenartig auf die Kolbenstange 35 auf. Die Kolbenstange 35 bedient einen Hilfszylinder 37 (Abb. 112), der seinerseits die Wasserzuführung zu einem Wasserdruckzylinder 38 steuert. Dieser dient aber nicht einer Ventilbetätigung, sondern trägt vielmehr eine beiderseitig teilweise gezahnte Zahnstange 39, wie das aus Abb. 112 ersichtlich ist.

Bei Niedergleiten des Kolbens wird nämlich durch die eigentümliche Verzahnung des in die Zahnstange eingreifenden Zahnrades 40 die Welle 41 derart gedreht, daß ein daran befestigter Exzenter 42 (Abb. 112) die beiden Knaggenhebel 6 und 7 anhebt und damit jede weitere Ventilbetätigung unterbindet. Dabei wird der Exzenter in dieser Stellung selbsttätig durch die besondere Verzahnung von 40 verriegelt. Bei dem weiteren Hinuntergleiten der Zahnstange kommt schließlich das auf der anderen Seite befindliche Zahnrad 43 (Abb. 112) zum Eingriff. Dieses verdreht die Welle 44 (Abb. 111, 112) derart, daß ein mit dieser fest verbundener Hebelarm 45, der außen eine Rolle 46 trägt, an der vorstehenden Knagge 47 der Schubstange 14 angreift und damit alle Schubstangen 14 nach rechts schiebt, was zur Folge hat, daß sich alle Ventile schließen, außer denen, die den Durchgang vom Generator zur Abgasklappe freigeben. Durch das seitliche Ausweichen der Stange 23 jedoch werden elektrische Kontakte derart betätigt, daß der Wärter sofort durch Licht- und Lautzeichen von dem eingetretenen Ereignis unterrichtet wird.

Wie die Abb. 113 zeigt, ist bereits beim Niedergang des Kolbens in Zylinder 38 der gefallene Hebel 32 mit Gegengewicht 33 wieder durch

Hebel 48, der mit Welle 41 ebenfalls verbunden ist, angehoben worden, so daß durch einen Handgriff die am rechten Ende von Schubstange 31 befindliche Knagge nach Behebung der Fehler wieder eingerückt werden kann.

Für die Freigabe der Apparatur zum Weiterbetrieb ist aber die Betätigung eines Handhebels 49 (Abb. 112) erforderlich, der, im Zapfen 50 drehbar, die Schubstange 35 wieder in die Hülse 36 hineinschiebt. Durch die Bewegung der Schubstange 35 nach oben hebt sich auch wieder durch Umsteuern des Wasserdruckes in 37 die Zahnstange 39 (Abb. 112), so daß durch die entgegengesetzte Bewegung der Zahnräder 40 und 43 sowohl die Schubstange 14 als auch die Knaggenhebel 6 und 7 wieder freigegeben werden.

Es ist aber auch möglich — gemäß Abb. 114 —, die Zahnstange vorher durch eine Verriegelung 51 so festzuhalten, daß wohl der Hebel 45 (Abb. 111) und damit die Schubstange 14, nicht aber der Exzenter 42 und damit die Knaggenhebel 6 und 7 freigegeben werden. Dies erlaubt eine Handbetätigung der Hebel 15, die in üblicher Weise gegeneinander verriegelt sind. Auf diese Weise ist allgemein eine Handsteuerung sämtlicher Ventile möglich. Einzelne Ventile können dadurch außer Eingriff gebracht werden, daß die auf der Achse verschiebbaren Finger 24 und 25 durch einen Handgriff zur Seite geschoben und die entsprechenden Knaggenhebel 6 und 7 gleichzeitig in ihrer hohen Stellung verriegelt werden. Bleibt die Apparatur stehen, so rückt sich auch der Motor nach einer gewissen Zeit selbsttätig aus. Diese Ausrückung ist in Abb. 115 dargestellt und arbeitet wie folgt: Auf der Achse 1 sitzt eine Nockenscheibe 52. Auf dieser Nockenscheibe 52 reitet der mit einem Gegengewicht beschwerte, um einen Drehpunkt 53 drehbare Hebel 54. Dieser Hebel 54 ruht mit seinem freien Ende auf einem um 55 fest und 56 lose drehbaren Hebel 57 und vermittelt in dieser Stellung, wie aus Abb. 115 ersichtlich, die Stromzufuhr zu dem die Wellen 1, 2 und 18 (Abb. 111) betätigenden Motor 58 (Abb. 115). Weicht durch Eintreten einer Störung die Schubstange 31 nach links aus, so wird der Hebel 57 um seinen festen Drehpunkt 55 mit seinem oberen Arm nach rechts herausgedreht, so daß der Hebel 54 freigegeben wird. Dieser schnappt, sobald durch Drehung von 52 dazu Gelegenheit gegeben wird, in die Nockenkerbe der Scheibe 52 mit seiner Nocke ein. Die Folge davon ist, daß der Stromkreis nach dem Motor zu unterbrochen wird.

Die Abb. 115 zeigt auch die Sicherheitsmaßnahme, die für den Fall des Ausbleibens der Stromzuführung zum Generator getroffen ist. Ist der Stromkreis nämlich geschlossen und die Apparatur im Gang, so wird ein Magnet 59 in der Magnetspule 60 in seiner oberen Stellung gehalten. Dieser Magnet ist mit einem losen Gelenk mit Hebel 61 verbunden, der, um Zapfen 62 drehbar, den Daumen 63 trägt. Auf der Schubstange 31 befindet sich ein Anschlag 64. In der hohen Stellung des Magneten 59 greift der Daumen 63, 64 nicht an. Bleibt dagegen der Strom aus, so fällt der Magnet 59 und drückt, mit einem Gewicht beschwert, den Daumen 63 nach links, wodurch die Schubstange 31 ebenfalls nach links ausweicht und in der bereits beschriebenen Weise die ganze Apparatur auf Durchgang stellt.

Es ist ohne weiteres ersichtlich, daß, wenn man die Welle 1 in ihrer relativen Lage gegen Welle 2 verdreht, das Ereignis des Gasebeginns in bezug auf den Blasebeginn, d. h. die relative Blasedauer in bezug auf die Gasedauer, willkürlich geändert werden kann. In ähnlicher Weise läßt sich auch die Dauer des Gasens von oben im Verhältnis zur Dauer des Gasens von unten regeln.

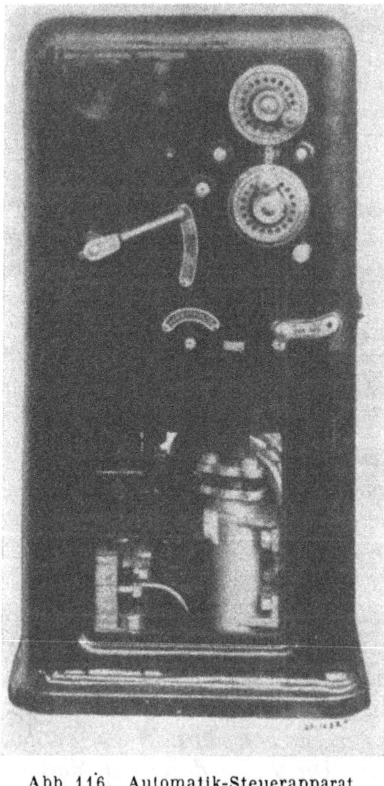

Abb. 116. Automatik-Steuerapparat, Seitenansicht.

Dieses Verstellen der Hauptwellen gegeneinander zur zeitlichen Änderung der Arbeitsgänge erfolgt an Stellscheiben, die außerhalb der Stellwerksverkleidung angebracht sind und von Hand während des Betriebes ohne Störung der Arbeitsweise betätigt werden können (Abb. 116).

Eine andere Anordnung einer Automatik für Wassergasgeneratoren (Pintsch) zeigen die Abb. 117 und 118[1]). Steuerndes Organ ist die von einem Motor schrittweise gedrehte Zeitscheibe *h*, auf deren Rand die Reiter *i* wahlweise verstellbar befestigt sind. Jeder Reiter gibt bei Drehen der Scheibe Impuls für Bewegung des Schwenkhebels *g*, des Zuggestänges *d* und der Nockenscheibe *b* und damit des Ölkolbenschiebers, der jeweils einen — dem betreffenden Reiter entsprechenden — Ölweg für das Drucköl freigibt und einen Schaltvorgang auslöst.

Auch bei dieser Bauart ist eine Sicherheitseinrichtung vorhanden, durch die bei Versagen oder nicht vollständiger Abwicklung irgendeines Arbeitsganges eine Alarmvorrichtung zugleich mit automatischem Stillstand der Anlage ausgelöst wird.

Handbetrieb ist ohne weiteres möglich durch das vor der Nockenscheibe angebrachte Handrad. Verstellen der Arbeitsgänge im einzelnen geschieht durch Versetzen der Reiter auf der Nockenscheibe; Veränderung der ganzen Arbeitsperiode unter Beibehaltung des durch die Reiter

[1]) Jul. Pintsch, DRPP. 586672, 587722, 598895, 622762.

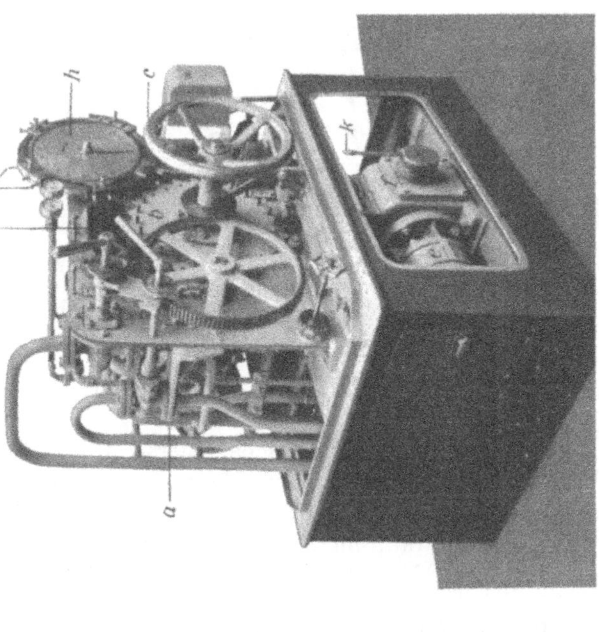

Abb. 117. Automatischer Steuerapparat (Pintsch).

Abb. 118. Zeitscheibe des automatischen Steuerapparats.

gegebenen Zeitverhältnisses der Einzelfunktionen ist möglich durch Verstellen des Schalthebels *k* (Abb. 117), und zwar etwa zwischen 3 und 5 min Gesamtdauer.

Die von Pintsch angewandte automatische Brennstoffzufuhr mit automatischer Wägung ist in Abb. 119 dargestellt. Die Einzelmenge ist ohne Änderung der Schaltfolge durch das Gewicht zu verändern.

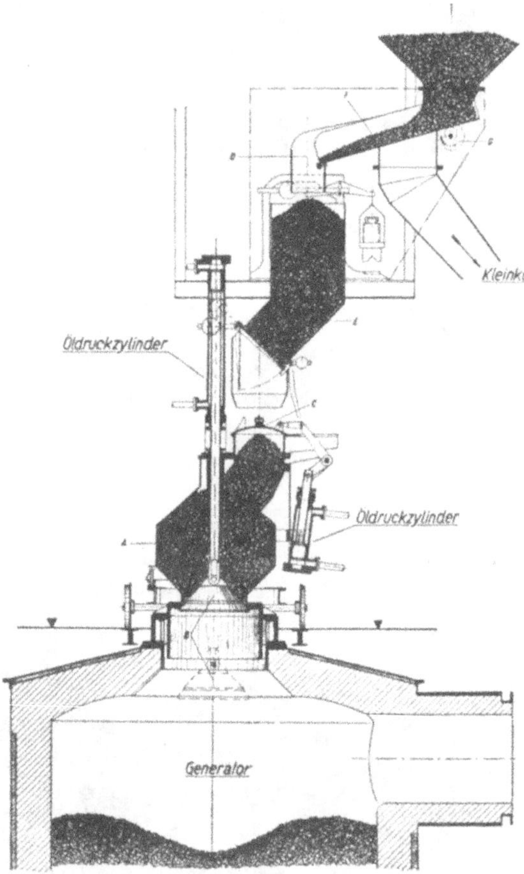

Abb. 119. Automatische Kohlenbeschickung.

Eine anschauliche schematische Übersicht der Wind-, Dampf- und Gas-Wege in einer automatischen Blauwassergasanlage gibt G. Wilke[1]). Die Anlage (Demag, System Humphreys u. Glasgow) besteht aus dem Generator, der Zündkammer, liegendem Abhitzekessel, Gasvorlage und Kamin. In Abb. 120 a—d sind die Schieberstellungen und Strömungs-

[1]) G. Wilke, Techn. Mitt. Krupp (1937), S. 44.

wege als »Stoff-Fließbild« für die Arbeitsgänge Blasen, Gasen von unten, Bac run und Spülen dargestellt: Das Blasegas zieht durch Zündkammer, Abhitzekessel und Kamin, das Aufwärtswassergas bei der vorliegenden Anordnung auch durch Zündkammer und Abhitzekessel und bei geschlossenem Kamin nach der Gasvorlage; das Abwärtsgas wird unmittelbar zur Vorlage geführt und das Spülgas zum Kamin.

γ) Zubehör, Leistung und Wirtschaftlichkeit der automatischen Anlagen.

Das Zubehör der automatischen Wassergasanlagen ist im wesentlichen das gleiche wie bei jeder neuzeitlichen größeren Wassergasanlage, umfaßt also Gebläse, Zündkammer, Abhitzekessel, Staubfänger usw. in der früher beschriebenen Art und Ausführung.

In der Betriebskontrolle, die sehr weitgehend an den Kontroll- und Manometertafeln durchgebildet ist, tritt neu hinzu die Beobachtung des Brennstoffstandes im Gaserzeuger, den eine mit Stopfbüchse durch den Deckel des Generators geführte, bewegliche Sonde anzeigt.

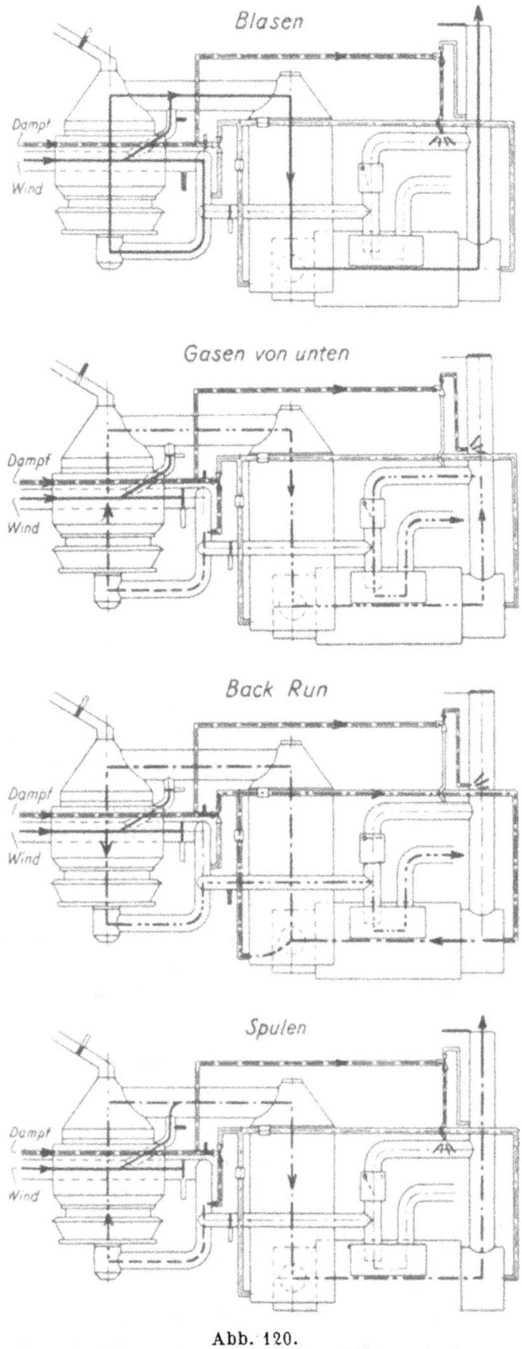

Abb. 120.
Stoff-Fließbild einer automatischen Wassergasanlage.

Über Leistung und Wirtschaftlichkeit von automatisch auf Blauwassergas arbeitenden Anlagen in Gaswerken sind in der Literatur nur wenige und unvollständige Angaben verzeichnet, da diese Anlagen mehr auf Karburierung arbeiten. Hinsichtlich Blauwassergaserzeugung nehmen sie für sich in Anspruch, daß sie infolge der regelmäßigen, theoretisch gut ausgeglichenen Arbeitsweise eine Verringerung des Brennstoffverbrauches und infolge der schnelleren und stets rechtzeitigen Umschaltung eine Leistungssteigerung der Anlage erreichen, abgesehen von der Ersparnis an Bedienungspersonal. Außerdem ist in automatischen Großanlagen neuerdings die Leistung nachweislich sehr gesteigert durch neuzeitliche Änderung der Arbeitsweise, worauf noch zurückzukommen ist (vgl. folg. Abschnitt); diese Arbeitsweise ist aber keine Bedingung für die automatische Arbeit.

Der Wärmestrom der automatischen Anlage entspricht ebenfalls im wesentlichen dem großer Wassergasanlagen mit Abhitzekessel, nur pflegt der Selbstverbrauch des Überschußdampfes in der Anlage besonders weitgehend durchgeführt zu werden.

e) Hochleistungs-Wassergasgeneratoren.

α) Entwicklung und Betriebsweise.

Der außerordentlich große Bedarf an Wassergas für verschiedene Syntheseverfahren, besonders für die Treibstoffsynthese, und die Notwendigkeit, dieses Ausgangsgas im Interesse der Wirtschaftlichkeit des ganzen Prozesses so billig als möglich herzustellen, führte zu weiteren umwälzenden Entwicklungen und Leistungssteigerungen in der Wassergaserzeugung, sowohl auf dem Wege der intermittierenden Erzeugung in Generatoren wie auch in der Fließerzeugung (vgl. Teil 2 ds. Bds.).

Die Verbilligung der Wassergaserzeugung wurde bei der Wechselbetriebsweise vor allem durch Leistungssteigerung der Gaserzeugereinheit gesucht; dadurch sanken sowohl die Anlagekosten und der Kapitaldienst als auch die laufenden Bedienungskosten. Selbstverständlich arbeiten solche Hochleistungsanlagen durchweg vollautomatisch.

Diese Leistungssteigerung der Gaserzeugereinheit wurde erreicht einerseits durch Vergrößerung der freien Rostquerschnitte und der Windmengen je Zeiteinheit, anderseits durch besondere Rostausbildung. Die größeren Rostquerschnitte gestatten Durchgang größerer Windmengen ohne größeren Druckverlust, also auch größere Strömungsgeschwindigkeiten im Brennstoffbett. Nach früheren Erfahrungen der Wassergaspraxis brachte die Erhöhung der Windgeschwindigkeit beim Blasen die Gefahr mit sich, daß die Verbrennung zu scharf wurde, so daß man die Lage der Feuerzone nicht mehr genügend in der Hand hatte und der Rost stark gefährdet war. Die neueren Feststellungen zeigen aber, daß bei genügender Überwachung des Generatorzustandes der

Rost durch die wesentlich höhere Strömungsgeschwindigkeit weniger in Gefahr kommt, weil er durch die entsprechend größeren Luftmengen auch mehr gekühlt wird. Die früher erwähnten (S. 122) Berechnungen von W. J. Müller und E. Graf[1]) gaben für die übliche Wassergasarbeit in einem 3,0-m-Dmr.-Wassergasgenerator bei einem Mengenverhältnis von 1 m³ Wassergas ~ 1,9 m³ Blasegas ~ 1,73 m³ Wind eine sekundliche Windmenge von 5,8 m³ an. Demgegenüber arbeiten z. B. neuzeitliche Demag-Hochleistungs-Wassergaserzeuger von 3,6 m Dmr. mit sekundlichen Windmengen von 35 m³. Die Dampfmengen und -geschwindigkeiten sind ebenfalls viel größer. Strömungs- und reaktionstechnisch ergeben sich hieraus weitere Änderungen in den Gasungsvorgängen. Das Heißblasen der Brennstoffüllung ist in viel kürzerer Zeit erreicht, anderseits erfolgt die Wärmeausnützung zur Wassergasbildung auch viel schneller, so daß sich gegenüber 3—5 min Periodendauer der früher beschriebenen automatischen Anlagen hier 1¼—1½ min Gesamtdauer ergeben, ebenfalls im Zeitverhältnis Blasen zu Gasen 1:2. Auch hier ist zu betonen, daß diese Reaktionen nicht nur nach ihrer Zeitdauer verglichen werden dürfen, sondern vielmehr mengenmäßig. Während bisher 1—1¾ min geblasen wurde, wird jetzt die größere Durchsatzmenge dieser Großgaserzeuger in ½ min durch die viel größere Windmenge so stark aufgeheizt, daß in der verhältnismäßig kurzen Gasezeit von etwa 1 min je Periode die früher nicht erreichbaren Tagesleistungen von über 200000 m³ je Gaserzeuger hergestellt werden. Großgeneratoren von 3,2 bis 3,6 m Dmr. erzeugen täglich 160000 bis 240000 m³.

Die Periodenfolge ist, wie schon bei den automatischen Anlagen erwähnt, so geordnet, daß alle Arbeitsgänge und Gasungsrichtungen in einer regelmäßig wiederkehrenden Gasung zusammengefaßt sind. Z. B. verläuft an einer ausgeführten Großanlage (Demag) der Gang einer Gasung einschließlich der Brennstoffbeschickung etwa wie folgt:

Blasen 35″	0 s	Öffnen des Kaminschiebers,
	1 »	» » Windschiebers,
	2 »	» » Zweitwindschiebers,
	5 »	Schließen der Beschickglocke (Konus),
	10 »	Öffnen des Beschickschiebers (Vorbunkerauslauf),
	30 »	Schließen des Beschickschiebers (Vorbunkerauslauf),
	34 »	Schließen des Windschiebers,
	35 »	Schließen des Zweitwindschiebers und Öffnen des Dampfschiebers unten,

[1]) W. J. Müller u. E. Graf, Brennstoffchem. **20** (1939), S. 244.

Aufwärtsgasen 32″	36 s	Schließen des Kaminschiebers, Öffnen des Gasschiebers oben,
Abwärtsgasen 30″	68 »	Umschaltung der Gas- und Dampfschieber auf Abwärtsgasung,
	95 »	Öffnen der Beschickglocke (Brennstoffaufgabe),
Spülen 2″	98 »	Umschalten der Gas- und Dampfschieber auf Aufwärtsgasung (Spülen),
	100 »	Öffnen des Kaminschiebers, Schließen der Gas- und Dampfschieber.

Die Beschickung durch Einschleußen des Brennstoffs erfolgt nur in der Abwärtsgasung, um Verpuffungen durch Eintritt des mit dem Brennstoff ankommenden kleinen Luftpolsters in den heißen Gasstrom zu vermeiden. — Da meist ein möglichst stickstoffreies Wassergas verlangt wird, wird das Dampfventil unten bereits bei noch geöffnetem Kaminschieber aufgemacht, so daß eine Ausspülung des Blasegases aus Generator und Zündkammer schon vor dem Öffnen des Gasschiebers erfolgt. Um bei weitergehenden Anforderungen den Stickstoffgehalt noch weiter zu senken, wird in einigen Anlagen das erzeugte Wassergas noch zeitlich unterteilt abgeführt, indem das anfangs anfallende »Restgas«, das noch Blasegasreste enthalten kann, in Menge von etwa 20% abgesondert und die übrigen 80% als »Normalgas« oder »Nullgas« mit 0 bis höchstens 1,5% N_2 erhalten werden. Diese Trennung ist vor allem dann wichtig, wenn auch das Wassergas der Aufwärtsgasung durch den Abhitzekessel geschickt wird, wobei der Blasegasrest natürlich größer ist. — Bei Generatoren mit nassem Abschluß wird beim Abwärtsgasen der bei der starken Belastung auftretende größere Druckverlust in der Brennstoffsäule in der Weise ausgenützt, daß mit entsprechend höherem Damfdruck von oben gegast und dadurch die hohe Temperaturlage oben besser ausgenützt wird.

Die obengenannten Zeit- und Leistungszahlen beziehen sich im wesentlichen auf den Durchsatz von Hochtemperaturkoks. Auch mit Steinkohlenschwelkoks werden Generatoren dieser Größe betrieben[1]). Die infolge des niedrigeren Raumgewichtes etwas geringere Brennstofffüllung des Gaserzeugers und die größere Reaktionsfähigkeit des Brennstoffs verlangt kürzere Blasezeiten und ergibt etwas geringere Durchsatzleistungen.

β) Sonderbauarten von Hochleistungs-Wassergaserzeugern.

Die Bauart der Großwassergaserzeuger entspricht im allgemeinen der der beschriebenen automatischen Wassergasanlagen, zeigt aber bei den beiden meistvertretenen Formen (Demag, Pintsch) einige wesentliche

[1]) G. Wilke, Techn. Mitt. Krupp (1937), S. 44.

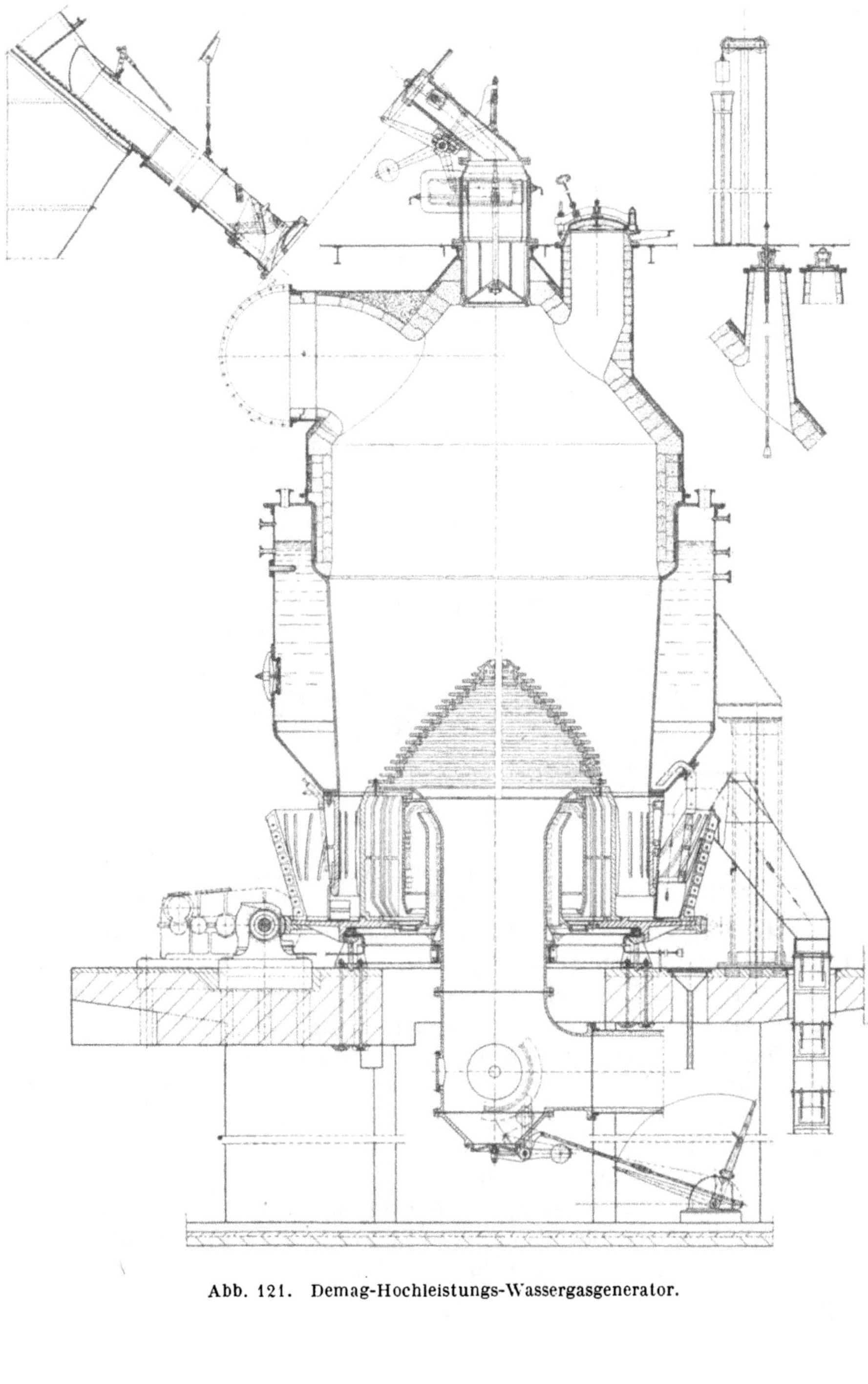

Abb. 121. Demag-Hochleistungs-Wassergasgenerator.

Unterschiede. Der Generatorschacht ist zylindrisch (Pintsch bis 3,6 m Dmr.) oder wird auch nach oben konisch erweitert, um bei ausreichendem Brennstoffvorrat den Rost und den Generatorunterteil nicht zu schwer zu machen (Demag, oben 3,8 m Dmr., unten 3,5 m). Ein Teil des Schachtes ist als Doppelmantelkessel ausgebildet, und zwar beim Demag-Großwassergaserzeuger über 2 m bis 2,4 m hoch (Abb. 121). Dagegen baut der Pintsch-Generator einen nur etwa 1 m hohen Mantelkessel, um dem Brennstoffbett möglichst wenig Wärme zu entziehen; dies erfordert besondere Überwachung der Reaktionszonenhöhe, um Wandverschlackung zu vermeiden, allerdings ist dieser niedrige Kessel auch durch die Sonderbauart des Rostes bedingt. Der Pintsch-Wassergasrost ist ein Planrost (Abb. 122), dessen Mittelteller mit den Luft- bzw. Dampf-

Abb. 122. Hochleistungs-Wassergasrost.

Eintrittöffnungen feststeht. Die Form dieser Öffnungen ist entgegen der Drehrichtung konisch erweitert, damit sie sich nicht zusetzen. Über diesem Planrost dreht ein propellerartiger, wassergekühlter Rührarm und fördert die Schlacke auf den äußeren, ebenfalls sich drehenden, mit Gußschutzplatten besetzten Ringteller, von dem sie beiderseits am Auslauf zu den Schlackentaschen durch eingebaute Abstreifer abgelenkt wird. Der Pintsch-Großwassergaserzeuger arbeitet also mit trockener Austragung, kann deshalb, zumal der Planrost eine besonders gleichmäßige Schichtbildung und dadurch sehr gleichmäßige Wind- und Dampfverteilung und hohe Dampfzersetzung für sich in Anspruch nimmt, sehr heiß fahren und die Schlacke ohne Gefährdung des Rostes nahe an die Schmelzgrenze bringen. Der heißere Gang bedingt natürlich höhere Blasegasabgänge.

Der Demag Großwassergaserzeuger arbeitet nach dem System Humphreys und Glasgow mit nasser Austragung mit 950 mm Tauchung. Der auf dem Schüsselboden exzentrisch stehende Rost ist ein Kegel-Scheibenrost mit elliptischem Grundriß, der Kegel ist ebenfalls exzentrisch gerichtet, und zwar außer der Längsachse der Ellipse, der Rostunterteil ist mit kleinen Rippen besetzt.

Zur Abhitzegewinnung wird je Generator ein Abhitzekessel (Demag) oder ein Kessel je zwei Generatoren zusammengestellt (Pintsch).

Die Stochlöcher im Generatordeckel sollen bei dieser Betriebsart infolge des bewährten gleichmäßigen Ganges der Gaserzeuger zur Schlackarbeit nicht mehr erforderlich sein; sie werden nur noch angebracht, um nach den etwa einmal je Schicht mit Meßstange vorzunehmenden Feuerzonenmessungen die Rostdrehzahl anpassen zu können. Für diese Messung wird der Generator kurze Zeit stillgesetzt. Für die Betriebsüberwachung wichtig sind ständige Temperaturmessungen im Gasabgang oben und unten, in der Schlackenzone unten am Rost und in der Zündkammer, sowie Mengenmessung von Wind, Dampf und Gas.

Der Koksverbrauch der Großwassergaserzeuger liegt in den üblichen Grenzen, für Demag-Anlagen wird sogar ein Verbrauch von nur 0,59 bis 0,56 kg Koks/Nm^3 angegeben, der Dampfverbrauch mit 0,9 kg/Nm^3. Die Dampferzeugung im Generatorkessel und Abhitzekessel ergibt, wie üblich, Dampfüberschuß.

In der Schachtbelastung übertreffen die Großwassergaserzeuger, entsprechend ihrer Gasleistung, die früher erwähnten Leistungen großer Wassergasgeneratoren (vgl. S. 148) bedeutend. Der Durchsatz beträgt über 500—600 kg/m^2/h, für Pintsch-Wassergaserzeuger wird sogar ein Durchsatz bis etwa 650 kg/m^2/h angegeben. Der obenerwähnte Einfluß der großen Leistung auf die Senkung der relativen Anlage- und Gesamtbetriebskosten wird durch diese Zahlen eindeutig bewiesen.

3. Anlagen für karburiertes Wassergas (Wechselbetrieb).

a) Grundlagen der Karburierung.

Die Karburierung des Wassergases hatte bei ihrer ersten Einführung in die Gasindustrie nicht nur den Zweck einer Heizwertsteigerung, um dieses Gas als vollwertigen Ersatz des Steinkohlengases zur Spitzendeckung verwenden zu können, sondern auch den, das Wassergas für den damaligen Bedarf der offen brennenden Leuchtgas-Schnittbrenner mit besonders gutem Leuchteffekt zu verwenden. Deshalb wurden die als Gasöle bezeichneten Karburieröle in besonderen Apparaturen nicht nur auf Siedeanalyse und Heizwert, sondern insbesondere auf die Leuchtkraft des durch Probevergasung erhaltenen Ölgases untersucht. Solche Untersuchungsverfahren wurden ausgeführt in dem mit einer Versuchskleinretorte ausgestatteten Apparat von Wernecke; eine neuere Form ist die Apparatur von L. Ubbelode und Philippide[1]). Hempel beurteilte Karburieröle nach der »Effektzahl«[2]), das ist das Produkt aus Gasausbeute mal oberem Heizwert.

Zunächst wurden natürlich nur die bestgeeigneten Karburieröle bevorzugt. In Deutschland trat allerdings diese sehr teure Arbeitsweise allmählich zurück, zumal seit der Einführung des Auerschen Glühlichtes die Leuchtkraft des Gases an Wichtigkeit verlor. Zur Beimischung zum Kohlengas genügte auch das blaue Wassergas.

Im Ausland war die Entwicklung zum Teil anders geartet. So legte die Schweiz großen Wert auf die Karburierung, weil die dortige Gasnorm einen oberen Heizwert von 5000 kcal/Nm^3 forderte und deshalb nur ein heizwertreicheres Zusatzgas in Frage kommen konnte[3]). — In mineralölreichen Ländern, wie Amerika, ist der umfangreichere Gebrauch der Karburierung wirtschaftlich bedingt, weil geeignete Öle besonders in der Nähe der Gewinnung sehr preiswert zu erhalten sind. So werden nach einer von R. Mezger gegebenen Statistik[4]) in den Vereinigten Staaten für die öffentliche Gasversorgung nur etwa 45% Kohlendestillationsgase und 10% Naturgas verwendet, gegenüber 42% ölkarburiertem Wassergas und geringen Anteilen anderer Ölgase u. dgl. In diesen und anderen Ländern wird deshalb die Ölkarburierung ihre Bedeutung auch weiterhin behalten.

In Deutschland wurde aber mit der Abkehr von der zu teuren Ölkarburierung diese Erzeugungsart nicht vollständig aufgegeben, vielmehr wandte sich das Interesse vielfachen Versuchen zur Verwendung billigerer heimischer Karburiermittel zu.

b) Hilfsstoffe der Karburierung.

Über neuere systematische Versuche[5]) der Bewertung von Gas- oder Karburierölen berichtet R. Heinze[6]). Geprüft wurden die Beziehungen der obenerwähnten Hempelschen Effektzahl, des Heizwertes, der Gasmenge, der Reaktionstemperatur und der Ölmenge. Als günstigste Zersetzungstemperatur ergab sich 700—750°; besonderer Wert ist auf genau angepaßte, nicht zu reichliche Ölzufuhr und gute Ölzerstäubung zu legen. In einer Laboratoriums-Prüfapparatur wurden jeweils 15 g Öl je h bei 700—750° in einem Wasserstoffstrom zersetzt und außerdem noch Siedeanalyse, Raumgewicht, H_2-Gehalt und Brechungsexponent des verwendeten Öles bestimmt. Gute Karburieröle sollen möglichst erst über 250° sieden und keine Asphaltstoffe enthalten, jedoch werden

[1]) Holde, Kohlenwasserstofföle u. Fette, Berlin 1924.
[2]) W. Hempel, Gas- u. Wasserfach **53** (1910), S. 53, 77, 101.
[3]) R. Heinze, Z. VDI **80** (1936), S. 152.
[4]) R. Mezger, Z. VDI **81** (1937), S. 105.
[5]) P. Schläpfer, Eidg. Mat.-Pr.-Anst. Zürich (1934), Ber. 68.
[6]) R. Heinze, Z. VDI **80** (1936), S. 152.

Öle mit mehr als 50% unter 300° als nicht geeignet angegeben, weil die niedrigsiedenden Bestandteile bei größerer Menge, also relativ geringerer Berührungszeit, sich der Wärmespaltung im Karburator leicht entziehen. — Die Untersuchung der Spalterzeugnisse mehrerer Karburieröle zeigte, daß der Unterschied weniger in deren Verschiedenheit, als vielmehr in der Gasausbeute und Gasanalyse liegt. Die Wasserstoffanlagerung erfolgt vorwiegend an hochmolekulare Spalterzeugnisse. Als Formel für die Gasölbewertung wird eine »Bewertungszahl« entwickelt:

$$B = \frac{K \cdot \text{Gew.-\%}\, H_2}{G},$$

worin K die Ostwaldsche Kennziffer, bei 10-mm-Hg-Druck bestimmt, G das Raumgewicht bei 20° bedeuten.

Nach Holde[1]) sollen Karburieröle ein Dichteverhältnis von etwa 0,890 (0,875—0,900) haben und von 200 bis 400° sieden. Je kg Öl dieser Art wird eine Ausbeute von 500 bis 600 l Gas, 300 bis 400 g Teer und 40 bis 60 g Koks angegeben. — Über die Beziehung des Ölverbrauches zum erreichten Heizwert gibt Abb. 123 die mit gutem Gasöl erhaltene Größenordnung.

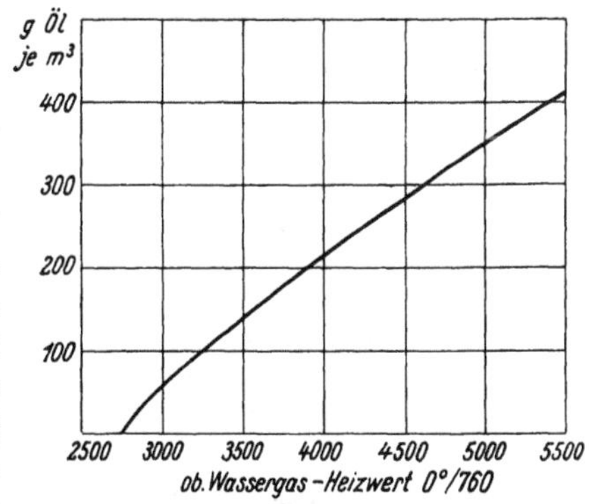

Abb. 123.

Ölverbrauch und Heizwert von karburiertem Wassergas (mit Gasöl 11—12000 kcal/kg).

Gegenüber diesen besonders für Deutschland nicht mehr in Frage kommenden Karburierölen wurde hier den sonstigen Karburiermitteln vielseitige Beachtung geschenkt und ihre Eignung in verschiedensten Laboratoriums- und Betriebsversuchen geprüft. Wie schon bei der Teerkarburierung in der Vertikalkammer erwähnt wurde[2]), ist der Steinkohlenteer für thermische Umlagerungen der C-H-Verbindungen weniger geeignet, weil der Sauerstoffgehalt den verfügbaren Wasserstoff sofort weitgehend bindet. Der Steinkohlenteer liefert deshalb wenig Gas und viel wärmebeständige, also wieder als Teer anfallende Kohlenwasserstoffe.

Wertvolle Aufschlüsse über die Ursachen des verschiedenen Verhaltens von Braunkohlenschwelteeren, Braunkohlengeneratorteeren und Steinkohlenteeren geben die Arbeiten von E. Czakó[3]). Neben der Siedeanalyse des Karburiermittels wurde die Untersuchung auf die Kohlenwasserstoffgruppen der Paraffine, Olefine, Kreosote, Naphthaline und auf die benzinunlöslichen Asphalte und den benzolunlöslichen freien Kohlenstoff ausgedehnt; ferner wurden Karburiermittel und daraus

[1]) Holde, Kohlenwasserstofföle u. Fette, Berlin 1924.
[2]) Handb. d. Gasind. I, 5, S. 76.
[3]) E. Czakó, Gas- u. Wasserfach **75** (1932), S. 450.

anfallender Wassergasteer im vorstehenden Sinne parallel untersucht. Die Vergleiche erwiesen eindeutig den »sekundären Charakter« der Wassergas- und Steinkohlenteere. Bei letzteren sind je nach dem Ofensystem auch Teere vorhanden, die sich dem primären Charakter des Schwelteeres nähern, so bei den Vertikalretorten und besonders bei den senkrechten Öfen mit wandernder Ladung. Dennoch ist bei den Steinkohlenteeren allgemein der Gehalt an Kohlenstoff und Asphalt einerseits und an Naphthalin anderseits so hoch, daß ihre geringe Eignung bzw. ihre geringe Heizwertausbeute in Gasform nicht überraschen kann.

Zusammenfassend ist also festzustellen, daß nur Braunkohlenschwelteere, besser noch Braunkohlenteeröle, mit wirtschaftlichem Erfolg als Karburiermittel an Stelle von Gasöl angewandt werden könnten. Für Deutschland ist aber in neuerer Zeit auch deren Verbrauch nicht angebracht und zulässig, weil sie als Rohstoffe für andere Zwecke wertvoller und volkswirtschaftlich wichtiger sind.

Die früher vereinzelt gebrauchte Benzolkarburierung von Wassergas, für die das vorgewärmte Benzol in das Gas eingenebelt wurde, erreichte nur einen Heizwert von 3750 kcal/m³ und ist ebenfalls aus Rohstoffgründen nicht mehr in Gebrauch.

c) Anlagen für karburiertes Wassergas mit zusätzlichen Karburierapparaten.

α) Bauart und Betriebsweise von Wassergaskarburieranlagen.

Anlagen für karburiertes Wassergas enthalten außer den vorerwähnten, für Blauwassergasanlagen notwendigen Apparaturen und Einrichtungen vor allem den Karburator. Dieser ist ähnlich der oben beschriebenen Zündkammer als ausgemauerter Blechzylinder mit einem Einbau von feuerfestem Steingitterwerk ausgebildet. Der Karburator steht zwischen dem Gaserzeuger und dem Überhitzer (Zündkammer). Abb. 124 zeigt die Gesamtanordnung einer Wassergasanlage mit Karburierung. In der Blasezeit wird der Karburator in erster Linie aufgeheizt und erhält, wie der Überhitzer, einen Zweitwindzusatz zur Nachverbrennung des Blasegases. Da aber außer dieser Nachverbrennung im Karburator noch Umsetzungen des Kohlendioxyds des Blasegases mit den glühenden Ölkoksansätzen von den vorhergehenden Karburierperioden stattfinden, somit am Ausgang des Karburators noch CO vorhanden ist, wird dem Gas beim Eingang in den Überhitzer nochmals Zusatzluft gegeben (Tertiärluft oder Drittluft), mit der alle brennbaren Gasreste verbrennen. Das Blasegas geht darauf durch den Abhitzekessel. — Ist so durch das Heißblasen die Generatorfüllung, der Karburator und die Zündkammer aufgeheizt, so wird bei der nun folgenden Aufwärtsgasung im Karburatoroberteil, also beim Wassergaseintritt, Öl in den Gasstrom eingenebelt oder auf das hocherhitzte Gitterwerk geträufelt. Die Öldämpfe werden vom

Gasstrom aufgenommen und durch weitere Berührung mit dem heißen Gitterwerk thermisch zersetzt, also so weitgehend in beständige Gasform übergeführt, als dies bei dem betr. Karburiermittel möglich ist. Vom Überhitzer aus wird das karburierte Wassergas grundsätzlich nicht durch den Abhitzekessel geleitet. Abgesehen von den auch bei

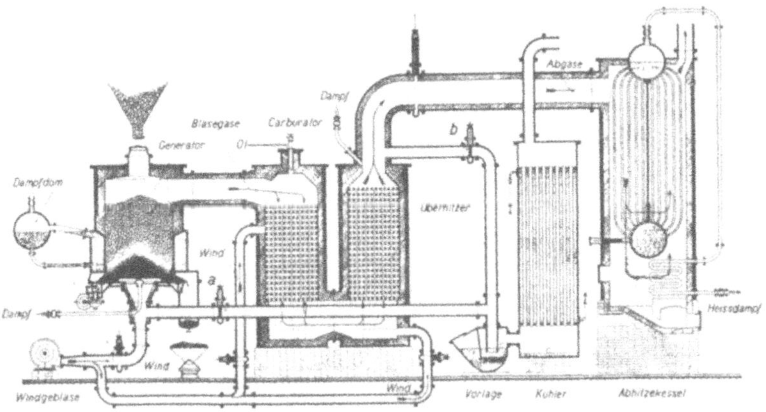

Abb. 124. Schema einer Wassergas-Karburieranlage mit Abhitzegewinnung.

Blauwassergas geltenden Gründen (S. 143) besteht bei karburiertem Wassergas vor allem die Gefahr, daß die Kesselrohre sich mit Ölteerkrusten belegen, die den Wärmeübergang hindern und schwer zu entfernen sind. Das karburierte Gas wird vielmehr vom Überhitzer aus durch eine Teervorlage, die auch berieselt werden kann, zu einem Wasserkühler und zur Verwendungsstelle oder zum Gasbehälter geführt.

Für die im allgemeinen auch nach je zwei Aufwärtsgasungen angesetzte Abwärtsgasung ist der untere Gasabgang meist nicht, wie in Abb. 124 gezeigt, mit der Vorlage, sondern mit dem Eingang des Karburators verbunden und das Wassergas der Abwärtsgasung kann dann genau so mit Öl beladen werden wie bei den Abwärtsgasungen, mit dem einzigen Unterschied, daß dieses Gas der Abwärtsgasung nicht so heiß zum Karburator kommt wie bei der Aufwärtsgasung und deshalb im Karburator erst miterhitzt werden muß. Trotzdem ist aber der Wärmetransport in diese Gittersteinspeicher zumeist größer als der Wärmeverbrauch, so daß auf die Dauer gewisse Wärmemengen dem Generatorprozeß entzogen und im Abhitzekessel gastechnisch nicht vollwertig ausgenutzt werden.

Diesen Nachteil sucht der in Amerika patentierte, sog. »Bac run«-Prozeß (Rückstromverfahren) zu vermeiden. Nach diesem wird zur Abwärtsgasung der Dampf am Ausgang des Überhitzers eingeführt (Abb. 124), er durchstreicht den Überhitzer und den Karburator und fördert einen Teil der dortigen Wärmespeicherung zum eigentlichen

Gaserzeugerprozeß zurück. Öl wird bei diesem Gang nicht zugesetzt, weil der Weg und damit die Reaktionszeit für genügende Aufspaltung zu kurz wäre. Dagegen nimmt das Verfahren als Vorteil in Anspruch, daß durch die bessere Wärmeausnützung im Gaserzeuger dessen Durchsatz erhöht und der Koksverbrauch vermindert, ferner die kalorische Ausnützung des Karburieröls gebessert wird. — Als Nachteile des Bac run nennt R. Mezger[1]) auf Grund ausländischer Literaturangaben neben einigen untergeordneten Begleiterscheinungen vor allem den Verlust des Dampfes, der am Ende jeder Bac run-Periode den Karburator und Überhitzer füllt, den Wegfall der Ölkarburierung in $1/3$ der Gasezeiten und den Wärmeverlust im Überhitzer und Karburator, der zwar dem Gaserzeuger zufließt, aber dafür in der Blasegaswärme und im Wärmevorrat für die Wärmespaltung und für die doch auch dem Gesamtprozeß zugutekommende Dampferzeugung fehlt. Vergleichsversuche einer Anlage in Nine-Elms mit und ohne Bac run ergaben ohne Bac run eine etwas größere Ölaufnahme und stärkere Verdampfung, mit Bac run einen etwas geringeren spezifischen Koksverbrauch; es finden also sowohl Gründe für wie gegen das Verfahren, eine Bestätigung und die Entscheidung dürfte von Fall zu Fall nach den örtlichen Bedingungen zu treffen sein.

Die Gaseperiodenfolge der handbedienten Wassergasanlagen mit Karburierung ist im wesentlichen dieselbe wie bei den entsprechenden Blauwassergasanlagen. Bei den automatischen Anlagen mit Karburierung ist entweder die Gasungsfolge der automatischen Blauwassergasanlagen üblich, z. B.

Blasen	1 min 40 s
Gasen von unten	1 » 40 »
Gasen von oben	40 »
Spülen	10 »

oder bei Anwendung des Bac run:

Blasen	1 min 50 s
Gasen von unten	1 » 30 »
Bac run	1 »
Spülen	10 »

β) Leistung und Gasbeschaffenheit von Karburieranlagen.

Da Karburieranlagen in Deutschland z. Z. kaum noch in Betrieb sind, fehlen neuere Betriebsdaten in der Literatur. Nach ausländischen Betriebsversuchen (Schweiz) wurde in einer Anlage mit Dampfmantelgenerator 2,1 m Dmr. und Abhitzekessel ermittelt:

[1]) Nübling u. R. Mezger, Gas- u. Wasserfach **70** (1927), S. **1146**.

Zahlentafel 7.
Leistungen von Wassergaskarburieranlagen.

Oberer Heizwert kcal/Nm^3 . . .	3500	3860
Durchsatz kg/m^2/h	175	195
m^3 Gas/kg Koks	1,60	1,53
kg Koks/m^3 Gas	0,63	0,65
kg Öl/m^3 Gas	0,17	0,19
kg Dampf/m^3 Gas	0,64	0,61
kg Kühlwasser/m^3 Gas	1,84	2,14
Dampfverbrauch kg/m^3 Gas . . .	0,64	0,61
Dampferzeugung		
im Generatorkessel kg/m^3 Gas	0,65	0,59
im Abhitzekessel . . kg/m^3 Gas	0,82	0,76
insgesamt . . . . . kg/m^3 Gas	1,47	1,35

Die Gaszusammensetzung ist entsprechend den Heizwerten verschieden. Für mit Gasöl hochkarburierte Wassergase werden z. B. von französischen und englischen Anlagen angegeben:

Zahlentafel 8.
Karburierte Wassergase.

Oberer Heizwert kcal/Nm^3 . . .	5000	4500
% CO_2	3,5	5,2
% O_2	0,5	—
% CO	30,0	33,6
% C_nH_m	8,0	7,3
% CH_4	16,0	9,9
% H_2	36,0	38,5
% N_2	6,0	5,5

Teerölkarburierung ergibt mehr Methan und weniger schwere Kohlenwasserstoffe.

Ein Beispiel der Wärmebilanz einer Gasöl-Wassergaskarburierung mit Dampfgewinnung im Mantelkessel und im Blasegasabhitzekessel gibt Abb. 125.

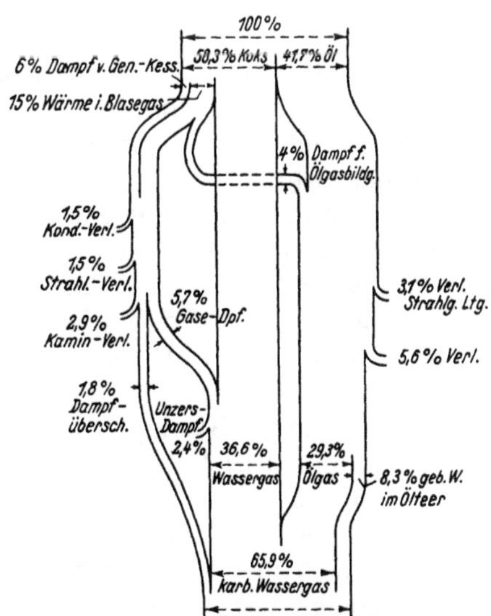

Abb. 125. Wärmefluß einer Wassergasanlage mit Ölkarburierung.

d) Wassergasanlagen für Karburierung im Generator.

Die ersten Versuche, das Wassergas zu karburieren, wurden von Lowe 1872—75 unternommen[1]), und zwar brachte er das Karburiermittel unmittelbar in den Gaserzeuger ein. Allerdings verwandte

[1]) E. Czakó, Gas- u. Wasserfach **75** (1932), S. 448.

er dabei bereits einen zusätzlichen Apparat, den Überhitzer, der einerseits beim Aufwärtsgasen die aus dem Gaserzeuger herausgetragenen Ölbestandteile weiter verkracken helfen sollte, anderseits den Dampf für die Abwärtsgasung vor Eintritt in den Generator überhitzte, zwecks möglichst weitgehender Ölspaltung.

Mancherlei spätere Versuche einer Karburierung im Generator scheiterten daran, daß entweder die Umsetzung infolge zu geringer Temperatur und Berührungszeit unvollkommen blieb, oder daß in höheren Temperaturanlagen der Brennstoff graphitiert wurde und an Reaktionsfähigkeit verlor.

Trotzdem wurde dieses Arbeitsprinzip immer wieder versucht und insbesondere richteten sich die Versuche darauf, an Stelle ausländischer Gasöle für die Karburierung geeignete heimische Karburiermittel zu verwenden. Dieses Ziel wurde erstmalig in betriebssicherer und wirtschaftlich arbeitender Ausführung erreicht in dem Frankfurter Krack-Generator nach R. Schumacher[1]). Das Verfahren geht einerseits von dem Grundsatz aus, daß die Heizwertaufnahme durch das Wassergas »in statu nascendi« erleichtert ist, daß infolgedessen auch solche Karburiermittel einen Erfolg versprechen, die bei der sonst üblichen Arbeitsweise keine wirtschaftliche Gasaufwertung ergeben. Anderseits sucht es, da bei den Karburieranlagen mit zusätzlichen Apparaten die unvermeidbare Kohlenstoffabscheidung bisweilen zu apparativen Störungen führte, eine grundsätzliche Änderung im Aufbau der Apparatur. Beide Absichten sind vereinigt in dem Verzicht auf nachgeordnete Ölverdampfer und Überhitzer und in der Einführung des Karburiermittels unmittelbar in die Nähe der Wassergasbildung.

Der Frankfurter Krack-Generator ist ein Doppelschachtgenerator von 2 m Dmr., der aus zwei übereinanderstehenden Schachthälften besteht, zwischen diesen befindet sich etwa in halber Höhe eine Einschnürung (Abb. 126).

Die Einschnürung hat den Zweck, durch den Böschungswinkel der in den Unterteil absinkenden Füllung einen Ringkanal zu bilden, in den das Karburiermittel durch Dampfinjektordüsen eingebracht wird. Der Unterschacht ist der eigentliche Wassergasgenerator, der in üblicher Weise betrieben wird: Heißblasen von unten, Blasegasabgang oben aus dem Oberschacht; Gasen von unten mit Gasabführung oben, bzw. intermittierend (jede 3. Gasung) Gasen von oben mit Oberdampf und Gasabgang unten. Das Karburiermittel wird während der Aufwärtsgasung mit Dampf eingeblasen und erleidet eine teilweise Zersetzung bereits in dem glühenden Ringkanal. Die gebildeten Gase und restlichen Teernebel werden vom heißen Wassergasstrom durch die aufgeheizte Koksfüllung des Oberschachtes geführt, die das Gitterwerk des Verdampfers oder

[1]) DRPP. 413741, 479029, 499673, 505389, 533503.

Überhitzers ersetzt und die weitere Verkrackung des Karburiermittels bewirkt. Die, wie erwähnt, bei den teerartigen Karburiermitteln höheren Kohlenstoffabscheidungen wandern mit dem Koks in den Vergasungsschacht und werden, soweit sie nicht auf diesem Wege bereits vom Wind

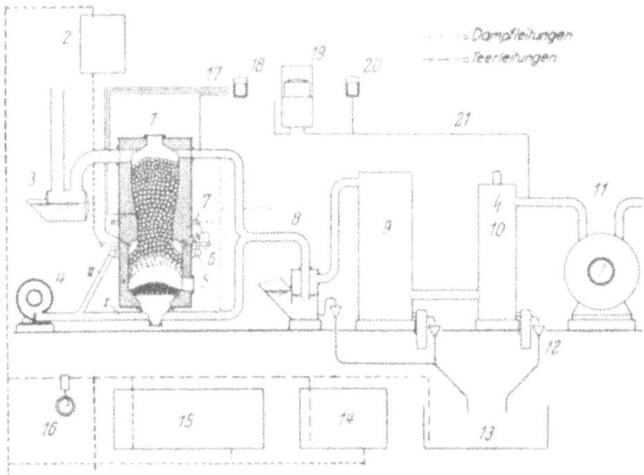

Abb. 126. Frankfurter Krack-Generator.

1 Generator
2 Schwelteerbehälter
3 Flugkoksvorlage für Blasegas
4 Gebläse für Wind I und II
5 Zweitluft-Ringleitung
6 Schwelteer-Ringleitung
7 Zerstäuberdampf-Ringleitung
8 Rohgasvorlage
9 Kühler
10 Elektro-Teerscheider
11 Erzeugungsgasmessung
12 Teerabflüsse
13 Wassergasteer-Abfallgrube
14 Wassergas-Klärgrube
15 Schwelteer-Vorratsbehälter
16 Teerpumpe
17 Thermoelement-Meßleitungen
18 Temperaturschreiber
19 Probegasbehälter
20 Heizwertschreiber
21 Reingas-Probenahme

oder Abwärtsdampf aufgezehrt wurden, im Unterschacht mit in Wassergas umgesetzt.

Da für die Abwicklung der Krackvorgänge in einer Karburieranlage einerseits die Strömungsgeschwindigkeit der Gase bzw. Gasölnebelgemische, andererseits deren Berührungsdauer an dem heißen Gitterwerk maßgebend sind, mußte der Frankfurter Krack-Generator mit seiner Koksfüllung rechnerisch verglichen werden mit einer üblichen Karburieranlage mit Verdampfer und Überhitzer. Der Vergleich wurde[1]) auf gleiche Betriebsumstände, also auf gleiche Leistungen bezogen und zeigte beim Krack-Generator wesentlich kürzere Berührungszeiten. Da jedoch die Umsetzung des Karburiermittels ebenso weitgehend erfolgte, wie sie im nebengebauten Karburator erreicht wird, ist dadurch erwiesen, daß die glühende Koksfüllung mit ihrer größeren Oberfläche einen günstigeren Reaktionsverlauf bewirkt.

Der Versuchsbetrieb in dem handgeschlackten Krack-Generator wurde als Dauerbetrieb mit Braunkohlenschwelteer als Karburiermittel

[1]) E. Czakó, Gas- u. Wasserfach **75** (1932), S. 445.

durchgeführt, und zwar wurde nach folgendem, der Arbeitsweise der automatischen Anlagen ähnlichen Zeitplan gearbeitet:

1¼ min	Blasen zum Aufheizen von Ringkanal und Oberschacht,
2½ »	Aufwärtsgasen mit 2 min Teereinführung,
¾ »	Abwärtsgasen ohne Teer,
¼ »	Aufwärtsspülgasen.

Die Temperaturkontrolle, die für gleichmäßigen Betrieb besonders wichtig ist, ergab die Werte:

Blasezeit:	Ringkanal	etwa 710°
	Oberschacht.	» 630°
	Blasegasabgang . . .	» 420°
Gasezeit:	Ringkanal	» 700°
	Oberschacht.	» 620°
	Gasabgang	» 460°
Schwelteer vor den Düsen . . .		» 50°

Die Gasdrücke betrugen	beim Blasen	beim Gasen
im Generator unten	620 mm	615 mm WS
im Ringkanal.	400 »	605 » »
im Generator oben	35 »	550 » »

Alle Teerbehälter und -leitungen sind dampfbeheizt.

Die Betriebsergebnisse (auf Vm^3 bezogen) waren folgende:

Stundenleistung d. 2-m-Dmr.-Generators	900	m^3/h Gaserzeugung
» » »	166	$kg/m^2/h$ Koksdurchsatz
Koksverbrauch	0,57	kg/m^3
Gaserzeugung (1000 kcal/Nm^3)	1,75	m^3/kg Koks
Verbrauch an Braunkohlenschwelteer .	0,26	kg/m^3
Dampfverbrauch für den Generator .	0,65	kg/m^3
Wassergasteeranfall	18,5%	des Schwelteeres.

Abb. 127 gibt eine Übersicht über den Wärmefluß des Krack-Generators. Die Gasuntersuchung dieses teerkarburierten Wassergases zeigte:

CO_2	3,6%		
C_nH_m	4,2%		
O_2	0,4%	ob. Heizwert . .	4100—4200 kcal/Nm^3
CO	36,4%	Dichteverhältnis	0,59 (Luft = 1)
H_2	44,7%	Luftbedarf . . .	3,56fach
CH_4 .	6,9%		
N_2.	3,8%		

Die Flammentemperatur ist der des Norm-Stadtgases praktisch gleich. Die Zündgeschwindigkeit weicht allerdings in Verlauf und Maximum von der Stadtgaskurve ab, so daß TK-Wassergas (Teerkohlenwasserstoffwassergas) nicht ohne weiteres in für Stadtgas eingestellten Brennern arbeiten kann. Ursache sind die durch das höhere Wichteverhältnis veränderten Strömungsverhältnisse. Da jedoch TK-Wassergas nur als Zusatzgas, insbesondere für Spitzenleistung, in Frage kommt, ist diese Abweichung praktisch ohne Bedeutung; nach eingehenden Versuchen mit bis zu 40—50% TK-Wassergas wirkt sie sich im Stadtgas-Mischgas nicht erkennbar aus.

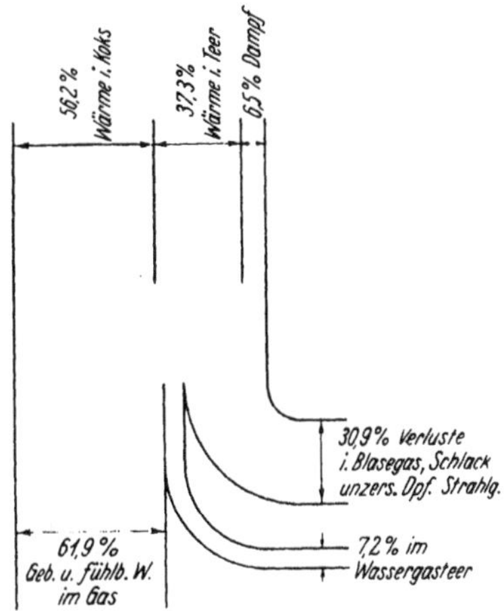

Abb. 127. Wärmestrombild des Frankfurter Krackgenerators.

Hinsichtlich der Vergasungsrohstoffe für den Frankfurter Krack-Generator ist weiter zu bemerken: Als Koksfüllung dient üblicher Koks 60/90 und 40/60 mm. Über die Eignung der Karburiermittel wurden sehr eingehende Vergleichsversuche angestellt, deren Ergebnisse wegen der speziellen Arbeitsbedingungen nicht ohne weiteres mit denen in anderen Karburieranlagen vergleichbar sind, aber interessante Aufschlüsse geben. Aus dem vielseitigen, von E. Czakó[1]) gebrachten Zahlenmaterial sind die in Zahlentafel 9 zusammengestellten Werte hervorzuheben:

Zahlentafel 9.

Teerkohlenwasserstoff-Wassergase.

Betriebszahlen	Braunkohlen- Generatorenteer	Braunkohlen- Schwelteer		Karburieröl	Steinkohlen- Vert.-Kammerteer	Steinkohlen- Kreosotöl
H_0 des karburierten Gases	4100	4200	4500	4100	3700	3800
Teerverbrauch g/V m³	290	260	361	230	320	390
Teerverbrauch g/1000 kcal im karb. Gas	76	66	86	60	93	110
Teerverbrauch g/1000 kcal Heizwerterhöhung über 2750 kcal Wassergasheizwert	215	180	205	170	335	370

Der spezifische Verbrauch in g/1000 kcal im Gas zeigt beim Braunkohlenschwelteer einen Bestwert bei dem Gasheizwert 4200. Ein höherer Heizwert ist erreichbar, aber nur mit unverhältnismäßigem Aufwand an Schwelteer. Das Karburieröl, ein bereits veredeltes Schwelteererzeugnis, gibt die günstigste Ausbeute. Dagegen ist bei dem Steinkohlenteer bzw. Teeröl der spezifische Verbrauch wesentlich höher, ohne daß dadurch ein gleich hoher Heizwert erreicht werden kann.

[1]) E. Czakó, Gas- u. Wasserfach **75** (1932), S. 450.

Die Werte der letzten Zeile der Zahlentafel geben einen Anhaltspunkt zur Beurteilung der Wirtschaftlichkeit des Karburierens in Abhängigkeit von dem örtlichen Preis des betr. Karburiermittels. Es hat auch Fälle gegeben, in denen dieser Preis sehr niedrig eingesetzt werden konnte, weil die Vernichtung des Teeres wichtiger war, als sein Erlös.

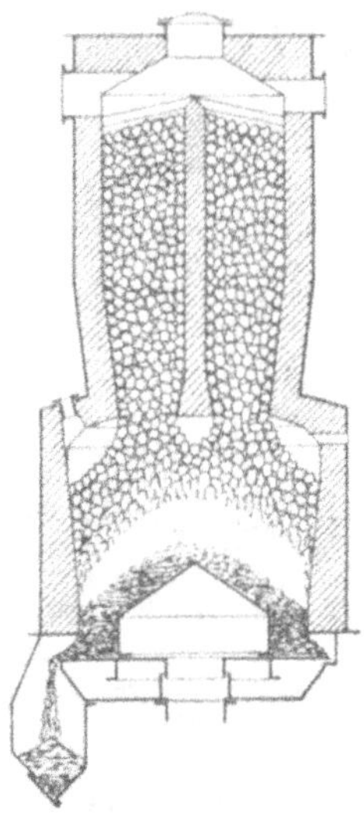
Abb. 128. Frankfurter Krackgenerator, neuere Bauart.

Eine neuere, verbesserte Bauform des Frankfurter Krack-Generators unterteilt durch einige radiale Trennwände im Oberschacht, z. B. durch einen kreuzförmigen Einbau, die absinkende Kokssäule in 4 getrennte, erst im Unterschacht zusammenfließende Säulen (Abb. 128). Der Vorteil dieser Ausführung liegt darin, daß die im Oberschacht absinkende Brennstoffschüttung ohne Entmischung gleichmäßig in den Wassergasschacht gelangt und dadurch vermieden wird, daß sich infolge Verlagerung oder Bildung durchlässigerer Randzonen unerwünschte Gaswege bilden, die den für den Gesamterfolg entscheidend wichtigen gleichmäßigen Verlauf der Umsetzung stören.

Die Erzeugungskosten für dieses TK-Wassergas werden von Czakó auf Grund des tatsächlich ermittelten Dauerbetriebsaufwandes und einer Umrechnung auf andere Generatorleistungen mit 3,6–3,3 Pf./m³ angegeben. Außerdem bringt Czakó (a. a. O.) übersichtliche Kurvendarstellungen des Einflusses verschiedener Leistungen und des Einflusses verschiedener Koks- und Teerpreise auf den Gasgestehungspreis. — Über weitere Betriebsergebnisse an einem Krack-Generator neuerer Bauart berichtet T. Payer[1]).

Der Frankfurter Krack-Generator stellt also, wenn auch die Frage der Braunkohlenschwelteerverwendung an sich zeitlich verschieden beurteilt werden kann, einen erfolgreichen Weg der Wassergaskarburierung mit heimischen Karburiermitteln dar.

4. Wassergaserzeugung im ununterbrochenen Betrieb (Fließerzeugung).

Die Heißblaseperiode des Wechselbetriebes ist notwendig, um den Wärmebedarf der Wassergasreaktion in der Brennstoffüllung aufzuspeichern. Diese aufgespeicherte Wärme läßt aber keine gleichmäßige und gleichartig bleibende Gaserzeugung zu, sondern zwingt den Betrieb, sich der abnehmenden Temperaturlage anzupassen. Es hat deshalb nicht an Versuchen gefehlt, unter Vermeidung der zusätzlichen Wechselapparatur den Wärmebedarf der Wassergaserzeugung durch anders-

[1]) Th. Payer, Gas- u. Wasserfach 78 (1934), S. 339.

geartete, gleichmäßige Wärmezufuhr zu decken. Es wurde sowohl Außenbeheizung wie Innenbeheizung des Brennstoffbettes ausgeführt. Zur Wassergaserzeugung mit Aussenbeheizung ist der Naßbetrieb der Vertikalöfen zu erwähnen, über dessen betriebsmäßige Ausführungen bereits in diesem Handbuch berichtet wurde[1]), sowie dieselbe Arbeitsweise bei den Horizontalöfen. — Wegen der Schwierigkeit ausreichender Wärmezufuhr durch die gemauerten Wände wurde mehrfach versucht[2]), Wassergas in Apparaten aus hitzebeständigem Stahl zu erzeugen, deren außenbeheizte Heizflächen in Röhrenform aufgelöst waren. Im Großbetrieb haben sich diese Verfahren aber nicht einführen können. Dagegen sind zu großtechnischer Bedeutung die verschiedenen Arbeitsweisen mit unmittelbarer Innenbeheizung des Brennstoffbettes gelangt. Diese erfolgt entweder durch Sauerstoffzufuhr, also ständige Verbrennung ohne den Stickstoffballast des Heißblase-Windes, oder durch Wälzgasbeheizung. Einzelheiten hierüber siehe im nachfolgenden Abschnitt unter Synthesegase.

5. Wassergaserzeugung mit elektrischer Innenheizung.

Eine unmittelbare Innenbeheizung des ununterbrochen arbeitenden Wassergasprozesses ist weiter durch Zufuhr von Elektrowärme möglich. Natürlich kommt diese Ausführungsform nur für Länder oder Verbrauchsstellen in Frage, die über große Mengen besonders billigen Stromes verfügen. Diese Voraussetzung trifft z. B. für Norwegen zu, wo von der Elektrochemisk Industri Oslo schon um 1930 ein elektrisch beheizter Anthrazitwassergasgenerator entwickelt wurde und sehr gute Bewährung im Betrieb fand[3]).

Der Gaserzeuger, Hole-Generator genannt (Abb. 129), besteht aus einem feuerfest ausgemauerten, zylindrischen Schacht mit Brennstoffzufuhr durch einen oben seitlich aufgebauten Füllaufsatz mit Doppelverschluß. Die Brennstoffsäule ruht auf einem flachen Rost, der gedreht und gerüttelt werden kann, die durchfallende Schlacke wird in größeren Zeitabständen aus dem Unterteil entfernt. Die Wärmezufuhr erfolgt durch Kohleelektroden, von denen vier Stück über dem Rost in Höhe der Reaktionszone eingeführt sind und eine oder zwei durch die Mitte des Deckels abwärts in den Brennstoff ragen. Die Elektroden erhalten Einphasenstrom. Die ununterbrochene Dampf-

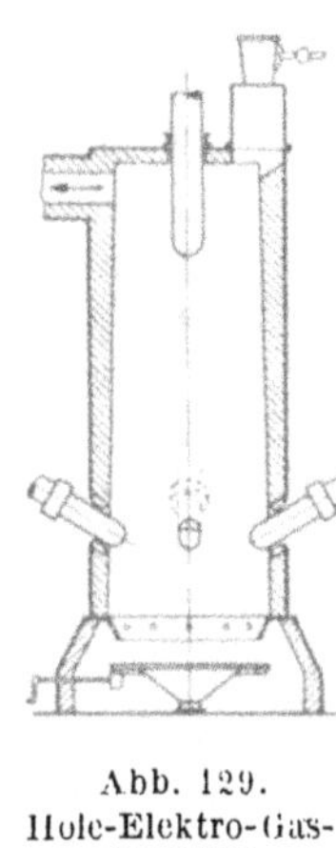

Abb. 129.
Hole-Elektro-Gaserzeuger.

[1]) Handb. d. Gasind., Bd. I, 5. Teil, S. 67.

[2]) I. G. Farbenind. A. G., DRP. 545 972; R. Jäppelt u. R. Steinmann, GWF 80 (1937), S. 340; Schmidt u. Groh, Oel u. Kohle 12 (1936), S. 41.

[3]) Gas- u. Wasserfach **80** (1937), S. 45 TR.; I. Hole, Feuerungstechn. **27** (1939), S. 259; I. Hole, Gas-Journal, London **212** (1935), S. 271.

zufuhr erfolgt in üblicher Weise von unten, der Dampf tritt teils durch die Schlackenböschung und den Rost, teils durch die Bohrungen eines über dem Rost eingebauten Abweisringes, gut verteilt in die Brennstoffsäule. Als Brennstoff wird meist stückiger, nicht zu grober Anthrazit (höchstens 100 mm) verwendet, mit Aschegehalt von 3,5 bis 5%. Auch Koks und Holzkohle sind brauchbar, wenn der Aschengehalt möglichst gering und möglichst hochschmelzend ist.

Die erstellten Generatoren erzeugen 170—300 m³/h. Die Betriebsweise wird geregelt durch Überwachung der Feuchtigkeit und des CO_2-Gehaltes im abziehenden Gas, derzufolge die Wasserdampf- und Stromzufuhr eingehalten oder geändert wird. Zu diesem Zweck sind die Elektroden im Deckel heb- und senkbar eingerichtet. Auch die Durchsatzleistung ist durch die — selbstverständlich gemessene — Energiezufuhr regelbar.

Um ein Gas von 1% CO_2, 48% CO und 51% H_2 mit nur Spuren von SO_2 und N_2 und einem oberen Heizwert von 2750 kcal zu erhalten, werden je m^3 Gas nur etwa 0,25—0,3 kg Brennstoff und 0,36—0,4 kg Dampf verbraucht. Die Gasausbeute liegt also bei 3,5—4,0 m^3/kg. Der Stromverbrauch beträgt etwa 1,5 kWh/m^3, die Abnützung der Elektroden nur 1—1,2 kg/1000 m^3.

Der Hole-Gaserzeuger zeichnet sich demnach aus durch einfache Bauart und Bedienung und durch vollständige Gasumsetzung und hohen thermischen Wirkungsgrad.

6. Verwendung des Wassergases.

Blauwassergas aus üblichen kleinen, mittleren und großen Anlagen wird technisch vor allem zum Schweißen verwandt und in der Gasindustrie als Zusatzgas zum Steinkohlengas, in dem es je nach Ofenbetriebsart bis zu 30—35% enthalten ist. Entgegen der öfter geäußerten Meinung, daß es mit allgemeiner Heizwerterhöhung des Stadtgases seine Bedeutung als Beimischungsgas verlieren werde, betont F. Stief[1]), daß es diese Bedeutung doch im Interesse der Betriebselastizität bei vielen Werken behalten wird. Für Heizzwecke ist es auch verwandt worden, ist aber wegen der durch die große Zündgeschwindigkeit sehr straffen, kurzen Flamme nicht überall geeignet. So war ein Versuch zur Beheizung von Siemens-Martin-Öfen in Schlesien ohne Erfolg. Für Ofenbeheizung gelang es, Wassergas zu verwenden, sowohl durch Streckung des Wassergases oder der Verbrennungsluft mit Rauchgas als auch durch Vorwärmen des Wassergases in der Rekuperation; in beiden Fällen wurde eine Vergrößerung des Flammenvolumens, also eine Streckung der Flamme erreicht.

---

[1]) F. Stief, Gas- u. Wasserfach **83** (1940), S. 1.

Weiter findet Wassergas wegen seiner hohen Flammentemperatur noch verschiedentlich Anwendung für Glüh- und Schmelzprozesse, sofern nicht karburierte oder Mischgase mit gleichzeitig höherem Heizwert vorgezogen werden.

Karburiertes Wassergas, das, wie erwähnt, für Deutschland zur Zeit kaum in Frage kommt, wird im Ausland entweder unmittelbar als Stadtgas gebraucht (Frankreich, Amerika), oder auch als Zusatz zum Kohlengas in Ländern mit hoher Heizwertnorm (z. B. Schweiz).

Das Wassergas der Hochleistungsanlagen wird seiner Verwendung entsprechend meist als Synthesegas bezeichnet.

E. Zusammenfassung.

Die neuzeitlichen Formen der Generatoren bauen auf jahrzehntelanger Entwicklung der Generatorgaserzeugung auf und haben insbesondere in der Zeit nach 1920 eine sehr vielseitige und technisch wie wirtschaftlich außerordentlich vervollkommnete Ausbildung erfahren.

Für die Erzeugung von Luftwassergas (Generatorgas) herrschen neben Einbaugeneratoren, die vielfach noch ihre Berechtigung haben, und ausgemauerten Generatoren für aschearme Brennstoffe im allgemeinen die Dampfkesselgeneratoren vor, für kleine und Mittelbetriebe vor allem als Niederdruck-Doppelmantelkessel, für große Betriebe auch Hochdruck-Röhrenmantelkessel. Mit der Verbesserung der technischen Ausführung (Brennstoffzufuhr, Schlackenaustragung, Windverteilung, Generatordurchmesser) stieg auch die Leistung und Wirtschaftlichkeit der Gaserzeuger.

Luftgas (trockenes Generatorgas) erzeugen nur die Abstichgeneratoren, die in kleineren Einheiten für Spitzenausgleich oder in der chemischen Industrie verwendet werden, oder als große Einheiten in der Hüttenindustrie.

Für Kraftgaserzeugung zum Antrieb von ortsfesten Motoren wird die maschinell einfachere Sauggasanlage vorgezogen. Ebenso arbeiten als Sauggasanlagen die Fahrzeuggeneratoren für Schiffe und Landfahrzeuge, letztere erfordern wegen des Raummangels besonders gedrängte Bauarten für Generator und Reinigungsapparatur.

Neben den meistgebrauchten entgasten und gasarmen Brennstoffen werden auch bituminöse verwandt und ihr Teergehalt teilweise oder auch vollständig verkrackt; soweit Teer gewonnen wird, ist er nicht hochwertig. Hochwertigen Urteer gewinnen aus bituminösen Brennstoffen die Schwelgeneratoren mit Schwelaufsatz auf dem Luftwassergaserzeuger.

Gegenüber den mit Stickstoffballast beladenen Luftwassergasen erzeugen Wassergasgeneratoren ein stickstoffarmes Schwachgas, meist aus gasarmen Brennstoffen, erst in neuester Zeit arbeiten Sonderverfahren der Großwassergaserzeugung für Synthesegas auch unmittelbar mit bituminösem Vergasungsmaterial. Zur Deckung des Wärmebedarfs im Wassergasprozeß wird meist im Wechselbetrieb gearbeitet. Die technische Durchbildung dieser Anlagen wurde — entsprechend dem höheren Wert des Gases — wesentlich weitergehend durchgeführt als bei Generatorenanlagen. Besonders die automatische Schaltung aller Arbeitsvorgänge wurde sehr vervollkommnet und ist in neuzeitlichen Großwassergasanlagen allgemein üblich.

Die Karburierung des Wassergases im Zusammenhang mit dem Wechselbetrieb ist zeitlich und örtlich sehr verschieden bewertet worden; in Deutschland war sie außer zur Spitzendeckung wenig in Gebrauch und hat heute höchstens in Sonderfällen noch wirtschaftliche Berechtigung. Im Ausland wird sie infolge anderer Voraussetzungen häufiger angewandt.

Neben der Wechselbetriebs-Wassergaserzeugung wurde der Fließbetrieb mit Außen- oder Innenbeheizung wiederholt — nicht immer mit Dauererfolg — versucht. Gute Aussichten haben neben der vom Strompreis abhängigen elektrischen Innenheizung vor allem die Wälzgasverfahren der Wassergaserzeugung.

2. Teil

Synthese-, Braunkohlen- und Torfgase

Von

Dr.-Ing. habil. Horst Brückner
Karlsruhe

I. Großwassergaserzeuger für Synthesegase.

A. Einleitung.

Wassergas diente bis vor etwa einem Jahrzehnt im wesentlichen nur als Zusatzgas zu Steinkohlengas, um dessen Brenneigenschaften infolge der höheren Zündgeschwindigkeit des Wassergases zu verbessern. Aus dem gleichen Grunde wird es in reiner Form in Einzelfällen als Schweißgas verwendet. Schließlich ist es als Kohlenwassergas oder als karburiertes Wassergas direkt zur Stadtgasversorgung geeignet.

Mit der Entwicklung synthetischer Verfahren in der chemischen Großindustrie ist das Wassergas zudem zum wichtigsten Ausgangsgas der chemischen Technik geworden, dessen Gestehungskosten den Preis der Erzeugnisse maßgeblich beeinflussen.

Früher wurden sämtliche durch Wasserdampfzersetzung von festen Brennstoffen erhaltenen Vergasungsgase als Wassergas bezeichnet. Hierin ist insofern ein Wandel eingetreten, als der Begriff Wassergas auf die Gase beschränkt wird, die unmittelbar als Brenngas dienen. Für sämtliche anderen Wassergase beliebiger Zusammensetzung, die entweder zunächst weiteren Umwandlungen unterworfen oder direkt in der chemischen Technik als Ausgangsgase für chemische Synthesen weiterverarbeitet werden, hat sich der Ausdruck Synthesegas allgemein eingeführt.

Die Umwandlung von Kohlenoxyd-Wasserstoff-Gemischen stellt in dem Gesamtbereich katalytisch bedingter Gasreaktionen das umfangreichste und wichtigste Teilgebiet dar. Infolge der mannigfachen Reaktionsmöglichkeiten des Kohlenoxydkohlenstoffs ist es möglich geworden, aus Kohlenoxyd und Wasserstoff unter Zuhilfenahme von Katalysatoren zahlreiche Kohlenstoffverbindungen synthetisch aufzubauen. Die geschichtliche Entwicklung der Kohlenoxyd-Wasserstoff-Katalyse war gleichzeitig eine der fruchtbarsten in der Entwicklung von Mehrstoffkatalysatoren und damit auch für andere Gebiete der organisch-chemischen Technik richtungweisend.

Den Beginn der katalytischen Kohlenoxyd-Wasserstoff-Umwandlungen bildete vor nahezu 40 Jahren die Methansynthese durch P. Sabatier und J. B. Senderens[1]) mit einfachen Schwermetallkatalysatoren bei normalem Druck und erhöhter Temperatur. Für die weitere Entwicklung dieses Gebietes maßgebend waren daraufhin die Untersuchun-

[1]) Compt. rend. **134** (1902), S. 514, 689.

gen der BASF[1]), die im Jahre 1912 begannen. Dabei wurden aus Wassergas unter erhöhtem Druck und höheren Temperaturen Gemische von Sauerstoff enthaltenden organischen Verbindungen und von Kohlenwasserstoffen erhalten. Zu ähnlichen Produkten, dem »Synthol«, gelangte 1923 F. Fischer[2]) bei der Druckbehandlung von Wassergas unter Verwendung von alkalisierten Eisenspänen. Als Weiterentwicklung dieser Hochdrucksynthese gelang es 1925 der BASF[3]) und unabhängig davon Patart[4]) unter Verwendung von Mehrstoffkontakten, diese Reaktion zu einer Selektivkatalyse von Methanol weiter zu entwickeln:

$$CO + 2H_2 = CH_3OH.$$

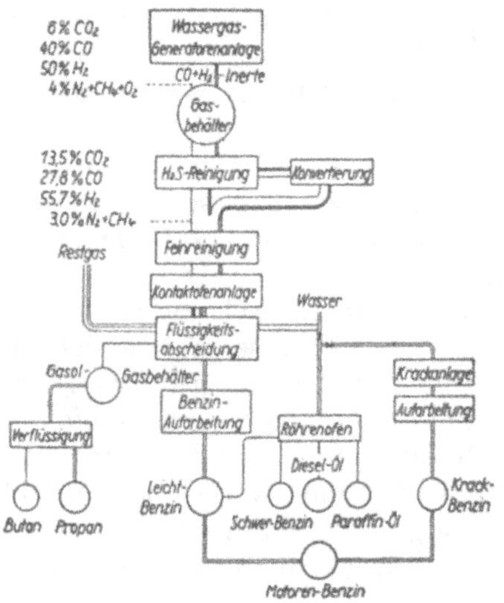

Abb. 1. Fließschaubild der Benzinsynthese nach dem Verfahren Fischer-Tropsch.

In der Richtung der selektiven Katalyse von Kohlenwasserstoffen wurden von F. Fischer und H. Tropsch[5]) im Jahre 1926, also nur wenige Zeit später, aus Kohlenoxyd-Wasserstoff-Gemischen bei normalem oder nur wenig erhöhtem Druck und bei Temperaturen von nur 180 bis 250° mit Kontakten, die neben aktivierenden Zusätzen im wesentlichen Metalle der Eisengruppe enthielten, Gemische von aliphatischen gesättigten und ungesättigten Kohlenwasserstoffen von den niedrigst siedenden Benzinen bis zu höchstschmelzendem Paraffin (vgl. Abb. 1) gemäß den Reaktionssummengleichungen:

$$n\,CO + 2n\,H_2 = C_n\,H_{2n} + n\,H_2O$$
$$n\,CO + (2n + 1)\,H_2 = C_n\,H_{2n+2} + n\,H_2O$$

erhalten. Durch Veränderung der Kontaktzusammensetzung, der Reaktionsbedingungen, von Druck und Verweilzeit am Kontakt kann das Verhältnis von Grenz- und Olefinkohlenwasserstoffen sowie das mittlere Molekulargewicht derselben in gewissen Grenzen verschoben werden.

Die Methanol- und die Benzinsynthese werden heute in einer Anzahl von Anlagen in größtem Maßstab ausgeführt. Es ergab sich daher zwangläufig die Forderung, derartige Kohlenoxyd-Wasserstoff-Gemische, Synthesegas benannt, in größtem Maße herzustellen. So werden zur

[1]) BASF. DRP. 293787.
[2]) Brennstoffchemie 4 (1923), S. 276.
[3]) DRP. 415469.
[4]) F.P. 540543.
[5]) Brennstoffchemie 7 (1926), S. 97.

Erzeugung von 1 kg Benzinkohlenwasserstoffen 6,5 bis 8 m³ reines Synthesegas benötigt, so daß die Gestehungskosten des Gases für die Wirtschaftlichkeit dieser Verfahren von ausschlaggebender Bedeutung sind. Eine Anlage zur Erzeugung von 50000 Jahrestonnen Benzin erfordert rd. 38000 bis 46000 Nm³ Synthesegas/h, d. s. 325 bis 400 Mio m³/Jahr, also sehr erhebliche Gasmengen.

Bei Einführung dieser Verfahren stand zunächst nur das nichtstetig arbeitende Wassergasverfahren zur Wassergaserzeugung zur Verfügung, das stückigen Koks als Ausgangsstoff erfordert. Es war daher naheliegend, daß neuartige Vergasungsverfahren für Fließbetrieb entwickelt wurden, bei denen auch sonstige Brennstoffe, wie nichtbackende Steinkohle, Braunkohle oder Torf in stückiger oder sogar feinkörniger Form zur Anwendung gelangen können.

Diese neuentwickelten Verfahren haben aber nicht nur für die Erzeugung von Synthesegas zur Gewinnung von Methanol, Benzinkohlenwasserstoffen u. a. Bedeutung erlangt, sondern allgemein für die Erzeugung des brenntechnisch wertvollen Wassergases sowie von Wasserstoff (nach der Konvertierung des Kohlenoxydgehaltes des Gases).

Die zweistufige Vergasung weist infolge der nichtstetigen Betriebsweise wesentliche Nachteile vor allem hinsichtlich der Gleichförmigkeit der Gaszusammensetzung auf. Nachdem während des Blaseabschnittes die Temperatur des Kokses sehr stark gesteigert worden ist, beginnt die Vergasungsreaktion zunächst bei einer Höchsttemperatur, worauf während des folgenden sehr steilen Temperaturabfalles die Gefahr besteht, daß gegen Ende dieses Abschnittes die erforderliche Mindesttemperatur unterschritten wird. Dies macht sich in um so stärkerem Maße bemerkbar, je größer der Körnungsunterschied des Aufgabegutes ist, da der feinere Koks wesentlich schneller reagiert und dadurch die Kokstemperatur um so rascher abfällt.

Bei der Verbreiterung der Grundlagen zur Erzeugung von Synthesegasen ist daher zunächst ein Überblick über die Kosten der verschiedenen Ausgangsstoffe, ausgedrückt in RM./Mio kcal, wesentlich.

Zahlentafel 1.

Ausgangsbrennstoffe zur Synthesegaserzeugung.

Brennstoff	Heizwert kcal/kg	Preis RM./t	Preis für 1 Mio kcal RM.
Lignitische Braunkohle (15—20% Wassergehalt)	4500	6,—	1,3
Braunkohlenbriketts	4500—5000	8,—	1,60—1,80
Gasflammkohle (ungewaschene Feinkohle)	6500—7000	8,— —12,—	1,20—1,90
Gasflammkohle (gewaschene Nußkohle)	7000—7300	15,—	2,10
Koks	6800—7000	18,—	2,60
Magerkohle	7500	18,—	2,40

Die obige Zahlenzusammenstellung zeigt, daß die Verwendung von Braunkohle oder Steinkohle gegenüber der von Koks wesentliche wirtschaftliche Vorteile zu bieten vermag. Dies hatte jedoch völlig veränderte Gaserzeuger und Vergasungsverfahren zur Voraussetzung.

B. Nichtstetige Wassergaserzeugung.

1. Koksvergasung.

Die nichtstetige Wassergaserzeugung aus Koks bei Vergasungstemperaturen von 1300 bis 900° verläuft praktisch nur gemäß der Reaktionsgleichung

$$C + H_2O = CO + H_2,$$

da das Wassergasgleichgewicht $CO + H_2O \rightleftharpoons CO_2 + H_2$ in diesem Temperaturbereich ebenfalls stark nach der Seite der Kohlenoxydbildung hin verschoben ist. Für die Erzeugung von Synthesegas ist es daher erforderlich, einen Teil des Wassergases abzuzweigen und dieses der Kohlenoxydkonvertierung zu unterwerfen.

Für die Erzeugung eines Synthesegases mit dem Verhältnis $CO : H_2 = 1 : 2$ ist, bezogen auf reinen Kohlenstoff, folgendes Ausmaß der beiden Reaktionen notwendig:

$$\begin{array}{rcl} 3\,C + 3\,H_2O &=& 3\,CO + 3\,H_2 \\ CO + H_2O &=& CO_2 + H_2 \\ \hline 3\,C + 4\,H_2O &=& CO_2 + 2\,CO + 4\,H_2. \end{array}$$

Daraus ergibt sich $CO + H_2$ als Summenwert für das trockene Synthesegas zu $6/7 = 0{,}857$, bezogen auf 1 Raumteil Synthesegas.

Diese Umwandlung eines Teiles des Kohlenoxydes mit weiterem Wasserdampf wird bei der Erzeugung von Synthesegas aus Kokswassergas in besonderen Einrichtungen (Kontaktapparaten, vgl. Bd. VI, 2. Teil, S. 175)[1]) vorgenommen.

Es gelang zunächst, durch sorgfältige thermodynamische Messungen das altbewährte Wassergasverfahren der Koksvergasung in wirtschaftlicher Hinsicht ständig zu vervollkommnen und zu verbessern. Auf Grund genauer Untersuchungen über den Reaktionsverlauf und durch Vergleich der Ergebnisse mit dem theoretisch Möglichen ließen sich durch Änderungen der Temperaturhöhe, der Strömungsgeschwindigkeiten und der Vergasungsabschnitte immer weitere Verbesserungen erzielen. Bei dem hohen Anteil, den die Erzeugung des Ausgangsgases an den gesamten Kosten der obengenannten chemischen Synthesen hat, waren diese Ergebnisse von hoher wirtschaftlicher Bedeutung. Das gleiche gilt für die wirtschaftliche Durchführung der katalytischen

[1]) Vgl. ferner P. Dolch, Feuerungstechnik **27** (1939), S. 2

Kohlenoxydkonvertierung, die im Verlauf der Jahre weitgehend vervollkommnet worden ist.

Einzelheiten über Bau und Betriebsweise der nichtstetig betriebenen Wassergaserzeuger mit Koks als Vergasungsgut sind von F. Wehrmann a. a. O.[1]) beschrieben worden, so daß sich ein näheres Eingehen an dieser Stelle erübrigt. Da die nichtstetige Wassergaserzeugung mit Koks jedoch auch für die Synthesegasversorgung ihre Bedeutung beibehalten hat, sind in der nachfolgenden Zahlentafel 2 die Leistungen verschiedener Großgaserzeuger dieser Art zusammengestellt.

Zahlentafel 2.

Kennzahlen verschiedener neuzeitlicher Kokswassergaserzeuger[2]).

Bauart	Schachtdurchmesser mm	Tagesleistung m³	Vergasungsleistung kg/m²h	Koksverbrauch je m³ Wassergas kg/m³	Vergasungs-Wirkungsgrad %	Brennstofftechnischer Ausnutzungsgrad %
Bamag nasser / trockener Austrag	3600	160000	355	0,54—0,55	66—69	70—74
Demag nasser Austrag	3350	140000—160000	363—415	0,55	68	73
Demag trockener Austrag		150000—160000	382—467			
Pintsch trockener Austrag	3600	180000—200000	400—440	0,53—0,55	66—70	70—75
A-B-C-Generator[3]) (trockenerAustrag)	3350	150000	320	0,45—0,49	—	75

2. Kohlen- und Schwelkoksvergasung bei niederen Temperaturen.

Bei Einhaltung niedriger Vergasungstemperaturen im Gaserzeuger ist es möglich, neben der eigentlichen Vergasung des Brennstoffs eine teilweise Umwandlung des Kohlenoxyds mit weiterem Wasserdampf bei etwa 900 bis 600° gemäß dem Wassergasgleichgewicht zu Kohlendioxyd und Wasserstoff zu erzielen.

Auf diese Weise kann im Wassergaserzeuger selbst ein kohlenoxydärmeres Wassergas erhalten werden, das für ein Kohlenoxyd-Wasserstoff-Verhältnis 1 : 2 keiner weiteren Konvertierung mehr bedarf. Voraussetzung hierfür ist jedoch, daß der Brennstoff im Temperaturbereich von 900 bis 600° genügend reaktionsfähig mit Wasserdampf und eine

[1]) Vgl. diesen Band, 1. Teil, S. 118 fgde.

[2]) K. Baum, Berichtheft 74. VDI-Hauptvers. Berlin 1936, S. 59.

[3]) Andrew, Brassert und Chapman, Proceed. Int. Conf. on Bituminous Coal, Pittsburgh 1926, S. 527.

genügende Aktivität des Brennstoffs zur katalytischen Beschleunigung des Wassergasgleichgewichtes vorhanden ist.

An reaktionsfähigen Brennstoffen befinden sich die Gasbestandteile CO, H_2, CO_2 und H_2O (Dampf) im Gleichgewicht. Nach dem Massenwirkungsgesetz gilt für jede Temperatur

$$\frac{[CO][H_2O]}{[CO_2][H_2]} = K.$$

Darin bedeuten die in eckige Klammern gefaßten Ausdrücke die Konzentrationen und K die Gleichgewichtskonstante, die nur von der Temperatur abhängig ist. Für ein Synthesegas aus Kohlenstoff der Zusammensetzung (vgl. S. 6) $CO_2 + 2\,CO + 4\,H_2$ gilt somit

$$\frac{[2\,CO][H_2O]_ü}{[CO_2][4\,H_2]} = \frac{\frac{2}{7}\cdot[H_2O]_2}{\frac{1}{7}\cdot\frac{4}{7}} = K \quad \text{oder} \quad [H_2O]_ü = 0{,}286\,K.$$

$[H_2O]_ü$ stellt diejenige Menge Wasserdampf in Raumteilen dar, die je 1 Raumteil trockenes Synthesegas vorhanden sein muß, nachdem die Einstellung des Wassergasgleichgewichtes in dem gewünschten Umfang erfolgt ist; diese Zahl bedeutet also den Wasserdampfüberschuß in Raumteilen je Raumteil trockenes Synthesegas. Aus diesem ergibt sich der Zersetzungsgrad des Wasserdampfes gemäß folgender Formel:

$$\%\,WD_z = 100\cdot\frac{[H_2]}{[H_2]+[H_2O]_ü},$$

worin $[H_2]$ den Gehalt des Synthesegases an Wasserstoff je Raumteil Synthesegas bedeutet.

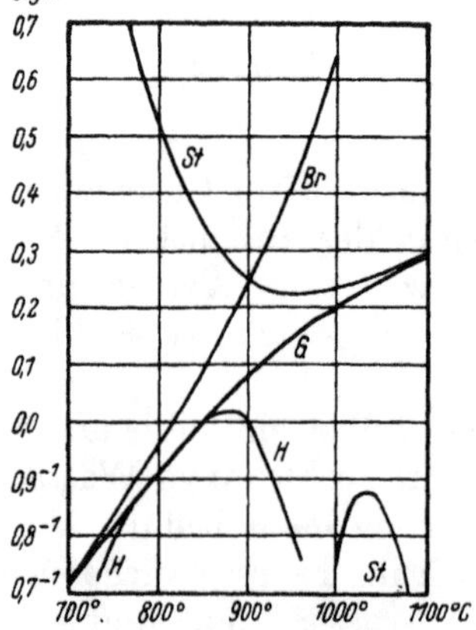

Abb. 2. Einstellung des Wassergasgleichgewichtes über verschiedenen Kohlenstoffarten.

Da die Gleichgewichtskonstante K mit zunehmender Temperatur ansteigt, müssen mit höheren Temperaturen wachsende Mengen von überschüssigem Wasserdampf aufgewendet werden, um ein Synthesegas mit einem Kohlenoxyd-Wasserstoff-Verhältnis 1:2 zu erhalten. Die Konstanten des Wassergasgleichgewichtes in Abhängigkeit von der Temperatur und die zugehörigen Werte für den Wasserdampfüberschuß und den Dampfzersetzungsgrad gibt die nachstehende Zahlentafel 3[1]).

Eine anschauliche Darstellung der Vorgänge der Gleichgewichtseinstellung zeigt die Abb. 2[2]). In dieser stellt zunächst G die Gleich-

[1]) P. Dolch, Feuerungstechnik **27** (1939), S. 1.
[2]) P. Dolch, Wassergas, Leipzig 1936, S. 67.

Zahlentafel 3.

Wassergasgleichgewicht in Abhängigkeit von der Temperatur.

Temperatur °C	log *K*	*K*	Wasserdampf-überschuß	Wasserdampf-zersetzungsgrad %
350	0,716 — 2	0,052	0,0149	97,4
400	0,924 — 2	0,083	0,0243	95,9
450	0,130 — 1	0,135	0,0386	93,7
500	0,312 — 1	0,205	0,0583	90,7
550	0,462 — 1	0,290	0,0829	87,3
600	0,591 — 1	0,390	0,1115	83,7
650	0,703 — 1	0,505	0,1444	79,8
700	0,803 — 1	0,635	0,1816	75,9
750	0,889 — 1	0,775	0,2217	72,0
800	0,971 — 1	0,935	0,2674	68,1
850	0,039	1,095	0,3132	64,6
900	0,104	1,27	0,3632	61,1
950	0,158	1,44	0,4118	58,1
1000	0,207	1,61	0,4604	55,4
1050	0,250	1,78	0,5091	52,9
1100	0,292	1,96	0,5606	50,5

gewichtskonstante für das Wassergasgleichgewicht in ihrer Abhängigkeit von der Temperatur dar. Hierdurch sind die Grenzwerte für die Gleichgewichtszusammensetzung des Gases sowohl in der Richtung der Kohlenoxydumwandlung als auch der Gegenreaktion (Reduktion von Kohlendioxyd mit Wasserstoff zu Kohlenoxyd und Wasserdampf) festgelegt (Reaktions-Isochore). Die Flächen oberhalb und unterhalb der Isochore sind die Gebiete, in denen die für die einzelnen Brennstoffe praktisch erhaltenen Umsetzungen liegen, wenn keine vollständige Einstellung des Gleichgewichtszustandes eingetreten ist. Da bei einer technischen Durchführung von Gasreaktionen zumindest eine weitgehende Annäherung an den Gleichgewichtszustand als Vorgang bestimmend ist, erhält diese Betrachtungsweise für die Untersuchung technischer Gasreaktionen besondere Bedeutung.

In der obigen Darstellung sind in der Fläche oberhalb der Reaktionsisochore die Vorgänge bei der Reaktion von Wasserdampf auf Steinkohlenkoks (Kurve *St*) bzw. Braunkohlenkoks (Kurve *Br*) eingetragen. Bei dem ersteren tritt erst oberhalb 1000° eine Annäherung an den Gleichgewichtszustand ein, bei Braunkohlenkoks dagegen bereits bei etwa 700°. Bei höheren Temperaturen löst sich daraufhin die Linie für die praktische Gleichgewichtseinstellung von der Reaktionsisochore wieder ab, da in zunehmendem Umfang Kohlendioxyd mit weiterem Kohlenstoff nach dem Generatorgasgleichgewicht unter Bildung von Kohlenoxyd reagiert:

$$C + CO_2 = 2\,CO.$$

In dem unteren Flächenteil des Bildes sind Versuchsergebnisse für das Überleiten eines CO_2-H_2-Gemisches über Steinkohlenkoks (*St*) und Holzkohle (*H*) eingetragen. Bei Steinkohlenkoks tritt erst oberhalb 1000° eine Annäherung an die Isochore ein. In diesem Temperaturbereich erfolgt die Reduktion des Kohlendioxyds noch ausschließlich mit Wasserstoff; oberhalb 1050° setzt schließlich die Wirkung des festen Kohlenstoffs ein. Mit Holzkohle als Katalysator wird das Gleichgewicht bereits bei rd. 750° erreicht, und oberhalb 850° beginnt eine Einwirkung des Kohlendioxyds auf die Holzkohle.

Schließlich wird die Reaktionsgeschwindigkeit der Vergasung noch von der Asche mitbeeinflußt. Deren katalytische Wirkung hängt weniger von der Aschemenge als von deren Zusammensetzung[1]) ab. Die höchste Aktivität besitzen Alkalien, insbesondere Kaliumkarbonat, daran schließen sich Erdalkalien und verschiedene Schwermetalloxyde, wie Eisenoxyd, an.

Um eine genügend hohe Grundflächenbelastung im Gaserzeuger zu erzielen, ist Steinkohlenkoks infolge seiner Reaktionsträgheit bei Temperaturen $< 900°$ für die Vergasung nicht verwendbar, wohl dagegen Schwelkoks, nichtbackende Steinkohle, Torfkoks usw. Andererseits sind infolge der großen Reaktionsfähigkeit dieser Brennstoffe die Blasegase reich an Kohlenoxyd. Dies wiederum hat neben den damit verbundenen Brennstoffverlusten eine niedrige Blasetemperatur zur Folge, wodurch das Wärmeausbringen beim Gasen verhältnismäßig gering bleibt.

Eingehende Untersuchungen über die Vergasung von reaktionsfähigem Braunkohlenschwelkoks wurden in Falkenau vom Verein für Chemische und Metallurgische Produktion, Aussig[2]) durchgeführt. Der Gaserzeuger hatte bei einem lichten Schachtdurchmesser von 0,73 m eine Gesamthöhe von 4,30 m und entsprach im Aufbau ungefähr den Schwelgeneratoren mit aufgesetztem Schwelschacht. Der Abzug der Blasegase erfolgte in etwa 1,5 m Höhe über dem Rost, die Abführung des Wassergases getrennt davon am oberen Ende des Gaserzeugers. Der Koks wurde etwa 2 min lang auf eine Temperatur von 800° warmgeblasen und daraufhin 8 min mit auf 450° überhitztem Wasserdampf gegast. Die Dampfgeschwindigkeit wurde so groß gewählt, daß das Gas der Vergasungszone mit einem hohen Überschuß an unzersetztem Wasserdampf (etwa 2 kg/m³ erzeugtem Gas) entströmte. Auf diese Weise sollten die die Kohlenoxydbildung begünstigenden höheren Anfangstemperaturen im Brennstoffbett möglichst schnell unterschritten, dafür aber die Temperaturen um 700° und tiefer längere Zeit aufrecht-

[1]) B. Neumann u. A. van Ahlen, Brennstoffchemie **15** (1934), S. 61; C. Kröger und H. Knothe, Brennstoffchem. **20** (1939), S. 373; daselbst weiteres Schrifttum.

[2]) Vgl. J. Gwosdz, Brennstoff- und Wärmewirtschaft **18** (1936), S. 59, 82, 96.

erhalten werden. Die Versuchsergebnisse, in vier Zeitabschnitte unterteilt, waren folgende:

	Zeit in min			
	0—2	2—4	4—6	6—8
Gasausbeute (in % der Gesamtmenge eines Blaseabschnittes)	41,7	26,1	18,5	13,7
Gaszusammensetzung: CO_2 . %	28,8	25,9	26,1	25,7
sKW . %	0,4	0,1	0,0	0,3
O_2 . . %	0,2	0,1	0,1	0,2
CO . . %	10,0	5,4	3,4	3,7
H_2 . . %	46,6	60,6	62,8	63,7
CH_4 . %	6,0	5,0	5,4	4,9
N_2 . . %	8,0	2,9	2,2	1,5

Der anfangs höhere Gehalt an Kohlendioxyd und an Stickstoff ist zum überwiegenden Teil durch restliche Blasegase bedingt. Bemerkenswert ist der verhältnismäßig hohe Methangehalt von 5 bis 6%, der zum überwiegenden Teil nicht unmittelbar aus dem Schwelkoks entbunden worden ist, sondern sich gemäß der Reaktionsgleichung

$$2\,CO + 2\,H_2 = CH_4 + CO_2$$

gebildet hat (vgl. S. 21). Dies dürfte auch mit ein Grund dafür gewesen sein, daß dieses Verfahren bisher keine Auswertung in der Praxis erfahren hat. Über die Durchsatzleistungen bei der Vergasung von Schwelkoks ist nichts bekannt geworden. Sie dürften ziemlich gering geblieben sein. Bei gleichen Versuchen mit Braunkohle wurden sie stündlich zu 76 kg Braunkohle bei einer Gasausbeute von 54 m³ ermittelt. Je Nm³ Wassergas wurden verbraucht 1,45 kg Braunkohle und 2,3 kg Wasserdampf (von 2 atü).

C. Stetige Wassergaserzeugung mit Innenbeheizung des Vergasungsraumes.

Die genaue Kenntnis der thermodynamischen Grundlagen der Wassergaserzeugung hat die Richtlinien dazu gegeben, daß dieses alte Verfahren nicht nur verbessert sondern auch grundlegend abgeändert werden konnte. Dies geschah vor allem nach folgenden Gesichtspunkten:

1. Umgestaltung der nichtstetigen Vergasung zu einem stufenlosen Verfahren.
2. Gleichzeitige Durchführung der Vergasung bei niederer Temperatur unter Verwendung von verschiedenen Brennstoffen (nichtbackende Steinkohle, Braunkohle, Schwelkoks).

Die stufenlose Vergasung bietet gegenüber dem nichtstetigen Verfahren den Vorteil einer wesentlich höheren Leistung der Gaserzeuger und damit eine Einsparung an Anlage- und Betriebskosten. Ihre Durchführbarkeit ist eng verknüpft mit der Art, wie man der Vergasung die Wärme zuführt, die notwendig ist für die wärmeverbrauchende Reaktion, zur Deckung der fühlbaren Wärme der abziehenden Gase und zur Deckung der Strahlungs- und Leitungsverluste des Gaserzeugers. Ein Weg zur stetigen Durchführung der Vergasung besteht darin, die erforderliche Wärme entweder durch gleichzeitige Verbrennung von Kohlenstoff mit Sauerstoff zu erzeugen, dem Vergasungsmittel selbst mitzugeben, indem der Wasserdampf allein oder im Wälzgas entsprechend vorerhitzt wird oder das gesamte Reaktionsgemisch (Brennstoff-Wasserdampf-Trägergas) in einen auf die erforderliche Temperatur beheizten Reaktionsraum einzuführen.

Einen zusammenfassenden Überblick über die neueren Verfahren zur Synthesegas- und Wassergaserzeugung im Fließbetrieb, die vorwiegend mit jüngeren Brennstoffen zur Durchführung gelangen, zeigt die nachfolgende Zusammenstellung:

Verfahren zur Synthesegas- und Wassergaserzeugung im Fließbetrieb.

Form des Brennstoffes	Deckung des Wärmebedarfs der Vergasungsreaktion durch		
	Innenbeheizung		Außenbeheizung
	unmittelbar durch Sauerstoffzuführung	durch erhitztes Wälzgas	
Stückig	Normaldruck: Verschiedene Verfahrensvorschläge, u. a. von P. Dolch, von v. Galocsy, bisher technisch nicht durchgeführt Höherer Druck: Lurgi-Druckvergasung	Wälzgas-Erhitzung in Wärmeaustauschern: Pintsch-Hillebrand, Koppers	Freiberger Verfahren Didier-Bubiag-Gleichstromverfahren
Feinkörnig (in Schwebe)	Winkler-I.-G.-Verfahren	Schmalfeldt-Wintershall	

1. Sauerstoff-Wasserdampf-Vergasung.

Neben den Verfahren der Erzeugung des Synthesegases durch ausschließliche Vergasung des Brennstoffs mit Wasserdampf nehmen die Verfahren der Vergasung mit einem Sauerstoff-Wasserdampf-Gemisch eine besondere Stellung ein. Bei diesen deckt die durch eine teilweise Vergasung des Brennstoffes mit Sauerstoff freiwerdende Wärme den

Wärmeverbrauch der Wassergasbildung, so daß die Vergasung fortlaufend durchgeführt wird und eine besondere Beheizung des Reaktionsraumes von außen, durch abwechselndes Blasen und Gasen des Brennstoffs oder mittels eines getrennt aufgeheizten Wälzgasstromes in Fortfall kommt.

Diese Arbeitsweise wird durchgeführt durch fortlaufende Vergasung im Schachtgenerator

1. mit ruhendem Brennstoffbett bei gewöhnlichem Druck,
2. mit ruhendem Brennstoffbett bei erhöhtem Druck,
3. mit schwebendem Brennstoffbett.

a) Grundlagen des Verfahrens.

Die Rechnungsgrundlagen für die Vergasung von wasserstoffenthaltenden festen Brennstoffen mit einem Sauerstoff-Wasserdampf-Gemisch hat P. Dolch[1]) entwickelt. Dabei ist es zweckmäßig, den Gehalt des Brennstoffs an verfügbarem (disponiblem) Wasserstoff als atomares Verhältnis zum Kohlenstoff auszudrücken, da daraufhin die stöchiometrischen Gleichungen einen direkten Aufschluß über die Mengenverhältnisse erhalten lassen.

Die Umsetzungen zerfallen auch bei diesem Verfahren in zwei Gruppen: zunächst erfolgt die Einwirkung von Sauerstoff und von Wasserdampf auf den Brennstoff und daraufhin wird ein Teil des Kohlenoxyds mit weiterem überschüssigem Wasserdampf umgesetzt. Diese Reaktionen lassen sich durch folgende Summengleichungen darstellen:

$$\begin{array}{l} CH_y + m\,H_2O + n\,O_2 = p\,CO + q\,H_2 + r\,CO_2 \\ s\,CO + s\,H_2O = s\,CO_2 + s\,H_2 \\ \hline CH_y + (m+s)\,H_2O + n\,O_2 = (p-s)\,CO + (q+s)\,H_2 + (r+s)\,CO_2 \end{array}$$

Für y gelten folgende durchschnittliche Zahlenwerte: für Holz 0,12, für Torf 0,1—1,0, für Braunkohle 0,2—0,5, für Pechkohlen 0,5—0,7, für Steinkohlen 0,35—0,70, für Anthrazit 0,2.

Es ergeben sich ferner folgende Beziehungen:

1. aus $H_2 : CO = 2{,}0$ $\quad 2 \cdot (p - s) = q + s$,
2. aus Wasserstoffbilanz $y + 2 \cdot (m + s) = 2 \cdot (q + s)$,
3. aus Kohlenstoffbilanz $\quad p + r = 1$.

Beim Einsetzen des Wertes von $q + s$ aus Gleichung (1) in (2) verbleiben drei Gleichungen:

$$\begin{aligned} 4\,p - 6\,s &= y + 2\,m \\ p + 2\,r &= m + 2\,n \\ p + r &= 1, \end{aligned}$$

[1]) Feuerungstechnik **27** (1939), S. 103.

aus denen sich r, p und s in Abhängigkeit von m, n und y wie folgt ergeben:

$$r = m + 2n - 1$$
$$p = 2 - m - 2n$$
$$s = \frac{4}{3} - m - \frac{4}{3}n - \frac{1}{6}y.$$

Hieraus folgen als Zahlenwerte für die Molekularkoeffizienten:

$$r + s = \frac{1}{3}(1 + 2n) - \frac{1}{6}y$$
$$p - s = \frac{2}{3}(1 - n) + \frac{1}{6}y$$
$$m + s = \frac{4}{3}(1 - n) - \frac{1}{6}y.$$

Unter Zugrundelegung der obenstehenden Ableitungen lassen sich die Ausbeuten A an Synthesegas sowie anteilmäßig an Kohlendioxyd, Kohlenoxyd, Wasserstoff und überschüssigem Wasserdampf in Nm^3 je kg vergasten Kohlenstoff wie folgt berechnen:

A (Synthesegas): $= A(CO + H_2 + CO_2)$
$= 0{,}6225 \cdot (7 - 4n + y)$ Nm^3 Synthesegas/kg verg. Kohlenstoff

---

$A(CO_2)$: $= 22{,}4/12 \cdot \left[\frac{1}{3}(1 + 2n) - \frac{1}{6}y\right]$
$= 0{,}6225 \cdot \left[(1 + 2n) - \frac{1}{2}y\right]$ Nm^3 CO_2/kg verg. Kohlenstoff

---

$A(CO)$: $= 22{,}4/12 \cdot \left[\frac{2}{3}(1 - n) + \frac{1}{6}y\right]$
$= 0{,}6225 \cdot \left[(1 - n) + \frac{1}{2}y\right]$ Nm^3 CO/kg verg. Kohlenstoff

---

$A(H_2)$: $= 22{,}4/12 \cdot \left[\frac{4}{3}(1 - n) - \frac{1}{6}y\right]$
$= 0{,}6225 \cdot \left[4(1 - n) - \frac{1}{2}y\right]$ Nm^3 H_2/kg verg. Kohlenstoff

---

$A(\dot{H}_2O)$: $= 22{,}4/12 \cdot \left[\frac{4}{3}(1 - n) - \frac{1}{6}y\right]$
$= 0{,}6225 \cdot \left[4(1 - n) - \frac{1}{2}y\right]$ Nm^3 H_2O/kg verg. Kohlenstoff.

Aus diesen Grundgleichungen für die Berechnung der Ausbeuten bei der Vergasung von festen Brennstoffen mit Sauerstoff-Wasserdampf-Gemischen ergibt sich die Zusammensetzung des Synthesegases in %, so z. B. für Kohlendioxyd zu

$$\% \, CO_2 = \frac{100 \cdot \left[(1 + 2n) - \frac{1}{2} y \right]}{7 - 4n + y}.$$

Die Ausbeuten an Synthesegas sind von dem Gehalt des Brennstoffs an verfügbarem Wasserstoff und von der angewendeten Menge Sauerstoff geradlinig abhängig. Die Verbindungslinien der Anteile der einzelnen Gasbestandteile in % sind dagegen Kurven zweiter Ordnung, da die abhängigen veränderlichen Größen sowohl im Zähler als auch im Nenner erscheinen.

Zwischen dem Wert für y (Atom Wasserstoff/Atom Kohlenstoff) und dem gewichtsmäßigen Anteil an verfügbarem Wasserstoff in Nm^3/kg vergastem Kohlenstoff besteht folgende Gleichung:

$$H_m = \frac{1}{12} \cdot \frac{22{,}4}{2} \cdot y = 1{,}8675 \cdot \frac{y}{2} \text{ Nm}^3\text{/kg verg. Kohlenstoff.}$$

Wenn man ferner für den Ausdruck n (Mol O_2/Atom verg. Kohlenstoff) den Wert n' (Nm^3 O_2/kg verg. Kohlenstoff) einsetzt, wobei

$$= n' \frac{22{,}4 \cdot n}{12} = 1{,}8675 \, n$$

ist, so ergeben sich folgende einfache Beziehungen zwischen den Ausbeuten bei reiner Wasserdampfvergasung A_0 und bei Sauerstoff-Wasserdampfvergasung A:

$$A \text{ (Synthesegas)} =$$
$$= A_0 \text{ (Synthesegas)} -$$
$$- 4 \cdot 0{,}6225 \cdot n = A_0 - \frac{4}{3} \cdot n'.$$

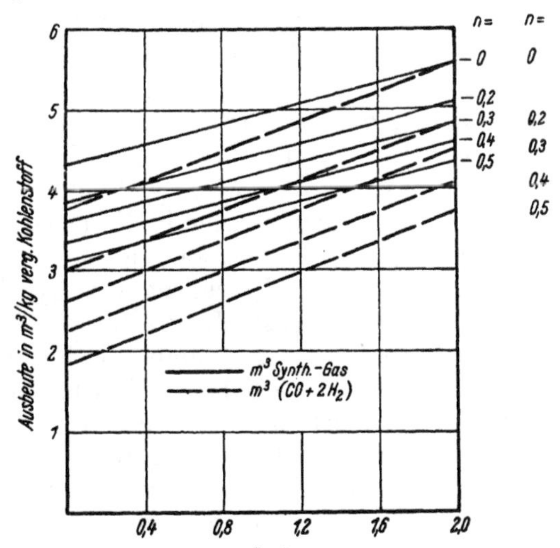

Abb. 3. Gasausbeute in m³ je kg vergasten Kohlenstoff bei der Vergasung mit einem Sauerstoff-Wasserdampf-Gemisch.

Diese letztere Formel zeigt, daß mit jedem Raumteil Sauerstoff, der neben Wasserdampf dem Brennstoff zugeführt wird, die Ausbeute an Synthesegas (Nm^3/kg verg. Kohlenstoff) gegenüber der reinen Vergasung mit Wasserdampf sich um 4/3 Raumteile vermindert.

In der Abb. 3 sind vergleichsweise für $n = 0{,}0$ bis $0{,}5$ und für $y = 0$ bis $2{,}0$ die Ausbeuten an Synthesegas und an reinem Kohlenoxyd-

Wasserstoffgemisch im Verhältnis ($CO + 2\,H_2$) in Nm^3/kg verg. Kohlenstoff dargestellt. Die entsprechenden Linien verlaufen in beiden Fällen parallel. Bemerkenswert ist vor allem ferner, daß mit steigendem Gehalt des Brennstoffs an verfügbarem Wasserstoff y die Ausbeute an ($CO + 2\,H_2$) bei der Vergasung mit einem Sauerstoff-Wasserdampfgemisch erheblich stärker ansteigt als mit reinem Wasserdampf. Dies zeigen folgende Beispiele:

		$y = 0{,}0$	$y = 2{,}0$	Zuwachs
$n = 0{,}50$	$CO + 2\,H_2 =$	1,8675	3,7350	100%
$n = 0{,}00$	$CO + 2\,H_2 =$	3,7350	5,6025	50%

Der Abstand zwischen den Ausbeutelinien für Synthesegas und für ($CO + 2\,H_2$) ergibt die Bildung an Kohlendioxyd in Nm^3/kg verg. Kohlenstoff (C_v), der leicht in Prozentzahlen umgerechnet werden kann:

$y = 0{,}0$

$n = 0{,}50$ $CO_2 = 1{,}2450$ Nm^3/kg C_v $CO_2 = 40{,}0\%$
$n = 0{,}00$ $CO_2 = 0{,}6225$ Nm^3/kg C_v $CO_2 = 14{,}3\%$

$y = 2{,}0$

$n = 0{,}50$ $CO_2 = 0{,}6225$ Nm^3/kg C_v $CO_2 = 14{,}0\%$
$n = 0{,}00$ $CO_2 = 0{,}0000$ Nm^3/kg C_v $CO_2 = 0{,}0\%$.

Daraus ergibt sich, daß je kg Brennstoff bei der Vergasung mit einem Sauerstoff-Wasserdampfgemisch geringere Ausbeuten erhalten werden als bei der reinen Wasserdampfvergasung. Dabei ist jedoch zu beachten, daß bei der Vergasung mit Sauerstoff und Wasserdampf gleichzeitig der hohe Wärmebedarf der Kohlenstoffvergasung mit Wasserdampf gedeckt wird, während bei der reinen Wasserdampfvergasung zusätzlich Wärme in Form von Außenbeheizung, durch Aufheizung von Wälzgas oder während des Blaseabschnittes erforderlich ist.

Die gleichzeitige Erzeugung von Synthesegas und die Beschaffung der für die Wassergasbildung erforderlichen Wärme durch Vergasung einer Teilmenge des Brennstoffs mit Sauerstoff in einem Zuge und an einem Ort bedeutet erhebliche Vorzüge für die Vergasung. Die Wärmeverluste im Gaserzeuger werden auf das geringstmögliche Maß herabgesetzt und die Gestaltung der Anlage wird erheblich vereinfacht. Nachteilig ist nur, daß Kohlendioxyd als Verbrennungsgas in erheblichem Maße im rohen Synthesegas enthalten ist und zum größten Teil aus diesem ausgewaschen werden muß.

Sauerstoffbedarf. Für die wirtschaftliche Beurteilung der Vergasung mit einem Sauerstoff-Wasserdampfgemisch ist die Kenntnis des Sauerstoffbedarfs von grundlegender Bedeutung.

Für den einfachsten Fall der Vergasung von Kohlenstoff mit Sauerstoff zu Kohlendioxyd und mit Wasserdampf zu Wassergas sind die Wärmetönungen der beiden Reaktionen gleich zu halten:

$$C + H_2O_{,,} = CO + H_2 - 27500 \text{ kcal}^{1)} \quad \text{Anteil } 1 - x$$
$$C + O_2 = CO_2 + 97800 \text{ kcal}^{1)} \quad \text{Anteil } x.$$

x ergibt sich gemäß $27500\,(1 - x) = 97800\,x$ zu $x = 0{,}220$. Daraus errechnet sich folgendes Mengenverhältnis für die beiden Reaktionen:

$$\begin{array}{l}0{,}220\,C + 0{,}220\,O_2 = 0{,}220\,CO_2 \qquad + 21500 \text{ kcal}\\ 0{,}780\,C + 0{,}780\,H_2O_{,,} = 0{,}780\,CO + 0{,}780\,H_2 - 21500 \text{ kcal}\\ \hline C + 0{,}220\,O_2 + 0{,}780\,H_2O_{,,} = 0{,}220\,CO_2 + 0{,}780\,CO + 0{,}780\,H_2\\ \downarrow \qquad\qquad\qquad\qquad \downarrow \qquad\qquad \downarrow\\ 97800 \text{ kcal} \qquad\qquad 52800 \text{ kcal} \quad 45000 \text{ kcal}\end{array}$$

Bei der Synthesegaserzeugung wird gemäß dem Wassergasgleichgewicht zusätzlich ein Teil des Kohlenoxyds mit überschüssigem Wasserdampf weiter umgesetzt. Es gelten also die Reaktionsgleichungen:

$$\begin{array}{lll}3\,C + 3\,H_2O = 3\,CO + 3\,H_2 & -3 \cdot 27500 & -82500 \text{ kcal}\\ CO + H_2O = CO_2 + H_2 & & +10100 \text{ kcal}\\ \hline 3\,C + 4\,H_2O = CO_2 + 2\,CO + 4\,H_2 & & -72400 \text{ kcal}\end{array}$$

Diese zusätzliche Konvertierung bedingt eine Verminderung des Wärmebedarfs der Wassergasbildung von 82500 auf 72400 kcal, mithin um 12%. Der Anteil der Kohlenstoffverbrennung mit Sauerstoff ermäßigt sich damit zu $x = 0{,}198$, also um rd. 10%.

Infolge der Verminderung des Sauerstoffbedarfs von 0,220 auf 0,198 erhöht sich gleichzeitig die Ausbeute an Synthesegas ($CO + H_2$) von 1,56 auf 1,60 Nm^3/kg verg. Kohlenstoff.

Bei dieser Betrachtungsweise sind jedoch nur die Reaktionswärmen in Rechnung gestellt, während die fühlbaren Wärmeinhalte der zugeführten und abgeführten Stoffe vernachlässigt bzw. gleichgesetzt werden.

b) Schachtvergasung stückiger Brennstoffe bei gewöhnlichem Druck.

Am naheliegendsten erscheint die technische Durchführung der Vergasung mit einem Sauerstoff-Wasserdampfgemisch[2]) im Schachtgaserzeuger mit ruhendem Brennstoffbett. In diesem gibt das heiße Reaktionsgas einen Teil seines fühlbaren Wärmeinhalts im Gegenstrom an das niedersinkende Vergasungsgut ab. Notwendige Voraussetzung ist dabei die Vergasung eines stückigen Brennstoffs. Nach Vorarbeiten von R. Drawe[3]) wurden eingehende Versuche dieser Art vor mehreren

[1]) Bezogen auf 1 k Atom C von Braunkohlenkoks. Die entsprechenden Werte für den Kohlenstoff des Steinkohlenkokses betragen — 29300 bzw. + 96000 kcal.

[2]) Die ersten Anregungen hierzu gab bereits 1898 die Gesellschaft für Lindes Eismaschinen in ihrem DRP. 108158, es bestand damals für dieses Verfahren noch kein Interesse; vgl. hierzu E. Karwat, Brennstoffchem. **17** (1936), S. 141.

[3]) Braunkohle **26** (1927), S. 573; Gas- und Wasserfach **70** (1937), S. 904.

Jahren von P. Dolch[1]) in einem Schacht von 0,5 m^2 freiem Querschnitt und etwa 2 m Schütthöhe mit Koks, Holzkohle und Braunkohle als Vergasungsgut bei einem stündlichen Durchsatz von 50 bis 100 kg durchgeführt. Änderungen des Verhältnisses von Sauerstoff zu Wasserdampf zwischen 1 : 3 und 1 : 10 zeigten vor allem, daß Schwierigkeiten durch Verschlackung des Rostes nicht auftreten. Eine Auswertung der Versuchswerte mit Braunkohle und Holzkohle ist infolge des Gasgehaltes dieser Brennstoffe nicht ohne weiteres möglich, ohne Schwierigkeiten ist sie dagegen für Koks durchführbar. Für den letzteren Fall sind die Versuchsergebnisse bei verschiedenen Sauerstoff-Wasserdampfverhältnissen nachstehend zusammengestellt:

		I	II	III
m^3 Sauerstoff/kg C		0,63	0,635	0,77
$O_2 : H_2O$		1 : 2,97	1 : 4,85	1 : 9,78
Wasserdampfzersetzung	%	46,7	49,3	27,2
Wassergaserzeugung . . .	m^3/kg C	2,79	3,39 (+ 0,60)	3,53
davon	m^3 CO_2	0,31	0,92 (+ 0,61)	1,34
davon	m^3 CO	1,56	0,95 (— 0,61)	0,53
davon	m^3 H_2	0,92	1,52 (+ 0,60)	1,66
Gaszusammensetzung (feucht)	% CO_2	8,0	18,5	16,8
	% CO	40,7	19,2	6,6
	% H_2	24,0	30,8	20,8
	% H_2O	27,3	31,5	55,8
Gleichgewichtseinstellung	K_W	5,77	1,06	1,05

Zusammenfassend ergibt sich daraus nach P. Dolch (s. o.) folgendes: Bei der Einwirkung von Sauerstoff-Wasserdampfgemischen auf Steinkohlenkoks im Verhältnis 1 : 3 (I) stellt sich das Wassergasgleichgewicht noch nicht ein. Durch Vergrößerung dieses Verhältnisses auf 1 : 5 (II) wird, auf die Gewichtseinheit Kohlenstoff bezogen, der Sauerstoffaufwand nicht verändert. Die größere Wasserdampfmenge wirkt sich vielmehr ausschließlich in der Richtung aus, daß eine Umsetzung des gebildeten Kohlenoxyds mit dem überschüssigen Wasserdampf eintritt, die praktisch zur völligen Gleichgewichtseinstellung führt. Die Kohlenoxydmenge nimmt um den gleichen Betrag ab, um den die Kohlendioxyd- und Wasserstoffmengen zunehmen. Ferner steigt der Grad der Wasserdampfumsetzung trotz der höheren Wasserdampfmenge noch infolge des weiteren Wasserdampfverbrauchs für die Kohlenoxydumsetzung weiter an. Es bleibt jedoch in diesem Zusammenhang die Frage offen, inwieweit durch die Anwendung einer höheren Dampfmenge eine Vergrößerung der Reaktionszone eintritt, die eine längere Berüh-

[1]) P. Dolch, Wassergas, Leipzig 1936, S. 206.

rungsdauer in dem Temperaturbereich bedingt, in dem eine Einstellung des Gleichgewichtes erfolgen kann. Eine weitere Steigerung des Sauerstoff-Wasserdampfverhältnisses auf etwa 1 : 10 (III) führt zu einer Erhöhung des Sauerstoffverbrauchs je kg Kohlenstoff von 0,63 auf 0,77. Dies zeigt, daß im letzten Fall das thermische Gleichgewicht gegenüber (I) und (II) durch die großen Wasserdampfmengen gestört ist, dennoch wird die vollständige Gleichgewichtseinstellung noch erreicht.

Zusammenfassend können die Versuchsergebnisse durch folgende Gleichungen dargestellt werden:

$$\begin{array}{lr} 2\,C + 2\,H_2O = 2\,CO + 2\,H_2 & -55000\ \text{kcal} \\ C + O_2 = CO_2 & +97800\ \text{kcal} \\ \hline 3\,C + O_2 + 2\,H_2O = CO_2 + CO + 2\,H_2 & +42800\ \text{kcal} \end{array}$$

bzw.

$$\begin{array}{lr} C + 0{,}33\,O_2 + 0{,}66\,H_2O = 0{,}33\,CO_2 + 0{,}66\,CO + 0{,}66\,H_2 & +14300\ \text{kcal} \\ \hline \text{Heizwert des Wassergases} & 83500\ \text{kcal} \\ \hline & 97800\ \text{kcal} \end{array}$$

Der Heizwert des Brennstoffs bleibt somit zu 85% im Gas enthalten.

Noch wesentlich günstigere Versuchsergebnisse wurden von F. Danulat[1]) erhalten. Neben Druckvergasungen wurde auch in einem Versuch die Vergasung von Steinkohlenschwelkoks mit Sauerstoff-Wasserdampfgemisch bei 1 ata durchgeführt. Gemäß der Zusammensetzung des Reaktionsgases:

CO_2 . . .	25,5%	H_2 . . .	50,3%
skW . . .	0,2%	CH_4	1,7%
O_2	0,1%	N_2 . . .	0,6%
CO .	21,6%		

sowie dem Sauerstoff- und Wasserdampfverbrauch verlief die Umsetzung etwa nach der Gleichung:

$$C + 0{,}25\,O_2 + H_2O = 0{,}5\,CO_2 + 0{,}5\,CO + 1{,}0\,H_2.$$

Daraus ergeben sich folgende thermische Verhältnisse:

$$\begin{array}{lr} 0{,}25\,C + 0{,}25\,O_2 = 0{,}25\,CO_2 & +24400\ \text{kcal} \\ 0{,}75\,C + 0{,}75\,H_2O = 0{,}75\,CO + 0{,}75\,H_2 & -20600\ \text{kcal} \\ 0{,}25\,C + 0{,}25\,H_2O = 0{,}25\,CO_2 + 0{,}25\,H_2 & +2500\ \text{kcal} \\ \hline C + 0{,}25\,O_2 + J_2O = 0{,}5\,CO_2 + p{,}5\,CO + 1{,}0\,H_2 & +6300\ \text{kcal} \\ \hline \text{Heizwert des Wassergases} & +91500\ \text{kcal} \\ \hline & +97800\ \text{kcal,} \end{array}$$

---

[1]) Die restlose Vergasung fester Brennstoffe mit Sauerstoff unter hohem Druck. Diss. Charlottenburg 1936.

d. h. es wurden vom Heizwert des Kohlenstoffs 93,5% im Wassergas wiedergefunden. Ein höherer thermischer Wärmegrad dürfte kaum erreichbar sein.

Praktische Anwendung hat diese stetige Sauerstoff-Wasserdampfvergasung stückiger Brennstoffe im Schachterzeuger bisher nicht gefunden. Die Hauptschwierigkeit dürfte darauf beruhen, daß die Höhe der Reaktionszone verhältnismäßig gering ist. In Erkenntnis derselben hat daher die Metallgesellschaft[1]) vorgeschlagen, einen Teil des heißen Reaktionsgases nochmals in den Gaserzeuger zurückzuleiten, wodurch die Feuerzone auseinandergezogen und gleichmäßiger gestaltet wird.

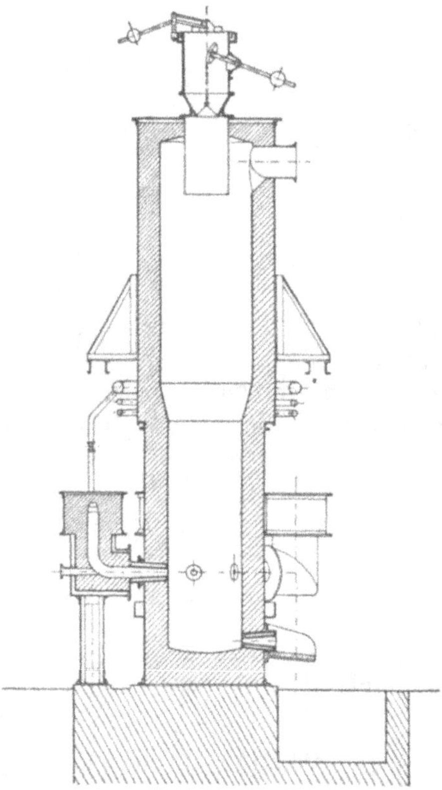

Abb. 4. Abstichgaserzeuger von v. Galocsy.

In diesem Zusammenhang ist noch auf den Vorschlag von v. Galocsy[2]) hinzuweisen, die Vergasung in einem Abstichgenerator (vgl. Abb. 4), also mit einem Gemisch von 0,621 m³ Wasserdampf und 0,675 m³ Sauerstoff je kg Kohlenstoff vorzunehmen. Gemäß der Summengleichung

$$3\,C + O_2 + H_2O = 3\,CO + H_2$$

wird in diesem Fall ein Reaktionsgas erzeugt, in dem Kohlenoxyd und Wasserstoff im Verhältnis 3 : 1 enthalten sind. Der hohe Sauerstoffverbrauch dürfte der Durchführung dieses Verfahrens ebenfalls hindernd im Wege stehen. Dieser Abstichgenerator eignet sich vor allem zur Vergasung niederwertiger Brennstoffe, wie beispielsweise von aschereichen Ligniten, deren verhältnismäßig niedriger Ascheschmelzpunkt an sich eine Vergasung im Schachtgaserzeuger mit Drehrost unmöglich macht oder zumindest erschwert. Anderseits ist die Einführung von Sauerstoff in Abstichgaserzeuger mit der Schwierigkeit verbunden, daß zu hohe Temperaturen unmittelbar über der Zone der Einführung des Sauerstoffs entstehen. Um diese Schwierigkeiten auszuschließen,

[1]) DRPP. 551761, 569211, 571168.

[2]) DRP. 573112, World Power Conference 1933, Nr. 97, Sektion 1b.

sind in dem Gaserzeuger von v. Galocsy besondere Brennkammern rings um den Schacht angeordnet. In diesen wird Gas mit überschüssigem Sauerstoff verbrannt, worauf ein den Wasserdampf enthaltendes sehr heißes Sauerstoff-Abgasgemisch durch gekühlte Formen ähnlich der Bauart bei Hochöfen in den Vergasungsschacht eintritt. Dabei dient ein Teil der Verbrennungsabgase Kohlendioxyd und Wasserdampf als Träger des für die Vergasung im Brennstoffbett des Schachtes erforderlichen Sauerstoffs und Wasserdampfs. Die Verbrennung eines erheblichen Teils des reinen Sauerstoffs erfolgt auf diese Weise in verhältnismäßig kleinen, dem Einfluß der Brennstoffschlacke entzogenen Kammern, so daß bei einer Auswahl geeigneter Baustoffe ihre Haltbarkeit keine besonderen Schwierigkeiten bereitet.

c) Schachtvergasung stückiger Brennstoffe bei erhöhtem Druck.

Die Druckvergasung mit einem Sauerstoff-Wasserdampfgemisch im Schachtgaserzeuger mit ruhendem Brennstoffbett (Lurgi-Verfahren) hat es ermöglicht, ein dem Stadtgas ähnliches Gas durch Vergasung zu erzeugen, wodurch eine wesentliche Verbreiterung der Brennstoffgrundlage für die Stadtgaserzeugung geschaffen worden ist. Über Einzelheiten des Verfahrens siehe S. 77.

Diese Druckvergasung kann ohne wesentliche Änderungen ferner zur Erzeugung von Synthesegas dienen, wobei jedoch eine geringe Methanbildung als eine in diesem Fall unerwünschte Nebenreaktion in Kauf genommen werden muß. Es ist dabei vor allem erforderlich, den Vergasungsdruck von 20 bis 30 at auf etwa 5 bis 10 at zu vermindern, wobei ein Synthesegas erhalten wird, in dem Kohlenoxyd und Wasserstoff im Verhältnis 1 : 2 stehen. So wurde nach R. Drawe[1]) bei der Vergasung von Schwelkoks im Lurgi-Druckgaserzeuger bei 8,5 ata ein Gas folgender Zusammensetzung erhalten:

29,3% CO_2	21,9% CO
3,3% CH_4	44,0% H_2.
1,5% N_2	

Die Methanbildung, die nach H. Brückner[2]) gemäß der Reaktionsgleichung

$$2\,CO + 2\,H_2 = CH_4 + CO_2$$

verläuft, verändert das ursprüngliche Kohlenoxyd-Wasserstoffverhältnis des Ausgangsgases, sie vermindert ferner die Ausbeute an diesen beiden Gasen.

[1]) Gas- und Wasserfach **80** (1937), S. 810.

[2]) Brennstoffchem. **20** (1939), S. 346.

	Reaktionsgas %	Methanbildung Vol.	Methanfreies Gas Vol.		Methanfreies Gas %	
	29,3 CO_2	— 3,3	26,0		24,4	
65,9 <	21,9 CO	+ 6,6	28,5	> 79,1	26,8	> 74,2
	44,0 H_2	+ 6,6	50,6		47,4	
	3,3 CH_4	— 3,3	0,0		0,0	
	1,5 N_2		1,5		1,4	
	100,0	+ 6,6	106,6		100,0	

Die Summe an ($CO + 2\,H_2$) im Reaktionsgas hat sich infolge der Methanbildung von 79,1 auf 65,9 Raumteile, d. s. 16,7%, vermindert. Bereits geringe Mengen an Methan im Synthesegas bedingen also eine erhebliche Verminderung der Gasausbeute und damit eine beträchtliche Erhöhung des Sauerstoffaufwandes.

d) Brennstaubvergasung in der Schwebe.

Bei den bisher besprochenen Verfahren können ausschließlich stückige Brennstoffe zur Vergasung gelangen. Die Brennstoffgrundlage hierfür ist daher beschränkt und umfaßt im wesentlichen hochwertige Brennstoffe, wie Nußkohlen, Briketts oder stückigen Koks. Hinzukommt, daß es bisher nicht gelungen ist, Schachtgaserzeuger für große Leistungen derart zu gestalten, daß in diesen Rohkohlen verschiedenartiger Herkunft durchgesetzt werden können.

Eine weitgehende Verbreiterung der Kohlengrundlage hat die Brennstaubvergasung in der Schwebe geschaffen. Die befriedigende Lösung dieser Aufgabe gelang Dr. Fritz Winkler von der I.-G. Farbenindustrie durch Ausgestaltung des nach ihm benannten Vergasungsverfahrens, welches die Vergasung nahezu sämtlicher fester Brennstoffe bis zu den größten Leistungen ermöglicht. Dieses Verfahren erfordert lediglich, falls der Brennstoff nicht an sich als Feinkorn vorliegt, eine Zerkleinerung auf eine Korngröße, die durch die Bauart und Abmessungen des Gaserzeugers bedingt ist. Aus wirtschaftlichen Gründen kommt daher für die Staubvergasung in erster Linie entweder eine feinkörnige oder weiche Ausgangskohle, wie mulmige Braunkohle, oder der Siebrückstand stückiger Brennstoffe, wie von Schwelkoks, in Betracht. Ein weiterer Vorteil ist darin gegeben, daß auch aschereichere Vergasungsrohstoffe ohne Schwierigkeit verarbeitet werden können, wenn die Zerkleinerung so weitgehend erfolgt, daß bereits eine erhebliche Trennung des Brennbaren von der Asche stattfindet. Die damit verbundene Verschlechterung des Ausbrandes verliert bei minderwertigen aschereichen Brennstoffen ihre sonstige Bedeutung. Schließlich können bei der Vergasung von Stauben in der Schwebe auch Backkohlen verarbeitet werden.

Bei der Staubvergasung verliert, worauf vor allem W. Gumz[1]) hingewiesen hat, in gleicher Weise das Sortenproblem wie das Artenproblem seine Schärfe, so daß dieses Verfahren zugleich als eine geeignete Ausgleichsmöglichkeit für Überschuß und Mangel angesehen werden kann. Es ist sogar ein Übergang von Steinkohle auf Braunkohle und umgekehrt mit einfachen Mitteln möglich, wobei höchstens entsprechende Vortrocknungseinrichtungen entweder geschaffen oder in Betrieb genommen werden müssen.

Die grundsätzliche Darstellung einer Einrichtung zur Vergasung in der Schwebe zeigt die Abb. 5. Die Hauptmenge des feinkörnigen Brennstoffs wird bei *a*, die restliche Menge (Rückführung von nicht vergastem Brennstoff) bei *b*, das Vergasungsmittel (Luft, Sauerstoff oder Wasserdampf) bei *c* zugeführt. Das letztere reißt den Brennstoff im Vergaser *V* hoch, wobei ihm der Vergasungsweg l_1 zur Verfügung steht. Die Asche wird bei *d* abgezogen. Der Brennstoffrückstand (Grobkorn) wird in dem Sichter *S* abgeschieden und bei *b* wieder dem Vergaser zugeleitet. Die Vergasung restlicher Mengen an Feinkorn, das vom Gas mitgerissen worden ist, erfolgt bei *e* (Weglänge l_2). Bei *f* kann schließlich nach Bedarf eine weitere Menge an Vergasungsmitteln oder aber, falls die sofortige Verbrennung als Endziel des Vorganges erfolgen soll, die Verbrennungsluft durch besondere Zweitluftdüsen eingeleitet wer-

[1]) Feuerungstechnik **26** (1938), S. 361; **27** (1939), S. 257.

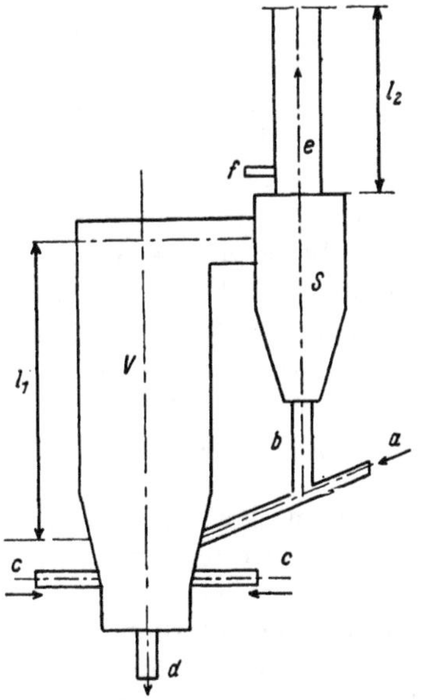

Abb. 5. Grundsätzliche Darstellung der Vergasung in der Schwebe.

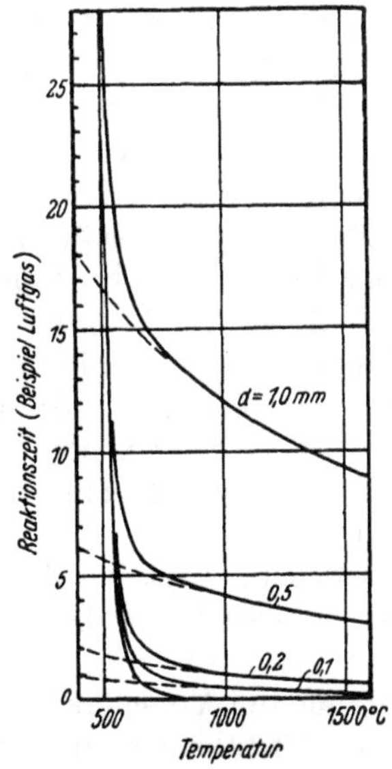

Abb. 6. Vergasungszeit für Kohlenstaub (Kohlenstoffkugeln verschiedener Korngrößen) in Abhängigkeit von der Temperatur.

den. Der Sichter S und die Weglänge l_2 sind so zu bemessen, daß die noch mitgerissenen Teilchen auf dieser Strecke restlos nachvergasen bzw. verbrennen.

Der Betrieb eines Staubvergasers unterscheidet sich somit grundsätzlich von dem eines Schachtvergasers mit ruhendem Brennstoffbett durch den Fortfall des Brennstoffvorrates, so daß Unregelmäßigkeiten in der Gleichförmigkeit der Füllung wegfallen. Die Vergasung in der Schwebe erfordert dagegen eine gleichmäßige Belastung und läßt Änderungen nur bei einer entsprechenden Verschiebung der Kornfeinheit des Brennstoffs zu, da die Zuführungsgeschwindigkeit von Sauerstoff und Wasserdampf, die Verweilzeit des Staubes im Gaserzeuger und die Reaktionsdauer aufeinander abgestellt sein müssen. Die Gasgeschwindigkeit muß daher im wesentlichen der Kornfeinheit des Brennstaubes angepaßt werden.

Wie bereits an anderer Stelle (vgl. S. 9) hingewiesen wurde, wird die Geschwindigkeit der Vergasung vor allem von der in sehr starkem Maße temperaturabhängigen chemischen Reaktion und der nahezu temperaturunabhängigen physikalischen Reaktion bestimmt. Da zunächst die Temperatur bei der Vergasung der stückigen Brennstoffe der in der Schwebe praktisch gleich sein muß, wird die Reaktionsgeschwindigkeit der Vergasung des Brennstaubes im wesentlichen von dessen Kornfeinheit bestimmt. In Abb. 6 ist nach W. Gumz (s. o.) die Gesamtreaktionszeit, wie sie sich aus dem Zusammenwirken des chemischen und des physikalischen Widerstandes ergibt, für die Vergasung von Kohlenstaub verschiedener Mahlfeinheit mit Luft dargestellt. Es ergibt sich daraus eindeutig, daß oberhalb einer Mindesttemperatur von 900° weitere Temperatursteigerungen praktisch kaum noch Einfluß auf die Vergasungsgeschwindigkeit besitzen, daß diese vielmehr im wesentlichen nur von der Kornfeinheit des Vergasungsgutes bestimmt wird.

Für die Größengestaltung dieser Gaserzeuger ist zu beachten, daß bei einer durch die Mahlfeinheit des Brennstaubes gegebene Gasgeschwindigkeit infolge des Ansteigens des Querschnittes mit dem Quadrat des Durchmessers eine Verdopplung des letzteren eine Vervierfachung des Durchsatzes bei gleicher Höhe bzw. Länge der Strömungswege bedingt, während die Anlagekosten in wesentlich geringerem Maße ansteigen. Ebenso vermindern sich die Betriebskosten, da jede Stocharbeit in Wegfall kommt.

Zu beachten ist bei dem Verfahren, daß infolge der kurzen Reaktionsdauer teerförmig abgespaltene Kohlenwasserstoffe ebenfalls vergast werden. Um bei bitumenreichen Kohlen den Teer gewinnen zu können, wäre daher die Vorschaltung einer Schwelstufe erforderlich. Bisher ist über die Ausführung einer derartigen Verfahrensweise nichts bekannt geworden. Die größte Schwierigkeit dürfte auf einer Verunreinigung des Teeres durch Flugkoks und Asche beruhen, wodurch gleichzeitig der

Teer dazu neigen würde, größere Mengen Wasser emulsionsförmig aufzunehmen.

Die größte Bedeutung hat bisher die stufenlose Vergasung von Brennstaub im Winkler-Verfahren[1]) erhalten. Die für dieses kennzeichnende Ausbildung des Vergasungszustandes in der Schwebe ist von einer bestimmten Mindestmenge des einströmenden Vergasungsmittels abhängig, über die hinaus sich jedoch die Vergasungsleistung außerordentlich steigern läßt. Diese in kürzester Zeit von Schwachlast auf Höchstlast veränderliche Belastbarkeit ist ebenfalls ein kennzeichnendes Merkmal dieses Verfahrens. Der Winkler-Gaserzeuger, dessen Entwicklung bis zum Jahre 1921 zurückgeht, sollte zunächst dazu dienen, Kraftgas und Wassergas zum Betrieb von Gasverdichtern für die Ammoniaksynthese zu liefern. Nach Vorversuchen in Oppau gelangte der erste Großgaserzeuger mit einem Schachtquerschnitt von 12 m^2 und einer Schachthöhe von 13 m 1926 in Leuna zur Aufstellung, 1929 wurden vier weitere Gaserzeuger von 24 m^2 Querschnitt in Betrieb genommen, worauf die stündliche Leistung dieser Anlage durchschnittlich 200000—230000 m^3, im Höchstfall bis zu 300000 m^3 Kraftgas betrug.

Versuche, nach dem gleichen Verfahren abwechselnd Wassergas und Kraftgas zu erzeugen, zeigten infolge des geringen Wärmespeicherungsvermögens des Gaserzeugers unbefriedigende Ergebnisse. Das Verhältnis Wassergas zu Kraftgas betrug nur 1 : 5. Zudem enthielt das erstere rd. 1% Methan, so daß es zur Weiterverarbeitung auf ein Stickstoff-Wasserstoffgemisch nicht geeignet war.

Die Bedeutung des Winkler-Gaserzeugers wirkte sich erst in voller Höhe aus, als es 1931 gelang, durch Zuführung eines Sauerstoff-Wasserdampfgemisches Synthesegas aus mulmiger Braunkohle im stetigen Betrieb zu erzeugen.

Je nach der Wahl des Vergasungsmittels und der Betriebsweise können verschiedene Gase erzeugt werden:

Schwachgas wird erhalten, wenn die Vergasung durch Luftzuführung allein erfolgt.

Wassergas wird im ununterbrochenen Betrieb bei gleichzeitiger Zuführung von Wasserdampf und Sauerstoff in bestimmtem Verhältnis erzeugt.

Synthesegas mit bestimmtem Kohlenoxyd- und Wasserstoffgehalt kann ähnlich dem Wassergas durch Änderungen der Betriebsweise erhalten werden. In diesem Fall besteht ferner die Möglichkeit, kohlenwasserstoffhaltige Gase, wie Restgase, Steinkohlengas, Schwelgas u. a. im Gaserzeuger aufzuspalten, ohne daß bauliche Änderungen erforderlich sind.

---

[1]) I. G. Farbenindustrie A. G. DRPP. 437970, 438843; 443445; 446678; 484003, 487886, 496343, 516655; 535535; 541686; 577888, 582495; 647142; ebenso zahlreiche Auslandspatente.

Mischgas, d. h. mit Stickstoff angereichertes Wassergas, wie es für die Ammoniaksynthese benötigt wird, wird gewonnen durch Einblasen eines entsprechend bemessenen Gemisches von Luft, Dampf und Sauerstoff (oder mit Sauerstoff angereicherter Luft).

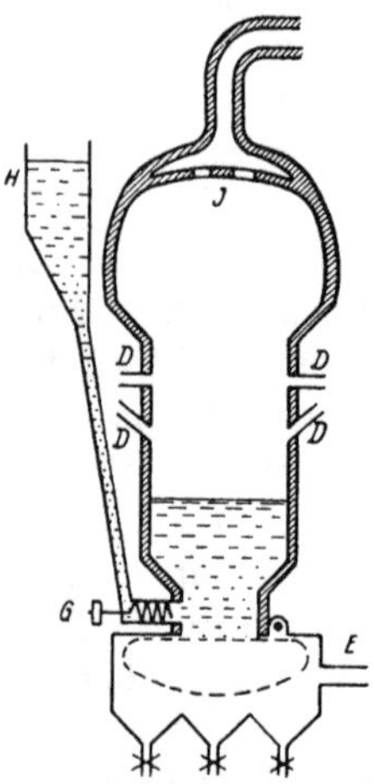

Abb. 7. Winkler-Gaserzeuger.

Den Aufbau des Winkler-Gaserzeugers zeigt die Abb. 7. Das Vergasungsgut, mulmige, vorgetrocknete Braunkohle, wird seitlich aus einem Zwischenbehälter *H* mittels einer Eindrehschnecke *G* dem Gaserzeuger ständig oberhalb des Planrostes zugeführt. Da Sauerstoff und Wasserdampf als Gemisch von unten durch den Rost bei *E* zugeführt werden und die Vergasungstemperatur 1100° nicht überschreitet, tritt keine Sinterung der Asche ein, sie kann daher mittels eines wassergekühlten Rührarmes staubförmig der Ascheaustragvorrichtung zugeführt werden. Das Vergasungsgemisch tritt zum größten Teil von unten durch den Rost ein und bringt den Brennstoff in eine stark wallende Bewegung, so daß das Brennstoffbett einer feurig siedenden Flüssigkeit gleicht.

Die Temperatur im Brennstoffbett beträgt für die in Deutschland zumeist verwendeten Brennstoffe etwa 800—950° und in der Kuppel des Gaserzeugers am Gasausgang rd. 950—1100°. Die Verbreiterung des Schachtes im Oberteil bewirkt bereits infolge der Verringerung der Strömungsgeschwindigkeit des Gases eine mechanische Abtrennung eines Teils der mitgerissenen Asche. Gleichzeitig werden im kuppelförmigen Oberteil die im Gas enthaltenen Kohlenwasserstoffe gespalten und durch die Zugabe eines weiteren kleineren Teils des Vergasungsgemisches aus ringförmig angeordneten Düsen bei *D* restliche hochgerissene Brennstaubteilchen vergast.

Bei schwankender Belastung und bei stark staubhaltigen Kohlen ist es zweckmäßig, direkt hinter dem Gaserzeuger einen Zyklon anzuordnen, von dem aus der gröbere zurückgehaltene Staub unmittelbar in das Brennstoffbett zurückgelangt.

Um die fühlbare Wärme des Gases auszunutzen, ist hinter den Gaserzeuger (vgl. Abb. 8) ein Abhitzekessel mit Dampfüberhitzer und Speisewasservorwärmer geschaltet. Bei der Durchbildung dieser Nebeneinrichtungen muß auf den Staubanfall geachtet werden. Zweckmäßig wählt man den Dampfdruck zu 25—50 atü, die Überhitzung mit 400 bis 450° C und nützt die Energie des Hochdruckdampfes in Arbeitsmaschinen aus, bevor ein Teil des Dampfes dem Gaserzeuger wieder zugeführt wird. Die Dampferzeugung im Abhitzekessel beträgt je nach der zu erzeugenden Gasart etwa 0,4—0,5 kg/m³. Anschließend erfolgt die Grobentstaubung des noch etwa 250° C heißen Gases. Zu diesem

Zweck sind Staubabscheider vorgesehen, die z. B. nach dem Prinzip der Fliehkraftabscheidung arbeiten. Es besteht auch die Möglichkeit, die Grobentstaubung durch Heißgas-Elektrofilter vorzunehmen. Der trocken anfallende Staub wird mit Förderschnecken abgezogen und

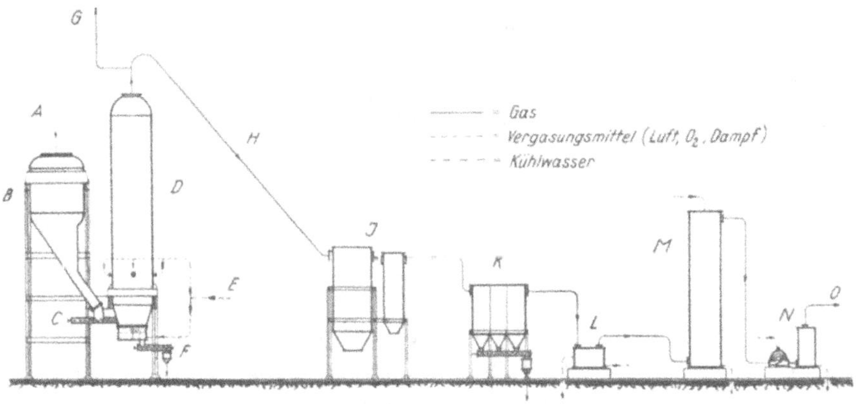

Abb. 8. Übersicht über das Vergasungsverfahren nach Winkler.

kann, soweit die Möglichkeit besteht, in entsprechenden Feuerungen verbrannt werden.

Nach der Grobentstaubung strömt das Gas durch eine Tauchvorlage, in welcher durch Stromrichtungswechsel und dauernden Wasserumlauf ein weiterer Teil des Staubes zur Abscheidung kommt. Im nachfolgenden wasserberieselten Kühler wird der Staubgehalt weiter verringert und das Gas auf etwa Außentemperatur gekühlt. Die für die meisten Verwendungszwecke erforderliche Feinentstaubung des kalten Gases erfolgt in Schleuderwaschern oder durch Elektrofilter.

Das in Vorlage, Kühler und Schleuderwascher anfallende, mit dem feinen Staub beladene Wasser wird zweckmäßig durch Klärbecken in bekannter Weise gereinigt.

Für Temperatur- und Druckmessungen, mengenmäßige Erfassung des Brennstoffverbrauches, der Vergasungsmittel, des Kühlwassers und des erzeugten Gases werden an allen erforderlichen Stellen entsprechende Meßgeräte eingebaut. Da Brennstoffzufuhr, Aschenaustrag und Staubförderung selbsttätig erfolgen, beschränkt sich die Bedienungsarbeit auf die Überwachung der Meßgeräte und auf die Wartung der mechanisch bewegten Zubehörteile.

Die erste Inbetriebsetzung erfolgt bei großen Gaserzeugern durch einen kleinen Anheizgenerator.

Der beträchtliche Wärmeverbrauch im Winklergenerator hat ferner zu folgender Abänderung der Verfahrensweise geführt. Ein Teil des Reaktionsgases wird sofort nach seinem Austritt aus dem Gaserzeuger abgetrennt und unter weitgehender Vermeidung von Wärmeverlusten nochmals seitlich und von unten in den Gaserzeuger zurückgeführt. Gleichzeitig wird hierdurch eine Verbesserung der Durchmischung und Bewegung des Brennstoffs bewirkt und an sämtlichen Stellen des bewegten Brennstoffbettes eine nahezu gleiche Temperatur erzielt.

Dieses neue Vergasungsprinzip ist sowohl mit geringsten Schütthöhen von 5 bis 10 cm als auch mit solchen bis zu 4 m und mehr durchführbar. Aus wirtschaftlichen Gründen und, um die aus der Kohle abgespaltenen Kohlenwasserstoffe möglichst völlig zersetzen zu können, wird im praktischen Betrieb eine Schichthöhe von 25 bis 75 cm angewendet. Der Druckabfall ist von dem Schüttgewicht des Brennstoffes abhängig. Er beträgt beispielsweise für mitteldeutsche feinkörnige Braunkohle rund die Hälfte der Höhe der Kohlenschicht, ungerechnet den Druckverlust im Rost selbst.

Die Schlackentemperatur des Brennstoffes soll nicht allzu niedrig liegen. Bei der in den Leunawerken zumeist verarbeiteten Geiseltalkohle wird die Temperatur im Brennstoffbett auf 900° gehalten.

Die Vortrocknung der Rohkohle auf einen restlichen Wassergehalt von 6 bis 8% erfolgt nach Zerkleinerung durch Hammermühlen in Dampfröhrentrocknern sowie in großen Feuergastrocknern.

Die in den Leuna-Werken in Betrieb befindlichen Winkler-Gaserzeuger besitzen bei 20 m^2 Schachtquerschnitt eine stündliche Leistungsfähigkeit von 75000 m^3 Synthesegas[1]).

Das Fehlen einer größeren wärmeaufnehmenden Brennstoffmenge führt dazu, daß das Reaktionsgas den Gaserzeuger nach H. Bütefisch[2]) mit Temperaturen von 900 bis 1070° verläßt. Dieser hohe Wärmeinhalt wird zwar zur Dampferzeugung herangezogen, er bedingt jedoch einen hohen Sauerstoffverbrauch. Für die im Winklergenerator stattfindenden Vergasungsvorgänge wurden von dem ebengenannten Verfasser folgende Reaktion angegeben:

$$5\,C + 3\,H_2O + 2\,O_2 = 2\,CO_2 + 3\,CO + 3\,H_2.$$

Das Reaktionsgas hatte durchschnittlich folgende Zusammensetzung: 22% CO_2, 38% CO und 38% H_2.

Die thermischen Vorgänge sind somit folgende:

$3\,C + 3\,H_2O = 3\,CO + 3\,H_2 - 3 \cdot 27500$	$-$ 82500 kcal
$2\,C + 2\,O_2 = 2\,CO_2 + 2 \cdot 97800$	$+$ 195600 »
$5\,C + 3\,H_2O + 2\,O_2 = 2\,CO_2 + 3\,CO + 3\,H_2$	$+$ 113100 kcal
oder	
$C + 0{,}6\,H_2O + 0{,}4\,O_2 = 0{,}4\,CO_2 + 0{,}6\,CO + 0{,}6\,H_2$	22600 »
Heizwert des Wassergases	75200 kcal
	97800 kcal

[1]) C. Bosch, Chem. Fabrik 7 (1934), S. 1.

[2]) Zeitschr. f. Elektrochem. 41 (1935), S. 375.

Es werden also nur 76% des Heizwertes des Kohlenstoffs im Wassergas wiedergefunden. Der Sauerstoffbedarf je m³ Wassergas ($CO + H_2$) beträgt rd. 0,33 m³.

Zahlentafel 4.

Betriebszahlen über Vergasungsergebnisse im Winkler-Gaserzeuger.

Vergasungsgut:

a) Brennstoffanalysen

Brennstoff	Wassergehalt %	Aschegehalt %	C %	H %	O %	N %	S %	unterer Heizwert kcal/kg
TBK	8,0	12,7	56,3	4,3	15,0	0,7	3,0	5270
BSK	6,0	20,6	66,5	2,5	3,8	0	0,6	5700

b) Siebanalysen (Korngrößen in mm)

Brennstoff	0—0,2 %	0,2—0,5 %	0,5—1,0 %	1,0—2,0 %	2,0—3,0 %	3,0—6,0 %
TBK	20	18	17	16	12	17
BSK	20	16	20	26	8	10

Gasbeschaffenheit:

Brennstoff	Gasart	H_2S %	CO_2 %	CO %	H_2 %	CH_4 %	N_2 %	unterer Heizwert kcal/Nm³
TBK	Schwachgas	0,8	7,7	22,5	12,6	0,7	55,7	1110
	Mischgas	1,2	15,1	32,9	29,7	1,3	19,8	1940
	Wassergas	1,6	17,5	41,8	37,2	0,9	1,0	2390
BSK	Schwachgas	0,3	4,3	32,7	7,6	0,5	54,6	1240
	Mischgas	0,4	13,0	38,0	26,5	0,6	21,5	1900
	Wassergas	0,5	16,5	42,6	39,0	0,7	0,7	2380

Verbrauchszahlen:

Brennstoff	Gasart	Verbrauch je Nm³ erzeugtes Gas			
		Brennstoff kg/Nm³	Luft Nm³/Nm³	Sauerstoff 98 proz. Nm³/Nm³	Dampf 1—2 atü kg/Nm³
TBK	Schwachgas	rd. 0,36	rd. 0,72	—	—
	Mischgas	rd. 0,55	rd. 0,23	rd. 0,17	rd. 0,22
	Wassergas	rd. 0,68	—	rd. 0,27	rd. 0,33
BSK	Schwachgas	rd. 0,31	rd. 0,72	—	—
	Mischgas	rd. 0,47	rd. 0,23	rd. 0,17	rd. 0,24
	Wassergas	rd. 0,56	—	rd. 0,27	rd. 0,36

Für die vielseitigen Möglichkeiten, die sich der Vergasung im Winkler-Gaserzeuger bieten und die eingangs schon erwähnt wurden, sollen als Anhaltspunkt vorstehend einige Betriebszahlen angeführt werden, wie sie bei Vergasung von mitteldeutscher Trockenbraunkohle (= TBK) und Braunkohlenschwelkoks (= BSK) im Dauerbetrieb erhalten wurden.

2. Wälzgasverfahren.

Bei den Wälzgasverfahren wird für den Wasserdampf ein Trägergas angewendet. Dieses muß auf so hohe Temperaturen aufgeheizt werden, daß die erforderliche Reaktionswärme für die Vergasung daraus gedeckt wird. Um zu hohe Überhitzungstemperaturen zu vermeiden, kann zwar die Umlaufmenge des Wälzgases ziemlich hoch gewählt werden. Dies erfordert jedoch wiederum entsprechend große Bemessungen des Gaserzeugerquerschnittes, da eine Erhöhung der Vergasungsgeschwindigkeit über die durch die Korngröße gegebene erforderliche Reaktionsdauer hinaus nutzlos ist.

Diese Verfahren stellen daher recht erhebliche Anforderungen an die Baustoffe. Eine Verbesserung in dieser Hinsicht wäre zwar durch eine stufenweise Zuführung des Wälzgases möglich, die den Aufbau und die Bedienung der Anlage jedoch erheblich erschweren würde.

a) Pintsch-Hillebrand-Verfahren.

Das Pintsch-Hillebrand-Verfahren stellt ein Spülgasverfahren zur stetigen Vergasung stückiger nichtbackender Brennstoffe unter gleichzeitiger Schwelteergewinnung dar. Wegen der hohen Vergasungsgeschwindigkeit im Brennstoffbett können nur vergasungsfeste Brennstoffe, insbesondere Braunkohlenbriketts, verwendet werden. Das Wesen des Verfahrens besteht darin, daß dem Wasserdampf Wassergas als Wärmeträger beigemischt, dieses Gemisch in Wärmespeichern auf hohe Temperaturen (1200—1300°) vorgewärmt und im Gaserzeugerschacht dem Brennstoff im Gegenstrom zugeführt wird. Die fühlbare Wärme des Dampf-Gasgemisches für einen Temperaturabfall um 500 bis 600° dient zur Deckung der zur Wassergasbildung erforderlichen Wärme.

Die grundsätzliche Anordnung des Verfahrens zeigt die Abb. 9, wie es erstmalig im Jahre 1929 in den Hamburger Gaswerken, Werk Tiefstack[1]), zur Vergasung von Braunkohlenbriketts zur Aufstellung gelangt ist. Die Briketts wandern durch einen Schwelschacht in den eigentlichen Vergasungsschacht mit Aschenaustrag, in dem sie restlos vergast werden. Zur Erwärmung des Dampf-Wassergasgemisches dienen zwei

[1]) F. Stief, Gas- und Wasserfach **75** (1932), S. 581; H. Müller, Gas- und Wasserfach **78** (1935), S. 431; H. Gerdes, Braunkohle **34** (1935), S. 193, 216.

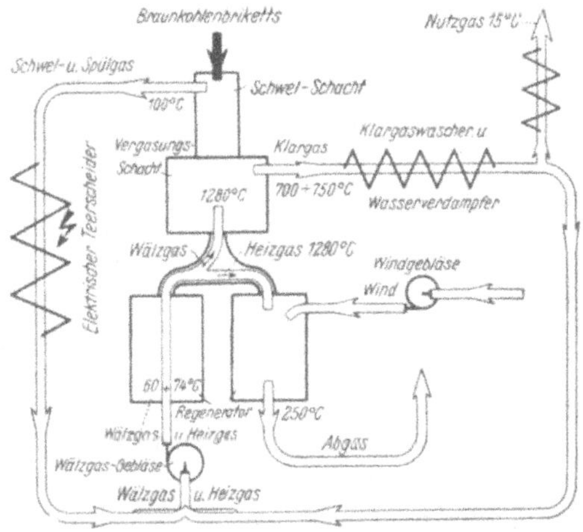

Abb. 9. Grundsätzliche Anordnung des Pintsch-Hillebrand-Synthesegasverfahrens.

Wärmespeicher, die abwechselnd aufgeheizt werden und darauf ihre Wärme an das Gemisch abgeben.

Im einzelnen gelangen die vom Feinkorn abgesiebten Braunkohlenbriketts aus einem Zwischenbunker über eine selbsttätige Waage und eine selbsttätige gasdicht abschließende Beschickungsvorrichtung in den Schachtgaserzeuger (vgl. Abb. 10). Dieser enthält zunächst einen Schwelteil, bestehend aus mehreren oben zusammengeführten schmiedeeisernen Schläuchen oder einem Ring, in dem entgegen der Richtung der Kohle ein Teil des Wassergases hindurchgeführt wird, so daß die Kohle durch Spülgas vollständig abgeschwelt wird und der Schwelkoks mit einer Temperatur von etwa 600° in den eigentlichen Vergasungsschacht nachrutscht. Dieses Gemisch von Teerdämpfen, Schwelgas, Wassergas und Wasserdampf (aus dem Brennstoff und infolge nicht ganz vollständiger Vergasung) verläßt den Gaserzeuger mit einer Temperatur von etwa 100°. Es wird entteert und gelangt zu dem Wälzgasgebläse, um zwecks Zersetzung seines Gehaltes an gas- und dampfförmigen Kohlenwasserstoffen nochmals in den Gaserzeuger eingeleitet zu werden. Der eigentliche Vergasungsschacht ist als ein Ringschacht mit Deckrost ausgebildet. Die so erhaltene Querschnittsform eines verhältnismäßig schmalen Ringes von großem Durchmesser (7300 mm außen) ermöglicht einen entsprechend

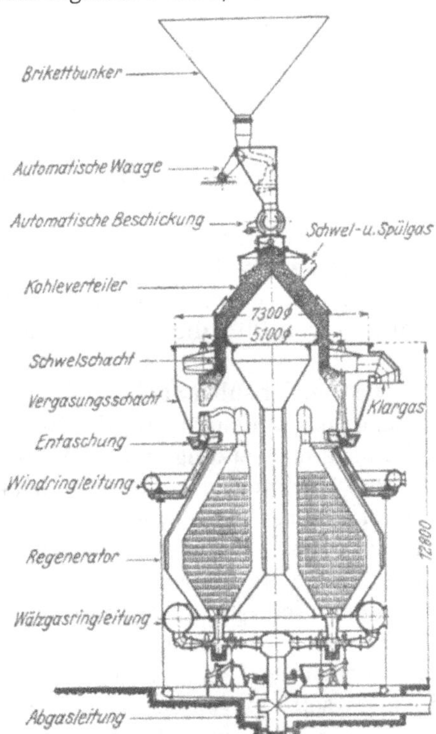

Abb. 10. Schnitt durch den Pintsch-Hillebrand-Gaserzeuger.

großen Durchsatz bei einer sehr gleichmäßigen Beaufschlagung der Vergasungsschicht und mäßigen Wälzgasgeschwindigkeit. Die Wasserdampfumsetzung geschieht nahezu vollständig infolge der hohen Vergasungstemperatur von 1200 bis 1300°.

Unterhalb der Vergasungszone ist ein in mehrere Wärmespeicher unterteilter zylindrischer Erhitzer für das Wälzgas angeordnet. Das Wälzgas, bestehend aus Synthesegas, Schwelgas und Wasserdampf, tritt in die eine Gruppe von Wärmespeichern mit einer Temperatur von ungefähr 60—74° ein und wird in diesen auf 1200—1300° aufgeheizt. Der Gasstrom teilt sich daraufhin, der größere Teil wird in den Vergasungsschacht eingeführt, der geringere tritt von oben in die zweite Gruppe von Wärmespeichern ein und wird mit Luft verbrannt. Das Abgas verläßt diese mit einer Temperatur von ungefähr 250° und geht durch einen Schornstein ins Freie. Nach bestimmten Zeitabständen werden die beiden Wärmespeicher umgeschaltet.

Da das Verbrennungsgas einen sehr hohen Wärmeinhalt besitzt und die Verbrennungstemperatur in dem aufgeheizten Wärmespeicher zu hoch ansteigen würde, gibt man der Frischluft etwas Abgas zu. Das mit Wasserdampf selbsttätig angereicherte Wälzgas, das zur Vergasung dient, gibt seinen Wärmeinhalt an den Braunkohlenschwelkoks ab und vergast diesen, um mit einer Temperatur von etwa 700° entweder in die Schwelzone zu gelangen oder als »Klargas« abgeführt zu werden. Das letztere gelangt in mit Wasser berieselte stehende zylindrische Wascher, in denen es auf 60—70° abgekühlt und bei der gleichen Temperatur erneut mit Wasserdampf gesättigt wird. Daraufhin teilt es sich wieder in zwei Ströme, der Hauptteil wird als fertiges Synthesegas abgeführt, der Rest als Wälzgas zurückgeleitet.

Bemerkenswert ist noch, daß sämtliche Steuerungsvorrichtungen thermisch nur wenig belastet werden. Die Wälzgasschieber sind Temperaturen von 70°, die Abgasschieber solchen von nicht mehr als 250° ausgesetzt.

Die Betriebsüberwachung beschränkt sich, wie dies bei derartigen Großanlagen üblich ist, auf die Beobachtung der Temperaturen, Drücke und Zusammensetzung der einzelnen Gase.

Der Wirkungsgrad der Vergasung, die Durchsatzleistung und die Gaszusammensetzung werden in weitgehendem Maße von dem Sättigungsgrad des Wälzgases, der Wälzgasüberhitzung und schließlich von der Art des Vergasungsgutes bestimmt. Hohe Temperaturen des Wälzgases und niedrige Sättigung des Klargases mit Wasserdampf führen zu Wassergas mit einem Kohlenoxyd-Wasserstoffverhältnis von nahezu 1 : 1, niedrigere Temperaturen und stärkere Aufsättigung des Klargases zu einem solchen von rd. 1 : 2. Schließlich läßt sich durch gleichzeitige Zugabe von Luft zum Wälzgas für die Ammoniaksynthese ein Verhältnis $N_2 : (CO + H_2)$ von 1 : 3 einstellen.

Briketts mit einem höheren Ascheschmelzpunkt lassen eine noch höhere Steigerung der Wälzgaseintrittstemperatur über 1300° zu und ermöglichen dadurch eine weitere geringe Steigerung der Gasausbeute um etwa 5%. Bitumenarme Kohlen lassen eine geringere Teerausbeute erhalten, während die Gasausbeute davon nicht beeinflußt wird. Diese wird vielmehr im wesentlichen vom Kohlenstoffgehalt des Brennstoffs bestimmt.

Die Wirtschaftlichkeit des Verfahrens wird nicht unerheblich von den Kosten der Wälzgasaufheizung beeinflußt. Im allgemeinen wird man daher für diese kein eigenerzeugtes Wasser- oder Synthesegas, sondern billigere Fremdgase, wie Braunkohlengeneratorgas oder bei Synthesebetrieben Abfallgase verwenden. So dient auf dem Werk Tiefstack zur Unterfeuerung Koksgeneratorgas, dessen Heizwert durch Zusatz von etwas Kohlengas aufgebessert worden ist.

Die durchschnittlichen Ergebnisse eines dreitägigen Abnahmeversuchs des Pintsch-Hillebrand-Gaserzeugers unter Verwendung von Braunkohlenbriketts auf dem Gaswerk Hamburg-Tiefstack sind nachstehend zusammengestellt:

Zusammensetzung der Ilse-Briketts:

Wasser	14,5%
Asche	6,3%
Kohlenstoff	54,5%
Wasserstoff	3,6%
Schwefel	1,0%
Stickstoff + Sauerstoff	20,1%
Schwelanalyse in der Al-Retorte (bis 540°):	
Schwelteer	7,2%
Schwelkoks	51,4%
oberer Heizwert	5053 kcal/kg
unterer Heizwert	4771 kcal/kg
Schmelztemperatur der Asche:	
in oxydierender Atmosphäre	1300—1320° C
in reduzierender Atmosphäre	1300—1320° C
Mengen, Ausbeuten und Wirkungsgrade:	
Durchgesetzte Brikettmenge	57,66 t/24 h
Erzeugte Nutzgasmenge (15° C, 760 Torr)	58750 m³/24 h
Nutzgasausbeute (15° C, 760 Torr)	1,02 m³/kg Br.
Schwelteerausbeute	0,048 kg/kg Br.
Vergasungswirkungsgrad	49,5%
Thermischer Wirkungsgrad	59,2%
Wasserverbrauch	11,3 l/m³ Wg.
Stromverbrauch	0,027 kWh/m³ Wg.
Fremddampfverbrauch	0,25 kg/m³ Wg.

Nutzgaszusammensetzung, Nutzgasheizwert:

10,1% CO_2
33,6% CO $\quad H_o = 2743$ kcal/m³
54,2% H_2
0,4% CH_4 $\quad H_u = 2480$ kcal/m³
1,7% N_2

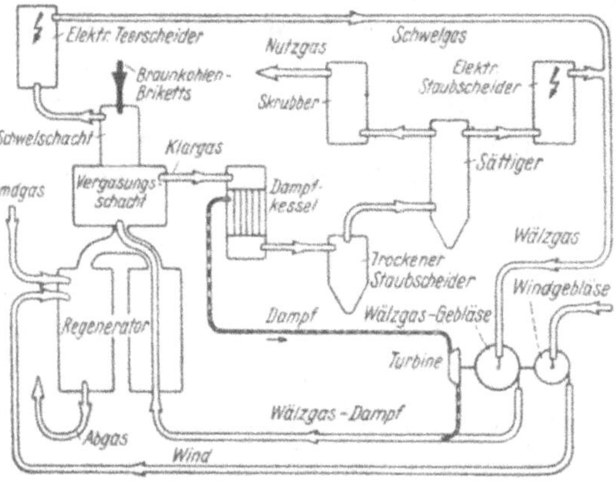

Abb. 11. Synthesegaserzeugung nach Pintsch-Hillebrand mit Fremdgasbeheizung und Turbinenantrieb.

Die grundsätzliche Anordnung einer Anlage zur Synthesegaserzeugung mit Fremdgasbeheizung und Turbinenantrieb neuester Bauart zeigt die Abb. 11, die keiner weiteren Besprechung bedarf. In noch stärkerem Maße als bei der Gasausbeute wirkt sich die Fremdgasbeheizung in den Anlagekosten aus. Die Leistung des Pintsch-Hillebrand-Gaserzeugers steigt auf das Doppelte an, da das bisherige Unterfeuerungsgas als Nutzgas zur Verfügung steht. Gleichzeitig verringert sich die Größe der Wärmespeicher und sonstiger Zusatzeinrichtungen auf zwei Drittel der bisherigen. Die Gestehungskosten einer solchen Anlage in Abhängigkeit von dem Brikettpreis zeigt die Abb. 12. Vor allem der letztere und der Erlös für den Teer sind bestimmend für die Betriebskosten. Diese könnten daher noch erheblich bei Verwendung von Rohkoks gesenkt werden. Die Verwendung von Knorpelkohle, die nach ihrer Abschwelung genügend standfest bleibt, dürfte keine nennenswerten Schwierigkeiten erfahren. Grudekoks oder mulmige Rohbraunkohle können dagegen nach diesem Verfahren nicht verarbeitet werden.

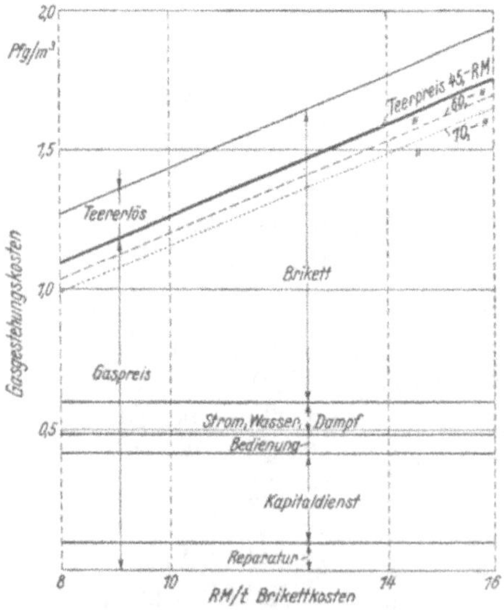

Abb. 12. Gasgestehungskosten einer Pintsch-Hillebrand-Anlage neuester Bauart.

Versuche[1]) unter Verwendung von Steinkohle (Nußkohle der Zeche

[1]) F. Stief, Gas- und Wasserfach **83** (1940), S. 1.

Ludwigsglück, O.-S.) ergaben erwartungsgemäß, daß es entsprechend der geringeren Reaktionsfähigkeit des Steinkohlenschwelkokses nicht gelingen würde, den Brennstoff wie bei Braunkohle oder Torf restlos zu vergasen. So lag bereits die Gasaustrittstemperatur aus dem Gaserzeuger mit 830° um etwa 130° höher als bei Braunkohle. Der Rückstand in der Ascheschüssel war nicht vollständig aufgebraucht, er enthielt vielmehr noch 73,3% brennbare Stoffe (aschefreien Schwelkoks). Die Gasausbeute betrug rd. 1950 Nm³/t Steinkohle (mit 93,6% Reinkohlegehalt); das Steinkohlensynthesegas hatte folgende durchschnittliche Zusammensetzung: CO_2 12,6%, O_2 0,2%, CO 26,0%, H_2 57,8%, CH_4 1,0%, N_2 2,4%, H_o 2650 kcal/Nm³, H_u 2360 kcal/Nm³.

Nach diesem Verfahren wurden mit Torf als Vergasungsgut ebenfalls Betriebsversuche auf dem Gaswerk Hamburg-Tiefstack durchgeführt[1]). Bei der Wahl der für die Vergasung von Torf zur Synthesegasherstellung in Betracht kommenden Verfahren müssen die mit Sauerstoffvergasung zunächst in Wegfall kommen. Der Sauerstoffgehalt von Torf mit 30—45% (bezogen auf asche- und wasserfreien Brennstoff) führt als solcher bereits zu einem hohen Kohlendioxydgehalt, so daß er anderenfalls in zu starkem Maße ansteigen würde. Hinzu kommt, daß Torf mit einem Gestehungspreis von RM. 6,— bis RM. 8,— in feldtrokkenem Zustand bzw. von RM. 8,50 bis RM. 11,— für die Trockensubstanz je Tonne verhältnismäßig teuer ist, so daß es wünschenswert erscheint, den Torf möglichst vollständig zur Wassergasbildung heranzuziehen. Dafür sprechen ferner die Eigenschaften des Torfes. Er bildet einen hochreaktionsfähigen Entgasungsrückstand mit dem sehr geringen Aschegehalt von nur 1 bis 2,5% und ermöglicht eine sehr weitgehende Vergasung, ehe die Anreicherung der Asche Vergasungsschwierigkeiten herbeiführt.

Der zur Vergasung verwendete Torf war normaler Sodentorf der Venemoor G. m. b. H., Edewechterdamm i. Oldenburg. Die Torfsoden wurden vor Zugabe in die Beschickungsvorrichtungen in einem Brecher gebrochen, um Schwierigkeiten in den Zuführungen und im Schacht auszuschließen.

Zur Durchführung gelangten zwei Großversuche mit mäßiger und höherer Wälzgastemperatur (1200° bzw. 1300°). Der Torf wies im Zustand der Verwendung folgende durchschnittliche Zusammensetzung auf:

	Versuch I	Versuch II
	Wälzgastemperaturen	
	1200°	1300°
Asche . . . . %	0,79	0,97
Wasser . . . . %	27,86	30,27
Brennbare Substanz . . . . . %	71,35	68,76
Flücht. Schwefel . . . . . . %	0,086	0,083
oberer Heizwert . . . . . kcal/kg	3900	3770
unterer Heizwert . . . . kcal/kg	3520	3385

[1]) G. Keppeler, Chem. Fabrik **12** (1939), S. 457.

Der Torf als Vergasungsgut verhielt sich ausgezeichnet. Er zeigte eine recht gute Standfestigkeit. Infolge des sehr geringen Aschegehaltes konnte kein Unverbranntes im Vergasungsrückstand beobachtet werden. Die Ausbeute an Teer wurde zu rd. 3,0—3,2% bestimmt, bei einer Einstellung der Anlage auf die Besonderheiten des Torfbetriebes dürfte sie jedoch auf 5% ansteigen. Die weiteren Versuchsergebnisse zeigt die nachstehende Zahlentafel:

Zahlentafel 5. Ergebnisse der Torfvergasung im Pintsch-Hillebrand-Synthesegaserzeuger.

	Versuch I	Versuch II
Wälzgastemperatur °C	1200	1300
Torfdurchsatz . . . . t/24 h	32,4	37,73
Gasausbeute . . . . Nm^3/24 h	35 800	48 445
Nm^3/kg Torf	1,104	1,284
Gaszusammensetzung: CO_2 . . . . %	15,4	15,2
sKW . . . . %	0,0	0,3
O_2 . . . %	0,1	0,2
CO . %	27,5	26,7
H_2 . . . . . . %	51,9	53,4
CH_4 . . . . . . %	2,6	2,5
N_2 . . . . %	2,4	1,8
Schwefelgehalt des Gases . . . . g/100 m^3	—	9,78

Der festgestellte Durchsatz für die Größe der Anlage ist nicht als allgemeingültig anzusprechen. Zunächst wurde absichtlich jede Überlastung vermieden, ferner war der Schwelschacht für wasserarme Braunkohlenbriketts gebaut und demgemäß für die Trocknung und Verschwelung des Torfes mit 30% Wassergehalt zu klein, um den Vergasungsschacht voll auszunutzen. In der Gaszusammensetzung gelang es ohne Schwierigkeit, das angestrebte Verhältnis von CO : H_2 = 1 : 2 einzustellen. Beachtenswert ist ferner der außerordentlich niedrige Gesamtschwefelgehalt des Rohgases von nur 9,78 g/100 m^3, der sich hinter der Trockenreinigung noch auf 2,66 g/100 m^3 ermäßigte.

Die Werte für die Wärmebilanz zeigt die nachstehende Zusammenstellung:

Zahlentafel 6. Wärmebilanz bei der Torfvergasung im Pintsch-Hillebrand-Synthesegaserzeuger.

Versuchsabschnitt I

Eingebracht	kcal	Erhalten	kcal	%
16,2 t Torf mit 3520 kcal/kg	57 024 000	17 900 Nm^3 Nutzgas mit 2430 kcal/Nm^3	43 497 000	57,6
Unterfeuerung:		486 kg Teer mit 8860 kcal/kg	4 290 000	5,7
11910 Nm^3 Mischgas mit 1555 kcal/Nm^3	18 520 000	Verlust	27 757 000	36,7
Summe:	75 544 000	Summe:	75 544 000	100,0

Versuchsabschnitt II

Eingebracht	kcal	Erhalten	kcal	%
102,2 t Torf mit 3385 kcal/kg	345 947 000	131 200 Nm³ Nutzgas mit 2423 kcal/Nm³	317 900 000	69,2
Unterfeuerung: 65 700 Nm³ Mischgas mit 1718 kcal/kg	112 873 000	3185 kg Teer mit 8810 kcal/kg	28 060 000	6,1
		Verlust	112 860 000	24,7
Summe:	458 820 000	Summe:	458 820 000	100,0

Bei dem ersten Versuch mit der niedrigen Wälzgastemperatur von nur 1200° ist der thermische Wirkungsgrad von 57,6%, bezogen auf die Nutzgasausbeute, und von 63,3% unter Einschluß des Teers befriedigend. Im zweiten Versuch wurde der thermische Wirkungsgrad zu 69,2% bzw. zu 75,3% ermittelt. Unter Berücksichtigung dessen, daß es sich um Großversuche mit einem Gaserzeuger für Betrieb mit Braunkohlenbriketts handelt, ist der Wirkungsgrad als sehr gut zu bezeichnen.

Für die Planung einer derartigen Anlage mit Torfvergasung kommt auf Grund der obigen Ergebnisse G. Keppeler (s. o.) zu folgenden Schlüssen. Bei der Bestimmung der Größenverhältnisse stehen die Produktionsverhältnisse der Torfindustrie und der Synthesegasherstellung in einem gewissen Gegensatz. Entsprechend der geringen Mächtigkeit der Moore sind die Torfbetriebe auch bei mäßiger Produktion in der Fläche stark ausgedehnt. Deshalb sind die Erzeugungsgrößen beschränkt.

Die größte Gewinnung eines Torfbetriebes dürfte jetzt etwa 120000 t im Jahre betragen. Die Anlagen für die Treibstoffsynthese nach Fischer-Tropsch sind aus Gründen größerer Wirtschaftlichkeit und im Hinblick auf die günstigere Verarbeitung der verschiedenen Erzeugnisse (Gasol, Benzin, höher siedende Öle und Paraffin) recht groß angelegt. Die Produktion umfaßt im allgemeinen 50000 t im Jahre. Eine derartige Anlage hätte aber einen Torfverbrauch, der fast der gesamten heutigen Torfgewinnung Nordwestdeutschlands entspricht. Eine auf Torfverbrauch gestützte Benzinanlage müßte sich also mit einer kleineren Erzeugung begnügen. Beide Rücksichten, auf Wirtschaftlichkeit der Benzinanlage und Leistungsfähigkeit des Torfbetriebes, führen zu einer Produktionsgröße von 10000 bis 12000 t Benzin, wobei die Rohprodukte an ein größeres Werk zur Aufarbeitung abgegeben werden müßten.

Hinzu kommt, daß der Unterfeuerungsaufwand für die Torfvergasung weitere Brennstoffmengen (850 kcal/Nm³ Synthesegas) erfordert, die mit dem Restgas der Benzinsynthese nur knapp zur Hälfte gedeckt werden könnten.

Die stetige Torfvergasung dürfte eher in Einzelfällen für die Erzeugung von Synthesegas als Zusatzgas zu Steinkohlengas in der Stadtgasindustrie Bedeutung erlangen. Nach den Angaben der Firma Pintsch ergeben sich für eine derartige Anlage die folgenden Anlagekosten:

Anlagekosten
für eine Anlage mit 150000 t Torfverbrauch im Jahre:

Vergasungsanlage für 120000 t Jahresverbrauch mit 4 Vergasungseinheiten	RM.	4300000
Dazu Generatorgasanlage für Unterfeuerung mit 4 Generatoren	»	700000
	RM.	5000000

Für den Kapitaldienst sollen 8% Abschreibung und 5% Verzinsung angenommen werden. Dann ergibt sich je Betriebsstunde ein Kapitaldienst von

$$\frac{5000000 \cdot 0{,}13}{8000} \quad 81{,}25 \text{ RM.}$$

Für Erneuerungen usw. sollen 4% eingesetzt werden. Im übrigen werden der Berechnung des Gestehungspreises folgende Zahlen zugrunde gelegt:

Preise und Verbrauchszahlen je Betriebsstunde.

	Preis in RM.	Synthesegas	Generator	Zusammen	
Torf	7—10/t	15	3,75	18,75	t
Strom . . .	0,03/kWh	480	56	536	kWh
Speisewasser	0,30/m³	5,55	0,23	5,78	m³
Frischwasser	0,05/m³	28,5	5,86	34,36	m³
Bedienung .	1,—/Lohnstunde	8,33	3,—	11,33	Lohnstunden
Teer	5,—/100 kg	750	190	940	kg

Der Teeranfall ist mit 5% des verbrauchten Torfes sowohl für die Synthesegasabgabe als auch die Unterfeuerungsgeneratoren eingesetzt. Der Teer wird mit RM. 5,— je 100 kg bewertet.

Auf diese Weise ergaben sich die wie folgt aufgestellten Gestehungskosten:

Gestehungskosten

je Betriebsstunde	RM.
Kapitaldienst	81,25
Erneuerungen	25,00
Bedienung 11,33 Lohnstunden	11,33
Strom 536 × 0,03	16,08
Speisewasser 5,78 × 0,3	1,73
Frischwasser 34,36 × 0,05	1,72
Für 18600 Nm³ Synthesegas	137,11
Für 1 Nm³	0,74 Pf.

Dazu $\frac{18750}{18600} = 1$ kg Torf je Nm^3.

Bei einem Torfpreis für 1 t . .	7,—	8,—	9,— RM.
Torfkosten je Nm^3	0,70	0,80	0,90 Pf.
Zusammen. .	1,44	1,54	1,64 Pf./Nm^3
Ab für Teer 50 × 0,005 . . .	0,25	0,25	0,25
Gestehungspreis	1,19	1,29	1,39 Pf./Nm^3

Es ergibt sich also, daß bei einem Preis von RM. 7,— je t Torf der Nm^3 Synthesegas für 1,19 Pf. zur Verfügung steht, also für einen Preis, wie er ungefähr für andere Brennstoffe heute auch gültig ist. Natürlich ist der Gestehungspreis stark vom Torfpreis abhängig und steigt auf 1,39 Pf., wenn der Torf, wie er heute im Torfgebiet abgesetzt werden kann, RM. 9,— je t kostet. Eine gewisse Verbilligung der Gestehungskosten ist wohl noch durch eine Steigerung der Teerausbeute und eine bessere Bewertung des Teers zu erreichen. Um diese Frage zu beurteilen, liegen aber nicht genügend Erfahrungen vor.

Eine nach dem Pintsch-Hillebrand-Verfahren arbeitende Großanlage für die Vergasung von Braunkohlenbriketts ist zur Zeit in Westdeutschland im Bau[1]) und dürfte 1940 in Betrieb genommen werden.

b) Schmalfeldt-Wintershall-Verfahren[2]).

Zu der Gruppe der Spülgasverfahren für nichtbackende Kohlen gehört das Verfahren Schmalfeldt-Wintershall, bei dem jedoch für die Vergasung ein neuartiger Weg eingeschlagen worden ist. An Stelle grobstückiger Brennstoffe gelangt feuchter Braunkohlenstaub mit überhitztem Wasserdampf zur Vergasung.

Der grundsätzliche Aufbau des Verfahrens ist in Abb. 13 dargestellt. Die kleinkörnige mulmige Rohkohle wird in einem Trockenkanal dem aus dem Gaserzeuger austretenden heißen Wälzgasstrom entgegengeführt und in der Schwebe getrocknet. Diese vorgetrocknete Kohle gelangt zunächst in einen Schwerkraftabscheider, wird in diesem von feinkörnigen Mineralbestandteilen abgetrennt und daraufhin in den Gaserzeuger. In diesem wird die Kohle durch überhitztes Wälzgas vergast, das zuvor in einem der beiden wechselweise aufgeheizten Wärmespeicher überhitzt worden ist. Die Asche- und gegebenenfalls nicht vergaste Kohleteilchen werden mit dem Gas herausgetragen, die letzteren in dem Schwerkraftabscheider, die feineren Ascheteilchen zum größten Teil in einem nachgeschalteten Vorwäscher abgeschieden. Ein Teil des Gases wird in einem der Wärmespeicher überhitzt, der kleinere

[1]) H. Müller, Gas- und Wasserfach **81** (1938), S. 590.

[2]) F. Martin, Öl & Kohle **13** (1937), S. 692; Chem. Fabrik **12** (1939), S. 233; Wintershall A.-G., DRP. 685921, Ital. PP. 351291, 351674; F. PP. 797431, 800330.

Anteil dient zum Aufheizen des zweiten. Der andere Teil des Gases wird dem Endwäscher zugeführt, in diesem einer Staubreinigung unterworfen und schließlich der weiteren Gasaufbereitung zugeführt. Dieses

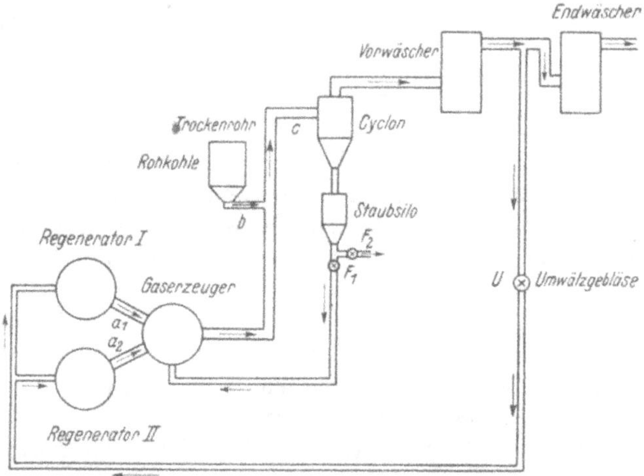

Abb. 13. Synthesegaserzeugung nach Schmalfeldt-Wintershall.

neue Verfahren befindet sich in der großtechnischen Erprobung, so daß über Einzelergebnisse noch keine Mitteilungen gemacht werden können.

c) Koppers-Verfahren[1]).

Die grundsätzliche Anordnung der Synthesegaserzeugung aus Braunkohlenbriketts nach dem Koppers-Verfahren zeigt die Abb. 14. Die Vergasung erfolgt mit überhitztem Kreislaufgas und Wasserdampf,

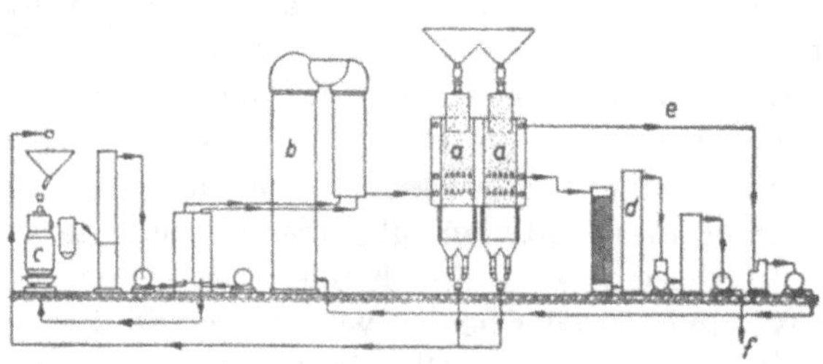

Abb. 14. Synthesegaserzeugung aus Braunkohlenbriketts nach Koppers.

die in einem der wechselweise aufgeheizten Wärmespeicher auf die erforderliche Temperatur gebracht werden. Die Gaserzeuger *a* enthalten im oberen Teil den Schwelschacht, während im Unterteil der Braun-

[1]) F. Martin, Öl & Kohle **13** (1937), S. 692, Chem. Fabrik **12** (1939), S. 233; G. Wilke, Chem. Fabrik **11** (1938), S. 563; H. Koppers G. m. b. H., Ital. P. 346263, E. PP. 466737, 476879, F. P. 810012.

kohlenkoks stetig mittels des überhitzten Gemisches von Wasserdampf und Trägergas zum größten Teil vergast wird. Aus dem durch die Leitung *e* abgezogenen Spülschwelgas wird der Teer heiß auf elektrischem Wege ausgeschieden und dieses kohlenwasserstoffhaltige Spülgas wieder in den Regenerator zurückgeführt, in dem zunächst die aus dem Schwelgasanteil stammenden Kohlenwasserstoffe zu Kohlenoxyd und Wasserstoff umgesetzt werden. Das Synthesegas, das den Gaserzeuger durch den unteren Abgang verläßt, wird nach Durchleiten durch Wärmeaustauscher zwecks Dampferzeugung und Kühler *d* abgeleitet und der Feinreinigungsanlage zugeführt. Zur Beheizung der Wärmespeicher kann entweder im Eigenbetrieb erzeugtes Synthesegas oder Generatorgas dienen. Das letztere wird aus dem verbleibenden Restkoks in üblichen Drehrostgeneratoren *c* erzeugt und in den regenerativ arbeitenden Wärmespeichern zur Beheizung verwendet.

Es gelingt auf diesem Wege, den Teergehalt der Braunkohle praktisch vollständig zu gewinnen. Die Ausbeute an Synthesegas wird von der Firma H. Koppers G. m. b. H. je t Braunkohlenbriketts mit 15% Wassergehalt zu 1250 m³ angegeben. Die Erzeugung der Einheiten beträgt jeweils rd. 30000 m³/h, die gesamte Leistung der bisher errichteten Anlagen jährlich rd. 1300 Mio m³.

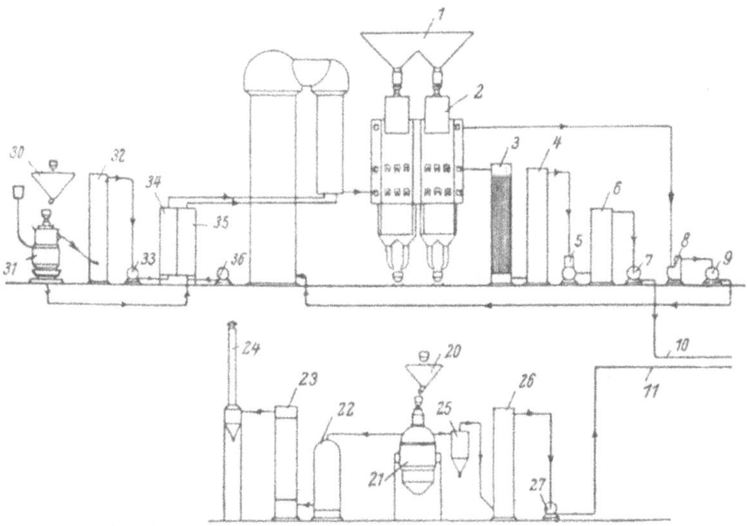

Abb. 15. Kombinationsverfahren nach Koppers für nichtbackende stückige Steinkohle.

Für nichtbackende stückige Steinkohlen genügender Vergasungsfestigkeit wird das Koppers-Verfahren (vgl. Abb. 15) so durchgeführt, daß in der Spülgaskammer die Kohle nur entgast wird, während der gebildete Schwelkoks in normalen Wassergaserzeugern vollständig vergast wird.

D. Umwandlung von Kokereigas in Synthesegas.

1. Verbindung von Kokerei und Synthesegaserzeugung.

Im Kokereibetrieb können die überschüssigen Koksofengasmengen ebenfalls zur Erzeugung von Synthesegas herangezogen werden. Reines Kokereigas eignet sich für Synthesezwecke noch nicht, weil das Kohlenoxyd-Wasserstoff-Verhältnis von 1 : 6 bis 1 : 8 für Kohlenwasserstoffsynthesen zu ungünstig ist und der hohe Anteil an sonstigen Begleitgasen, insbesondere an Methan, stört.

Durch katalytische Spaltung mit Wasserdampf oder Kohlendioxyd läßt sich Kokereigas bereits zu einem Synthesegas umformen, ebenso durch Teilverbrennung mit Sauerstoff (vgl. S. 45)[1]. Eine rein thermische Zersetzung der Kohlenwasserstoffe des Kokereigases wird man kaum als getrennten Vorgang zur Gewinnung von zusätzlichem Wasserstoff durchführen. Es würden zu große Schwierigkeiten durch die Rußbildung und die Vorrichtungen zu seiner Niederschlagung entstehen und daneben könnten umfangreiche Anlagen zur Gewinnung von Wassergas als Kohlenoxydquelle doch nicht umgangen werden. Es erschien daher aussichtsreich, die Wasserdampfspaltung des Kokereigases mit der der Wasserdampfeinwirkung auf Koks zusammen im Wassergaserzeuger durchzuführen. Eingehende Untersuchungen hierüber wurden im Kaiser-Wilhelm-Institut für Kohlenforschung[2]) an einem Versuchsgaserzeuger mit einer stündlichen Erzeugung von 100 m^3 Wassergas durchgeführt. Zur Vergasung gelangte normaler Hüttenkoks. Das zur Verfügung stehende Kokereigas hatte folgende Zusammensetzung: 3,3% CO_2, 2,1% skW, 0,6% O_2, 5,7% CO, 51,9% H_2, 24,4% CH_4, 12,0% N_2. Es wurde gleichzeitig mit dem Wasserdampf in den Gaserzeuger während des Gaseabschnittes eingeleitet. Gemäß den dabei stattfindenden Umsetzungen von Kohlendioxyd, schweren Kohlenwasserstoffen und Methan nach den Reaktionsgleichungen

$$\begin{aligned} CO_2 + C &= 2\,CO && -38400 \text{ cal} \\ C_2H_4 + 2\,H_2O &= 2\,CO + 4\,H_2 && -47270 \text{ cal} \\ CH_4 + H_2O &= CO + 3\,H_2 && -49180 \text{ cal} \end{aligned}$$

entstehen aus 100 Teilen Kokereigas 186,4 Teile Spaltgas (40,9 Teile CO, 133,5 Teile H_2 und 12 Teile N_2). Wenn man diesem Spaltgas ein Wassergas mit je 45% Kohlenoxyd- und Wasserstoffgehalt zumischt, dann ergibt sich zur Erfüllung des richtigen Kohlenoxyd-Wasserstoff-Verhältnisses nach

$$(40{,}9 + x) : (133{,}5 + x) = 1 : 2$$

---

[1]) Vgl. ferner Band VI, 2. Teil, S. 84 ff.

[2]) F. Fischer, H. Pichler und H. Kölbel, Brennstoffchem. **16** (1935), S. 331, 401; Studien- und Verwertungsgesellschaft m. b. H., E. P. 458022.

ein Wassergasverbrauch von 115 Teilen je 100 Teile Kokereigas. Es entstehen 301,4 Teile Mischgas mit 92,6 Teilen CO und 185,2 Teilen H_2 (30,7% CO und 61,4% H_2). Das Kokereigas wird in dem erforderlichen Verhältnis dem Wasserdampf bereits vor Eintritt in den Gaserzeuger zugemischt. Ferner ist es erforderlich, während des Blaseabschnittes die Reaktionstemperatur gegenüber der zur Erzeugung von Blauwassergas auf etwa 1100—1200° zu erhöhen. Eine zusätzliche Kohlenoxydkonvertierung oder Kohlensäureauswaschung ist nicht erforderlich. Das Mischgas hatte im Durchschnitt folgende Zusammensetzung: 0,6—0,9% CO_2, 30,3 bis 30,8% CO, 60,0—60,8% H_2, 0,4 –1,0% CH_4, 7,3—7,9% N_2.

Im folgenden[1]) werden drei Beispiele angeführt, die auf eine Kupplung von Kokerei und Synthesegaserzeugung abgestellt sind, jedoch mit abweichender Ausnutzung der anfallenden Kokereierzeugnisse. In jedem Fall wird von 1 t Fettfeinkohle ausgegangen mit einer Ausbeute an Nebenerzeugnissen von 4,5% Teer und Benzol, die bei der weiteren Verarbeitung ausscheiden. Als Haupterzeugnisse sind zugrunde gelegt 730 kg Trockenkoks und 280 Nm^3 Gas mit einem Heizwert von 5000 kcal/ /Nm^3 (bei gleichzeitig niedrigem Stickstoffgehalt).

In der Abb. 16 wird bei einer Starkgasbeheizung der Öfen für die Kupplung zwischen Kokerei und Synthesegaserzeugung nur der Koksanfall zugrunde gelegt, während das Gas anderen Zwecken, z. B. der Ferngasversorgung, zugeführt wird. Aus den anfallenden 730 kg Koks

[1]) K. Baum, Berichtheft 74. VDI-Hauptvers. Berlin 1936, S. 59.

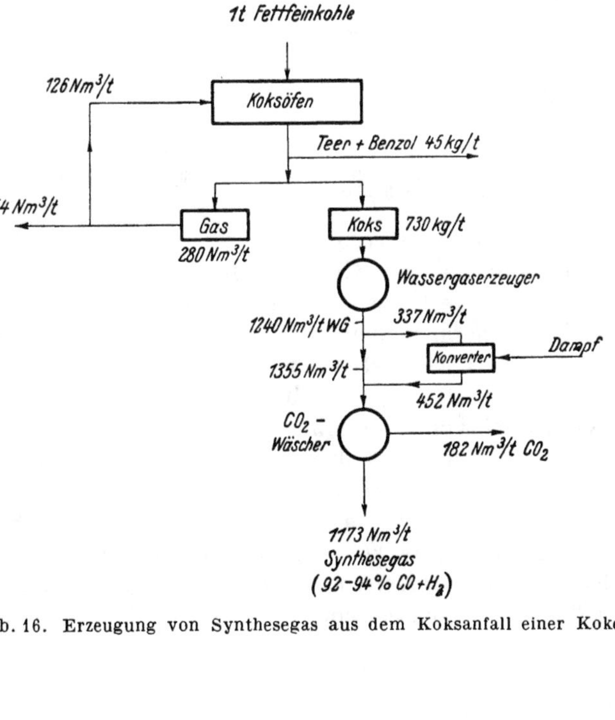

Abb. 16. Erzeugung von Synthesegas aus dem Koksanfall einer Kokerei.

werden im Gaserzeuger zunächst 1240 Nm³ Wassergas hergestellt. Um Kohlenoxyd und Wasserstoff in das Verhältnis 1 : 2 zu bringen, müssen 337 Nm³ dieses Gases abgezweigt und durch eine Konvertierungsanlage geleitet werden, wobei 452 Nm³ Kohlendioxyd-Wasserstoff-Gemisch gebildet werden. Die gesamte Rohgasausbeute beträgt somit 1355 Nm³/t Trockenkoks. Nach Auswaschung von 182 Nm³ Kohlendioxyd verbleiben noch 1173 Nm³ Synthesegas mit 92—94% Kohlenoxyd-Wasserstoffgehalt.

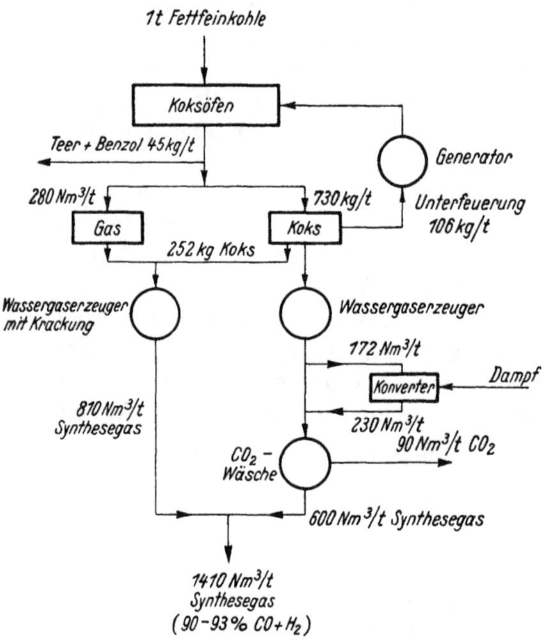

Abb. 17. Erzeugung von Synthesegas auf einer Kokerei aus Steinkohlengas und Überschußkoks.

Eine zweite Verbindungsmöglichkeit zeigt die Abb. 17, bei der die Beheizung der Öfen mit Schwachgas erfolgt und der gesamte Anfall an Steinkohlengas und an restlichem Koks zur Synthesegaserzeugung dient, so daß der Kokereibetrieb gewissermaßen nur eine Vorstufe zur weiteren Gasveredlung darstellt. Die Beheizung mit Generatorgas ist günstiger als die mit Starkgas, um den hohen Wasserstoffgehalt des letzteren weitgehend nutzbar machen zu können. Von den anfallenden 730 kg Koks werden 106 kg zur Heizgaserzeugung für die Öfen abgezweigt. Die gesamten 280 Nm³ Kokereigas werden zur Zersetzung der Kohlenwasserstoffe durch einen Wassergaserzeuger geleitet, in dem 252 kg Koks vergast werden, so daß hierbei 810 Nm³ fertiges Synthesegas entstehen. Die Aufarbeitung der restlichen 372 kg Koks erfolgt in der gleichen Weise wie in der vorhergehenden Abb. 16, so daß insgesamt je t Kohle 1410 Nm³ Synthesegas gebildet werden.

In der Abb. 18 wird schließlich bei Schwachgasbeheizung der Öfen der restlose Verbrauch von Steinkohlengas und Koks unter Hinzunahme der gleichen Menge fremden Kokereigases zugrunde gelegt. Die nach Abzug der Unterfeuerung verbleibenden 624 kg Koks werden unter gleichzeitigem Durchleiten von 560 m³ Gas zu 1850 Nm³ Synthesegas (0,9 Nm³ Steinkohlengas je kg vergasten Koks) umgewandelt, deren Gehalt an Kohlenoxyd-Wasserstoff-Gemisch infolge des höheren Stickstoffgehaltes des Kokereigases jedoch nur 84—90% beträgt.

Diese gemeinsame Auswertung der Kokereierzeugnisse Koks und Gas zu Synthesegas bedeutet einen wesentlichen Umweg gegenüber der direkten Vergasung von Steinkohle. Für diese ist bei den meisten Verfahren bisher jedoch die Verwendung nichtbackender Kohlen Vor-

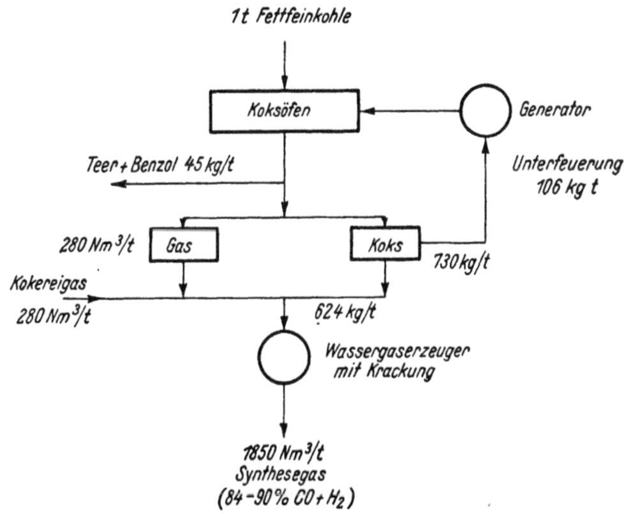

Abb. 18. Erzeugung von Synthesegas auf einer Kokerei aus Steinkohlengas und Koks.

aussetzung, so daß die oben aufgezeigten Möglichkeiten für Einzelfälle ebenfalls Beachtung verdienen.

2. Synthesegaserzeugung durch Teilverbrennung von Methan nach dem Verfahren von Linde-Karwat[1]).

Neben der Umsetzung des Methangehaltes von Steinkohlengas zu Kohlenoxyd und Wasserstoff[2]) besteht auch die Möglichkeit einer Teilverbrennung mit Sauerstoff gemäß der Reaktionsgleichung:

$$CH_4 + \frac{1}{2}\, O_2 = CO + 2\, H_2 + 8400 \text{ kcal.}$$

Für diese Umsetzung hat E. Karwat bei der Gesellschaft Linde ein Verfahren angegeben und zur Betriebsreife entwickelt. Bei diesem wird das Methan des Steinkohlengases in einem Zweischachtofen mit Sauerstoff über glühendem Koks verbrannt. Die Teilverbrennung des Methans geht mit genügender Geschwindigkeit nur bei hohen Temperaturen vor sich und liefert, wie der obigen Reaktionsgleichung zu entnehmen ist, nur wenig Wärme. Man muß deshalb für einen guten Wärmeaustausch zwischen dem methanhaltigen Gas und den Erzeugnissen

---

[1]) DRP. angem., Belg. PP. 415446, 426651; Can. P. 376996; E. PP. 458557, 493259; F. P. 806685, Zus. P. 49225; Jap. P. 126507; Ital. P. 359285; Ung. PP. 117289, 120715; USA. P. 2170265.

[2]) Vgl. Handbuch der Gasindustrie Band VI, 2. Teil, S. 84ff.

seiner Teilverbrennung Sorge tragen. Bei dem Verfahren Linde-Karwat erfolgt der Wärmeaustausch in Wärmespeichern. Als solche werden die beiden mit Koks gefüllten Schächte des Zweischachtofens benutzt. Den Aufbau des Zweischachtofens zeigt die grundsätzliche Abb. 19.

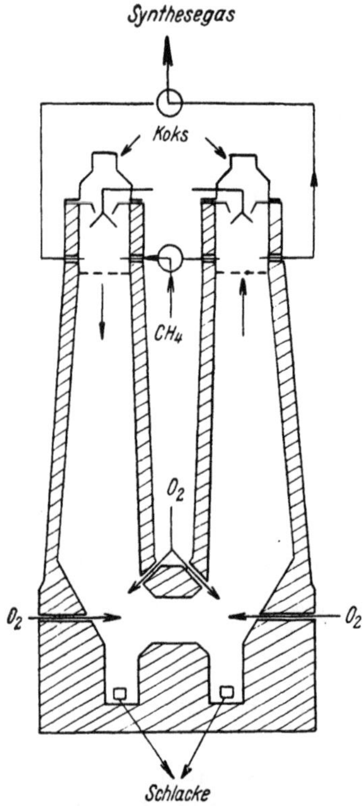

Abb. 19. Umwandlung von Steinkohlengas in Synthesegas nach dem Karwat-Linde-Verfahren.

Das umzuwandelnde methanhaltige Gas wird abwechselnd einem der beiden Schächte des Ofens von oben zugeführt, wärmt sich im Niedergehen an der zuvor heißgeblasenen Koksschicht an und wird in der Hochtemperaturzone mit dort eingeblasenem Sauerstoff zu Kohlenoxyd-Wasserstoff-Gemisch umgesetzt. Dieses verläßt aufwärts strömend den anderen Schacht und wärmt dabei dessen Koksfüllung an. In regelmäßigen Zeitabständen wird der Gasstrom umgekehrt. In der Hochtemperaturzone wird die Temperatur auf etwa 1300° gehalten, so daß einerseits der Methanzerfall am glühenden Koks mit genügender Geschwindigkeit vor sich geht, andererseits Wasserdampf oder Kohlendioxyd, die evtl. als Zwischenprodukte der Reaktion entstanden sind, ausreichend schnell und vollständig in Wasserstoff und Kohlenoxyd übergeführt werden.

Der Grad der Methanspaltung ist von der Temperatur abhängig. Bei der obengenannten Temperatur von 1300° liegt er etwa bei 95%.

Das ursprüngliche Kohlenoxyd-Wasserstoff-Verhältnis beträgt im Steinkohlengas etwa 1 : 6 bis 1 : 8, und nur das durch die Methanspaltung gebildete Kohlenoxyd-Wasserstoff-Gemisch steht im Verhältnis 1 : 2. Es ist daher, wenn ein Synthesegas für die Benzinsynthese hergestellt werden soll, eine weitere Kohlenoxydanreicherung erforderlich. Diese wird auf einfachem Wege durch eine zusätzliche Vergasung geringer Mengen Koks im Reaktionsraum erzielt, so daß im Gesamtgas das gewünschte Verhältnis $CO : H_2 = 1 : 2$ sich einstellt. Dadurch wird gleichzeitig erreicht, daß sich die Koksfüllung der beiden Wärmespeicher ständig langsam erneuert und die Strahlungsverluste des Ofens gedeckt werden. Die Koksasche wird als flüssige saure Schlacke zeitweise abgestochen. Um deren Schmelzung zu begünstigen, werden zum Koks basische Zuschläge wie z. B. Martinschlacke gegeben. Das Spaltgas muß nach dem Verlassen des Ofens nach bekannten Verfahren entstaubt werden, da ein Teil der Koksasche in der Reaktionszone verdampft und sich mit abgeriebenem Koksstaub vermischt. Das Spaltgas enthält einen Teil des Koksschwefels und muß wie üblich entschwefelt werden. Da die Ofenfüllung unempfindlich gegen Schwefelverbindungen ist, können auch schwefelhaltige Rohgase verarbeitet werden.

Der Betrieb des Reaktionsofens ist einfach. Er beschränkt sich auf die Temperaturüberwachung, die Regelung der Mengen von Kokereigas und Sauerstoff, das Schalten der Gaswechselventile am Ofenkopf, das auch selbsttätig eingerichtet werden kann, das Begichten mit Koks und das Abschlacken.

Die Ergebnisse an einem Versuchsofen mit einer Leistungsfähigkeit von 31000 m^3/24 h waren sehr befriedigend. Von 1000 kcal, die dem Ofen als Verbrennungswärme des Steinkohlengases und als Koks zugeführt werden, wurden 94% im Synthesegas wiedererhalten, 2% waren fühlbare Gichtwärmeverluste, 4% Verluste durch Strahlung und Leitung. Der Wirkungsgrad der Methanspaltung lag im Mittel bei etwa 93%.

Je 1000 Nm^3 Synthesegas mit 92—95% Kohlenoxyd- und Wasserstoffgehalt wurden rd. 570 Nm^3 Steinkohlengas, 120 Nm^3 Sauerstoff, rd. 60 kg Koks, 5 kg Martinschlacke und 15 kg Dampf benötigt. Das aus Kokereigas mit 12% N_2 erzeugte Gas enthielt 92% $H_2 + CO$, 0,5%—1% CH_4, 0,5% CO_2, Rest N_2.

Die Anlagekosten sind nach einer Mitteilung von E. Karwat wesentlich niedriger als bei der Gaserzeugung aus festen Brennstoffen. Während die Kosten für Gaserzeugungsanlagen für täglich 1 Mio. Nm^3 $H_2 + CO$-Gemisch im Benzin-Synthesegas bei 7—10 Mio. RM. liegen, wird eine Umwandlungsanlage nach dem neuen Verfahren einschließlich Sauerstoffanlage nur etwa 2,8 Mio. RM. kosten.

Der Platzbedarf der Anlagen ist sehr gering. Für Sauerstoffanlage und Öfen einer Leistung von 1 Mio. Nm^3 Synthesegas je Tag wird ein Platz von 70 $\times$ 60 m ausreichen.

Die Kosten für das Synthesegas sind auf gleicher Preisbasis für die Wärmeeinheit im Einsatz und für die kWh gerechnet niedriger als bei der Gaserzeugung aus festen Brennstoffen auf Steinkohlenbasis.

Bei einem Preis von 1,5 Pf. je kWh, von RM. 1,20 je Lohnstunde und von 4 Pf. je m^3 Kühlwasser, bei je 15% Kapitaldienst für die Öfen und für die Sauerstoffanlage ist der Preis je Nm^3 entstaubtem, aber nicht entschwefeltem Synthesegas wie folgt abhängig von den Wärmekosten von Gas und Koks:

Wämekosten je 10^6 kcal in Gas u. Koks RM.	Einsatzkosten für Gas u. Koks Pf. je Nm^3	Energie Löhne Kapitaldienst Pf. je Nm^3	Synthesegaspreis Pf. je Nm^3
3	0,88	0,32	1,20
2	0,58	0,32	0,90
1	0,28	0,32	0,61

Nach diesen Preisen zu urteilen, kann das hier beschriebene Verfahren der Umwandlung von Koksofengas in Benzin-Synthesegas mit den billigsten Gaserzeugungsverfahren aus festen Brennstoffen in Wettbewerb treten.

E. Stetige Wassergaserzeugung mit Außenbeheizung des Vergasungsraumes.

1. Freiberger Verfahren.

Bei dem Freiberger Verfahren zur Synthesegaserzeugung[1]) erfolgt die Zuführung der für die endotherme Wassergasreaktion erforderliche Wärme indirekt mit Hilfe von Heizgasen durch hitzebeständige Stahlrohre nach dem Reaktionsraum. Eine Versuchsanlage dieser Art ist auf der Reichen Zeche des Braunkohlenforschungsinstituts Freiberg in Betrieb.

[1]) R. Schmidt und E. Groh, Braunkohlenarchiv Heft Nr. 44 (1935), Öl und Kohle **12** (1936), S. 12, 41; A. Jäppelt und A. Steinmann, Braunkohle **35** (1936), S. 353, 372; DRP. angem.

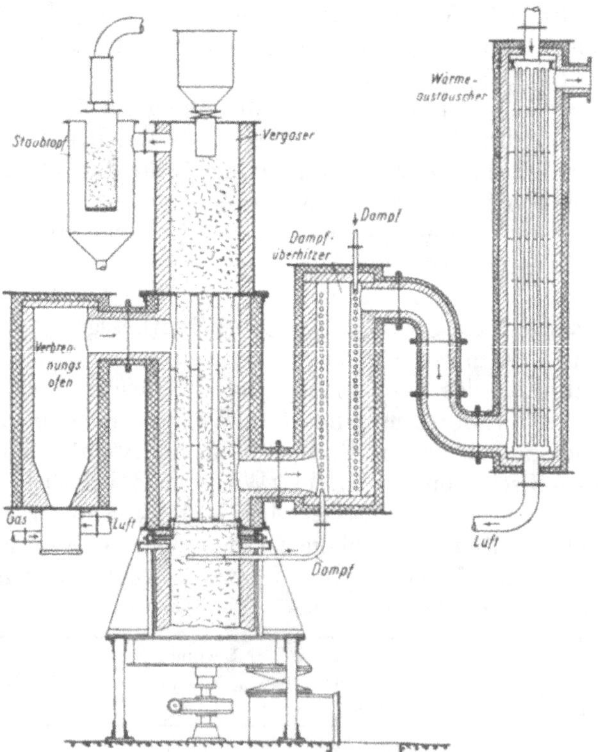

Abb. 20. Anordnung der Versuchsanlage zur Erzeugung von Synthesegas nach dem Freiberger Verfahren.

Den Aufbau derselben zeigt die Abb. 20. Der Wassergaserzeuger besteht aus einem einfachen gemauerten Schacht, in dessen Unterteil ein Röhrenbündel eingehängt ist. Der Vergasungsrohstoff gelangt über eine Füllschürze zunächst in den Schachtoberteil, der als Trocken- und Schwelzone dient. Der Schwelkoks durchwandert daraufhin die Vergasungsrohre, die aus Sichromalstahl gefertigt sind. Als Vergasungsmittel dient Wasserdampf, der mittels der Heizabgase überhitzt wird. Der Ascheaustrag erfolgt in der üblichen Weise mittels eines Drehtellers. Zur Beheizung dient eigenerzeugtes oder Fremdgas, das in einer neben dem Gaserzeuger angeordneten Verbrennungskammer erzeugt wird. Die Heizgase, deren Temperatur durch Rückführung von Abgas sehr genau eingestellt werden kann, geben einen Teil ihres Wärmeinhaltes an das Röhrenbündel ab, daraufhin dienen sie nacheinander zur Überhitzung des Vergasungsdampfes und zur Vorwärmung der Verbrennungsluft. Das Temperaturgefälle der Heizgase ist ungefähr folgendes:

Heizgaseintritt	1050°,
Heizgasaustritt	820—850°,
Austritt Dampfüberhitzer . . .	550°,
Austritt Wärmeaustauscher . .	250°.

Als Baustoff für den oberen Teil des Röhrenbündels wird zweckmäßig Sichromal 12 verwendet, für den unteren Teil genügt Sichromal 10, um bei sorgfältiger Temperaturüberwachung Überhitzung und Korrosionserscheinungen auch bei langer Betriebsdauer auszuschließen. Die Vergasungsgeschwindigkeit wird in erster Linie von der wirksamen Höhe des beheizten Röhrenbündels bestimmt. Diese ergibt sich aus dem Druckverlust und hängt mit von der Körnung des Schwelkokses und der Gasgeschwindigkeit ab. Im einzelnen hat es sich dabei gezeigt, daß allgemein eine Rohrlänge von 2,5 m ausreichend ist.

In einem 244stündigen Leistungsversuch, während dem 15 t Braunkohlenbriketts (Feuchtigkeitsgehalt 17,5%, Aschegehalt 5,5%, Teerausbeute nach Fischer-Schrader 9,4%, $H_o = 5906$ kcal/kg) zum Durchsatz gelangten, wurden folgende Ergebnisse ermittelt: Zur Vergasung von stündlich 62,2 kg Briketts wurden 52,4 kg Dampf eingebracht (Dampfverbrauch 1,02 kg/kg Trockenkohle) und 95 Nm^3 Synthesegas (1,85 Nm^3/kg Trockenkohle) erhalten. Die durchschnittliche Zusammensetzung des Rohgases war folgende: CO_2 15,8%, CO 26,1%, H_2 52,1%, CH_4 5,0%, N_2 1,0%. Die Teer- und Leichtölausbeute betrug 93% des theoretischen Wertes. Die Wärmeausnutzung stellte sich unter Berücksichtigung des ausgebrachten Synthesegases, des Teers und Leichtöls auf insgesamt 67,5%, der Wärmewirkungsgrad des Generators auf 84,8%.

Bemerkenswert hoch ist der Methangehalt des Gases von 5%. Dies beruht auf der einfachen Gasbabführung am Schachtoberteil. Das in der unteren Hälfte des Gaserzeugers gebildete Synthesegas vermischt sich zunächst mit dem über dem oberen Rohrboden entbundenen methanhaltigen Entgasungsgas und nimmt schließlich noch das im Schwelraum entstehende methanreiche Schwelgas auf. Infolge der im Schachtoberteil herrschenden verhältnismäßig niedrigen Temperaturen tritt dabei keine Methanspaltung ein. Nach einer persönlichen Mitteilung von A. Jäppelt an den Verfasser wurde eine wesentliche Verminderung des Methangehaltes auf 3% durch Teilung des Gasabzuges erreicht. Dabei wurde das Synthesegas unmittelbar über dem Rohrboden abgezogen, das am oberen Ende des Gaserzeugers austretende Schwelgas dagegen nochmals in den Schachtunterteil zurückgeführt und am glühenden Koks gekrackt. Gleichzeitig steigt der Gehalt des Gases an $CO + H_2$ (im Verhältnis 1 : 2) von 78,2 auf 82,4% an. Die teilweise Gasrückführung hatte andererseits einen Leistungsabfall der stündlichen Vergaserleistung von 458 auf 320 kg Trockenkohle je m^2 freien Vergasungsquerschnitt zur Folge.

Gewisse Schwierigkeiten bereitet die indirekte Wärmeübertragung durch Rohre bei dem Bau von Großgaserzeugern nach diesem Verfahren, da eine Verlängerung der Vergasungsrohre über 2,5 m keinen Vorteil bietet.

Andererseits dürfte sich das Verfahren für Gaswerke mittlerer Größe zur Wassergaserzeugung aus Braunkohle eignen, da durch entsprechende Einstellung der Heiztemperatur jede beliebige Gaszusammensetzung erhalten werden kann.

2. Didier-Bubiag-Gleichstromvergasungsverfahren[1]).

Das Didier-Bubiag-Gleichstromvergasungsverfahren nimmt nacheinander die Entgasung und Vergasung von Braunkohle, Lignit, Torf oder anderen ungeformten oder geformten jüngeren Brennstoffen in stehenden, von außen auf 1200—1350° beheizten Kammern vor. Es verlaufen somit nacheinander, ohne durch Zwischenwände auf bestimmte Räume beschränkt zu sein, folgende Vorgänge:

Vorwärmung:	1. Trocknung der Rohkohle durch die Abgase der Kammerbeheizung.
Schwelung:	2. Schwelung der vorgetrockneten Kohle, bei der die Schwelgase mit einem erheblichen Gehalt an Schwelteer, Leichtöl, Schwefelwasserstoff und Kohlendioxyd aus dieser Zone gesondert abgesaugt werden können. Die Schwelgase werden nach einer elektrostatischen Entteerung und Entschwefelung entweder mit Wasserdampf gemischt in die Reaktionskammer zurückgeführt oder dem Heizgas zugesetzt.

[1]) DRPP. 548881, 579650, 602211, 606809, 611598, 643589, 643831, 659956, 669434, 675399, 684662.

Nach-entgasung:	3. Entgasung, wobei der Rest der flüchtigen Bestandteile aus dem Schwelkoks ausgetrieben wird.
Vergasung:	4. Krackung der in der Zone 3 abgespaltenen gasförmigen Kohlenwasserstoffe an glühendem Koks. 5. Wassergasbildung; dem abwärts wandernden Koks entgegen wird von unten her Wasserdampf in die Kammer eingeblasen, der sich an den heißen Wänden überhitzt und den Koks vergast.

Das Verfahren bildet eine Abwandlung des Didier-Bubiag-Gleichstromentgasungsverfahrens (Kasseler Gleichstromkammern) zur Stadtgaserzeugung aus jüngeren Brennstoffen, das an anderer Stelle (S. 75) ausführlich beschrieben ist.

Den Aufbau einer solchen Synthesegasanlage zur Verarbeitung von Braunkohlenbriketts zeigt die Abb. 21. Die Briketts gelangen aus einem Bunker über einen Zwischenbehälter stetig in dünner Schicht in einen Vorwärmer, der durch die Abgase der eigentlichen Ofenanlage beheizt wird. Anschließend gelangen die Briketts in die eigentliche Reaktionskammer. Das Verfahren kann dabei verschiedenartig geleitet werden. Bei teerarmen Brennstoffen wird bei entsprechend schwacher Beheizung der Vorwärmschläuche auf etwa 250° nur Feuchtigkeit, Zersetzungswasser und im wesentlichen Kohlendioxyd und Schwefelwasserstoff abgespalten. Diese Abschwaden, etwa 5—15 Nm³/t Briketts, werden zwecks Ableitung dem abziehenden Rauchgas zugesetzt.

Bei teerreichen Brennstoffen wird die Vorwärmetemperatur auf etwa 350—400° gesteigert, so daß neben den obengenannten Zersetzungsstoffen noch etwa 50—70 Nm³/t Kohle und etwa ein Drittel bis die Hälfte des Schwelteers in Form von Leicht- und Mittelöl abgeführt werden. Dieses Schwelgas wird gekühlt, entteert und sodann dem Generatorheizgas zwecks Nutzbarmachung seines Heizwertes zugesetzt.

Aus dem Vorwärmer gelangt der Brennstoff in einem ständigen Strom in die eigentlichen Hochtemperaturkammern, die mit einer Heizzugtemperatur von etwa 1300—1400° betrieben werden. Im Gleichstrom mit dem Brennstoff werden die weiterhin abgespaltenen Gase nach unten geführt. Die darin enthaltenen Kohlenwasserstoffe werden an dem hocherhitzten Koks unter Kohlenstoffausscheidung zu Wasserstoff zersetzt. Ebenso wird das Kohlendioxyd zu Kohlenoxyd reduziert, so daß der Gehalt des Synthesegases an diesen die zulässige Höhe nicht überschreitet. Im unteren Teil des Kammerofens wird von unten überhitzter Dampf mit einer Temperatur von 350 bis 400° dem Koks entgegengeführt, kühlt diesen ab, so daß er trocken gelöscht aus dem Austrag entnommen wird. Gleichzeitig wird der eingeführte Wasserdampf weiter überhitzt und bei seinem Aufsteigen durch den Koks weitgehend in Wassergas umgewandelt. Die Ableitung des überhitzten Entgasungsgases und des Wassergases erfolgt gemeinsam etwa in der Mitte der Entgasungs- und Vergasungskammer.

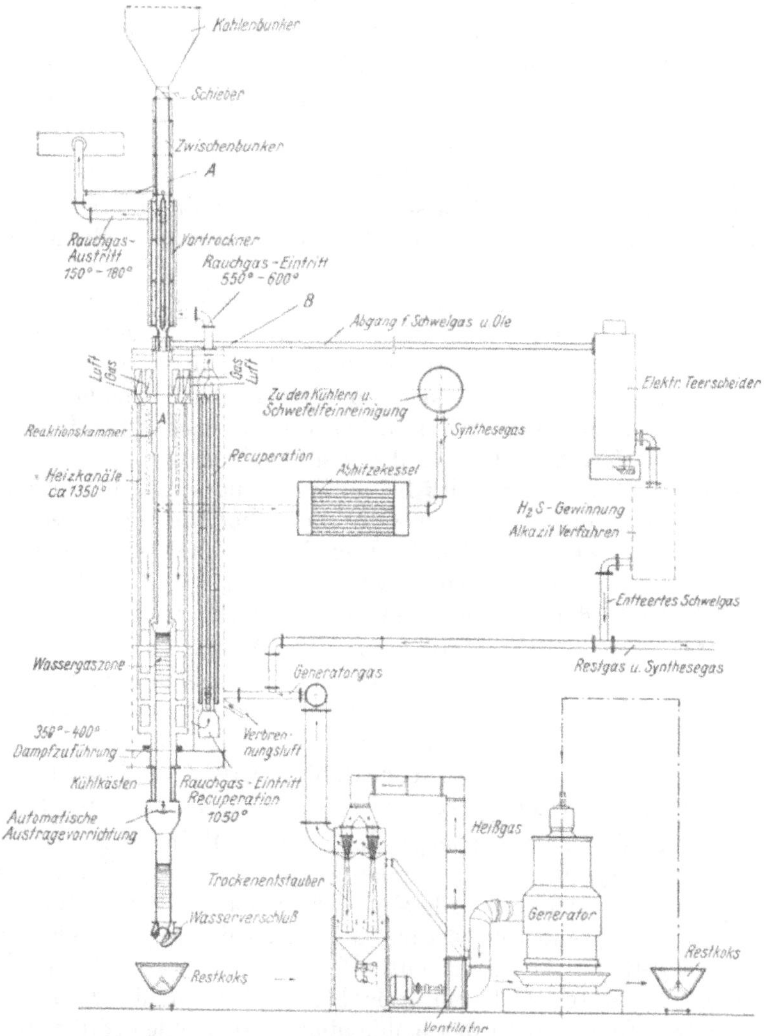

Abb. 21. Grundsätzliche Darstellung zur Herstellung von Synthesegas nach dem Didier-Bubiag-Gleichstromverfahren.

Da das Gas die Kammern infolge der Abführung in deren Mitte mit etwa 850—950°, also einer wesentlich höheren als sonst üblichen Temperatur verläßt, wird die fühlbare Wärme des Rohgases zunächst in einem Abhitzekessel ausgenützt.

Die Beheizung der Kammeröfen erfolgt mit Generatorgas, das aus dem restlichen Koks in besonderen Gaserzeugern hergestellt wird. Zu diesem Heizgas kann das getrennt abgezogene Schwelgas nach seiner Befreiung von Benzinkohlenwasserstoffen und seinem Gehalt an Schwelteer zugegeben werden.

Die in der Kasseler Versuchsanlage gewonnenen Ergebnisse führten 1931/32 zum Bau einer Großanlage für Synthesegas auf dem ungarischen Werk zur Erzeugung synthetischer Stickstoffverbindungen in Petfürdo. Die Anregungen zum Bau der Ofenanlage gab Dr. Szigeth, Budapest[1]), die Erstellung derselben erfolgte durch die Didier-Werke A.-G.[2]). Sie besteht aus zwölf Kammern, die in zwei Reihen von je sechs Öfen zu einer Gruppe vereinigt sind und hat eine Tagesleistung von etwa 70000 m³.

In Deutschland gelangte die erste Großanlage in Schwarzheide im Jahre 1936 zur Aufstellung. Sie besteht aus zwei Blöcken von je 40 Kammern, von denen jeder eine Tagesleistung von 500000 m³ besitzt. Die einzelnen Kammern haben eine Stundenleistung von etwa 500 Nm³ und sind zu je zwei Kammern einzeln abschaltbar. Jeweils vier Kammern sind zu einer Ofeneinheit vereinigt. Diese Unterteilung ermöglicht es, jederzeit Einzelkammern ab- oder zuzuschalten, so daß die Bemessung der Ofenreserve sehr gering gehalten werden kann.

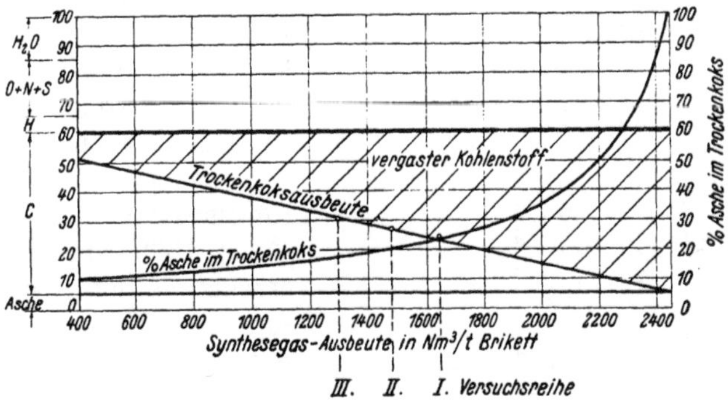

Abb. 22. Vergasungs-Diagramm von Braunkohlenbriketts in der Didier-Synthesegasanlage Schwarzheide.

Die Zusammenhänge zwischen Gasausbeute, Koksanfall, Aschegehalt im Restkoks und vergastem Kohlenstoff bei Verwendung von Braunkohlenbriketts (14,4% Wasser, 5,6% Asche, 56,0% C, 4,7% H, 19,3% O + N + S, H_u = 4600 kcal/kg) zeigt die Abb. 22. Bei den drei darin

[1]) Ztschrft. Ungar. Ing.- u. Arch.-Ver. 1939, Nr. 37/38.

[2]) A. Thau, Brennstoffchem. **16** (1935), S. 61.

eingezeichneten Versuchsreihen, die sich jeweils über eine Woche erstreckten, wurden folgende Ergebnisse als Mittelwerte erhalten:

Zahlentafel 7.

Betriebsergebnisse der Synthesegasanlage Schwarzheide.

Versuchsreihe	1	2	3
Zahl der Kammern in Betrieb	40	40	38
Brikettverbrauch . . . . t/24 h	279,3	312,3	363,1
Synthesegas . . . . Nm^3/24h	458 257	459 920	469 786
Gasausbeute . . . . Nm^3/t	1 643	1 473	1 294
Gaszusammensetzung: CO_2 . . . . %	11,8	11,7	11,7
sKW . . . %	0,0	0,0	0,0
O_2 . . . . %	0,0	0,0	0,0
CO . . . . %	29,0	28,8	28,7
H_2 . . . %	56,3	56,3	56,0
CH_4 . . . %	1,2	1,5	1,7
N_2 . . . . %	1,7	1,7	1,9
Verhältnis H_2 : CO	1,95	1,95	1,94
Generatorkoks (trocken) . . . . t/24 h	66,7	79,9	105,3
Feinkoks (trocken) . . . . . t/24 h	3,5	3,9	5,7
Trockenkoksausbeute . . . . . . kg/t	252	268	306

Die Wärmebilanz des Verfahrens bei restloser Vergasung, wobei die anfallende Koksmenge gerade zur Unterfeuerung ausreichend ist, zeigt die Abb. 23. Bei einem Vergasungswirkungsgrad von 70% können je t Braunkohlenbriketts der oben angegebenen Zusammensetzung mit einem Unterfeuerungsaufwand von 1225 kcal/Nm^3 1300 Nm^3 Synthesegas erzeugt werden. Wenn dagegen sonstige minderwertige Gase, wie Syntheserestgase zur Unterfeuerung zur Verfügung stehen, wird die Ausbeute an Synthesegas entsprechend höher.

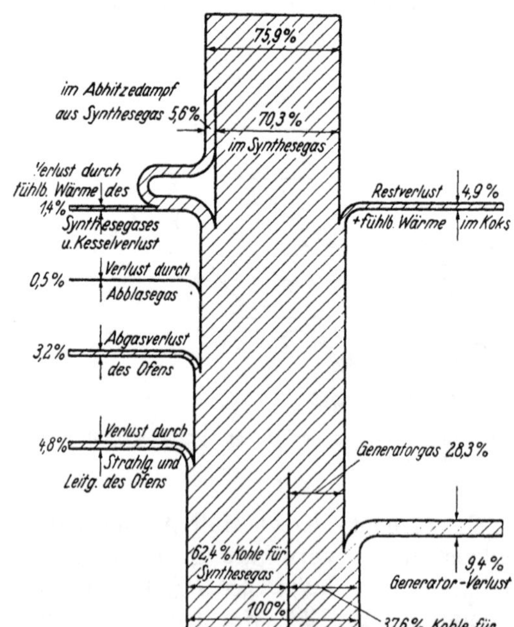

Abb. 23. Wärmeschaubild der Didier-Bubiag-Synthesegasanlage.

Die Gasgestehungskosten werden von der Firma Didier-Werke A.-G., Berlin-Wilmersdorf, auf Grund der in Schwarzheide gesammelten Erfahrungen zu folgenden Werten angegeben:

Gestehungskosten je Nm^3 Synthesegas.

Gaserzeugung im Jahresdurchschnitt für 2 Vergasungseinheiten (unter Berücksichtigung einer Ofenreserve von 5%)	886000 Nm^3/24 h
Gasausbeute je t Briketts	1630 Nm^3/t
Kohlenverbrauch	543 t/24 h
Kohlenkosten	0,491 Pf./Nm^3
Kapitaldienst	0,281 Pf./Nm^3
Unterhaltung	0,079 Pf./Nm^3
Löhne	0,085 Pf./Nm^3
Betriebsmittel (Fremddampf, Strom, Wasser)	0,072 Pf./Nm^3
	1,008 Pf./Nm^3.

Dieses Verfahren der Gleichstromvergasung ist nicht auf die Verwendung von Braunkohle beschränkt. Es können auch nichtbackende Steinkohlen als Fein-, Grieß- oder Nußkohle verarbeitet werden. Wie entsprechende Versuche gezeigt haben, läßt sich dabei die Zusammensetzung des Synthesegases in den gleichen Grenzen halten wie bei Braunkohle. Dagegen ergab sich eine Verminderung der Vergasungsleistung um rd. 16%, die durch bauliche und betriebliche Maßnahmen zum Teil ausgeglichen werden kann.

F. Reinigung von Synthesegas.

1. Entfernung von Staub und von Schwefelverbindungen.

Das rohe Synthesegas wird zunächst von seinem Gehalt an Koks- und Aschestaub mittels der üblichen Methoden der Naßwäsche, gegebenenfalls mit nachgeschaltetem Desintegrator, befreit. Daran schließt sich die übliche Schwefelwasserstoffreinigung von Brenngasen an[1]). Hierfür haben sich bisher die Naßverfahren weniger geeignet erwiesen als die Trockenreinigung mit Eisenoxydhydrat, da bei den ersteren Verfahren die erforderliche Entfernung des Schwefelwasserstoffs auf $< 0{,}2$ g S/100 m^3 nur schwierig durchführbar ist. Das Trockenreinigungsverfahren weist ferner den Vorteil auf, daß eine solche Anlage neben der Betriebssicherheit infolge des Wegfalls beweglicher Teile einer nur sehr geringen Wartung und Überwachung bedarf. Für die Wiederbelebung der Masse ist mehrfach die nichtstetige Kreislaufwiederbelebung angewandt worden[2]). Diese hat sich jedoch weniger bewährt, weil die Gas- und Luftmengen, die hierbei umgewälzt werden müssen, annähernd eben so groß sind als die Menge des zu reinigenden Gases. Aus diesem Grunde sind für die Wiederbelebung der Masse sowohl die Anlage- als auch die Betriebskosten recht beträchtlich. Wenn Sauerstoff als ein

---

[1]) Handbuch der Gasindustrie Bd. III, 2. Teil, S. 229.

[2]) H. Brückner, Gas- und Wasserfach **81** (1938), S. 822.

Nebenerzeugnis preisgünstig zur Verfügung steht, kann dieser dem Rohgas stetig in der entsprechend bemessenen Menge zugegeben werden. Bei der Synthese von flüssigen Brennstoffen oder auch der Ammoniaksynthese bestehen im allgemeinen keine Bedenken, eine fortlaufende Wiederbelebung der Masse durch Luftzusatz durchzuführen. Nach der Aufsättigung eines Reinigers hat sich jedoch eine Schlußregenerierung mit Umwälzgas als vorteilhaft erwiesen.

Für die nachfolgende Feinreinigung des Synthesegases von organischen Schwefelverbindungen ist deren Entfernung bis auf einen Restgehalt von ebenfalls weniger als 0,2 g S/100 m³ erforderlich. Ein geeignetes Verfahren ist an anderer Stelle[1]) beschrieben.

2. Auswaschung von Kohlendioxyd aus Synthesegas.

Bei verschiedenen Verfahren zur Synthesegaserzeugung enthält das Rohgas zunächst erhebliche Mengen an Kohlendioxyd, die bei einer Weiterverarbeitung des Gases als Ballast wirken oder auch seine Brenneigenschaften verschlechtern. Die Entfernung des überwiegenden Anteils des Kohlendioxyds kann zugleich mit der des Schwefelwasserstoffs entweder durch Waschen des Gases mit Wasser bei erhöhtem Druck oder mit Laugen bei gewöhnlichem Druck erfolgen.

a) Druckwasserwäsche.

Die Auswaschung des Kohlendioxyds aus dem Rohgas mit Wasser bei einem erhöhten Druck von 10 bis 25 at ist vor allem dann wirtschaftlich, wenn die Weiterverarbeitung des Gases unter Druck erfolgt, wie beispielsweise für die Ammoniaksynthese, die Kohlehydrierung, bei der Mitteldrucksynthese oder auch bei einer nachfolgenden Fernleitung. Andernfalls bedeutet diese Art der Kohlendioxydauswaschung trotz Rückgewinnung eines Teils des Energieaufwandes für die Verdichtung einen in der Anlage und im Betrieb teuren und daher belastenden Bestandteil für das Gesamtverfahren.

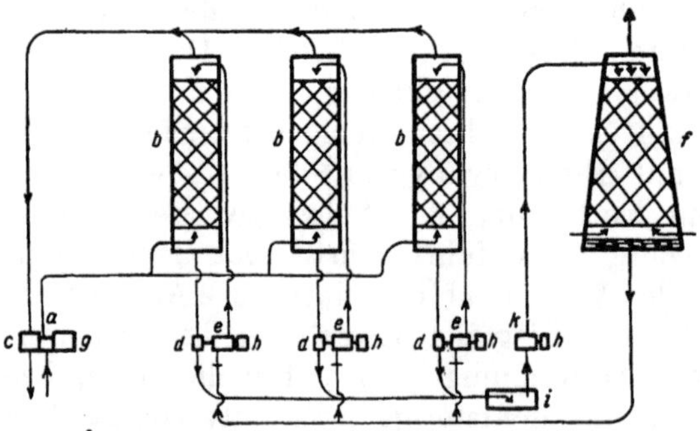

Abb. 24. Druckwasserwäsche für Synthesegas.

Die Gesamtanordnung des Verfahrens zeigt die Abb. 24. Das Rohgas wird in Kreiselverdichtern *a* verdichtet und durch drei mit Füllkörpern beschickte Druckwäscher *b* geleitet, die jeweils im Gegenstrom zum Gasweg mit frischem entlüftetem Wasser über die Druckwasser-

[1]) Handbuch der Gasindustrie Bd. III, 3. Teil, S. 67.

pumpen *c* beschickt werden. Das gasbeladene Druckwasser gibt in den Freistrahlturbinen *d* seinen Energieinhalt wieder ab, der unmittelbar auf die Welle der zugehörigen Druckwasserpumpe *e* übertragen wird, so daß etwa 50—60% der Verdichtungsarbeit wiedergewonnen werden. Ein Wärmeaustauscher *l* überträgt, wenn das Gas nicht unter erhöhtem Druck abgeleitet wird, die Verdichtungswärme des Gases hinter dem Verdichter *a* auf das zu entspannende Gas vor der Reingas-Entspannungsturbine *c*. Dadurch wird einer Vereisung in der Entspannungsturbine vorgebeugt, der Wasserverlust durch Verdampfung vermindert, die Aufnahmefähigkeit des Wassers für Kohlendioxyd vergrößert und der Anteil der zurückgewonnenen Arbeit erhöht. Das entspannte Wasser wird in einer Grube gesammelt und über eine Niederdruckwasserpumpe *k* einem Belüftungsturm *f*, der im wesentlichen einem Kaminkühler gleicht, zugeführt, in dem es von seinem restlichen Anteil an Kohlendioxyd befreit wird.

b) Auswaschung mit Kaliumkarbonatlösung.

Die einfachste technische Lösung zur Auswaschung von Kohlendioxyd aus technischen Gasen bei Niederdruck stellt die Verwendung von Kaliumkarbonatlösung (Pottasche) dar. Diese absorbiert Kohlendioxyd unter Bildung von Kaliumbikarbonat:

$$K_2CO_3 + CO_2 + H_2O \rightleftarrows 2\ KHCO_3,$$

das in der Hitze wieder zerfällt. Dieses Verfahren wurde von der Braunkohlen- und Brikett-Industrie A.-G. (BUBIAG) in Verbindung mit der BAMAG entwickelt[1]).

Eine derartige Waschanlage für Kohlendioxyd besteht aus drei hintereinander geschalteten Wäschern, die das Rohgas nacheinander durchstreicht. Die Waschlauge, die rd. 20% K_2CO_3 enthält, wird durch Umwälzpumpen im Gegenstrom zum Gas über die Wäscher gepumpt. Aus dem vom Gas zuerst durchstrichenen Wäscher wird ein Teil der gesättigten Lauge durch eine weitere Pumpe abgezogen und der Abtreibekolonne zugeführt. Die letztere ist ebenso wie die Waschtürme mit Raschigringen gefüllt. In drei hintereinander geschalteten Wärmeaustauschern wird die gesättigte Lauge durch die entgegenströmende abgekochte Lauge weitgehend vorgewärmt, während diese nahezu völlig abgekühlt wieder in den Betrieb zurückgeführt wird. Die vorgewärmte gesättigte Lauge durchläuft in der Abtreibekolonne Zonen steigender Temperatur. Im Unterteil wird sie schließlich mittelbar durch Dampf beheizt. Am oberen Ende der Kolonne entweicht das abgetriebene Kohlendioxyd, gemischt mit Wasserdampf.

Die Anlagekosten von Kohlendioxydwaschanlagen sind von W. Allner (s. o.) für eine Tagesleistung von 20000, 50000 und 100000 m³

[1]) W. Allner, Ztschrft. des VDI **79** (1935), S. 1489; Gas- und Wasserfach **78** (1935), S. 438.

Reingas zu RM. 140000,—, 300000,— und 500000,— angegeben worden, die Betriebskosten bei einem Dampfpreis von 2,50 RM./t zu 0,18 bis 0,15 Pf./m³. Die Gesamtbelastung einer derartigen Anlage einschließlich eines Kapitaldienstes von 10% liegt zwischen 0,45 und 0,29 Pf./ /m³. Auch bei einem Dampfpreis von 4,— RM./t erhöhen sich diese Kosten nur um etwa 0,05 Pf./m³.

Das bei diesem Verfahren gewonnene Kohlendioxyd weist eine Reinheit von rd. 99% auf. Die erhaltenen Mengen sind so groß, daß sie dessen Nutzbarmachung nahelegen. Dies gilt vor allem für die Erzeugung von Trockeneis, da das Kohlendioxyd nach Entfernung geringer Mengen Schwefelwasserstoff mit Luxmasse, sonstiger Geruchsstoffe mit Aktivkohle und nach Abscheidung des Wasserdampfes völlig rein ist. Auf diesem Wege können die Kosten für die Auswaschung des Kohlendioxyds wesentlich vermindert werden.

G. Erzeugungskosten von Synthesegas nach verschiedenen Verfahren.

Von besonderem Interesse ist ein Vergleich der Wirtschaftlichkeit der verschiedenen Verfahren zur Erzeugung von Synthesegas. Bei der Beurteilung der Ergebnisse muß jedoch auf die Schwierigkeiten jeder allgemeinen Wirtschaftlichkeitsberechnung hingewiesen werden, so daß ihnen nur ein bedingter Wert zukommt. Ferner ist zu beachten, daß die Kosten der Ausgangsbrennstoffe sowie der Hilfsstoffe, wie elektrische Energie, Wasser u. a. m. erheblichen Schwankungen unterliegen.

Sorgfältige vergleichende Untersuchungen über die Wirtschaftlichkeit verschiedener der oben besprochenen Verfahren hat W. Schultes[1]) angestellt, auf die im nachfolgenden näher eingegangen werden soll. Zugrunde gelegt wurden dabei folgende Ausgangsbrennstoffe:

1. Koks mit 9% Asche-, 5% Wasser- und 83% Kohlenstoffgehalt und 1% flüchtigen Bestandteilen;

2. Ungewaschene Gasflammfeinkohle mit 12% Asche-, 4% Wasser- und 69% Kohlenstoffgehalt und 32% flüchtigen Bestandteilen;

3. Kokereigas mit folgender Zusammensetzung: 3,2% CO_2, 9,3% CO, 48,3% H_2, 3,5% sKW, 27,2% CH_4, 0,6% H_2S, 0,5% O_2 und 7,4% N_2.

Als Anlagegröße wurden 250 Mio Nm³ jährliche Synthesegaserzeugung mit einem Gehalt an $CO + 2\,H_2$ von 85% festgelegt, da durchschnittlich damit gerechnet werden kann, daß aus 10 Nm³ Synthesegas 1 kg Öl gewonnen werden kann. Bei einem über 85% hinausgehenden Anteil an reaktionsfähigen Gasen ist angenommen, daß dieser vollständig nach der Gleichung 1 Nm³ $(CO + 2\,H_2) = 0{,}208$ kg CH_2 + 0,268 kg H_2O in Öle umgewandelt wird und die Anlagegröße für die Gaserzeugung ist entsprechend geringer eingesetzt. Für die festen

[1]) Glückauf **72** (1936), S. 273.

Brennstoffe sind die Syndikatspreise von Brechkoks III, von Gasflammnußgrus 0—30 mm und für Kokereigas ein Preis von 1,2 Pf./Nm³ bei Entnahme aus der Ruhrgasleitung angenommen. Ferner wurden zugrundegelegt: für den Kapitaldienst an Verzinsung und Abschreibung jährlich 12,5% des Anlagekapitals, für Instandhaltungsarbeiten jährlich 3% des Anlagekapitals, für Putz- und Schmiermittel, Schwefelreinigungsmasse, Katalysator für die Kohlenoxydkonvertierung sowie Löhne und Gehälter zusammen jährlich 6% des Anlagekapitals, für elektrischen Strom 2 Pf./kWh, für Kühlwasser 6 Pf./m³, für aufbereitetes Speisewasser 10 Pf./m³, für die Ergänzung von Alkazid bei der Kohlendioxydwäsche 0,2 Pf./Nm³ zu waschendes Gas, für 98proz. Sauerstoff nach dem Verfahren von Linde und Fränkl 1,2 Pf./Nm³. Die Anlagekosten sowie der Strom- und Kühlwasserbedarf der Sauerstoffanlage wurden daher außer Betracht gelassen.

Diese Berechnung wurde von W. Schultes (s. o.) für folgende elf Verfahren durchgeführt:

1. Kokswassergaserzeugung, Schwefelreinigung, Kohlenoxydkonvertierung einer Teilmenge, Kohlendioxydwäsche des konvertierten Gases durch Druckwasser[1]);
2. desgl., jedoch Kohlendioxydwäsche des konvertierten Gases durch Alkazid[1]);
3. desgl., jedoch Kohlendioxydwäsche des Gesamtgases durch Alkazid[1]);
4. Vergasung von Gasflammkohle nach dem Didier-Bubiag-Verfahren, Schwefelreinigung;
5. desgl., jedoch Kohlendioxydwäsche des Gesamtgases mit Alkazid;
6. Sauerstoffvergasung im Abstichgaserzeuger nach von Galocsy, Schwefelreinigung, Kohlenoxydkonvertierung einer Teilmenge, Kohlendioxydwäsche des konvertierten Gases durch Druckwasser;
7. Sauerstoffvergasung im Abstichgaserzeuger nach Linde, Schwefelreinigung, Kohlenoxydkonvertierung einer Teilmenge, Kohlendioxydwäsche des konvertierten Gases durch Druckwasser;
8. Druck-Sauerstoffvergasung nach dem Lurgi-Verfahren, Schwefelreinigung, Kohlendioxydwäsche des Gesamtgases durch Alkazid;
9. Sauerstoffvergasung nach Winkler, Schwefelreinigung, Konvertierung einer Teilmenge, Kohlendioxydwäsche des Gesamtgases durch Alkazid;
10. Kokswassergaserzeugung mit gleichzeitiger Umsetzung von Kokereigas im Gaserzeuger, Schwefelreinigung[1]);
11. Kohlenwassergaserzeugung mit Schwelgasabsaugung und Schwelgasspaltung im Doppelgaserzeuger, Schwefelreinigung[1]).

[1]) Für diese Verfahren liegen genaue Rechnungsgrundlagen vor, bei den anderen sind sie geschätzt.

Zahlentafel 8.

Erzeugungskosten von Synthesegas nach verschiedenen Verfahren aus Hochtemperaturkoks, Gasflammkohle und Kokereigas.

Verfahren	Kokswassergas			Didier-Bubiag		v. Galocsy Alkazid-Teilwäsche	Linde Druckwasser-Teilwäsche	Lurgi Alkazid-Gesamtwäsche	Winkler Alkazid-Gesamtwäsche	Kokswassergas + Kokereigasspaltung	Kohlenwassergas
	Druckwasser-Teilwäsche	Alkazid-Teilwäsche	Alkazid-Gesamtwäsche	ohne Wäsche	Alkazid-Gesamtwäsche						
Ordnungszahl (vgl. S. 59)	1	2	3	4	5	6	7	8	9	10	11
Verbrauchsgrundlagen für 1000 Nm^3 Synthesegas											
Blauwassergas . . . . . . Nm^3	1015	1018	1056	—	—	—	—	—	—	517	—
sonst. Wassergas . . . . . »	—	—	—	—	—	1042	990	1418	1225	—	—
Kohlenwassergas . . . . . »	—	—	—	1000	1096	—	—	—	—	—	1000
Kokereigas . . . . »	—	—	—	—	—	—	—	—	—	269	—
Dampf . . . . kg	1000	1003	1040	1000	1096	377	526	1020	573	1000	1000
Koks . . . . »	607	609	632	—	—	—	457	525	—	400	—
Kohle . . . . »	—	—	—	500	548	610	—	—	685	—	620
Sauerstoff (98 proz.) . . . . Nm^3	—	—	—	—	—	218	245	196	376	—	—
Ausbeute aus 1000 Nm^3 Synthesegas											
an verwertbarem $CO + 2 H_2$ Nm^3	914	916	951	864	948	889	978	978	975	907	853
an synthetischem Öl . . . kg	113	114	121	103	120	108	127	127	126	112	101
Verbrauch für eine Jahreserzeugnng von 25000 t Öl											
Synthesegas . . . . . Nm^3/Tag	606000	600000	566000	665000	570000	624000	539000	539000	543000	611000	678000
Koks . . . . t/Tag	368	365	358	—	—	—	247	283	—	245	—
Kohle . . . . »	—	—	—	333	313	381	—	—	372	—	420
Kokereigas . . . . . . Nm^3/Tag	—	—	—	—	—	—	—	—	—	164000	—
Sauerstoff . . . . . . »	—	—	—	—	—	136000	132000	105600	204000	—	—
Speisewasser . . . . . . m^3/Tag	606	602	589	665	625	235	284	550	311	611	678

zu konvertierende Gasmenge	Nm³/Tag	162500	161500	158000	—	—	403000	303000	—	284000	—	—
von CO_2 zu waschende Gasmenge	»	218000	217000	649000	—	—	636000	517000	760000	767000	—	—
Zusatz-Kühlwasser	m³/Tag	1320	1250	1250	800	800	2000	10000	2400	450	800	800
Zusatz-Kraft (ohne O_2-Anlage)	kWh/Tag	44450	9450	9450	5000	5000	50000	15000	42000	—	9000	10000
Anlagekosten (ohne O_2-Anlage)	RM.	3965000	3795000	4392000	5365000	6325000	3366000	1775000	3115000	3427000	3171000	4712000
Betriebskosten												
Kapitaldienst (ohne O_2-Anlage) 12,5%	RM./Tag	1357	1299	1504	1837	2168	1152	608	1066	1173	1086	1614
Instandhaltung (ohne O_2-Anlage) 3%	»	326	312	361	441	520	276	146	256	281	261	387
Putz- u. Schmiermittel u. sonstige Hilfsstoffe, Löhne u. Gehälter	»	652	624	722	882	1040	552	292	512	562	322	774
Alkazidwäsche-Betriebskosten	»	—	434	1298	—	1250	1272	—	1520	1534	—	—
Strom	»	889	189	189	100	100	1000	300	840	—	180	200
Speisewasser	»	61	60	59	67	63	24	28	55	31	61	68
Kühlwasser	»	79	75	75	48	48	120	600	144	27	48	48
Sauerstoff	»	—	—	—	—	—	1632	1548	1267	2448	—	—
Betriebskosten ohne Brennstoffe	»	3364	2993	4208	3375	5189	6028	3558	5660	6056	1958	3091
Koks 21,50 RM./t	»	7912	7848	7697	—	—	—	5311	6085	—	5268	—
Gasflammkohle 11,25 RM./t	»	—	—	—	3746	3521	4286	—	—	4185	—	4725
Kokereigas 1,2 Pf./Nm³	»	—	—	—	—	—	—	—	—	—	1968	—
Gesamtbetriebskosten	»	11276	10841	11905	7121	8710	10314	8869	11745	10241	9194	7816
Kosten je 1000 Nm³ Gas ohne Brennstoffe	RM.	5,55	4,99	7,43	5,08	9,10	9,66	6,60	10,50	11,15	3,20	4,56
Gesamtkosten je 1000 Nm³ Gas einschl. Brennstoffe	RM.	18,61	18,07	21,04	10,71	15,28	16,53	16,45	21,79	18,86	15,05	11,53

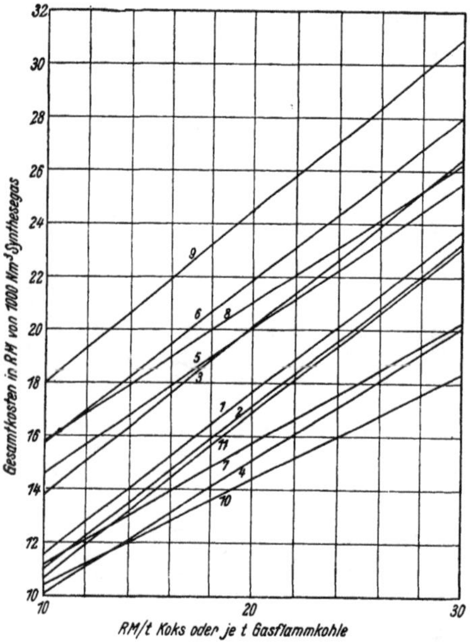

Abb. 25. Erzeugungskosten von Synthesegas nach verschiedenen Verfahren in Abhängigkeit von den Brennstoffgestehungskosten.

Die wichtigsten Rechnungsergebnisse sind in der Abb. 25 und in Zahlentafel 8 zusammengestellt, das zusammenfassende Ergebnis ist ferner in Abb. 25 dargestellt.

Einen weiteren interessanten Vergleich über die Kosten der Synthesegaserzeugung aus Magerkohle, Koks, Gasflammkohle und Braunkohlenbriketts durch Vergasung mit Sauerstoff-Wasserdampf-Gemischen bei verschiedenen Gestehungskosten dieser Brennstoffe nach F. Martin[1]) zeigt die Abb. 26.

[1]) Chem. Fabrik **12** (1939), S. 233.

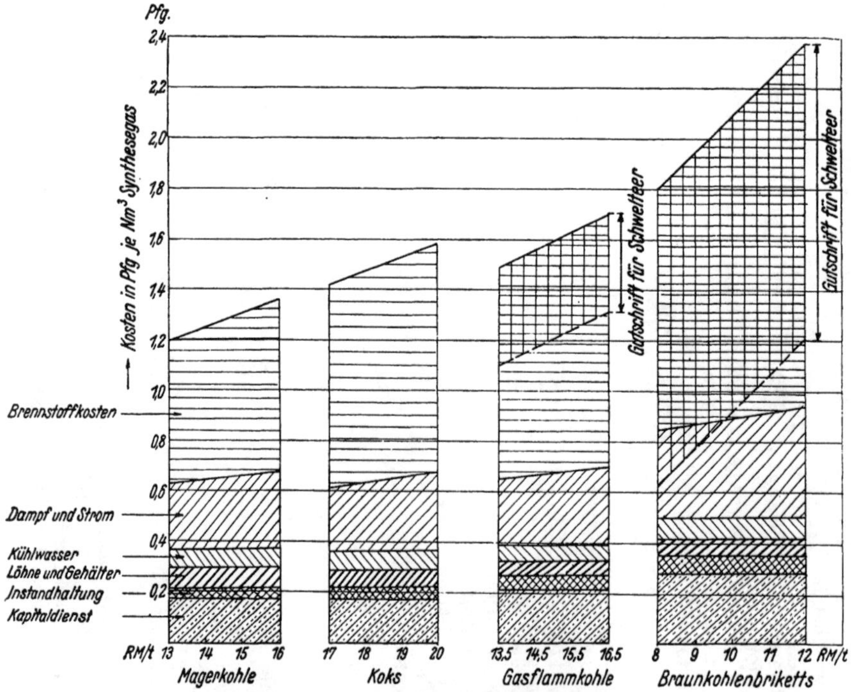

Abb. 26. Erzeugungskosten von Synthesegas durch Sauerstoff-Wasserdampfvergasung in Abhängigkeit von den Brennstoffgestehungskosten.

Das billigste Synthesegas, zwischen 0,6 und 1,2 Pf./m³, wird bei den heute üblichen Preisen für Brennstoffe aus Braunkohlenbriketts und Gasflammkohle erhalten, wenn es möglich ist, den abgespaltenen Teer zu gewinnen und hierfür die entsprechende Gutschrift einzusetzen.

Je nach den Preisen der zur Verfügung stehenden Brennstoffe und ihrer Besonderheiten muß jeweils der günstigste Brennstoff und das geeignetste Vergasungsverfahren ausgewählt werden.

H. Restgas der Benzinsynthese nach Fischer-Tropsch und seine Verwendungsfähigkeit als Stadtgas.

Bei der Benzinsynthese nach dem Verfahren von Fischer-Tropsch fallen sehr große Mengen an Restgas an. Nachdem das Verfahren nun mehr in einer Anzahl von großen Werken durchgeführt wird, erhebt sich die Frage, in welchem Maße dieses Gas der Gasversorgung ebenfalls zugeführt werden kann. Nach L. Ostermeier[1]) beträgt der mengen- und wertmäßige Anteil des Restgases unter den Erzeugnissen der Benzinsynthese etwa $^1/_3$ des Ausgangsgases:

Zahlentafel 9. Stoff- und Wärmebilanz der zweistufigen technischen Benzinsynthese.

	m³	kg	kcal	% der chemisch gebundenen Wärme
Synthesegas	1000	710	2300	100
Flüssige Erzeugnisse (Kohlenwasserstoffe)	—	99	1000	43,5
Syntheserestgas	300	390	700	30,3
Wasser	—	221	—	—
Reaktionswärme	—	—	600	26,2

Die Zusammensetzung und Beschaffenheit des dabei zugrundegelegten Synthesegases sowie des Restgases zeigt die nachfolgende Zusammenstellung (nach L. Ostermaier):

Zahlentafel 10. Zusammensetzung von Syntheseausgangs- und -restgas; Kennzahlen des Restgases.

	Synthese-ausgangsgas	Synthese-restgas	Kennzahlen des Restgases		
CO_2 %	14,0	47,0	oberer Heizwert	kcal/Nm³	2585
sKW %	—	0,3	unterer Heizwert	kcal/Nm³	2325
O_2 %	0,2	0,3	Dichteverhältnis	(Luft = 1)	1,00
CO %	27,5	9,0	Theor. Luftbedarf	Nm³/Nm³	2,39
C_nH_{2n+2} %	0,6	17,0	Theor. Abgasvolumen, feucht	Nm³/Nm³	3,26
H_2 %	55,0	18,0	Theor. Abgasvolumen, trocken	Nm³/Nm³	2,72
N_2 %	2,5	8,4	Theor. Verbrennungstemperatur	°C	1750

[1]) Gas- und Wasserfach **81** (1938), S. 52.

Dabei ist ein Synthesegas als Ausgangsgas zugrunde gelegt, dem bei seiner Aufbereitung ein bereits hoher Kohlendioxydgehalt belassen worden ist. In diesem Fall ist der Kohlendioxydgehalt des Restgases besonders hoch.

Wenn das Syntheseausgangsgas dagegen einen nur geringen Gehalt an Kohlendioxyd aufweist und bei einer anderen Führung der Benzinsynthese erhöht dieser Kohlendioxydgehalt des Abgases sich in nicht so starkem Maße. Bei der Heranziehung des Restgases ist ferner zu beachten, daß dessen Zusammensetzung aus betrieblichen Gründen starken Schwankungen unterliegen kann. So wurden vom Verfasser beispielsweise folgende Grenzwerte in der Restgaszusammensetzung festgestellt:

Restgaszusammensetzung	Grenzwerte	Mittelwerte
CO_2	13,5—19,8 %	17,4 %
sKW	0,3—1,1 %	0,7 %
O_2	0,0—0,2 %	0,1 %
CO	2,9—11,9 %	8,9 %
H_2	11,3—23,6 %	19,0 %
CH_4	27,6—40,9 %	33,2 %
N_2	16,5—35,1 %	20,7 %
Dichteverhältnis (Luft = 1)	0,735—0,768	0,75
oberer Heizwert	3925—4775 kcal/m³	4170 kcal/m³
unterer Heizwert	3595—4270 kcal/m³	3645 kcal/m³

Restgase dieser Zusammensetzung werden bisher fast ausschließlich im eigenen Betrieb als Heizgas für Kesselfeuerungen, für Wärmespeicher bei stetig betriebenen Gaserzeugeranlagen oder zur Unterfeuerung von Kokereiöfen verwendet. Diese Anwendungsmöglichkeiten bestehen in gleicher Weise für Großgaswerke, wenn diese einen Synthesebetrieb eingliedern[1]). Es ist jedoch zu prüfen, in welchem Umfang diese Gase auch zur Stadtgasversorgung herangezogen werden können.

Gemäß den Richtlinien über die Beschaffenheit des Stadtgases[2]) sind die maßgebenden Eigenschaften der Heizwert, das Dichteverhältnis, die Brenneigenschaften und bestimmte Anforderungen an die Reinheit. Im Sinne dieser Anforderungen läßt sich das Restgas nicht ohne weiteres als Zusatzgas von Steinkohlengas oder als Stadtgas verwenden, wenn auch der Heiwert genügend hoch ist. Zunächst ist das Dichteverhältnis des Restgases zu groß, so daß sich die Brennerleistung zu stark verringert.

So würde ein aus Steinkohlengas und kohlendioxydreichem Restgas allein hergestelltes Mischgas von $H_o = 4300$ kcal/Nm³ ein Dichteverhältnis von $> 0{,}6$ und einen Inertgehalt von $> 25\%$ aufweisen. Dies gilt

[1]) H. Rosenthal, Gas- und Wasserfach **80** (1937), S. 103.
[2]) Gas- und Wasserfach **82** (1939), S. 745.

in noch vermehrtem Maße von der unmittelbaren Verwendung des an zweiter Stelle genannten kohlendioxydärmeren Restgases als Stadtgas. Ein gewisser Ausgleich gegenüber dem höheren Dichteverhältnis könnte durch eine Druckerhöhung erzielt werden. Sie ist aber unstatthaft infolge der ungünstigen Brennbedingungen dieser Gase. Infolge des hohen Gehaltes an Inertbestandteilen beträgt die Zündgeschwindigkeit nur etwa 15—30 cm/s gegenüber einer solchen bei normgerechtem Stadtgas von 70—90 cm/s. Gleichzeitig vermindert sich der Löschdruck, d. h. der kritische Druck des Gases für ein Abheben und Verlöschen der Flamme in sehr starkem Maße. Während die Haushaltgasgeräte, insbesondere der Kocherbrenner, gegenüber stärkeren Veränderungen dieser Brenneigenschaften ziemlich unempfindlich sind, würden sich große Schwierigkeiten bei Raumheizöfen und insbesondere bei gewerblichen und industriellen Feuerungen ergeben.

Ohne Veränderung seiner Zusammensetzung können derartige Restgase nur zu etwa 10—25% einem Steinkohlengas oder normgerechten Stadtgas zugesetzt werden, ohne daß Störungen im Brennverhalten auftreten.

Es dürfte daher eine Nachbehandlung des Restgases zwecks Verbesserung seiner Brenneigenschaften in den überwiegenden Fällen erforderlich sein. Einen naheliegenden Weg hierfür bildet die Auswaschung des Kohlendioxyds, die mit einem Aufwand von rd. 0,3—0,5 Pf./m^3 Gas nach bekannten Verfahren (vgl. S. 56) durchgeführt werden kann. Soweit für die Durchführung der Benzinsynthese bei Mitteldruck das Restgas in verdichteter Form zur Verfügung steht, wird hierbei die Druckwasserwäsche die einfachste Lösung darstellen. Auf diese Weise gelingt es, die Zusammensetzung und die Brenneigenschaften des Restgases denen des Stadtgases bereits weitgehend anzugleichen. Hinzukommt, daß die chemische Reinheit des Synthesegases und damit auch des Restgases von Schwefelverbindungen, Zyanwasserstoff, Sauerstoff und Restgehalten an Ammoniak die Durchführung sonstiger Aufbereitungsverfahren nicht erforderlich macht.

Nach Berechnung von L. Ostermeier (s. o.) kann die Gasbeschaffenheit des Restgases in noch vermehrtem Maße dadurch verbessert werden, indem es nach einem der auf der Anwendung des Wassergasgleichgewichtes beruhenden Verfahren von seinem Gehalt an Kohlenoxyd befreit und das dabei erneut gebildete Kohlendioxyd wiederum entfernt wird.

Schließlich besteht noch folgende Möglichkeit. Das rohe Restgas kann an Stelle von Wasserdampf während der letzten Stunden der Ausgarung des Kokses in den Entgasungskammern, allein oder mit Wasserdampf gemischt, in diese eingeführt werden. Auf diese Weise erhält man eine Reaktion des Kohlendioxyds mit Kokskohlenstoff zu Kohlenoxyd und eine Umwandlung des Methans in Kohlenoxyd und Wasserstoff, so daß auch auf diesem Wege eine wesentliche Verminderung des Dichteverhältnisses des Gases und eine Verbesserung der Brenneigenschaften erzielt werden kann.

Bisher wird Syntheserestgas noch nicht zur Stadtgasversorgung herangezogen, die jährlich steigende Erzeugung wird jedoch in absehbarer Zeit zur Eingliederung dieser großen Gasmengen in die Stadtgasversorgung auf einem der oben aufgezeigten Wege führen.

II. Stadtgaserzeugung aus Braunkohle.

A. Allgemeines.

Die Erzeugung von Stadtgas aus Braunkohle, die in den letzten Jahren erstmalig festen Fuß in der Gasindustrie gefaßt hat, verbreitert die Brennstoffgrundlage der Stadtgasindustrie ganz wesentlich und erschließt gleichzeitig weitere Möglichkeiten zur chemischen Auswertung der Braunkohle. Es ist sogar mit Bestimmtheit anzunehmen, daß sich in einigen Jahren mit der Schaffung des Reichsgasnetzes eine enge Verbundwirtschaft zwischen den Industriezweigen der Steinkohlen- und Braunkohlenveredlung anbahnt, so daß die Gasversorgung auf einer wesentlich breiteren Grundlage fußen wird.

Es muß bezweifelt werden, ob die Kokereiindustrie bei einer wesentlichen Vergrößerung des Ferngasnetzes allein vor allem die von der Industrie benötigten Gasmengen zu liefern vermag. Zudem bedeutet die bisherige Notwendigkeit der Gaswerke, Koks- und Gaskohle zu beziehen, eine Abhängigkeit von wenigen Syndikaten und häufig eine starke Belastung der Ausgangskohle mit hohen Frachtgebühren. Anderseits sind in Deutschland die Braunkohlenvorkommen weit verbreitet. Sie bilden einen Kreis um sämtliche größeren Städte in der Mitte des Reiches, der sich von Frankfurt an der Oder über Görlitz, Zittau, die Lausitz, Leipzig, Altenburg, Zeitz, Weißenfels, Geiseltal, Halle, Anhalt, Braunschweig, Magdeburg, Berlin erstreckt. Außerhalb desselben sind die Vorkommen im Rheinland, in Hessen, bei Kassel, in Oberbayern, Böhmen und in der Ostmark zu nennen.

Die Braunkohlenindustrie, insbesondere von Mitteldeutschland, hat nach der Entwicklung entsprechender Verfahren zur Stadtgaserzeugung aus Braunkohle auch die Berechtigung, vor allem an der mitteldeutschen Gasversorgung mitzuwirken. Dies gilt insbesondere nach der Ausbildung von Verfahren, bei denen kein Braunkohlenkoks als Nebenerzeugnis anfällt, sondern die Kohle vollständig zu einem normgerechten Gas vergast wird. Zudem ist anzunehmen, daß das auf den Kokereien gewonnene Steinkohlengas in vermehrtem Umfange zu Synthesegas, Wasserstoff oder anderen höherwertigen Gasen aufgearbeitet wird und damit der Ferngasversorgung entzogen wird. Dabei ist ferner zu berücksichtigen, daß die Gewinnungskosten der Braunkohle bei Umrechnung auf den gleichen Wärmewert erheblich unter denen der Steinkohle liegen und die Teerergiebigkeit der Braunkohle die der Steinkohle recht wesentlich übertrifft. In den großen Braunkohlentagebaubetrieben halten sich die Gewinnungskosten je t Rohkohle vielfach unter RM. 2,—, d. h. die Wärmeeinheiten von 1 t Steinkohle kosten nur etwa RM. 9,— bis 11,—. Demgegenüber kostet der Wärmewert der Steinkohle in Mitteldeutschland mehr als das Doppelte.

Zusammenfassend sind also die Aussichten der Braunkohlenindustrie, mit der Steinkohlenindustrie in Zukunft bei der deutschen Ferngasversorgung in erfolgreichen Wettbewerb zu treten, recht günstig. Es ist auch zu hoffen, daß die Industrie der Steinkohlenveredlung sich in Zukunft wie bisher diesen Gedankengängen nicht verschließt, sondern sie entsprechend ihrer Bedeutung fördert.

Die bisherigen Vorschläge zur Erzeugung von Stadtgas aus Braunkohle können technologisch wie folgt[1]) untergliedert werden:

1. Verwendung von Braunkohle im Gemisch mit Steinkohle,
2. Verwendung von Braunkohlenschwelerzeugnissen,
3. unmittelbare Erzeugung von Stadtgas aus Braunkohle.

1. Hochtemperaturentgasung von Braunkohle.

Die Veredlung der Braunkohle erfolgte bisher im wesentlichen durch Abschwelung bei Temperaturen von 500 bis 600°, um wertvollen Braunkohlenteer zu erhalten, während der gleichzeitig anfallende Schwelkoks geringere Bedeutung besitzt und das Schwelgas zumeist nur zur Unterfeuerung der Schwelöfen dient. Der Braunkohlenteer bildet einen wertvollen Ausgangsstoff für Fertigerzeugnisse verschiedener Art (Phenole, Treiböle, Heizöle, Paraffin, Paraffinöl u. a.), die Absatzmöglichkeit für den Schwelkoks bleibt infolge seines hohen Aschegehaltes und der geringen Festigkeit dagegen beschränkt. Eine Ausweitung der Braunkohlenschwelung wurde ermöglicht durch die Verbindung von Braunkohlenteergewinnung und Energieerzeugung aus Braunkohlenschwelkoks im Schwelkraftwerk, die seit rund einem Jahrzehnt in Wölfersheim und seit kurzer Zeit auf einem Großkraftwerk bei Leipzig durchgeführt wird.

Einen weiteren Schritt zur Braunkohlenveredlung stellt die Hochtemperaturentgasung dar. Wenn hierbei eine Überhitzung des Schwelteers durch entsprechende bauliche Maßnahmen verhindert wird, sinkt die Teerausbeute nur wenig. Anderseits steigt die Gasausbeute auf das 3- bis 3,5fache und die Heizwertzahl auf das rd. 2½fache gegenüber den Ergebnissen der Schwelung an. Infolge des niedrigeren Heizwertes der

[1]) W. Allner, Braunkohle **35** (1936), S. 495, Chemie-Ingenieur-Kongreß zur Weltkraftkonferenz, London 1936, Sektion F.

Braunkohle und der Braunkohlenbriketts gegenüber dem von Steinkohle ist bei der Braunkohlenentgasung der in Gasform übergeführte Anteil mit rd. 30% wesentlich höher, andererseits wird die Heizwertzahl von Steinkohle nicht ganz erreicht. Sie läßt sich aber auch dadurch noch steigern, indem der Teer möglichst weitgehend zersetzt wird. Schließlich durchläuft Braunkohle bei ihrer Erhitzung keinen plastischen Zustand, so daß auch der Hochtemperaturbraunkohlenkoks eine nur geringe Festigkeit aufweist[1]).

2. Entgasung von Braunkohle-Steinkohle-Gemischen.

Eine Streckung der Steinkohle durch Braunkohlenzusatz ist vor allem im Weltkrieg, wenn auch mit unbefriedigendem Erfolg, versucht worden. In jedem Fall war der erhaltene Koks infolge des hohen Gehaltes der Braunkohle an flüchtigen Bestandteilen und der Artfremdheit des zunächst gebildeten Schwelkokses von zu geringer Festigkeit.

Eine technisch befriedigende Lösung der gleichzeitigen Verarbeitung von Braunkohle und Steinkohle zur Stadtgaserzeugung stellt das Jenaer Verfahren von W. Bueb und J. Gülich[2]) dar. Bei diesem ist dem Vertikalkammerofen eine kleine, mit Koks gefüllte Kammer vorgeschaltet, die zur Wassergaserzeugung dient und oberhalb der eine hocherhitzte Mischkammer gleichzeitig zur thermischen Aufspaltung der Kohlenwasserstoffe dient. In den eigentlichen Vertikalofen wird unten zunächst zum Schutz des unteren Deckels Perlkoks, darüber ein Gemisch von Braunkohlenbriketts und von Gasfeinkohle, in den oberen Teil nur Gasfeinkohle eingefüllt. Den oberen Abschluß bildet wieder Perlkoks. Zur Erzeugung eines normengemäßen Stadtgases war, bezogen auf den Steinkohleneinsatz, eine Zumischung an Braunkohlenbriketts bis zu 28% tragbar. Aus einem Gemisch von Ruhrkohle und mitteldeutschen Briketts wird in Jena im Dauerbetrieb eine Ausbeute von 560 m^3/t Stadtgas mit einem oberen Heizwert von 4600 kcal/Nm^3 erzielt.

Die Vereinigung der Braunkohlen- und Steinkohlenentgasung nach W. Bueb hat ihre Weiterentwicklung im Rostocker-Verfahren gefunden[3]). Bei diesem bilden jeweils zwei Kammern zur Entgasung von Steinkohle mit einer solchen für ein Braunkohle-Steinkohle-Gemisch eine Einheit, so daß der hochwertigere Steinkohlenkoks getrennt von dem Gemischkoks erhalten wird.

---

[1]) Vgl. hierzu C. Leo, Feuerungstechn. **20** (1932), S. 5; H. Klinger, Ztschr. Österr. Ver. Gas- u. Wasserfachmännern **72** (1932), S. 151, 171.

[2]) J. Gülich und F. Sommer, Gas- und Wasserfach **78** (1935, S. 145; J. Gülich, Braunkohle **35** (1936), S. 267; vgl. ferner Handbuch der Gasindustrie Bd. I, 5. Teil, S. 79.

[3]) Vgl. Handbuch der Gasindustrie, Band I, 5. Teil, S. 83.

3. Wärmetönungen bei der Braunkohlenentgasung.

Die Übergänge zu den Verfahren, die Braunkohle als alleinigen Rohstoff zur Stadtgaserzeugung und besonders hierfür entwickelte Methoden verwenden, bilden die Verfahren, die von den Schwel- und Hochtemperaturentgasungserzeugnissen der Braunkohle ausgehen.

Die Schwelung und Hochtemperaturentgasung der Braunkohle begründete sich früher im wesentlichen nur auf praktischen Erfahrungen. Sichere thermische Kennzahlen, insbesondere über die spezifischen Wärmen von Braunkohlen, Braunkohlenkoksen und von Koksaschen sowie über die entsprechenden Wärmeleitzahlen als Grundlagen für die Wärmeübertragung beim Erhitzungsvorgang wurden erstmalig von E. Terres und Mitarbeitern[1]) größenordnungsmäßig ermittelt.

Die Schwelwärme der Trockenkohle wächst bis 300° annähernd mit dem Wärmeinhalt der Reinkohle, da die Zersetzungswärme gering ist. Bis 500° steigt die Schwelwärme auch nur wenig an, da die Zersetzung der Kohle im Bereich der Schwelung mit einer Wärmeentwicklung von etwa 120—140 kcal je kg Reinkohle (als Mittelwert) verbunden ist. Erst bei einer weiteren Steigerung der Verkokungstemperatur erhöht sich die Verkokungswärme. Sie erreicht bei 920° einen mittleren Wert von rd. 360 kcal/kg Reinkohle.

Die Zersetzungswärme, bewirkt durch den Ablauf von wärmefreigebenden und wärmeverbrauchenden Reaktionen bei der pyrogenen Zersetzung, die sowohl positiv als auch negativ sein kann, bildet die Differenz der Schwel- oder Verkokungswärme gegenüber den in den Verkokungserzeugnissen bei der betreffenden Zersetzungstemperatur gespeicherten Wärme einschließlich der äußeren Arbeitsleistung des Entgasungsgases. Bis 300° ist die Zersetzung unbedeutend und entsprechend sind die damit verbundenen Wärmevorgänge verhältnismäßig gering. Im gesamten Temperaturgebiet oberhalb 300° ist die Zersetzungswärme positiv., sie erreicht bei etwa 700° einen Höchstwert mit 140 kcal/kg Reinkoks und fällt von da ab mit steigender Temperatur wieder langsam ab.

Die spezifische Wärme ist bei den Koksen um so größer, bei je niedriger Temperatur sie hergestellt worden sind (rd. 0,345 kcal/kg Rohkoks), um von 600 bis 650° an mit 0,335 kcal/kg an praktisch gleich zu bleiben und bei 900° in die spezifische Wärme des Graphits überzugehen. Die spezifischen Wärmen der Rohkokse setzen sich additiv zusammen aus derjenigen des Reinkokses und der Asche.

In bezug auf Einzelheiten über den Wärmeübergang bei der Schwelung und Verkokung wird auf die obengenannte Arbeit von E. Terres verwiesen.

---

[1]) Angew. Chem. **48** (1935), S. 17.

Verwendung von Braunkohlenschwelerzeugnissen.

Das bei der Schwelung oder Hochtemperaturentgasung der Braunkohle anfallende Rohgas ist infolge seines hohen Gehaltes an Kohlendioxyd, der 20—40% der Gesamtmenge beträgt, von nur geringem Wert. Es dient daher allgemein zur Beheizung der Entgasungsöfen. Nur die Grube Leopold, Edderitz gibt einen Teil ihres bei der Braunkohlenschwelung in Geißenöfen erhaltenen Schwelgases nach Entfernung des Kohlendioxyds und Schwefelwasserstoffs durch eine Druckwasserwäsche bei 10 at an das Gaswerk Dessau ab, in dem es nach Entspannung und Mischung mit Steinkohlenwassergas als Stadtgas zur Verteilung gelangt.

Die neuere Entwicklung der Braunkohlenschwelung mit dem Ziel, neben einem hochwertigen Schwelteer einen stückfesten, harten Schwelkoks zu erzeugen, hat sich in ihrer Bedeutung wesentlich ausgeweitet und es ist anzunehmen, daß in Zukunft größere Mengen an Braunkohlenschwelgas in die Gaserzeugung eingegliedert werden.

Die Verwendung von sonstigen Braunkohlenerzeugnissen, insbesondere von Braunkohlenteer zur Karburation von Schwachgasen ist zwar möglich, Teere werden im Interesse der heimischen Treibstoffwirtschaft jedoch nicht mehr hierfür freigegeben.

B. Unmittelbare Erzeugung von Stadtgas aus Braunkohle.

1. Ältere Verfahren.

Die Entwicklung von Verfahren zur Erzeugung von Stadtgas aus Braunkohle ist in folgenden .zwei Richtungen erfolgt:

1. Zerlegen der Entgasung in Teilvorgänge und Mischung der Gase,
2. Erzeugung des Gases in einem einzigen Arbeitsgang.

So hat vor allem die Gesellschaft zur Förderung der Braunkohlengaserzeugung unter der Leitung von K. Bube[1]) und R. Heinze die Möglichkeit geprüft, vorhandene Steinkohlenentgasungsöfen auch für die Braunkohlengaserzeugung zu verwenden. Hierfür erwiesen sich vornehmlich die Vertikalkammeröfen mit stetiger und nichtstetiger Beschickung als brauchbar. So wurde im Gaswerk Dresden[2]) aus mitteldeutschen Briketts mit rd. 12% Teerergiebigkeit in stetig betriebenen Vertikalkammern eine Gasausbeute von 717 Nm^3 Gas/t Briketts (bezogen auf 5% Kohlendioxydgehalt) und einem Heizwert von 4550 kcal/Nm^3 erzielt. Wichtig war dabei vor allem, daß oberhalb der eingesetzten Kohle stets ein freier Raum von etwa 1,50 m Höhe verblieb, der zu einer weitgehenden Krackung der Teerdämpfe diente.

[1]) K. Bube, Von den Kohlen und Mineralölen, Band I, 1928, S. 17.
[2]) K. Schmidt, Gas- und Wasserfach **71** (1928), S. 1153.

Zur Anwendung gelangten hierbei sog. Gasbriketts der Anhaltischen Kohlenwerke mit folgender durchschnittlicher Zusammensetzung:

Rohanalyse		Schwelanalyse	
Gehalt an Wasser . . .	11,27 %	Koksausbeute . . .	51,72 %
» » Asche . . .	9,80 %	Teerausbeute	12,20 %
» » flücht. Bestandteilen	31,03 %	Schwelwasser	16,80 %
Reinkoks	57,70 %	Gasausbeute (15°, 760 Torr) . .	135,2 l/kg

Die Entgasung dieser Briketts in Horizontalretortenöfen ergab bei 190 kg Einsatz je Retorte und einer Garungsdauer von 6 h eine Gasausbeute von 398 Nm^3/t Briketts mit einem durchschnittlichen oberen Heizwert von 4030 kcal/Nm^3. Wesentlich günstiger war die Ausbeute im Vertikalkammerofen mit wandernder Ladung, wie dies die nachstehende Zahlentafel 11 zeigt:

Zahlentafel 11

Ergebnisse der Braunkohlenhochtemperaturentgasung im Gaswerk Dresden.

	Horizontalretorte		Vertikalkammerofen mit wandernder Ladung		Doppelgaserzeuger	
		umgerechnet auf 5 % CO_2		umgerechnet auf 5 % CO_2		umgerechnet auf 5 % CO_2
Gasausbeute . . . . . Nm^3/t	398	370	850	717	845	778
Gaszusammensetzung CO_2 . %	12,0	5,0	20,7	5,0	13,0	5,0
sKW %	2,2	2,3	1,6	1,9	0,0	0,0
O_2. . %	0,2	0,2	0,0	0,0	0,0	0,0
CO . %	21,7	23,4	17,1	20,5	26,9	32,3
H_2 . %	43,5	46,9	32,7	39,2	40,9	44,7
CH_4 . %	14,3	15,4	20,6	24,7	6,9	7,5
N_2. . %	6,3	6,8	7,3	8,7	9,6	10,5
oberer Heizwert . . kcal/Nm^3	4030	4350	3800	4550	3050	3330
Dichteverhältnis (Luft = 1) . .	0,595	0,520	0,714	0,552	0,665	0,585

Im Verhältnis zur Entgasung von Steinkohle erfolgt die von Braunkohle wesentlich rascher. Der Koks wies dagegen eine nur geringe Festigkeit und Großstückigkeit auf.

Weitere Versuche wurden von K. Schmidt[1]), Halle, im Gaswerk Halle mit einem Block von nichtstetig betriebenen Vertikalretorten durchgeführt (vgl. Abb. 27). Von den zehn in zwei Reihen angeordneten Retorten dienten sieben zur Entgasung, die restlichen drei dagegen blieben leer, um darin die Kohlenwasserstoff- und Teerdämpfe zu kracken. Unter

[1]) K. Schmidt, Gas- und Wasserfach **75** (1932), S. 195.

Verwendung gleicher Braunkohlenbriketts wie in Dresden wurde eine Gasausbeute von 700 Nm^3/t mit einem Heizwert von 4040 $kcal/Nm^3$ bei 6% Kohlendioxydgehalt des Gases erhalten.

Bei dem Verfahren von Ahrends[1]) (vgl. Abb. 28) wird die Entgasung der Braunkohle in einer von außen beheizten Stahlretorte bei gleichzeitigem Durchleiten von hochüberhitztem Wassergas als Spülgas durchgeführt. Das letztere und die Entgasungserzeugnisse ziehen in der gleichen Richtung wie die Kohle von oben nach unten durch die Retorte, sie werden erst dicht oberhalb eines Trennschiebers, der die Verbindung zu dem darunter befindlichen Wassergaserzeuger bildet, abgezogen.

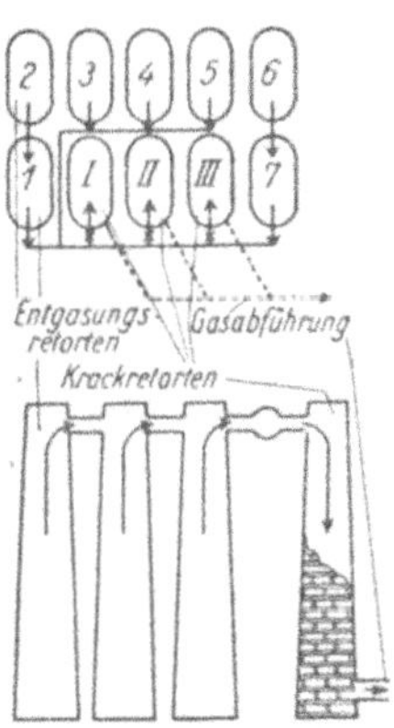

Abb. 27. Versuchsanordnung Gaswerk Halle.

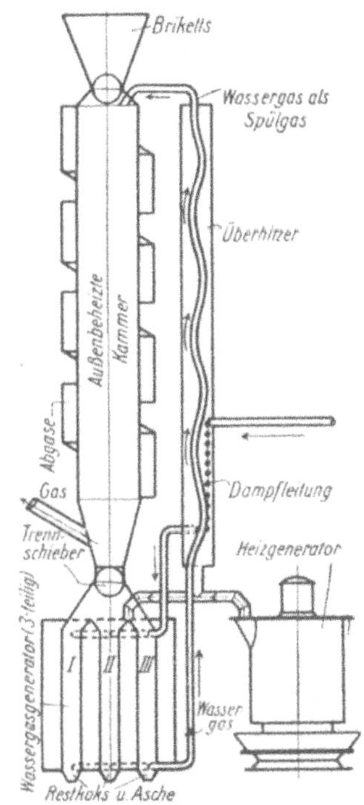

Abb. 28. Versuchsanordnung Ahrends.

Die Überhitzung der Schwelerzeugnisse an dem glühenden Koks führt zu deren vollständiger Krackung zu gasförmigen Kohlenwasserstoffen. Bei der Verarbeitung von Braunkohlenbriketts wird ein Brikettkoks von stückiger Beschaffenheit erhalten. Dieser dient ganz oder teilweise zur Wassergaserzeugung. In einer Versuchsanlage auf dem Gaswerk Merseburg wurde bei einer Ausstehzeit von 6 bis 8 h eine Gasausbeute von 700 bis 800 m^3 Gas/t Briketts erzielt.

Bei den sonstigen mehrstufigen Verfahren, denen von Th. Schmidt-RWE und der Eintracht, wird der Entgasungsvorgang noch weiter unterteilt.

Eine grundsätzliche Darstellung des Th. Schmidt-RWE-Verfahrens vermittelt die Abb. 29. Bei diesem wird Rohbraunkohle in der ersten

[1]) H. Dobert, Gas- und Wasserfach **75** (1932), S. 99.

Stufe zunächst getrocknet und vorentgast (Abspaltung von CO_2 und H_2S), in der zweiten geschwelt und in der dritten bei hohen Temperaturen nachentgast. In der vierten Stufe wird an dem Koks der in der Trockenzone abgespaltene Wasserdampf umgesetzt und gleichzeitig das Kohlendioxyd zu Kohlenoxyd reduziert, wobei der Koks vollständig vergast wird. Schließlich wird in der fünften Stufe das Schwelgas auf 650° nacherhitzt und gekrackt. Die bei 3—5 einzeln anfallenden Gase der Hochtemperaturentgasung, der Wassergasbildung und Schwelgaskrackung können in beliebiger Weise gemischt werden, überschüssiges Wassergas dient zur Unterfeuerung des Ofens.

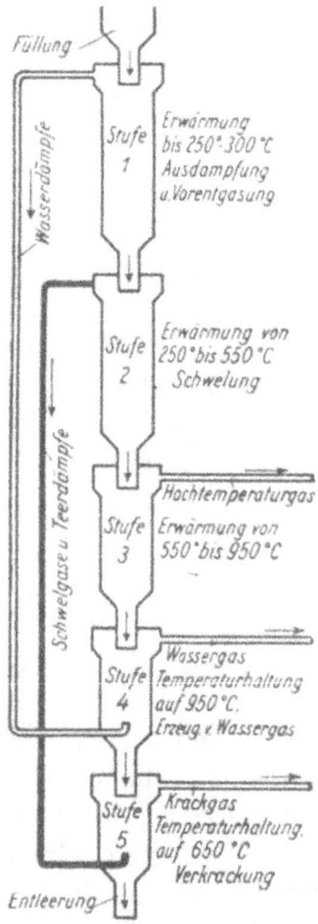

Abb. 29. Verfahren Th. Schmidt-RWE.

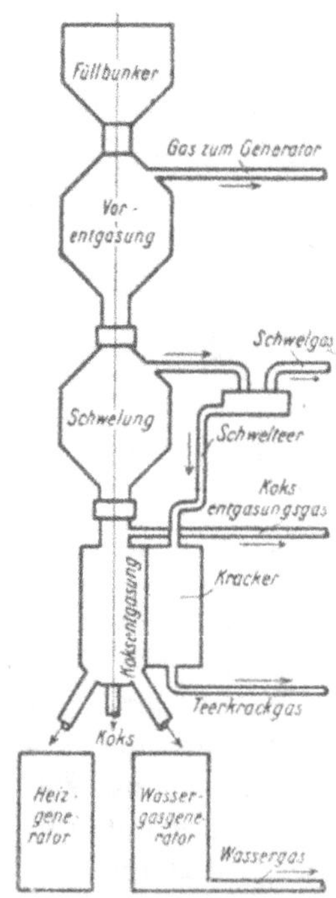

Abb. 30. Eintracht-Verfahren.

Bei dem Eintrachtverfahren (vgl. Abb. 30) erfolgt stufenweise die Trocknung der Kohle bis rd. 300°, wobei gleichzeitig Kohlendioxyd und Schwefelwasserstoff abgespalten werden und daraufhin die Schwelung bis zu einer Temperatur von 600°. Das Schwelgas wird nach Abtrennung des Teers als erste Gasfraktion in Gasbehältern gesammelt. In der dritten Stufe wird der Schwelkoks bei 1200° nachentgast. Getrennt hiervon wird der Schwelteer in einer Retorte mit überhitztem Wasserdampf gekrackt und der Koks zu Wassergas vergast. Diese Gase werden ebenfalls zunächst in Behältern gesammelt und daraufhin gemischt.

Sämtlichen dieser Verfahren ist bislang ein dauernder technischer Erfolg versagt geblieben.

2. Gleichstromentgasung nach dem Didier-Bubiag-Verfahren.

Das älteste Verfahren, das sich zur Stadtgaserzeugung im Dauerbetrieb seit nahezu zehn Jahren bewährt hat, ist das Gleichstrom-Entgasungsverfahren. Die erste Anlage dieser Art wurde im Jahre 1929 auf dem Gaswerk Kassel durch die Didier-Werke A.-G. Berlin in Gemeinschaft mit der Braunkohlen- und Brikett-Industrie A.-G. (Bubiag), Berlin, erstellt[1]).

Bei dem Gleichstromentgasungsverfahren wird die Vergasung von jüngeren Brennstoffen, insbesondere von Lignit oder mulmiger Braunkohle in stehenden, von außen auf 1000—1350° beheizten Vertikalkammern vorgenommen, denen der Brennstoff am oberen Ende stetig zugeführt und der entgaste Koks nach Durchlaufen einer Kühlzone stetig entzogen wird. Im Gegensatz zu den sonstigen Hochtemperaturentgasungsöfen werden die Gase jedoch nicht am oberen Kammerende abgeführt. Sie werden vielmehr im oberen Kammerteil gezwungen, im gleichen Sinne mit dem entgasenden Koks nach unten zu wandern. Dabei werden sie an dem als Katalysator wirkenden glühenden Koks weitgehend aufgespalten und erst nach Durchlaufen eines in seiner Länge einstellbaren Weges etwa in halber Höhe der Kammer abgeführt. Gleichzeitig wird in den nach unten weiter wandernden glühenden Koks von unten her im Gegenstrom Wasserdampf eingeblasen, der den Koks kühlt und in höheren Zonen in Wassergas umgewandelt wird.

Die Erzeugung des Rohgases erfolgt somit in einem Arbeitsgang und bedarf nur noch der auch sonst bei Entgasungsverfahren üblichen Reinigung von Teer, Ammoniak und Schwefelwasserstoff. Dämpfe von Benzolkohlenwasserstoffen sind im Gas infolge seiner Überhitzung in nur geringer Menge enthalten. Als neuen Bestandteil weist das rohe Braunkohlengas mehr als 10% Kohlendioxyd auf, das mittels eines neuentwickelten Verfahrens mit Pottaschelösung (vgl. S. 57) ausgewaschen wird. Nach Senkung des Kohlendioxydgehaltes entsprechen die Brenneigenschaften und der Heizwert des nach diesem Verfahren erzeugten Braunkohlengases völlig den Eigenschaften des normgerechten Stadtgases aus Steinkohle.

Die Betriebsweise dieser stetig betriebenen Vertikalöfen erfolgt in gleicher Weise wie die der entsprechenden Steinkohlenentgasungsöfen

[1]) W. Allner, Gas- und Wasserfach **74** (1931), S. 305; **78** (1935), S. 438; Chem. Fabrik **8** (1935), S. 344; Braunkohle **34** (1935), S. 419; Zeitschr. VDI **79** (1935), S. 1487.

ohne Feuererscheinungen, Staub- oder Geruchsbelästigungen. Der anfallende Teer und das Gaswasser haben infolge ihrer Überhitzung im wesentlichen die gleiche Zusammensetzung wie bei der Hochtemperaturentgasung der Steinkohle. Insgesamt ergibt sich, daß die Beschaffenheit der Entgasungserzeugnisse weniger durch die Eigenschaften des entgasten Rohstoffes als vielmehr durch die Erhitzungstemperatur und ihre Aufenthaltsdauer in den Zonen hoher Temperatur beeinflußt wird.

Zur Erzielung einer bestimmten Gaszusammensetzung müssen beim Gleichstromverfahren die vier Bedingungen:

Wanderungsgeschwindigkeit der Kohle (Kohlendurchsatz), Ofentemperatur, Dampfzusatz zum Unterteil der Kammer und Entnahmestelle der Gase aus der Kammer

aufeinander abgestimmt werden.

Mit den gleichen Mitteln läßt sich auch die tägliche Gaserzeugung der Ofenanlage ohne Schwierigkeiten innerhalb ziemlich weiter Grenzen dem wechselnden Gasbedarf des Werkes anpassen. Da auch ein Reinigen der Kammern von Graphit in fast einjährigem Dauerbetrieb nicht erforderlich war, wird die Lebensdauer des Braunkohlenofens günstig beeinflußt.

Ein beliebiger Gasheizwert wird also beim Gleichstromverfahren dadurch eingestellt, daß die Kohlenwasserstoffe des Schwelgases und des Teeres innerhalb der Kammer mehr oder weniger weit gespalten werden und daß mehr oder weniger Wasserdampf der Kammer zur Erzeugung von Wassergas zugesetzt wird. Während man bei Stadtgas auf Erhaltung einer bestimmten Menge an Kohlenwasserstoffen zur Erzielung des gewünschten Heizwertes arbeiten muß, läßt sich der gleiche Ofen auch so betreiben, daß bei stärkerer Spaltung die Kohlenwasserstoffe vollkommen zerstört werden und ein von Kohlenwasserstoffen praktisch freies Wassergas, das sog. Synthesegas, erzielt wird (vgl. S. 50).

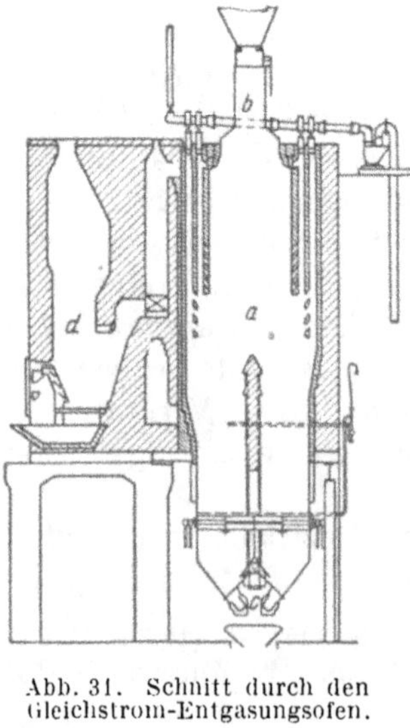

Abb. 31. Schnitt durch den Gleichstrom-Entgasungsofen.

Mit dem Gleichstromverfahren ist daher eine neue Arbeitsweise in die Gastechnik eingeführt worden.

Die Anlage zur Braunkohlenentgasung in Kassel wurde auf Grund der zunächst gesammelten Erfahrungen im Jahre 1934 auf zwei Kammern ausgebaut, die sich seit Oktober 1934 im Dauerbetrieb befindet. Ihre Jahresleistung beträgt rd. 2,5 Mio m³.

Den Schnitt durch eine Kammer *a* des Gleichstromofens zeigt die Abb. 31. Sie ist mit einer selbsttätigen Beschickungsvorrichtung *b* und einem Koksaustrag *c* versehen. Der letztere besteht aus einem von außen mittels eines langsam laufenden Motors in Bewegung gesetzten Abstreicher, der eine bestimmte Koksmenge in zwei gegen die Außenluft abgeschlossene Taschen wirft. Die Beheizung mit überschüssigem Koks erfolgt in dem seitlich angebauten Generator *d*.

Versuchsergebnisse unter Verarbeitung verschiedener deutscher Braunkohlenbriketts zeigt die nachstehende Zusammenstellung (vgl. Zahlentafel 12).

Zahlentafel 12.

Braunkohlen-Stadtgas-Ausbeuten.

Brikettsorte	A	K	J	L	B	C
Teergehalt . . . %	7,1	7,9	11,0	13,7	14,6	16,6
Heizwert des Gases H_o kcal/Nm³	Stadtgas-Ausbeuten Nm³/t bei 6 % CO_2-Gehalt bezogen auf die entgaste Kohle					
4000	600	610	705	830	870	950
4100	550	545	675	785	800	880
4200	500	485	640	740	725	825
4300	430	425	610	692	660	770

Man erkennt deutlich den Einfluß des Teergehaltes der Kohle auf die erzielbaren Gasausbeuten. Je höher der Teergehalt, um so größer ist die erzielbare Gasausbeute, wobei zu beachten ist, daß die Gasausbeute nicht nur von der Menge, sondern auch von der Art des Teeres (Kreosot- und Paraffingehalt) beeinflußt wird.

Bei Kohlen mit hohem Teergehalt muß ein Teil der Unterfeuerung des Ofens durch fremden Brennstoff gedeckt werden, in den sonstigen Fällen genügt die Koksausbeute zur Deckung des Unterfeuerungsbedarfs.

Die für die Wassergaserzeugung erforderliche Dampfmenge wird aus der fühlbaren Wärme des Rohgases gedeckt, das den Entgasungsraum mit etwa 850° verläßt und zunächst durch einen Abhitzekessel geleitet wird.

Neben Braunkohlen kann auch Torf oder nichtbackende Steinkohle im Gleichstromkammerofen entgast werden.

Versuchsergebnisse unter Verarbeitung verschiedener Braunkohlen zeigt die Zahlentafel 13.

3. Druckvergasung nach dem Lurgi-Verfahren.

Neue Wege zur Erzeugung von Stadtgas aus Braunkohle hat das Verfahren[1]) der Lurgi-Gesellschaft für Wärmetechnik erschlossen. Bei

[1]) R. Drawe, Gas- und Wasserfach **76** (1933), S. 541; Klinger, Ztschrft. Österr. Ver. Gas- und Wasserfachmännern **72** (1932), S. 151, 171; O. Hubmann, Veröffentl. der Metallgesellschaft 1933; F. Danulat, Diss. Berlin 1936; F. Danulat, Mitteilungen der Metallgesellschaft Heft 13 (1938); R. Drawe, Arch. f. Wärmewirtschaft u. Dampfkesselwesen **19** (1938), S. 201.

Zahlentafel 13.

Ergebnisse der Braunkohlengaserzeugung nach dem Gleichstrom-Entgasungsverfahren (Gaswerk Kassel).

	Niederlausitzer Briketts	Mitteldeutsche Briketts	Hessische Briketts	Böhmische Braunkohle I	Böhmische Braunkohle II
Zusammensetzung der Rohkohle					
Wasser . . . . . . %	17,3	12,6	15,5	29,8	36,0
Asche. . . . . . . %	3,9	9,4	6,0	8,5	4,5
Reinkoks . . . . . %	34,8	30,7	36,3	26,2	27,3
Flüchtige Bestandt. %	44,0	47,3	42,2	35,5	32,8
Heizwert H_o . kcal/kg	4940	5148	5110	4810	4500
H_u . kcal/kg	4600	4800	4770	4340	4170
Schwelanalyse nach F. Fischer					
Schwelkoks . . . . %	48,2	46,9	49,9	46,4	40,1
Schwelteer . . . . %	7,3	10,4	5,9	14,7	9,4
Schwelwasser . . . %	10,7	9,1	9,8	1,7	6,5
urspr. Wasser . . . %	17,3	15,5	16,5	29,8	36,0
Gas und Verlust . %	16,5	18,3	17,9	7,9	8,0
Schwelgas					
Ausbeute . . . Nm^3/t	103	—	106	56,4	60,5
Elementaranalyse der wasserfreien Kohle					
C. . . . . %	63,2	—	64,0	62,8	70,0
H . . . . %	5,0	—	5,0	7,3	4,9
S (verbr.) . . . . . %	1,0	—	0,4	0,4	0,8
O. . . . . %	25,4	—	23,5	17,4	17,3
Asche. . . . . . . %	5,4	—	7,1	12,1	7,0
Geipert-Entgas.-Temp.	1100°/1100°	1100°/1100°	1100°/1100°	800°/1100°	800°/1100°
Heizwertzahl					
bez. auf Rohkohle kcal/kg	1785/1749	2133/1590	1849/1942	1045/1600	1028/1641
bez. auf Reinkohle kcal/kg	2115/2125	2587/1893	2185/2300	1560/2389	1500/2394
Koksausbeute . . kg/t	492/408	403/487	407/440	408/395	448/258
Teerausbeute . . kg/t	—/12,6	17/—	14/17	75/42,7	70,5/23,2
Rohgas:					
Ausbeute . . . Nm^3/t	500—795	850—1000	800—1060	350—600	600
Heizwert H_o. kcal/Nm^3	3650—3590	3800—3620	3900—3600	4880—4440	3950
CO_2.	17—14	19—17	19—17	12—10	13
Daraus nach CO_2-Wäsche:					
Stadtgas:					
Ausbeute . . . Nm^3/t	435—680	770—910	725—860	Normgas ohne CO_2-Wäsche	565
Heizwert H_o. kcal/Nm^3	4200—4180	4200	4200	—	4200
CO_2. . . . . %	5—0	10—8	11—3	—	8
Inerte . . . . %	7—2	12—10	13—5	14—12	10

diesem erfolgt erstmalig die Vergasung der Braunkohle nicht bei gewöhnlichem, sondern bei erhöhtem Druck. Dadurch ist es möglich geworden, die Braunkohle vollständig zu vergasen und nach Auswaschung des Kohlendioxyds infolge der Methanbildung dennoch ein gemäß der Richtlinien über die Stadtgasbeschaffenheit einwandfreies Gas zu erzeugen. Das Koksproblem, das bei der Braunkohlenverkokung in einer im Vergleich zur Steinkohle wesentlich verschärften Form auftritt und durch die allgemein bei Braunkohle minderwertigere Koksbeschaffenheit bedingt ist, kommt völlig in Fortfall. Daneben weist die Druckvergasung noch mehrere weitere Vorteile auf. Die Vergasungsgeschwindigkeit wird durch Druckerhöhung gesteigert, dennoch verringert sich die Raumgeschwindigkeit des Gases im Vergasungsraum, so daß der Gehalt des abziehenden Gases an Flugkoks und Asche gering bleibt. Die Aufbereitung des unter erhöhtem Druck stehenden Gases, insbesondere die Abscheidung und Auswaschung der flüssigen Kohlenwasserstoffe sowie des Kohlendioxyds und Schwefelwasserstoffs durch Druckwasserwäsche bietet wesentliche Vorteile gegenüber der Aufbereitung des Gases bei Atmosphärendruck. Da der Wasserdampf an sich unter erhöhtem Druck zur Verfügung steht, bleiben die zusätzlichen Verdichtungskosten gering. Ferner kann ein Teil des Energieaufwandes für die Verdichtung bei der Entspannung des aufbereiteten Gases wiedergewonnen werden, falls das Gas nicht unmittelbar bei erhöhtem Druck einem Ferngasnetz zugeführt wird.

Bei der Druckvergasung besteht vor allem die Möglichkeit, die Gasbeschaffenheit durch die Wahl entsprechender Drucke weitgehend zu beeinflussen. Außer dem von der Kohle direkt abgespaltenen und durch Zusatz gasförmiger und flüssiger Kohlenwasserstoffe gebildeten Methan werden weitere Methanmengen durch Reduktion von Kohlenoxyd mit Wasserstoff gebildet.

Durch die Druckvergasung von Braunkohle oder auch von Steinkohle[1]) ist es möglich, Gase zu erhalten, deren Zusammensetzung und Brenneigenschaften denen des Stadtgases völlig gleich sind. Das Rohgas stellt ein Gemisch von Braunkohlen- bzw. Steinkohlenschwelgas und von Vergasungsgas dar, seine Zusammensetzung unterliegt Schwankungen je nach der Art der Ausgangskohle, der Generatorbelastung, des Sauerstoff-Wasserdampf-Verhältnisses und der Höhe des Druckes.

Eine Erhöhung der Methanbildung aus Kohle beim Erhitzen derselben in Wasserstoffatmosphäre ist als solche bei der Druckwärmespaltung bekannt. Über den Chemismus der Methanbildung bei der Druckvergasung liegen dagegen bisher nur wenige Angaben vor. F. Danulat (s. o.) zeigte erstmalig, daß der Methangehalt des Rohgases mit

[1]) Vgl. auch Report of the Joint Research Committee of the Instn. of Gas Engineers and Leeds Univ. Nr. **41** (1937), Nr. **43** (1938).

Zahlentafel 14.

Einfluß des Vergasungsdruckes auf die Zusammensetzung des erzeugten Gases (nach F. Danulat).

Bezeichnung des Brennstoffes	Braunkohle-Trockenknorpel A (faserig)				Braunkohle-Trockenknorpel B (amorph)			
Versuch . . . . Nr.	1		2		3		4	
Analysenwerte bezogen auf . .	Trocken-Kohle	Rein-Kohle	Trocken-Kohle	Rein-Kohle	Trocken-Kohle	Rein-Kohle	Trocken-Kohle	Rein-Kohle
I. Allgemeine Zusammensetzung:								
Brennbares . . . . %	72,44	100	71,85	100	69 13	100	69,0	100
Asche. . . . . . . %	5,73	—	6 50	—	13,31	—	12,0	—
Wasser . . . . . . %	21,83	—	21,65	—	17,56	—	19,0	—
II. Heizwert:								
Verbrennungswärme H_o. . . . . kcal/kg	4840	6691	4860	6759	4705	6815	4700	6815
Unterer Heizwert H_u . . . . kcal/kg	4476	6367	4490	6428	4363	6471	4350	6471
III. Elementaranalyse:								
Kohlenstoff . . . . %	51,40	71,00	50,63	70,45	47,42	68,58	47,32	68,58
Wasserstoff . . . . %	4,35	6,00	4,45	6,19	4,38	6,35	4,38	6,35
Schwefel . . . . . %	0,79	1,10	1,15	1,60	2,48	3,58	2,47	3,58
Sauerstoff + Stickstoff . . . . . . %	15,90	21,90	15,62	21,76	14,85	21,49	14,83	21,49
Asche. . . . . . %	5,73	—	6,50	—	13,31	—	12,00	—
Wasser . . . . . . %	21,83	—	21,65	—	17,56	—	19,00	—
IV. Verkokungsprobe:								
C fix . . . . %	33,04	45,63	29,85	41,50	27,76	40,15	27,70	40,15
Flüchtige Bestandteile . . . . . . %	39,40	54,37	42,00	58,50	41,37	59,85	41,30	59,85
Asche. . . . . . . %	5,73	—	6,50	—	13,31	—	12,00	—
Wasser . . . . . . %	21,83	—	21,65	—	17,56	—	19,00	—
V. Schwelanalyse in Aluminiumretorte:								
Teer . . . . %	8,95	12,38	10,13	14,12	12,27	17,75	12,40	17,90
Schwelwasser . . . %	11,69	16,15	9,82	13,68	6,98	10,10	6,35	9,20

zunehmendem Vergasungsdruck ansteigt und bei 20 at ein solcher von 16% erreicht wird.

Im einzelnen zerfällt die Druckvergasung der Kohle in drei Stufen. Im oberen Teil des Druckgaserzeugers wird der Brennstoff zunächst abgeschwelt, so daß mit dem Vergasungsgas Schwelgas und Schweldämpfe abgeführt werden. Im Unterteil wird der gebildete Schwelkoks durch das Wasserdampf-Sauerstoff-Gemisch zu Kohlendioxyd, Kohlenoxyd und Wasserstoff vergast, und als letzte Stufe erfolgt oberhalb der

Zahlentafel 15.

Vergasung von Kohlenstoff unter erhöhtem Druck mittels eines Sauerstoff-Wasserdampfgemisches (nach F. Danulat).

Vergasungsdruck: veränderlich. Temperatur des Vergasungsmittels: 500° C. Gleichgewichtstemperatur: 1000° K.

Vergasungsdruck in at abs.		1	5	10	20	30	40
Zusammensetzung des wasserdampfhaltigen Rohgases im Gleichgewichtszustand in Vol.-%	CH_4	2,2	7,9	11,3	14,7	16,7	17,8
	CO	43,4	25,1	18,7	14,0	11,6	10,2
	H_2	35,6	30,3	25,9	20,9	18,1	16,4
	CO_2	11,9	19,8	22,4	24,5	25,5	26,1
	H_2O	6,9	16,9	21,7	25,9	28,1	29,5
Zusammensetzung des wasserdampffreien Rohgases in Vol.-%	CH_4	2,4	9,5	14,4	19,8	23,2	25,2
	CO	46,6	30,2	23,9	18,9	16,1	14,5
	H_2	38,2	36,5	33,1	28,2	25,2	23,3
	CO_2	12,8	23,8	28,6	33,1	35,5	37,0
Zusammensetzung des CO_2-freien Reingases in Vol.-%	CH_4	2,7	12,5	20,2	29,6	36,0	40,0
	CO	53,5	39,6	33,4	28,2	25,0	23,0
	H_2	43,8	47,9	46,4	32,2	39,0	37,0
Verbrennungswärme kcal/Nm³ des Reingases		3220	3860	4350	4960	5380	5640
m³ Reingas/m³ Rohgas feucht		0,812	0,633	0,559	0,496	0,464	0,444
Sauerstoffbedarf	Nm^3O_2/Nm^3 Rohgas feucht	0,136	0,093	0,075	0,063	0,056	0,052
	Nm^3O_2/Nm^3 Reingas . . .	0,168	0,147	0,134	0,127	0,121	0,117
Wasserdampfbedarf	kg H_2O/Nm^3 Rohgas feucht	0,377	0,507	0,565	0,613	0,641	0,656
	kg H_2O/Nm^3 Reingas . . .	0,464	0,801	1,01	1,24	1,38	1,48
Vergaster Kohlenstoff kg C/Nm³ Rohgas feucht		0,308	0,283	0,281	0,285	0,288	0,29
Gasausbeute Nm³ Reingas/kg C . . .		2,64	2,24	1,99	1,74	1,61	1,53
Therm. Wirkungsgrad in %		92,1	89,6	88,2	87,1	86,6	86,3
Zersetzungsgrad des H_2O in % . . .		85,3	73,1	69,2	66,0	64,7	63,3
kcal in Gasform je Nm³ O_2		19200	26200	32500	39100	44500	48200

Vergasungszone die Reaktion dieser Gase mit dem heißen Schwelkoks zu Methan.

Eingehende Untersuchungen des Verfassers[1]) im Temperaturgebiet von 500 bis 700° und bei Drucken bis zu 80 at ergaben, daß die Synthese des Methans im wesentlichen nach den Reaktionsgleichungen

[1]) H. Brückner, Brennstoffchem. **20** (1939), S. 346.

$$2\,CO = C + CO_2$$
$$C + 2\,H_2 = CH_4$$
$$\overline{2\,CO + 2\,H_2 = CO_2 + CH_4}$$

erfolgt. Eine Synthese des Methans aus dem Kohlenstoffgehalt des Schwelkokses und aus Wasserstoff wurde nur bei Temperaturen oberhalb 600° im geringen Umfang festgestellt, eine Synthese aus Kohlenoxyd und Wasserstoff gemäß der Gleichung

$$CO + 3\,H_2 = CH_4 + H_2O$$

wurde nicht beobachtet.

Die Ausbeuten an Methan steigen mit zunehmender Temperatur an, die Höchstausbeuten mit 40% Methangehalt im Reaktionsgas wurden bei einem Druck von 40 at und 700° erhalten.

Die Arbeitsweise der Druckvergasung ist in der Abb. 32 grundsätzlich dargestellt. In einer Trennanlage wird atmosphärische Luft in ihre

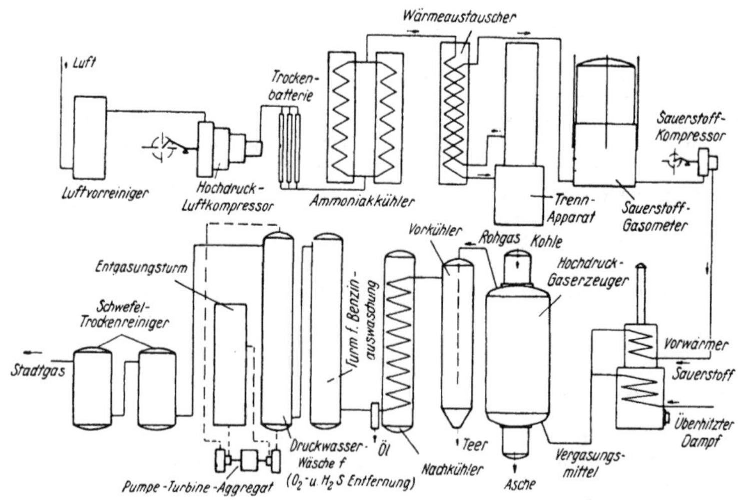

Abb. 32. Erzeugung von Stadtgas und von Synthesegas nach dem Lurgi-Druckvergasungsverfahren.

Bestandteile Sauerstoff und Stickstoff zerlegt und anschließend der Sauerstoff auf etwa 20 atü verdichtet. Gleichzeitig wird Dampf gleichen Druckes erzeugt, den man auf 500° C überhitzt. Sauerstoff und überhitzter Dampf werden gemischt und als Vergasungsmittel in den Gaserzeuger (Abb. 33) eingeleitet, in dem die Vergasung unter einem Druck von etwa 20 atü durchgeführt wird. Der Gaserzeuger ist ein druckfester, innen ausgemauerter Behälter, der aus Sicherheitsgründen einen wassergekühlten Mantel besitzt. An ihn schließen sich die Schleusen für das Einbringen der Kohle und das Ausbringen der Asche an. Das Brennstoffbett ruht, wie dies auch bei den normalen Gaserzeugern der

Fall ist, auf einem drehbaren Rost, dessen Umlaufgeschwindigkeit die ausgetragene Aschenmenge bestimmt. Es gelang, die Schleusen so durchzubilden, daß die Kohle trotz des hohen Druckes in der üblichen Weise in den Gaserzeuger eingebracht werden kann, so daß ihre Vergasung stetig erfolgt. Von dem Gaserzeuger strömt das Rohgas zur Kondensationsanlage, in der stufenweise die in dem Gas enthaltenen Teere und Öle und ferner der Wasserdampf niedergeschlagen werden. Mit einer Temperatur von 20 bis 30° C verläßt das Gas die Kühler, um in einem Waschturm durch Waschöl vom Gasbenzin befreit zu werden. Das Abtreiben des aufgenommenen Benzins aus dem Waschöl geschieht durch Destillation unter atmosphärischem Druck; eine Hochdruckpumpe fördert das Waschöl wieder im Kreislauf zu dem Waschturm zurück. Auf die Kühlung des Gases und die Abscheidung der kondensierbaren Stoffe folgt eine Druckwasserwäsche, die das Kohlendioxyd und den größten Teil des Schwefelwasserstoffes aus dem Gase entfernt. Das Wasser wird hierbei im Kreislauf geführt und zunächst durch eine Hochdruckpumpe auf den Waschturm gefördert. In Berührung mit dem Gas nimmt es aus diesem das Kohlendioxyd und den Schwefelwasserstoff auf. Es wird daraufhin über eine Turbine auf atmosphärischen Druck entspannt, zur weiteren Entgasung in einem Turm belüftet und über die Hochdruckpumpe in den Waschturm zurückgeführt. Schließlich wird der restliche Schwefelwasserstoff in einer Trockenreinigungsanlage unter Druck entfernt. Unter dem Vergasungsdruck steht das Gas den Ferngas- oder den Verteilleitungen zur Fortleitung zur Verfügung.

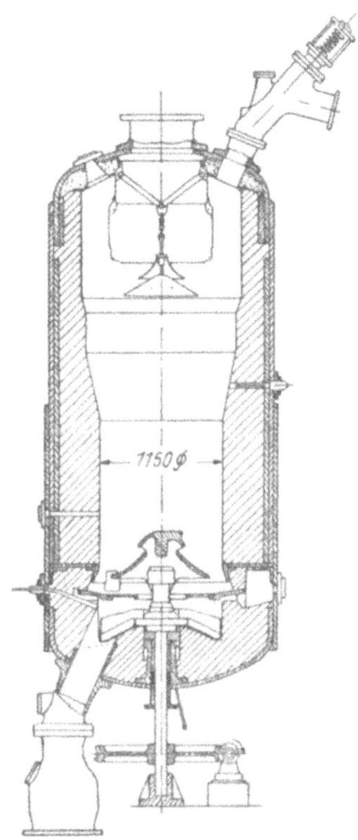

Abb. 33. Hochdruckgaserzeuger.

Eine erste Betriebsanlage dieser Art wurde im Jahre 1936 im Auftrage der A.-G. Sächsische Werke, die bei der praktischen Verwirklichung des Verfahrens von Anfang an mitgearbeitet hatte, in Hirschfelde i. Sa. in Betrieb genommen. Sie besteht aus zwei Gaserzeugern von je 1,2 m Durchmesser und deckt vollständig den Gasbedarf der Stadt Zittau, der jährlich etwa 3,5 Mio m³ beträgt. Der für die Vergasung benötigte Sauerstoff wird in diesem Falle von der Luftzerlegungsanlage eines benachbarten Kalkstickstoff-Werkes geliefert. Für die mittlere Tagesleistung von 10000 m³ ist der Betrieb eines Gaserzeugers ausreichend, der mit etwa $^2/_3$-Last gefahren wird.

Die bei dem Abnahmeversuch mit der Anlage erzielten Ergebnisse waren folgende:

Ergebnisse des Leistungsversuches.

A. Allgemeines.

Kohle (Braunkohlen-Trockenknorpel).

1. Allgemeine Zusammensetzung:

Brennbare Substanz	67,5%
Asche	5,1%
Wasser	27,4%

2. Elementarzusammensetzung:

Kohlenstoff	50,30%
Wasserstoff	3,45%
Schwefel (brennbar)	0,70%
Sauerstoff und Stickstoff	14,74%
Asche	5,21%
Wasser	25,60%

3. Schwelung der Versuchskohle:

Teer	10,2%
Schwelwasser	34,8%
Koks	44,9%
Gas und Rest	10,1%

4. Siebanalyse:

> 5 mm	39,2%
2—5 mm	56,8%
1—2 mm	2,5%
0,5—1 mm	0,7%
< 0,5 mm	0,8%

5. Heizwert:

H_o	4730 kcal/kg
H_u	4390 kcal/kg

6. Vergaste Kohlenmenge . . . . . 21500 kg/24 h

7. Schachtbelastung . . . . 746 kg/m² h.

B. Zusammensetzung von Roh- und Stadtgas:

Rohgas		Stadtgas	
$CO_2 + H_2S$	30,6%	CO_2	3,0%
sKW	0,6%	sKW	0,5%
O_2	0,1%	O_2	0,1%
CO	16,5%	CO	22,8%
H_2	34,0%	H_2	48,7%
CH_4	16,3%	CH_4	22,6%
N_2 + Rest	1,9%	N_2 + Rest	2,3%

C. Eigenschaften des Stadtgases und Ergebnisse der Sonderbestimmungen:

Oberer Heizwert des Gases	4280 kcal/Nm³
Dichteverhältnis (bez. auf Luft = 1)	0,448
Ammoniak	0,28 g/100 Nm³
Schwefelwasserstoffgehalt nach der Druckwasserwäsche und vor der Schwefelrestreinigung	0,15 g/100 Nm³
Stickoxyd im Stadtgas	0,052 cm³/Nm³
Gesamtschwefel im Stadtgas	1,0 g/100 Nm³

D. Leistungszahlen:

Erzeugte Gasmenge (0°, 760 Torr, tr)	16020 Nm³/24 h
Gasausbeute je t Trockenkohle	760 Nm³/t
Gasausbeute je t Reinkohle	1128 Nm³/t
Sauerstoffverbrauch	0,15 Nm³/Nm³
Teerausbeute	77% des Ergebnisses in der Aluminiumretorte.

Die Wärmebilanz des Verfahrens zeigt die Abb. 34. Nachdem die erste Betriebsanlage in Hirschfelde sich in mehrjährigem Betrieb bewährt hat, wird zur Zeit eine Großanlage nach diesem Verfahren in Mitteldeutschland errichtet, die erstmalig zur Ferngasversorgung eines größeren Gebietes mit Braunkohlengas dienen wird.

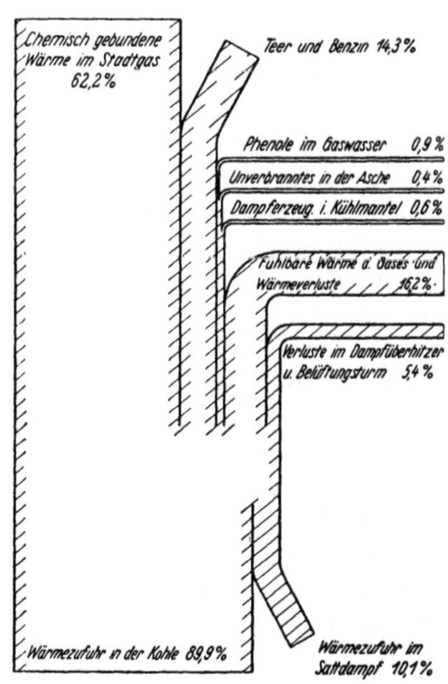

Abb. 34. Wärmebilanz des Lurgi-Druckvergasungsverfahrens.

III. Torfverkokung.

Die im nord- und ostdeutschen Flachland vorhandenen riesigen Torflager legen den Gedanken nahe, diesen fossilen Brennstoff ebenfalls zur Gaserzeugung heranzuziehen. Weitere große Torflager befinden sich in den baltischen Staaten, in Rußland, Dänemark und Irland. Allein im Altreich bestehen über 17000 km² aus nichtkultiviertem Torfmoor mit einem geschätzten Vorrat von über 7 Mia t Torf (lufttrocken gerechnet); bei einem Heizwert von 3500 kcal/kg entspricht dies nahezu 3,5 Mia t Steinkohle mit einem Wert im geförderten Zustand von etwa 80 Mia RM. Wenn auch nur rund ein Viertel dieser Lager als abbauwürdige Hochmoore vorliegen, so stehen doch riesige Brennstoffvorräte zur Verfügung. Gleichzeitig könnte durch den Torfabbau wertvolles Kulturland für Siedlungszwecke geschaffen werden.

Die bei der industriellen Abtorfung gewonnenen Brennstoffmengen werden zum größten Teil als Brenntorf verwendet. Die geringe Festigkeit der Torfbriketts[1]), das niedrige Schüttgewicht von nur etwa 300 bis 350 kg/m³ und der infolge des im lufttrockenen Zustand noch 25 bis 30% betragenden Wassergehaltes nur 3500—4000 kcal/kg ergebende Heizwert macht diese Torfbriketts nur in einem Umkreis von 50 bis 80 km wettbewerbsfähig gegen sonstige feste Brennstoffe. Ebenso hat die Elektrizitätserzeugung aus Torf und die Erzeugung von Torfstreu, Torfplatten für Isolierungszwecke und Torfwolle nur beschränkte Anwendung finden können.

Von den verschiedensten Möglichkeiten der Torfverwendung stellt die Torfverkokung die günstigste und zugleich nationalwirtschaftlich zweckmäßigste Lösung dar.

Die Verkokung des Torfes vollzieht sich derart, daß zunächst im Temperaturbereich von 100 bis 200° das hygroskopisch gebundene Wasser abgespalten wird. Anschließend entweichen infolge der Zersetzung der Torfsubstanz Kohlendioxyd, 5—12% Zersetzungswasser und schließlich oberhalb 280—300° Teerdämpfe und Zersetzungsgase unter allmählicher Schwarzfärbung des Torfes. Bei weiterer Erhitzung des Schwelkokses vollzieht sich unter Nachentgasung allmählich eine Graphitierung des Torfkokses. Die Verschwelung des Torfes liefert, auf die Trockenmasse bezogen, folgende Ausbeuten (Einzelbeispiele):

[1]) G. Keppeler und K. Wiese, Brennstoffchem. **20** (1939), S. 261.

Verfahren	Koks-ausbeute %	Teer-ausbeute %	Gasmenge l/kg	Gaszusammensetzung CO_2 %	sKW %	CO %	H_2 %	CH_4 %	N_2 %
Schwelung in der Aluminiumretorte bis 550° [1])	46,6	6,9	150	45,0	1,6	19,4	7,2	25,3	1,5
Verkokung nach Wielandt bis 600° [2])	40—48	4—8	200—300	25	1	8,5	22	14,5	29
Schwelung im Schwelofen der C. T. R. [3])	40—45	9,6—14,5	120—170	47	4	25	8	12	4

[1]) G. Keppeler, Stahl & Eisen **46** (1926), S. 631, 742.
[2]) W. Wielandt, Angew. Chem. **48** (1935), S. 632.
[3]) K. Krapf und A. Schwinghammer, Chem. Fabrik **12** (1938), S. 195.

Der in ziemlich festen Stücken von stumpf- bis schwarzgrauer Farbe mit einem Schüttgewicht von 250 bis 325 kg/m³ anfallende Torfkoks besitzt folgende chemische Zusammensetzung: 80—85% C, 2% H, 6% O, 0,3% S (davon verbrennlich 0,1%), 0,05% P, 3—4% hochschmelzende Asche. Sein Heizwert beträgt 7000—7500 kcal/kg. Der Torfteer ist leichter als das Schwelwasser, er besteht zu etwa 15—25% aus Solaröl und Kreosotöl, zu 50—60% aus Motorenöl, zu 20—25% aus Hartparaffin und zu 5—10% aus Pech. Das Schwelwasser enthält, bezogen auf die Ausgangsmenge an Torf, etwa 0,25% Ammoniak, 1% Essigsäure, 0,5% Methanol und 0,5% Azeton.

Das Torfgas ähnelt in seiner Zusammensetzung sehr dem Braunkohlenschwelgas. Infolge seines hohen Gehaltes an Kohlendioxyd beträgt sein Dichteverhältnis rd. 1,3, ferner weist es infolge seines hohen Inertgasgehaltes sehr ungünstige Brenneigenschaften auf. Nach Auswaschung des Kohlendioxyds und bei einer Verminderung der Saugung zwecks Erniedrigung des Stickstoffgehaltes würde jedoch ein Gas erhalten, das der Stadtgaszusammensetzung ziemlich ähnlich ist. Bisher wird das Gas nur zur Unterfeuerung verwendet.

Die bisher einzige technische Anlage zur Torfverkokung der Torfkoks-G. m. b. H., in Elisabethfehn in Oldenburg besteht aus einer Dreikammerofenanlage mit stehenden, stetig betriebenen Vertikalretorten[1]). Die Beheizung derselben erfolgt von außen mit Torfgas. Die Retorten besitzen einen langen schmalen Querschnitt und sind an den Schmalseiten abgerundet. Ferner ist die Retorte unterteilt, der obere Teil, der auf geringere Temperaturen aufgeheizt wird, besteht aus Gußeisen, der untere aus Schamottemauerwerk. Der letztere verjüngt sich und ist mit einem Deckelverschluß zur Entnahme des fertigen Torfkokses versehen.

Zwei Gasabgänge befinden sich in etwa ⅓ Höhe der Retorten. Ursprünglich wurden die in der oberen Trocknungszone abgespaltenen

[1]) Hoering und Mjoen, DRP. 158032.

Wasserdämpfe durch das entgaste Gut hindurchgeführt, die damit verbundene Wassergasbildung hatte jedoch eine Verschlechterung des Kokses, insbesondere eine Anreicherung der Asche zur Folge. Die Rückgewinnung der Abhitze erfolgt rekuperativ, so daß die Abgase den Ofen mit etwa 200° verlassen. Der Koks kühlt sich im Unterteil der Retorten ab und wird mit einer Temperatur von etwa 150° abgezogen. Die überschüssige Gasmenge wird nach Abzug des Eigenverbrauchs für die Unterfeuerung und für den Kraftbedarf von W. Wielandt (s. o.) zu etwa 300—500 kcal/kg Koks angegeben.

Da Elisabethfehn bisher die einzige Torfkokserzeugungsstätte darstellt, hat Torfgas bisher noch keine technische Anwendung finden können.

Sonstige vorgeschlagene Torfverkokungsmethoden sind entweder nicht zur Ausführung gelangt oder die entsprechenden Anlagen wurden binnen kurzer Zeit wieder stillgelegt[1]).

Die Verwendungsgebiete des Torfkokses werden durch seine Eigenschaften, seinen niedrigen Asche-, Schwefel- und Phosphorgehalt und seine hohe Reaktionsfähigkeit bestimmt. Er dient als Härtepulver zur Zementierung von Eisen, zum Trocknen der Formen, zur Verhüttung von Eisenerzen in Holzkohlenhochöfen, als Ausgangsstoff für Aktivkohle und als Brennstoff in fahrbaren Generatoren.

---

[1]) G. Keppeler, Stahl & Eisen **46** (1926), S. 631, 742; W. Wielandt, Angew. Chem. **48** (1935), S. 632.

3. Teil

Doppelgaserzeuger

Von

Dr.-Ing. Fritz Wehrmann

Duisburg

A. Doppelgas.

1. Grundlagen und Entwicklung der Doppelgaserzeugung.

Das Doppelgas ist nach seiner Herstellungsart und Beschaffenheit ein Zwischenglied zwischen den Schwach- und Starkgasen, wenn es auch praktisch fast nur als Zusatzgas zum Starkgas verwendet wird.

Für die übliche Mischgaserzeugung wird einerseits Kohle entgast, der Koks gelöscht und sortiert; in der Wassergasanlage muß er erneut aufgeheizt werden, um ihn zu Zusatzgas zu vergasen[1]). Es liegt infolgedessen der Gedanke nahe, diese zwei Arbeitsgänge in ein Verfahren zusammenzufassen. Dieser Gedanke wurde denn auch im Gasfach trotz der schon grundsätzlich zu erkennenden bzw. bei seiner Durchführung auftretenden Schwierigkeiten zu verschiedenen Zeiten immer wieder in Angriff genommen und an seiner Ausbildung und Erforschung in mehreren Werken sehr gründlich gearbeitet, so daß das Verfahren, obwohl es im allgemeinen nicht die seiner grundsätzlichen Bedeutung entsprechende Verbreitung gefunden hat, jetzt doch als durchaus beherrscht und betriebsbrauchbar zu erklären ist. Die Schwierigkeiten liegen einerseits in der Rohstoffauswahl, anderseits in der apparativen und betrieblichen Durchbildung.

Als Rohstoff können natürlich nicht die sonst für den Gaswerksbetrieb bewährten Kohlesorten ohne weiteres in Frage kommen, die nicht nur nach dem Gasausbringen, sondern ebenso nach der Koksgüte ausgewählt werden. Gerade gut backende Kohlen sind im Doppelgasgenerator nicht geeignet.

In apparativer Hinsicht liegt die Schwierigkeit darin, daß die zwei Arbeitsgänge Entgasung und Vergasung trotz ihrer Zusammenfassung möglichst scharf getrennt werden müssen, damit nicht durch zu große Energieverluste in den Abgängen die Wirtschaftlichkeit des Verfahrens in Frage gestellt wird.

Daß die Rohstoffrage von größter Bedeutung ist, zeigt die sehr verschiedene Ausbreitung des Doppelgasverfahrens in England und Deutschland. In England ist bzw. war diese Arbeitsweise sehr verbreitet[2]) auf der Grundlage der Verwendung von dort greifbaren, besonders gasreichen und aschearmen Spezialkohlen. In Deutschland ging der Weg besonders

---

[1]) G. Vater, Gas- und Wasserfach **68** (1925), S. 275.

[2]) E. Körting, Gas- und Wasserfach **68** (1925), S. 273.

in der Richtung, die Kohlegrundlage möglichst zu verbreitern und billige Brennstoffe zu verarbeiten.

Maßgebend für die Entwicklung des Doppelgasverfahrens waren in Deutschland und Österreich die Europäische Wassergasgesellschaft seit 1885[1]) und H. Strache mit dem besser durchgebildeten Verfahren von 1895[2]). H. Strache entwickelte sein Arbeitsverfahren noch ständig weiter[3]). Der neueste Stand der Erfahrungen beruht aber vor allem auf den vielseitigen Betriebsarbeiten und Forschungen von G. Vater[4]) und W. Schroth[5]) in den Gaswerken Chemnitz und Dresden.

Chemnitz hatte praktisch die erste deutsche Doppelgasanlage dauernd betriebsfähig, in der Dresdener Anlage wurden in besonders umfangreichem Maße systematische Versuche durchgeführt.

Wenn das Doppelgasverfahren trotz dieser Durchbildung keine allgemeine Anwendung erreicht hat, bzw. in seinem Werte zeitlich sehr verschieden beurteilt wurde und wird, so liegt das einerseits darin begründet, daß es nicht ein verhältnismäßig einfaches Gaserzeugungsverfahren darstellt, wie die Entgasungsöfen oder Schwachgaserzeuger, sondern eher eine »Gaserzeugungsmaschine«, deren Wartung und gute Ausnutzung mindestens in kleineren Betrieben nicht ohne weiteres möglich ist, anderseits darin, daß ein gewisses allgemeines Vorurteil gegen das Verfahren die wirtschaftlichen Einflüsse der Marktpreisschwankungen für Kohle und Nebenprodukte wiederholt zu sehr in den Vordergrund der Erwägungen stellte. Vorübergehend stärkere Beachtung fanden Doppelgaserzeuger in der Kriegszeit 1914—1919 wegen des damals steigenden Interesses für Schwelteergewinnung. Da die Schwelteergewinnung beim Doppelgasverfahren aber nicht Hauptzweck ist, erlangten andere Verfahren (z. B. Drehtrommeln) zunächst größere Bedeutung.

2. Brennstoffe für Doppelgaserzeugung.

In England wurden, wie erwähnt, ausgesucht gute Kohlen für Doppelgaserzeugung verwendet, sowohl nach Stückform wie nach Beschaffenheit, z. B. im Gaswerk Halifax gasreiche, harte Nüsse mit geringem Aschengehalt.

Da solche Kohlequalitäten in Deutschland nicht verfügbar waren, war man besonders auf die wenig backenden Gasflammkohlen angewiesen und beschränkte sich auch nicht auf stückiges Material. Es zeigte sich vielmehr, daß kleinkörniger oder gemischtkörniger Brennstoff ebenfalls gut durchgesetzt werden kann, wenn er mit Zwischenlagen von stückigem Brennstoff aufgegeben wird. Ferner haben sich Rohbraun-

---

[1]) Europ. Wassergas-Ges. DRP. 36431.

[2]) H. Strache, DRP. 90747.

[3]) H. Strache, DRPP. 205252 (1906) und 305721 (1916).

[4]) Gas- und Wasserfach **65** (1922), S. 543; **66** (1923), S. 645; **68** (1925), S. 275.

[5]) Gas- und Wasserfach **73** (1930), SH. S. 18; **73** (1930), S. 546.

kohlen und Braunkohlenbriketts als ebenfalls schichtweise zwischengegebener Brennstoff bewährt. Nicht geeignet sind sandige Steinkohlen und mulmige Braunkohlen, also solche Brennstoffe, die nach Entgasung ein dicht lagerndes, für die Wassergaserzeugung zu wenig durchlässiges Brennstoffbett ergeben. Über die Verwendung von Torf, der in der Literatur auch gelegentlich als geeignet erwähnt wird, liegen keine genaueren Angaben vor. — Diese Erfahrungen faßt G. Vater[1]) in folgenden Forderungen an die Brennstoffeigenschaften zusammen:

1. Lose Schüttung, d. h. nicht zuviel Strömungswiderstand bei der Schwelung,
2. nicht zuviel Wasserballast,
3. Kohle muß »stehen«, d. h. beim Entgasen nicht zerfallen,
4. keine fließende (zu leicht schmelzende) Schlacke.

G. Vater folgert hieraus, daß es mehr Kohlensorten gibt, die diesen Anforderungen genügen, als solche, die als gute Gas- und Kokskohle brauchbar sind.

Beim Arbeiten mit Steinkohle und Rohbraunkohle gab eine Mischung von 70 + 30% die beste Betriebsform; besser eignen sich Braunkohlenbriketts, die infolge ihres geringeren Wassergehaltes zu größeren Anteilen (50% Gasflammkohle und 50% Briketts) im Dauerbetrieb verwendet wurden.

Weitere Entwicklungen im Bau der Doppelgaserzeuger haben es aber auch möglich gemacht, die Kohlenbasis noch wesentlich mehr zu verbreitern. W. Schroth konnte mit niedrigerem Schwelschacht (vgl. S. 14) — unter Heranziehung von Backfähigkeitsuntersuchungen der Brennstoffe — auch kleinkörnige, Grieß- und sogar Staubkohlen in geeigneten Mischungen durchsetzen. Wegen der geringen Schwelschachthöhe entfiel die vorgenannte erste Forderung; der dritten wurde durch geeignete Auswahl oder Mischung entsprochen. Auch sehr aschereiche Kohlen erwiesen sich als brauchbar, da es bei der restlosen Vergasung nicht auf Erzielung eines verkaufsfähigen Kokses ankommt.

Natürlich kann mit geringwertigeren Kohlen nicht die gleiche Ausbeute erzielt werden wie mit gasreichem, aschearmem Material. Es wird immer örtlich zu entscheiden sein, ob mehr Wert auf den billigeren Brennstoff oder auf die höhere Ausbeute zu legen ist.

Bei den erwähnten, die Kohlenbasis erweiternden Versuchen verwandte W. Schroth[2]) die Backfähigkeitsbestimmung nach Meurice[3]); neben den bisherigen Kohlen mit Meurice-Zahlen bis 14 konnten in dem Dresdener Doppelgaserzeuger von 1933 (vgl. S. 14, 17) solche mit den Meurice-Zahlen 16 und in Gemischen bis zu 23 und 24 verarbeitet werden.

---

[1]) Gas- und Wasserfach **68** (1925), S. 275.

[2]) Gas- und Wasserfach **77** (1934), S. 608.

[3]) Chaleur et Ind. 1923, S. 45, vgl. Brennstoffchemie **12** (1931), S. 181.

Umfassende Versuchsapparaturen zur laboratoriumsmäßigen Vorauswahl geeigneter Kohlen beschreiben R. Mezger und Th. Payer[1]); die Untersuchungsmethoden bezweckten nicht nur die Feststellung der Kohle-Koks-Eignung, sondern zugleich einen Überblick über das Gasmengen- und Heizwert-Ausbringen.

Als Zusatzbrennstoff zur Vermeidung zu starken Backens ist auch Kleinkoks und Koksgrus verwandt worden, der natürlich nur in Sonderfällen in Frage kommt und eine weitere Ausbeutesenkung bedingt.

Bei veränderten Brennstoff- oder Nebenprodukt-Marktverhältnissen ist es ohne weiteres möglich, den Doppelgasgenerator auch als Wassergasgenerator arbeiten zu lassen.

Von besonderer Bedeutung für das Doppelgasverfahren ist die Tatsache, daß dabei zur Wassergaserzeugung nicht Koks (Hochtemperaturkoks), sondern Halbkoks oder Schwelkoks zur Verfügung steht. Es liegen also die an anderer Stelle bereits erwähnten[2]), für die Wassergaserzeugung teils günstigen, teils ungünstigen Voraussetzungen vor. Die bessere Reaktionsfähigkeit des Schwelkokses ist vorteilhaft für die Gasung, aber nachteilig für das Heißblasen, wobei höhere Energieverluste unvermeidlich sind und deshalb ein Abhitzekessel notwendig ist. Auf diese Besonderheit weisen auch W. J. Müller und E. Graf hin[3]) und stellen fest, daß deshalb mit höheren Dampfgeschwindigkeiten beim Gasen gearbeitet werden kann als beim reinen Wassergasverfahren.

Für die Kohlenauswahl empfiehlt W. Schroth[4]) außer der Tiegelprobe noch die Backfähigkeitsprobe nach R. Kattwinkel und ferner eine Bestimmung des Durchgangswiderstandes nach T. H. Layng und Hathorne[5]).

3. Größenanordnung von Doppelgasanlagen.

Obwohl der Betrieb eines Doppelgaserzeugers bei zunehmendem Generatordurchmesser schwieriger wird, weil dann die Gleichmäßigkeit der Vorgänge im Brennstoffbett schwieriger zu beherrschen ist, sind doch Kleinanlagen kaum zu finden. Das ist, außer dem erwähnten Grunde, daß sie sich wegen ihrer Wartung für Kleinbetriebe weniger eignen, darin begründet, daß ein gewisser Mindestwärmeinhalt für die Gleichmäßigkeit des Generatorzustandes erwünscht ist, besonders wenn die Anlage nicht ununterbrochen, sondern mit Pausen arbeitet.

Die kleinsten Anlagen werden mit 700 mm Schachtdurchmesser angegeben (Pintsch), bei einer Leistung von 2000 bis 2500 m^3/Tag.

---

1) Gas- und Wasserfach **73** (1930), S. 1.
2) Handb. d. Gasind. Bd. II, 1. Teil, S. 121, 124.
3) Brennstoffchem. **20** (1939), S. 246.
4) Gas- und Wasserfach **73** (1930), SH. S. 22.
5) Ind. Eng. Chem. **19** (1927), S. 924.

Zwei Generatoren der A.-G. für restlose Vergasung (Wien) im Gaswerk Kochendorf (Wttbg.) hatten 1,2 m Schachtdurchmesser, 0,6 m Dmr. der eingehängten Schwelglocke und leisteten im 1- bis 2-Schichtenbetrieb 100—120 m³/h.

Die Mehrzahl der Anlagen ist aber mit 2—3 m Schachtdurchmesser gebaut, 3 m werden als Grenzgröße bezeichnet.

Die Tagesleistung betrüg schon bei den um 1915 nach dem Stracheschen Patent erbauten Anlagen 20—24000 m³/24 h u. Generator.

Die Doppelgasanlage in Plauen i. V.[1]) erzeugt mit 2,7 m Schachtdurchmesser 1000 m³/h oder 20000 m³/Tag, ebenso hat die Chemnitzer Doppelgasanlage mit 2,75 m Schachtdurchmesser eine gewährleistete Erzeugung von 20000 m³/Tag, die im Betrieb wesentlich überschritten wird, bis 30000 m³/Tag. Von der Dresdener Anlage mit 3 m Dmr. berichtet W. Schroth[2]) Tagesleistungen von 25000 bis 35000 und selbst bis nahe an 40000 m³/Tag.

Diese Leistungen verringern sich natürlich bei Durchsatz gasärmerer oder weniger durchlässiger Brennstoffgemische (vgl. später). Ebenso kann dieselbe Anlage mit gleichem Brennstoff auf verschiedenen Heizwert und entsprechend verschiedene Gasmenge arbeiten. So ergab nach E. Körting[3]) die Tully-Anlage in Halifax eine Ausbeute von 1500 m³/h mit 3250 kcal oder 1160 m³/h mit 4200 kcal, in beiden Fällen 4900000 kcal/h.

4. Bauarten und Betriebsweise von Doppelgasanlagen.

Sowohl die Bauformen wie auch die Betriebsweise der Doppelgasgeneratoren zeigen keine einheitliche und auch keine gleichförmige Entwicklung. Vielmehr ist verschiedentlich ein Zurückgreifen auf früher schon einmal gebrauchte und wieder verlassene Formen festzustellen.

So finden sich bei Doppelgasanlagen wechselnd in verschiedenen Zeitabschnitten: in den Generator eingehängte Schwelglocken oder aufgesetzte Schwelretorten, durch Blasegas außen beheizte oder nur durch Wassergas innenbeheizte Schwelretorten, schonende Abführung des Doppelgases und der Schwelteerdämpfe oder Verkracken des Schwelgases im Generator oder einem Kurburator, ruhend absinkende Brennstofffüllung oder Rührwerkeinbau in der Schwelzone.

Der Vergaserschacht wird trotz der Gefahr der Wandverschlackung fast ausschließlich ausgemauert. Es ist natürlich, wie beim Wassergaserzeuger, ohne weiteres möglich, den Schacht auch teilweise als Doppelmantelkessel auszubilden, und diese Bauart wurde auch vereinzelt vorgeschlagen. Bei Vergasung von Braunkohlenbriketts oder sonstigen nassen Brennstoffen ist es allerdings wichtig, möglichst viel Wärme für

---

[1]) W. Müller, Gas- und Wasserfach **74** (1931), S. 173.

[2]) Gas- und Wasserfach **77** (1934), S. 608.

[3]) a. a. O.

die Wasserverdampfung im Generator zurückzubehalten. Auch für Stillstände ist die wärmespeichernde Ausmauerung wertvoll. Starker Verschlackung kann einerseits durch Verwendung von Kohlen mit hochschmelzender Asche vorgebeugt werden oder auch durch die Art der Ausmauerung. In Chemnitz bewährte sich als besonders schlackenunempfindlich eine Ausmauerung mit Krummendorfer Quarzschiefer.

Die erste Ausführung von H. Strache stellte Generatorschacht und Regenerator nebeneinander. Zwei Kanäle verbanden den Gaserzeuger mit dem Überhitzer, ein Kanal oben, einer in halber Höhe unter dem nicht entgasten Brennstoff[1]). Der Vergasungsschacht oder Vergaser — dies ist die im Doppelgasbetrieb übliche Bezeichnung für den mit entgastem Brennstoff gefüllten und für die Wassergaserzeugung bestimmten Generatorunterteil — wurde in der für Wassergaserzeugung üblichen Weise von unten heiß geblasen, die Blasegase gingen durch den unteren Kanal in den Überhitzer und heizten diesen auf. Das Gasen erfolgte anschließend abwärts, indem der im Überhitzer aufgeheizte Dampf oben in den Brennstoff eingeführt wurde, diesen abschwelte und mit dem Schwelgas in den Vergaser eintrat zur Wassergasbildung und gleichzeitigen Aufspaltung der Schwelgase. Das Doppelgas zog unten ab.

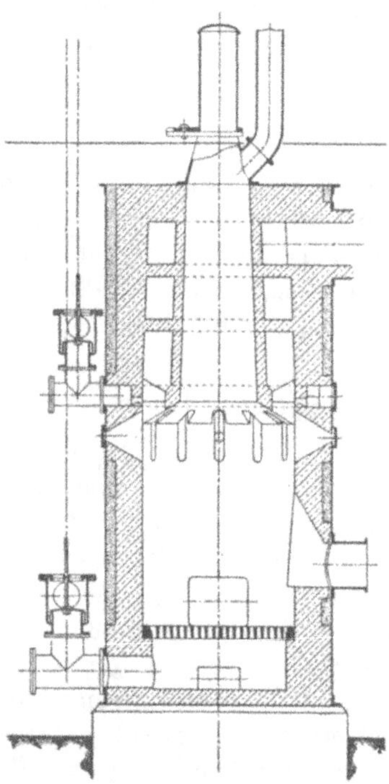

Abb. 1. Doppelgaserzeuger nach H. Strache.

Die nächste Entwicklungsstufe des Stracheschen Doppelgaserzeugers zeigt Abb. 1[1]).

Die Schwelretorte ist auf den Gaserzeugerschacht aufgesetzt und von Heizzügen umschlossen. Am Fuße dieser Heizzüge sind ringsum Luftdüsen angeordnet. Das von unten kommende Blasegas verbrennt in den Heizzügen mit Luftzusatz und beheizt die Schwelretorte von außen. Der Druck in der Retorte wird so geregelt, daß kein Blasegas in den noch nicht entgasten Brennstoff eintreten kann. Gegast wird von unten, das Wassergas durchstreicht den Schwelschacht aufwärts, schwelt den von außen vorgeheizten Brennstoff ab und das Wassergas-Schwelgasgemisch (Doppelgas) zieht oben ab. Das Schwelgas wird also nicht mehr verkrackt.

Die in Chemnitz nach den Patenten von H. Strache und der Dellwick-Fleischer-Wassergasgesellschaft von der Allgemeinen Vergasungs-

[1]) de Grahl, Wirtschaftl. Verwertg. d. Brennst., München 1921, S. 218.

gesellschaft erstellten Doppelgaserzeuger haben einen Generator von 2750 mm Dmr. und einen aufgesetzten Schwelschacht von 1400 mm Dmr., der gesamte Gaserzeuger ist 4 m hoch. Die Schwelretorte wird nicht außen beheizt, sondern der Brennstoff wird nur durch das durchziehende Wassergas verschwelt. Bei der hohen Retorte genügt der Sinkweg zum völligen Abschwelen. Die Arbeitsperiode umfaßt 1—1½ min Blasen und 5—6 min Gasen. Der Gasedampf wird in dem durch das Blasegas aufgeheizten Regenerator auf 950° überhitzt. Der Drehrost des Vergasers läuft etwa 15′ je h (= ¼ Umdrehung)[1]. Die anfangs nur mit Überhitzern ausgestatteten Doppelgaserzeuger erhielten dann zur Verbesserung der Wärmewirtschaft noch Abhitzedampfkessel.

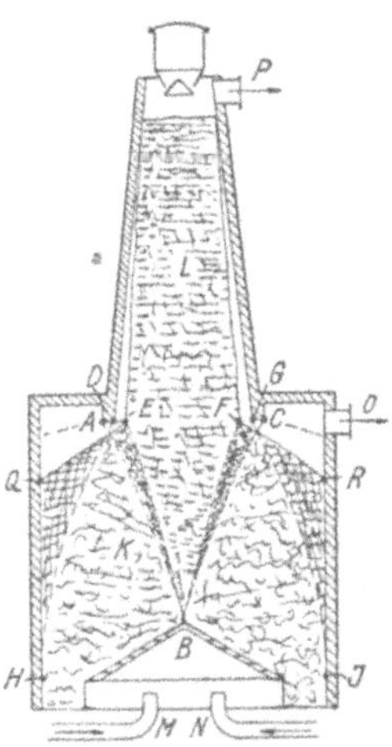

Abb. 2. Schema der Strömungszonen in einem Doppelgaserzeuger.

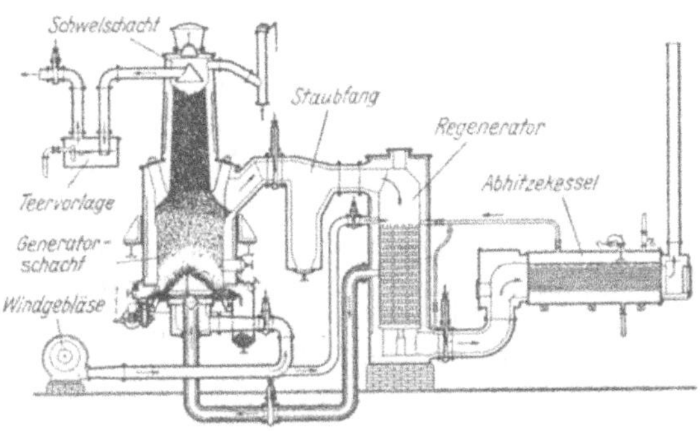

Abb. 3. Schema einer Doppelgasanlage (Dresden).

Eine grundsätzliche Darstellung der Ursachen für die verschiedenen, den Erfolg störenden Ursachen, die in der Arbeitsweise des Verfahrens mit aufgesetzter Retorte begründet sind, zeigen R. Mezger und Th. Payer[2]) (Abb. 2). Ersichtlich ist die im Schwelschacht absinkende, durch Entgasung schwindende Brennstoffsäule und deren Ausbreitung im Vergaser unter Bildung des Ringkanals. Beim Heißblasen bleibt, da der Wind den bequemsten Weg vom Rost zum Ringkanal sucht, ein dem Schnitt *A B C* entsprechender Kegelraum nicht oder wenig durchströmt; also zu wenig heißgeblasen; hier kann also unvergaster Brennstoff in die Schlacke absinken. Wird nun gedampft, so läßt der Dampf den Raum *H A Q* bzw. *C J R* ungenügend durchströmt. Dieser Teil des heißgeblasenen Kokses wird also nicht durch die Wassergasreaktion abgekühlt und neigt durch Überhitzung zum Verschlacken mit der Wand. Auch der vorerwähnte Kegel *A B C* oder wenigstens sein innerer Teil *E B F* nimmt, weil vorher ungenügend heißgeblasen, nicht stark am Wasser-

[1]) G. Vater, Gas- und Wasserfach **65** (1922), S. 543.
[2]) Gas- und Wasserfach **73** (1930), S. 2.

gasprozeß teil, wird vielmehr durch Teile durchziehenden Dampfes eher noch abgekühlt. Bei gleichmäßig stückigem, wenig backendem Brennstoff sind diese Erscheinungen natürlich geringer. In der Hauptsache wurden sie aber durch die bauliche Weiterentwicklung bekämpft.

Die Vermeidung dieser ungenügend durchströmten Zonen erstrebte die heute nicht mehr gebaute Dinglersche Kohlenwassergasanlage (Erlangen u. a.) dadurch, daß das Koksbett im Vergaser in jeder Periode wechselnd von rechts und links waagerecht durchblasen wurde.

Die gleiche Anordnung wie die Chemnitzer Anlage zeigen die Doppelgasgeneratoren in Dresden (Pintsch), mit 3 m Vergasungsschachtdurchmesser und 2 m Schwelschachtdurchmesser, über die W. Schroth 1930 berichtete[1]). Jeder Gaserzeuger hat einen Regenerator, drei Gaserzeugern ist ein Abhitzekessel zugeordnet. Abb. 3 zeigt den Aufbau der Doppelgasanlage. Zwischen dem Vergaser und dem Regenerator ist hinter dem Abgasschieber noch ein Staubsack eingebaut, der die bei der hohen Windgeschwindigkeit (Gebläseleistung nominell 450 m^3/min) mitgerissenen Brennstoffteile auffängt und damit verhütet, daß im Regenerator durch die mitgerissenen Teile Schlackenverschmelzungen entstehen. Um den vom Abhitzekessel durch den Regenerator geleiteten und daselbst hoch überhitzten Dampf genügend heiß in den Gaserzeuger zu bringen, ist bei diesen Anlagen die Leitung für den überhitzten Dampf zwischen Regenerator und Vergaser aus Schamotterohren zusammengesetzt, die mit Sterchamolsteinen isoliert sind und um diese Isolierung herum das gasdichte Blechrohr tragen. Auf diese Weise kommt der Dampf mit bis 600° zum Vergaser, üblicherweise werden 550° gehalten. — Der Abgasschieber bewährte sich am besten in Nicrotherm-Ausführung. Der Füllkopfdeckel mußte wegen des hohen Druckes im Generator (400—500 mm WS) an Stelle der bei Generatoren sonst meist üblichen metallischen Dichtung mit eingearbeiteter Gummidichtung versehen werden.

Der Schwelschacht erhielt senkrechte Trennwände, die den Schachtquerschnitt in drei und bei anderen Versuchen auch in vier Teile teilten. Bei ungeteiltem Schacht senkte sich bei auch nur wenig backender Kohle der Schwelkokskuchen in Form und Durchmesser des Schwelschachtes in den Vergaser ab und bot dem Gasedampf zu wenig Reaktionsoberfläche. Die aus den Teilschächten absinkenden Teilsäulen von Schwelkoks dagegen ermöglichten durch die dazwischen gebildeten Kanäle sowohl besseren Dampfzutritt als auch leichteren Zerfall zur Ausfüllung des Vergasers.

Die Betriebsweise dieser Anlage wurde in der verschiedensten Weise durchprobiert, mit Blasezeiten von 1 bis 1½ min und Gasezeiten von 4¾ bis 15 min. Die letztere Arbeitsweise, die die Gasezeitverlängerung durch geringeren Dampfdruck erreichte, ergab natürlich eine entsprechend geringere Durchsatzleistung. Der Dampf wurde nicht nur durch

[1]) Gas- und Wasserfach **73** (1930), S. 546 u. SII.

den Rost, sondern im Interesse der bei dem großen Schachtdurchmesser besonders wichtigen, gleichmäßigen Verteilung und der Schlackenbekämpfung auch ringsum am Mantel durch 8 zusätzliche Dampfdüsen eingeführt. Die günstigsten Leistungen und Ausbeuten ergaben mittlere Arbeitszeiten unter Anwendung eines Dampfschlußmelders[1]).

Die hohe Dampfüberhitzung erwies sich als entscheidend wichtig. Während beim reinen Wassergasprozeß durch das wechselnde Abwärtsgasen immer wieder Wärme aus dem oberen Brennstoffbett nach unten zurückgefördert wird, kann die Doppelgasanlage nur von unten gegast werden. Naßdampf oder Sattdampf würden daher die absinkende Füllung zu schnell abkühlen und trotz der besseren Reaktionsfähigkeit des Schwelkokses zuviel Unverbranntes in den Rückständen sowie eine Gasverschlechterung ergeben. Außerdem wird durch die Heißdampfzufuhr die Wassergasbildungszone im Generator verbreitert.

Bei Stillständen, sei es zum Schlacken oder aus sonstigen Betriebsgründen, kann infolge des vorhandenen Wärmeinhaltes der Anlage der Schwelvorgang nicht sofort zum Aufhören gebracht werden. Diese weitergebildeten Schwelgase über Dach abzulassen ist wegen der damit verbundenen Geruchsbelästigung ebenso wie aus wirtschaftlichen Gründen unerwünscht, da diese Heizwertmengen bei Wiederanblasen dann dem Doppelgas fehlen. Beide Nachteile wurden bei den Anlagen in Dresden und Chemnitz dadurch behoben, daß ein wahlweise an jeden Doppelgaserzeuger anschließbares geregeltes Sauggebläse diese Schwelgase dem Gesamtgas zuführte.

Im übrigen wird bei Stillstand der Vergaser auf Durchzug gestellt, d. h. unten und oben so geöffnet, daß der Auftrieb des Kamins oder Überhitzers genügend Koksverbrennung im Generator bewirkt, um bei Bedarf schnell wieder heißblasen zu können. Bei geeigneter Überwachung waren Stillstände bis zur Dauer von 1 Woche ohne Verschiebung der Schwel- und Vergasungszonen möglich.

Im Gegensatz zu diesen Anlagen mit auf den Vergaser gestellten Schwelschacht ist der 1930 in Plauen i. V. erstellte Doppelgaserzeuger (Pintsch) mit einer eingehängten Schwelglocke versehen[2]), die in der vorbeschriebenen Weise durch Trennwände unterteilt ist (Abb. 4). Der Generatorschacht hat 2,7 m Dmr. und etwa 4 m Höhe, mit Aufsatz und Fülltrichter ist er 5 ½ m hoch. Die Schwelglocke wird von den Blasegasen außen und vom im Vergaser erzeugtem Wassergas innen beheizt. Das Doppelgas wird bei dieser Anlage zwecks Erzeugung eines möglichst hohen Heizwertes dem zwischen Generator und Überhitzer (Zündkammer) eingeschalteten Karburator zugeführt, der zuvor von Blasegas ebenso aufgeheizt war wie der Überhitzer. Ein Teil der Schwelteerdämpfe wird verkrackt, das auf diese Weise selbstkarburierte Doppelgas

[1]) Handb. d. Gasind. II. 1, S. 150.
[2]) W. Müller, Gas- und Wasserfach **74** (1931), S. 173.

oder Kohlenwassergas gelangt vom Überhitzer zur Teervorlage und zum Gasbehälter, der zugleich die Luftkühlung ersetzt. Außer diesem Gasweg ist noch eine Doppelgasleitung als Umgang um den Karborator direkt zur Teervorlage vorgesehen. Der Gasedampf wird nur durch den Überhitzer

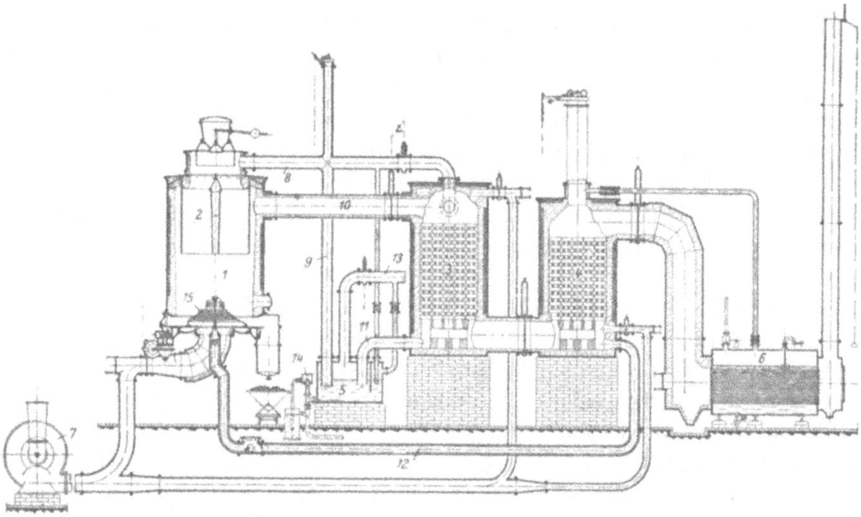

Abb. 4. Kohlenwassergasanlage Plauen i. V.

und in einer isolierten Heißdampfleitung unter den Drehrost des Gaserzeugers geleitet. Die Betriebsweise sieht eine verhältnismäßig lange Periode vor, die aus 2 min Blasen und 10 min Gasen besteht. Infolge der Länge der Gasung wird im Gegensatz zum sonst üblichen Wassergasbetrieb das Windgebläse während des Gasens zur Stromersparnis abgestellt. Alle Schieber, deren Zahl infolge der erhöhten Zahl von Apparaten und Leitungen größer ist, als sonst bei Wassergas- und Karburieranlagen, werden von einem Steuerbock mit gegenseitiger Blockierung der Arbeitsgänge zentral gesteuert. Der Dampf des Abhitzekessels gibt außer dem Betriebsdampf noch Überschußdampf.

Der Dauerbetrieb dieser Anlage, die ebenso wie die Chemnitzer Doppelgasanlage und andere noch bis in neueste Zeit teils regelmäßig, teils zur Spitzendeckung in Betrieb war und ist, hat ergeben, daß der Gaserzeuger nur etwa alle 1¼ Jahre einer Innenausbesserung bedarf.

Die Plauener Anlage arbeitet mit Hilfe der Karburation auf einen Heizwert von etwa 3500 kcal/Nm³ (vgl. Gasbeschaffenheit S. 18).

Nach Angabe der A.-G. für restlose Vergasung[1]) sollen je nach Betriebsweise 15—75% des Schwelteeres durch Karburation in Gasform verwertbar sein.

[1]) J. Gwosdz, Gas- und Wasserfach **71** (1928), S. 1257.

Eine andere Arbeitsweise für Erreichung eines höheren Doppelgas-Heizwertes ist der Zwischenabzug von Koks. Durch Entnahme von gewissen Koksmengen aus dem Vergaser sollte die Wassergaserzeugung verringert und der Überschußkoks einer anderen Verwendung zugeführt werden. Diese Arbeitsweise (Kreisa-Verfahren nach Breisig)[1]) ergab aber verschiedene andere Betriebsschwierigkeiten, so daß sie als solche praktisch kaum mit Erfolg im Betrieb durchgeführt wurde.

Eine Vereinigung der verschiedenen heizwertsteigernden Betriebshilfsmittel erreichte mit gutem Erfolg eine Sonderbauart des Gaswerks Hettstedt (Thür. Gasges.) (Abb. 5). Auf dem runden Vergaser ist eine Schwelretorte von fast 3facher Höhe des Vergasers erstellt, und zwar in der Form der Vertikalkammern mit rechteckigem Querschnitt und Heizzügen an den Längsseiten. Durch Verbrennung der Blasegase in diesen Heizzügen wird der Schwelschacht außen beheizt. Das Schwelgas wird von oben nach unten gesaugt und am Übergang zum Vergaser gemeinsam mit dem Wassergas abgeführt, das sich aber noch an dem Schwelgas aufkarburiert. Heizwertsteigernd wirken außer dieser Karburierung die sehr schonende, daher ergiebige Schwelung in einem Periodenverhältnis von 13 min Gasen nach 2 min Blasen, ferner ein beschränkter Koksabzug durch sehr kräftiges Ausschlacken, wodurch etwa 10% verwertbarer Koks aus dem Generator entfällt. Erreicht wurde ein Heizwert von 3950 kcal/m³. Ein weiterer in Hettstedt erstellter Doppelgaserzeuger erhielt zwei auf dem Vergaser parallel aufgestellte Retorten. Die Anlage war bis zur Stillegung des Gaswerkes, 1938, in Betrieb.

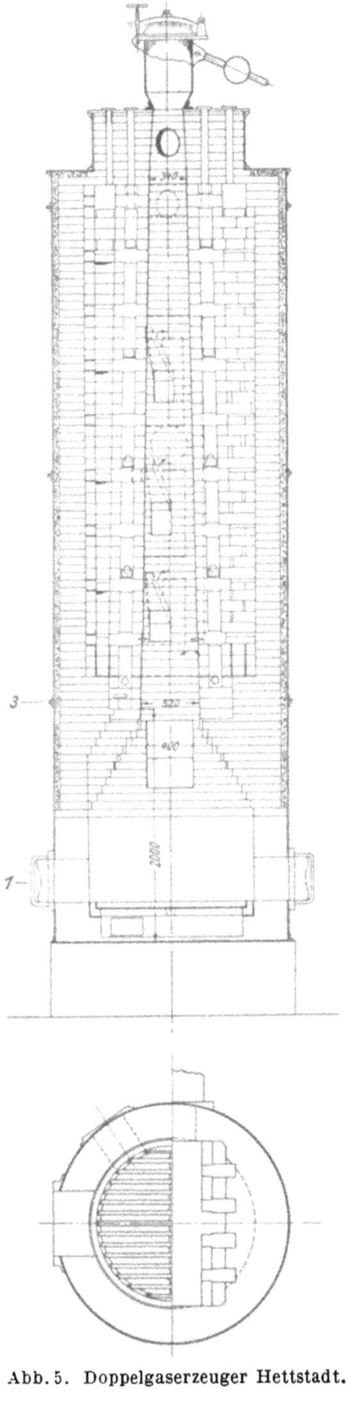

Abb. 5. Doppelgaserzeuger Hettstadt.

[1]) J. Gwosdz, Gas- und Wasserfach **71** (1928), S. 1257.

Eine weitere, grundsätzlich andere Entwicklung nahm die Dresdener Doppelgasanlage gegenüber dem oben beschriebenen Stand von 1930 seit 1932 durch völlige Umgestaltung des Schwelschachtes zur eingehängten Schwelretorte[1]). Diese neue Bauart zeigt aber gegen den Plauener Generator mit eingehängter Schwelglocke verschiedene wesentliche Unterschiede. Dieser Umbau (Bamag) ist in Abb. 6 verdeutlicht durch punktierte Einzeichnung des früheren Schwelschachtes auf dem umgeänderten Generator. Die Schwelglocke ist, wie ersichtlich, nur verhältnismäßig niedrig gefüllt. Während beim hohen Schwelschacht die völlige Abschwelung durch einen möglichst langen Sinkweg erreicht wurde, der entsprechend dem Mengenverhältnis eine langsame Erhitzung der Rohkohle bedingte, wird bei der vorliegenden Anordnung die kleinere Kohlenfüllung durch den relativ größeren Wärmeinhalt des durchspülenden Wassergases in kürzerer Zeit abgeschwelt. Für gleichmäßige Lagerung der Kohleschicht und ihre gleichmäßige Auflockerung sorgt ein eingehängter wassergekühlter Rührarm. Die sonst durch den ganzen Schwelschacht oder die ganze Schwelglocke reichenden senkrechten Trennwände sind durch einen unterhalb des Rührarmes gewölbeartig eingebauten sechsteiligen Verteilerstern ersetzt, der dafür ausreicht, den Schwelkoks nicht als eine zusammenhängende Masse in den Vergaser absinken zu lassen. Als weitere Besonderheit hat dieser Doppelgaserzeuger auf dem Drehrost in der Mitte einen pfeilerartigen Aufbau. Dieser Rostpfeiler wurde in Amerika[2]) bei den Versuchen entwickelt, bituminöse Steinkohlen im üblichen Wassergaserzeuger ohne Schwelaufsatz od. dgl. zu vergasen[3]). Der Pfeilereinbau verhindert einmal die Bildung eines an der Reaktion ungenügend oder gar nicht beteiligten senkrechten Kernes

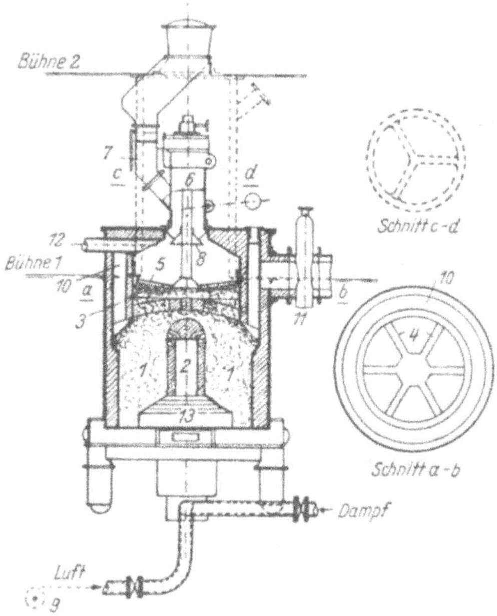

Abb. 6. Doppelgaserzeuger für feinkörnige Kohlen (Dresden).

---

[1]) W. Schroth, Gas- und Wasserfach **77** (1934), S. 608.

[2]) J. Gwosdz, Gas- und Wasserfach **71** (1928), S. 1233; W. H. Fulweiler, Bericht Weltkraftkonf. 1926.

[3]) Handb. d. Gasind. II, 1, S. 139.

der Brennstoffsäule. Diese Gefahr besteht bei großen Generatoren, weil der Wind bzw. die Blasegase auf dem geradesten Wege vom Rostkegel nach dem Außenringraum um die Schwelglocke zu ziehen geneigt sind, so daß dieser Kern nicht genügend heißgeblasen wurde (vgl. Abb. 2). Der in die Mitte der Glocke gerichtete Dampf- bzw. Wassergasstrom würde den Brennstoffkern aber eher berühren und abkühlen, ohne genügend Reaktion zu finden. Der Pfeiler auf dem Rost dient aber nicht nur als Verdrängungskörper, sondern bringt durch einige Öffnungen unter seiner Kappe Blasewind auch in die oberen Koksschichten. Das hat einen mehrfachen Vorteil. Die zusätzliche Aufheizung oben kommt zunächst als strahlende Wärme, später als fühlbare Wassergaswärme dem Schwelprozeß zugute. Weiter ändert diese als Zweitluftzusatz zu bezeichnende Windmenge die Blasegasbeschaffenheit; in dem über dem Rost gebildeten Verbrennungsgas wird beim weiteren Weg durch die Kokssäule — zumal bei dem leicht reagierenden Schwelkoks — nach dem Generatorgasgleichgewicht Kohlendioxyd in wesentlichem Umfange zu Kohlenoxyd reduziert und Luftgas gebildet. Dieses verbrennt durch den oberen Windzusatz wieder zu Kohlendioxyd und es wird der Brennstoffüllung Wärme erhalten, die sonst im Blasegas als gebundene Wärme abgezogen und erst im Überhitzer und Abhitzekessel gewonnen würde. Die Blasegase zeigten auch tatsächlich mit diesem Einbau einen höheren Kohlendioxydgehalt. Auch für die Wassergaserzeugung bedeutet der Dampfzutritt durch die obere Verteilung eine Vergrößerung der mit dem Dampf reagierenden Brennstoffoberfläche.

Die vorerwähnte Gefahr der Bildung einer nicht genügend reagierenden Mittelzone ist auch bei großen Generatoren nicht wesentlich, solange besonders geeignete Kohlen verwendet werden. Dagegen bei Kohlen kleinerer Körnung und höherer Backfestigkeit, die durch die Struktur der Strömungswiderstände ganz andere Voraussetzungen für die Gasbildung ergeben, erfolgt, wie W. Schroth[1]) durch Temperaturmessungen im Brennstoffbett nachweisen konnte, die Erwärmung viel stärker in den Wandzonen. Diese neue Dresdener Bauart des Doppelgaserzeugers stellt also einen entscheidenden Fortschritt des Verfahrens im Sinne einer weiteren Verbreiterung der Kohlengrundlage dar.

5. Betriebsergebnisse, Gasbeschaffenheit, Nebenerzeugnisse.

Wie bereits betont wurde, sind die Leistungen von Doppelgasanlagen weitgehend abhängig sowohl von dem verwendeten Brennstoff als auch von dem nach den Betriebsverhältnissen erwünschten Heizwert. Dementsprechend finden sich in den Betriebsergebnissen der betriebenen Anlagen große Unterschiede, die jeweils nach den genannten Voraussetzungen bewertet werden müssen.

[1]) Gas- und Wasserfach **77** (1934), S. 609.

H. Strache[1]) erreichte um 1915 in Brünn mit guter, aschearmer Kohle hohe Ausbeuten, 1620 Nm³/t bei einem oberen Heizwert von 3340 kcal/Nm³ und einem Vergasungswirkungsgrad von 68%. Ebenfalls hoch liegen die von E. Körting[2]) berichteten Ergebnisse der englischen Tully-Anlagen aus sehr guter Kohle mit 1500 m³/t bei 3250 kcal/Nm³, und die Leistung der Chemnitzer Anlage aus Wilhelmschacht-Kohle (86% Reinkohle, 29,5% flücht. Best.), 1610 m³/t und 3250 kcal/m³.

Größere Wichtigkeit haben für uns aber die Betriebsergebnisse der Anlagen, die sich von der Auswahl besonders geeigneter Kohle unabhängig machten, weil nur diese Arbeitsweise den Hauptwert der Doppelgasanlagen, im Ernstfall als leistungsfähige Spitzendeckungsanlage einzutreten, zuverlässig zu erreichen gestattet.

G. Vater erhielt[3]) bei schichtenweise wechselnder Aufgabe von 60% Steinkohle und 40% sächsischer Rohbraunkohle (mit 40% Wassergehalt) 1140 m³/t mit $H_0 = 3250$ kcal/m³.

Verwendung von Braunkohlenbriketts an Stelle der Rohbraunkohle gestattete infolge des geringeren Wassergehaltes einen Zusatz bis 46% und auch 50% Briketts und ergab 1370 Nm³/t mit $H_0 = 3100$ kcal bzw. bei nur 35% Braunkohlenbriketts 1400 Nm³/t von gleichem Heizwert. Weniger ausgesuchte Gasflammkohlen zu 68% mit 32% Braunkohlenbriketts gaben 1110 m³/t mit 3110 kcal/Nm³.

Die Ausbeute der mit Selbstkarburation durch Verkracken der Schweldämpfe arbeitende Anlage in Plauen i. V.[4]) erreichte entsprechend höhere Heizwertausbeuten; der Garantieversuch brachte 1492 m³/t mit dem ob. Heizwert 3485 kcal/Nm³.

Sehr aufschlußreiche Zusammenstellungen über die eingehend aufgezogenen und durchgearbeiteten Dresdener Versuche gibt W. Schroth in seinen bereits erwähnten Berichten. Als charakteristische Werte sind nachstehend einige Versuchszahlen herausgegriffen (s. Zahlentafel 1).

Von Versuch 1 zu 2 ist bei gleicher Periodenfolge die Leistung gesteigert, doch vermindert sich dadurch die Ausbeute. Versuch 3 zeigt bei verkürzter Gasezeit höhere Leistung, da die letzte Gaseminute wohl nicht mehr viel brachte, und zugleich eine höhere Gasausbeute. Bei Versuch 4 wurde mit dem Dampfschlußmelder zur Kennzeichnung des Gasungsabschlusses gearbeitet, der die Gasungen wesentlich verkürzte und dadurch zwar die Ausbeute sehr steigerte, aber durch die relative Kürzung der gesamten Gasungszeit gegenüber dem Blasen sanken Durchsatz und Gasleistung.

---

[1]) de Grahl, Wirtsch. Verw. d. Brennst., München 1921.

[2]) Gas- und Wasserfach **68** (1925), S. 273.

[3]) Gas- und Wasserfach **65** (1922), S. 543.

[4]) W. Müller, Gas- und Wasserfach **74** (1931), S. 173.

Zahlentafel 1.

Versuchsergebnisse in den Jahren 1927—29 am Dresdener 3 m-Generator mit aufgesetztem, dreigeteiltem Schwelschacht.

Kohle: Hedwigswunsch (7200—7300 kcal/kg).

Versuch	1	2	3	4
Jahr	1927	1928	1928	1929
Blasen : Gasen . . . . min	1¼ : 5¾	1¼ : 5¾	1¼ : 4¾	1¼ : Melder
Temperaturen:				
Überh. Rostdampf . . . . °C	450—620	400—450	400—500	400—500
Im Ringraum . . . . . . °C	800—900	700—850	720—800	740
Durchsatz . . t/24 h u. Generator	25,5	31,8	34,4	19,5
Leistung . . m³/24 h » »	35100	41200	40400	29050
Gasausbeute . . . . m³/t	1380	1292	1438	1511
ob. Heizwert . . . . . kcal/Nm³	3205	3160	3110	3130
Heizwertzahl Rohkohle. kcal/kg	4116	3722	4012	4400
Als Gas gewonnen . . . . . . %	57,3	51,6	55,1	60,4

Zahlentafel 2.

Betriebsergebnisse im Jahre 1933 am Dresdener 3 m-Generator mit eingehängter Schwelglocke (Bauart Abb. 6) mit stückigen und feinkörnigen, stärker backenden Kohlen und Kohlemischungen.

Versuch	1	2	3	4	5	6	7
Kohlekörnung mm	40/60	40/60	40/60	10/15	75% 10/15 25% 0/10	50% 10/15 50% 0/10	80% 0/10 20% Koks-Grus
Flücht. Bestandt. %	32,9	35,6	35,0	32,2	32,8	32,2	25,6
Meurice-Zahl (vgl. S. 5)	16	16	16	14	14/19/20	14/19/20	19/20/0
Blasen : Gasen . min	1¼ : 8	1 : 5	1 : 3¼	1 : 3¼	1 : 5	1 : 5	1 : 5
Temp. Ringraum °C	820	820	840	850	840	875	890
Durchsatz t/24 h/Gen.	20,2	21,4	30,3	29,4	20,9	19,5	15,6
Leistung t/24 h/Gen.	28580	29580	39540	36900	25610	24710	20380
Gasausbeute . m³/t	1410	1380	1306	1268	1225	1288	1307
ob. Heizwert kcal/Nm³	3018	3090	2972	3085	3080	3130	3020
Heizwertzahl (Rohkohle) . kcal/kg	3985	3970	3617	3640	3520	3760	3682
als Gas gewonnen %	53,4	53,0	48,4	52,2	49,6	52,4	52,8

Versuch 1—3 zeigt die Auswirkung der Gasezeitänderung; mit Verkürzung des Gasens steigen naturgemäß Durchsatz und Leistung, aber Ausbeute, Heizwertzahl und Vergasungswirkungsgrad gehen zurück. Die folgenden Versuche wurden mit zunehmender Kornverkleinerung durchgeführt, besonders mit zunehmendem Anteil an Staubkohlenzusatz. Mit

dem stärkeren Widerstand der dichteren Generatorfüllung fallen Durchsatz und Leistung wesentlich. Die Ausbeute bleibt aber in ähnlicher Größenordnung. Mit stark backender Kohle und magerndem Koksgruszusatz geht die Leistung und die Heizwertzahl natürlich noch weiter zurück (entsprechend dem geringen Gasgehalt der Mischung), aber Ausbeute, Heizwertzahl und Vergasungswirkungsgrad sind noch recht gut.

Diese Betriebsversuche zeigen besonders deutlich, wie unabhängig die Betriebsmöglichkeit eines gut durchgebildeten Doppelgaserzeugers von der Kohlensorte ist.

Die Anlage in Hettstedt (vgl. S. 13) erzeugte mit 120 m³/h und einer Gasausbeute von 740 bis 750 m³/t aus gasreicher Kohle ein Doppelgas mit 3850—3950 kcal/m³ ob. Heizwert.

Auch die Gasbeschaffenheit zeigt sich entsprechend den je nach Betriebsart und Kohle verschiedenen Heizwerten sehr unterschiedlich.

Zahlentafel 3.

Gasbeschaffenheit von Doppelgasen (Kohlenwassergase) aus verschiedenen Anlagen.

ob. Heizwert kcal/Nm³	2800	2970	3020	3080/90	3130	3160	3205	3540 (Plauen)	3950 (Hettstedt)
% CO_2	11,7	5,4	6,1—6,2	5,4—6,0	5,6	5,4	4,6	3,4	4,8—5,8
% skW	0,4	0	0	0—0,2	0,2	0,1	0	1,2	1,4—2,0
% O_2	0,3	0	0	0	0	0	0	0,1	0
% CO	21,2	33,2	32,1—33,5	32,5—33,0	32,8	34,5	35,7	37,3	30,8—33,2
% H_2	52,3	45,3	46,2—46,6	46,8—48,9	47,4	51,6	47,9	47,8	40,0—41,0
% CH_4	4,1	5,1	4,1—5,2	5,3—5,7	5,9	4,8	5,3	6,7	14,0—14,6
% N_2	10,0	11,0	8,5—11,5	7,4—8,5	8,1	3,6	6,5	3,5	5,2—6,0
Dichteverhältnis	0,547	—	—	—	—	0,52	—	0,56	0,57

Die Verwendbarkeit des Kohlenwassergases ist öfters umstritten. Der Grundgedanke, die Erzeugung eines unmittelbar abgabefähigen Stadtgases hat sich nicht nur hinsichtlich des Heizwertes als praktisch nicht erreichbar erwiesen, sondern die Hauptschwierigkeit liegt immer in dem zu hohen Dichteverhältnis. Als Zusatzgas ist Doppelgas aber gut verwendbar, und dann wirkt sich das höhere Dichteverhältnis nicht so stark aus. G. Vater[1]) erhielt bei hohem Doppelgaszusatz von bis zu 50% noch ein Mischgas, das eben noch den Gasbeschaffenheitsrichtlinien (Dichteverhältnis unter 0,5) entsprach.

Die Beschaffenheit der Blasegase wurde auch von W. Schroth untersucht[2]). Entsprechend der hohen Reaktionsfähigkeit des gebildeten

[1]) Gas- und Wasserfach **68** (1925), S. 275.

[2]) Gas- und Wasserfach **73** (1930), SH. S. 18.

Schwelkokses steigt der Kohlenoxydgehalt schnell an und auch Wasserstoff ist in ihm vorhanden. Im Durchschnitt einer Blasezeit ergab sich z. B.

bei 75″-Blasen: 13,5% CO_2, 9,9% CO, 2,9% H_2,
» 90″- » : 11,2% CO_2, 14,8% CO, 6,3% H_2.

Diese Zusammensetzungen zeigen die dringende Notwendigkeit, nicht nur die Blasegaswärme überhaupt weitgehend auszunützen, sondern vor allem auch die abziehende Wärme durch die Dampfüberhitzung möglichst für die Vorgänge im Generator wiederzugewinnen.

Der Dampfverbrauch wird von G. Vater[1]) mit 229—209 kg je 1 Mio. kcal angegeben, das sind etwa 0,7—0,65 kg Dampf je m^3 Doppelgas von 3100 kcal.

Der anfallende Teer ist nach der Art seiner Gewinnung ein Schwelteer oder Urteer. Seine Menge und Beschaffenheit, die natürlich auch von der Kohle mit abhängt, ist in den betriebenen Doppelgasanlagen nicht immer zu ermitteln gewesen, wenn keine getrennte Kondensation vorhanden war. H. Strache gab bei guten gasreichen Kohlen einen Anfall von 7,6% an[2]), der sehr hoch erscheint. Vater schloß aus der Veränderung des Gesamtanfalles gegenüber reinem Vertikalofenbetrieb auf wenigstens 6% Doppelgasteer, auch nach W. Schroth ist sie höher als bei Entgasung der gleichen Kohle im Ofen.

Zur Teerbeschaffenheit gibt W. Schroth[3]) an, daß Doppelgasteer wenig Pech, viel Phenol und etwas Paraffin enthält. Die Teeranalyse war mit Schwankungen je nach der Kohle:

bis 150°	2	bis	7%
150 » 200°	0,04	»	0,6%
200 » 250°	9	»	17%
250 » 300°	15	»	17%
300 » 360°	42	»	52%
Rückstand	14	»	21%
Phenole	33	»	42%
Paraffin	2,2	»	3,3%

Die Ammoniakausbeute erwies sich nach Angabe von G. Vater aus der prozentualen Zunahme des Gesamt-Rohwassers als höher gegenüber Vertikalofen-Naßbetrieb. Auch Untersuchungen des Gasinstituts an einer Dinglerschen Doppelgasanlage (Erlangen) verzeichneten eine um 20% höhere Ausbeute an Ammoniak.

Der Stromverbrauch der Doppelgasanlage soll bei rd. 1 kWh je 100 m^3 liegen. Über den Koksanfall bei der Mischgasherstellung mit oder ohne Doppelgaszusatz sind sehr verschiedene Ansichten geäußert worden.

1) Gas- und Wasserfach **68** (1925), S. 275.
2) de Grahl, Wirtsch. Verwertg. d. Brennst. München 1921.
3) Gas- und Wasserfach **73** (1930), S. 546.

Im allgemeinen wird behauptet, daß durch die restlose Vergasung, also unmittelbare Koksverwendung, weniger Koks anfällt. Demgegenüber errechnet E. Körting[1]) durch Vergleich der Mischgasherstellung aus Ofengas mit Wassergas und Ofengas mit Doppelgas, daß bei gleichem Mischgasheizwert und auch sonst übereinstimmenden Voraussetzungen die Erzeugung der gleichen Mischgasmenge bei Doppelgasverwendung einen Koksmehranfall von 23% gegenüber der Arbeitsweise mit Wassergas ergibt. G. Vater[2]) bestätigt nach den Ergebnissen der Chemnitzer-Anlage den Koksmehranfall, aber geringer als 23%.

6. Wärmebilanz, Wirkungsgrad, Wirtschaftlichkeit.

In der Wärmebilanz wirkt sich natürlich die erwähnte Tatsache aus, daß die Trennung der Vorgänge der Entgasung und Vergasung nicht restlos möglich ist. Dadurch und durch die stärkere Reaktionsfähigkeit des abgeschwelten Kokses ist der Blasegasverlust höher. So zeigt die Chemnitzer Anlage nach ihrem ersten Ausbau[3]) das folgende Wärmestrombild (Abb. 7) mit einem Vergasungswirkungsgrad von 61,5%. Der Verlust in der fühlbaren Wärme des mit 165° abziehenden Doppelgases kann nach Vater nicht verringert werden, weil anderenfalls die Schwelung und Trocknung benachteiligt würden. An diesem Verlust ist auch der Abgang an unzersetztem Dampf beteiligt; die Einschränkung des Dampfzusatzes erwies sich aber als betrieblich nicht tragbar. Nur durch Ausnutzung der Blasegase würde eine Erhöhung des einschließlich des Teeranfalles 71,3% betragenden thermischen Wirkungsgrades noch für möglich gehalten.

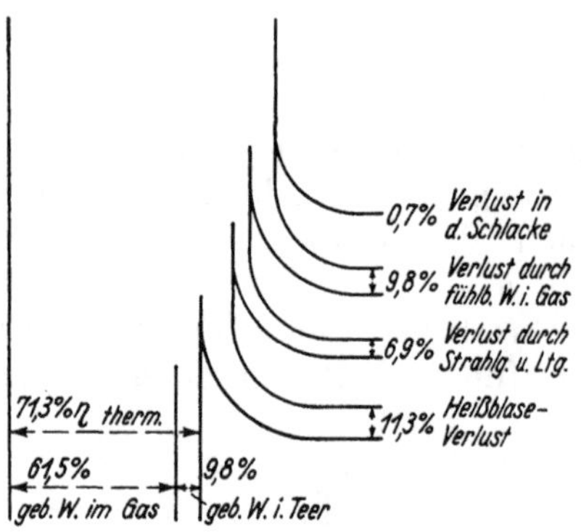

Abb. 7. Wärmestrombild eines Doppelgaserzeugers (Chemnitz) ohne Abhitzeverwertung.

Die Dresdener Doppelgasgeneratoren erreichten Vergasungswirkungsgrade von 55 bis 60% (vgl. Zahlentafel 1, S. 17), bei Vergasung billigerer und feinkörnigerer Kohlen 50—55% (vgl. Zahlentafel 2, S. 17).

Die Wirtschaftlichkeit der Doppelgaserzeugung ist eine sehr umstrittene und von den Gegnern des Verfahrens besonders abgelehnte Frage[1]). Sie ist selbstverständlich außer vom örtlichen Brennstoffpreis und der Ausbeute des betreffenden Betriebes auch von der Marktlage der Nebenerzeugnisse abhängig. Den Berechnungen werden, da die Gasaufbereitung praktisch die gleiche ist wie für andersartige Gaserzeugung,

[1]) Gas- und Wasserfach **68** (1925), S. 273.
[2]) Gas- und Wasserfach **68** (1925), S. 275.
[3]) G. Vater, Gas- und Wasserfach **66** (1923), S. 645.

die Nettokohlenkosten oder ungedeckten Kohlenkosten (Vergasungsstoff-Kaufpreis, abzüglich Nebenerzeugnisse-Einnahmen) zugrunde gelegt.

Verglichen wird dann a) die Herstellung von Kohlengas in Entgasungsöfen und von Wassergas in getrennter Anlage, b) die Herstellung einer entsprechend geringeren Kohlengasmenge und des zugehörigen Doppelgases, beide bezogen auf gleichen Mischgasheizwert von 4200 kcal/Nm³.

Eine besonders übersichtliche Berechnung hierzu, die infolge der darin gegebenen Mengen- und Preisangaben Vergleichsberechnungen für anders gelagerte örtliche Verhältnisse zuläßt, gibt G. Vater[1]).

Zahlentafel 4.

Gestehungskostenvergleich für Mischgasherstellung mit Wassergas oder Doppelgas.

	Mischgas aus Kohlengas u. Wassergas		Mischgas aus Kohlengas u. Doppelgas	
Ausgaben:		RM.		RM.
Gaskohlen	197 kg 2,80 RM. °/₀ kg	5,52	167 kg 2,80 RM. °/₀ kg	4,68
Magerkohlen	—	—	20 kg 2,605 RM. °/₀ kg	0,52
Braunkohlen-Briketts	—	—	17 kg 1,51 RM. °/₀ kg	0,26
Dampf	40 kg 0,30 RM. °/₀ kg	0,06	32 kg 0,30 RM. °/₀ kg	0,10
		5,58		5,56
Einnahmen:		RM.		RM.
Verkäuflicher Koks	81 kg 2,30 RM. °/₀ kg	1,86	92 kg 2,30 RM. °/₀ kg	2,12
Steinkohlenteer	9,9 kg 5,— RM. °/₀ kg	0,50	8,3 kg 5,— RM. °/₀ kg	0,42
Doppelgasteer	—	—	2,2 kg 5,— RM. °/₀ kg	0,11
Ammoniak	0,49 kg 0,30 RM. je kg	0,15	0,42 + 0,28 kg 0,30 RM. je kg	0,21
Rohbenzol	1,97 kg 0,10 RM. je kg	0,20	1,67 kg 0,10 RM. je kg	0,17
		2,71		3,03
Netto-Kohlenkosten für 100 m³ Mischgas		RM. 2,87		RM. 2,53

Verschiedene andere Angaben im Schrifttum bestätigen ebenfalls eine niedrigere Kostenlage der Doppelgas-Mischgaserzeugung (65—90%

[1]) Gas- und Wasserfach **68** (1925), S. 275.

der Wassergas-Mischgaserzeugung), die aber, was zuzugeben ist, nicht unter allen Betriebsvoraussetzungen erreichbar ist und sich auch am gleichen Ort durch Marktpreisänderungen verschieben kann.

An Stelle dieser Berechnungsart können auch die Erzeugungskosten für eine Kalorienmenge nach verschiedenen Arbeitsweisen verglichen werden. So stellt G. Vater gegenüber[1])

Kosten für 10000 kcal aus der Retorte . . . . . 5,23 RM.
» » 10000 » » » Doppelgasanlage . 3,84 »

7. Zusammenfassung.

Die Erzeugung eines Mischgases in einem Arbeitsgange an Stelle der in der Gasindustrie sonst üblichen Verfahren — in getrennten Anlagen oder wie beim Vertikalofen-Naßbetrieb in zeitlicher Aufeinanderfolge — ist trotz vieler darauf verwandter Mühe nicht erreicht worden. Dagegen ist die Erzeugung eines heizwertkräftigen Beimischungsgases, das besonders zur Spitzendeckung sehr wertvoll sein kann, in mehreren neuzeitlichen Ausführungsformen zu einer vollendeten Durchbildung gelangt. Anlagen dieser Art sind auch heute noch in Betrieb und werden ihren Wert selbst in Fällen behalten, wo die Wirtschaftlichkeitsberechnung keinen oder geringen Vorteil zeigt, dagegen die Betriebsbereitschaft, die zahlenmäßig geringe Bedienung und der geringe Platzbedarf betrieblich wichtig sind.

---

[1]) Gas- und Wasserfach **65** (1922), S. 543.

Sachverzeichnis.

Die erste Zahl vor dem Komma bezeichnet den Teil, die zweite Zahl hinter dem Komma bezeichnet die Seitenzahl.

HANDBUCH DER GASINDUSTRIE

Herausgegeben von **Dr.-Ing. habil. Horst Brückner**
GASINSTITUT KARLSRUHE

Anlageplan und Mitarbeiter

BAND 1 **Gaserzeugungsöfen.** 584 Seiten, 317 Abbildungen. 1938. In Leinen RM. 45.—

1. Grundlagen der Entgasung und Koksbildung Dr.-Ing. habil. Horst Brückner
2. Die Kohlen .... Betriebsdirektor Franz Reichard
3. Horizontalkammeröfen .... Prof. Dr. Heinrich Hock
4. Der Schrägkammerofen.................... Dr.-Ing. e. h. Bernh. Ludwig
5. Vertikalöfen .... Dr.-Ing. Fritz Wehrmann
6. Kleinraumöfen .... Obering. Ludwig Rodde
7. Kokskühlung, Koksaufbereitung .... Dr.-Ing. Fritz Wehrmann
8. Regeln für Gewährleistungen und deren Nachweis an Gaserzeugungsöfen

BAND 2 **Generatoren.** 302 Seiten, 170 Abbildungen. 1940. In Leinen RM. 23.—

1. Generatoren für Luftgas und Wassergas .... Dr.-Ing. Fritz Wehrmann
2. Synthese-, Braunkohlen- und Torfgase .... Dr. Ing. habil. Horst Brückner
3. Doppelgaserzeuger .... Dr.-Ing. Fritz Wehrmann

BAND 3 **Gasreinigung und Nebenproduktengewinnung.** 635 Seiten, 250 Abb. 1939. In Leinen RM. 48.—

1. Gasförderung, Gaskühlung und Teerscheidung ... Dr.-Ing. Fritz Wehrmann
2. Gasreinigung und Nebenproduktengewinnung
   Dr. phil. Theodor Payer und Dipl.-Ing. Willi Baum
3. Feinreinigung von Stadtgas .... Dr.-Ing. habil. Horst Brückner
4. Entgiftung des Stadtgases (Kohlenoxydentfernung)
   Dr. techn. Dipl.-Ing. Fritz Schuster
5. Abwasserreinigung (Entphenolung) .... Dr.-Ing. habil. Horst Brückner

BAND 4 **Gasspeicherung, Großgasmessung, Gasverteilung**

1. Gasspeicherung .... Dipl.-Ing. Karl Fischer
2. Großgasmessung .... Direktor Dr.-Ing. Wilhelm Schultes
3. Gasverteilung .... Obering. Georg Knobbe

BAND 5 **Untersuchungsmethoden für feste und gasförmige Brennstoffe sowie für Nebenprodukte**

1. Untersuchungsmethoden für Kohle und Koks Dr.-Ing. habil. Horst Brückner
2. Gasuntersuchungsmethoden .... Dr.-Ing. habil. Horst Brückner
3. Untersuchungsmethoden für Nebenprodukte und Hilfsstoffe .... Dr.-Ing. habil. Horst Brückner

BAND 6 **Technische Gase und deren Eigenschaften.** 363 Seiten, 85 Abb., zahlreiche Tabellen. 1937. In Leinen RM. 27.50

1. Gastafeln. Physikalische, thermodynamische und brenntechnische Zahlentafeln für Gase und sonstige Brennstoffe .... Dr.-Ing. habil. Horst Brückner
2. Sonstige technische Gase .... Dr.-Ing. habil. Horst Brückner

BAND 7 **Personen-, Patent- und Sachverzeichnis.**

www.ingramcontent.com/pod-product-compliance
Lightning Source LLC
LaVergne TN
LVHW062001041026
849558LV00007B/196
* 9 7 8 3 4 8 6 7 7 1 1 3 8 *